国家自然科学基金数理科学
"十三五"规划战略研究报告

国家自然科学基金委员会数学物理科学部

科学出版社

北 京

图书在版编目（CIP）数据

国家自然科学基金数理科学"十三五"规划战略研究报告 / 国家自然科学基金委员会数学物理科学部编. —北京：科学出版社，2017.1

ISBN 978-7-03-051491-2

I. ①国… II. ①国… III. ①中国国家自然科学基金委员会-科研项目-研究报告 IV. ①N12

中国版本图书馆CIP数据核字（2016）第320120号

责任编辑：侯俊琳 朱萍萍 郭学雯 / 责任校对：赵桂芬
责任印制：李 彤 / 封面设计：有道文化
联系电话：010-64035853
电子邮箱：houjunlin@mail.sciencep.com

科 学 出 版 社 出版
北京东黄城根北街 16 号
邮政编码：100717
http://www.sciencep.com
北京厚诚则铭印刷科技有限公司 印刷
科学出版社发行 各地新华书店经销

*

2017 年 1 月第 一 版 开本：720×1000 1/16
2022 年 1 月第三次印刷 印张：27 3/4
字数：560 000
定价：138.00 元
（如有印装质量问题，我社负责调换）

战略研究专家组

组　　长：解思深

成　　员：王诗宬　王贻芳　王铁军　王跃飞　方岱宁　卢炬甫
　　　　　许京军　孙昌璞　杨绍普　肖国青　吴宗敏　邹冰松
　　　　　汪景琇　张立群　陆夕云　陆　卫　陈叔平　周　青
　　　　　赵政国　胡海岩　徐宗本　龚旗煌　景益鹏　程建春
　　　　　詹文龙　廖新浩　颜毅华　薛其坤

战略研究工作组

组　　长：汲培文

副组长：孟庆国　董国轩

成　　员：白坤朝　刘　强　何　成　张守著　蒲　钊　雷天刚
　　　　　詹世革

数学学科专家组

组　　长：徐宗本

副组长：周　青　王跃飞　雷天刚

成　　员：田　刚　巩馥洲　江　松　励建书　何　成　张平文
　　　　　张立群　陈永川　陈叔平　陈晓漫　陈　敏　赵桂萍
　　　　　范更华　袁亚湘　席南华　鄂维南　程崇庆

力学学科专家组

组　　长：胡海岩
副 组 长：王铁军　陆夕云　詹世革
成　　员：于起峰　方岱宁　王晋军　叶友达　冯西桥　刘　桦
　　　　　陈十一　张　伟　张攀峰　杨绍普　孟松鹤　郑晓静
　　　　　郭　旭　徐　鉴　黄晨光　樊瑜波

天文学科专家组

组　　长：汪景琇
副 组 长：景益鹏　董国轩
成　　员：丁明德　卢炬甫　朱永田　刘晓为　刘　强　孙义燧
　　　　　李　焱　杨　戟　张双南　武向平　赵长印　崔向群
　　　　　廖新浩　颜毅华

物理学科专家组

组　　长：孙昌璞
副 组 长：赵政国　张守著　蒲　钋
成　　员：丁大军　万宝年　韦世强　卢建新　叶沿林　吕才典
　　　　　任中洲　向　涛　庄鹏飞　刘　杰　杜江峰　李树深
　　　　　李会红　李儒新　沈保根　张卫平　陆　卫　欧阳钟灿
　　　　　欧阳晓平　易　俗　封东来　赵宇亮　赵　鸿　祝世宁
　　　　　夏佳文　倪培根　龚旗煌　程建春　薛其坤

前 言

　　"十三五"时期是我国全面建成小康社会的关键时期和建设创新型国家的决定性阶段,为科学谋划国家自然科学基金的发展,国家自然科学基金委员会于 2014 年 5 月启动了"十三五"规划战略研究工作,这对繁荣基础研究,提升我国原始创新能力和服务创新驱动发展具有重要的战略意义。

　　按照国家自然科学基金委员会战略研究工作方案的部署和要求,数学物理科学部进一步细化了数学物理科学"十三五"规划战略研究,开展了数学物理科学所含的数学、力学、天文学和物理学四个学科的"十三五"规划战略研究工作。

　　"十三五"规划战略研究内容包括:学科发展战略、学科优先发展领域、数理科学内部学科交叉优先领域、与其他科学交叉优先领域、实现"十三五"发展战略的政策措施等。

　　学科发展战略围绕"十三五"期间我国数学、力学、天文学和物理学四个学科的研究特点和基本状况,提出各学科的发展目标及发展方向,包括学科战略地位、学科发展规律与发展态势、学科发展现状与发展布局、学科发展目标及其实现途径等。

　　学科优先发展领域以服务于国家自然科学基金"十三五"期间学科资助布局和重点项目立项为出发点,聚焦重要科学前沿,提出我国已有较好基础的研究方向或新兴的前沿领域,促进分支学科间的交叉与融合,推动整个学科的均衡协调可持续发展。

数学物理科学内部学科交叉优先领域以服务于国家自然科学基金"十三五"期间重点项目和重大项目立项为出发点，立足于我国的研究优势、资源优势和人才队伍情况，提出重要交叉学科前沿领域和国家战略需求的基础科学问题，推动新兴交叉学科的产生或新的学科生长点的形成。

与其他科学交叉优先领域以服务于国家自然科学基金"十三五"期间重大项目和重大研究计划立项为出发点，面向世界科技前沿和国家重大需求，以布局战略必争领域、抢占制高点、服务创新驱动发展为目标，提出具有战略意义和带动作用的重大交叉性优先领域。

实现"十三五"发展战略的政策措施针对优化资助格局、提高资助效益、改善资助管理等，结合国内基础研究能力、研究水平等整体实力的提升情况，提出在国家自然科学基金资助理念、资助布局、评审理念、评审方式、评价体系、评价方式等方面的政策措施。

为完成上述战略研究工作，按照国家自然科学基金委员会的统一部署，成立了数理科学战略研究专家组、战略研究工作组和四个学科专家组，开展"十三五"规划战略研究工作。

战略研究专家组由数学物理科学部专家咨询委员会委员为主体成员组成，负责对"十三五"规划战略研究工作的咨询和总体把关。数学、力学、天文学和物理学这四个学科专家组在战略研究专家组的基础上组成，负责各自学科"十三五"规划战略研究报告的调研和撰写工作。战略研究工作组由数学物理科学部的相关工作人员组成，负责"十三五"规划战略研究的组织与协调工作。

自开始战略研究工作以来，按照战略研究的总体计划，在调研和撰写工作的过程中，数学、力学、天文学和物理学的学科专家组的每位专家都投入了很大精力。各学科专家分别召开多次全体会议及小组会议，讨论、修改和完善战略研究报告。2014年10月召开了战略研究专家组第一次会议，听取了数学、力学、天文学和物理学学科专家组关于"十三五"规划战略研究的制定情况，并对各学科的战略研究报告提出了需要进一步改进的意见。2015年5月召开了战略研究专家组第二次会议，对各学科的战略研究报告进行了总体把关，分别形成了数学、力学、天文学和物理学的"十三五"规划战略研究报告。

《国家自然科学基金数理科学"十三五"规划战略研究报告》由数学、力学、天文学和物理学四个学科的战略研究报告汇编而成，是战略研究专家组和学科专家组在充分调研和深入交流的基础上进一步修改完善形成的。在战略研究和报告出版过程中得到了众多专家学者的关心和帮助，在此向做出贡献的专家学者表示衷心的感谢。

当今，数学物理科学的发展日新月异，规划其发展相应也是动态的。规划既要有战略高度，又要有学术深度，不是轻易能达到的。限于时间和水平，本书存在的不当和不足之处，敬请专家和读者不吝指正。

国家自然科学基金委员会数学物理科学部

2016 年 12 月 16 日

目　录

第四章　力学与其他科学部学科交叉的优先领域　/213

第五章　实现"十三五"发展战略的政策措施　/219

第三篇 天 文 学

第四篇　物　理　学

第四章 物理学学科的发展目标及其实现途径 / 379

第一篇　数　学

第一章

数学学科的特点与战略地位

　　数学是研究现实世界中数量关系和空间形式的科学。数学是自然科学的基础，为自然科学提供精确的语言和严格的方法。数学也是重大技术发展的基础，在社会科学中发挥着越来越大的作用。

　　13世纪的英国哲学家、科学家罗杰·培根（Roger Bacon）在他的《大著作》[1]中写道："数学是科学的大门和钥匙"，这是他在光学中应用了几何学后发出的感慨。任何一门发展成熟的科学都需要用数学语言来描述，并且在相应数学模型的框架下表达解决问题的思想和方法。伽利略（Galileo）说得更加直白，"自然界这部巨著仅可以被那些懂得它的语言的人读懂，而那种语言就是数学"[2]。费曼（Feynman）也说过："对于那些不了解数学的人来讲，要理解自然的美，那种深刻的美，是非常困难的……如果你希望理解自然，欣赏自然，那就必须理解它所说的语言"[3]。不少著名科学家都留下过类似的语录。但凡我们遇到需要解决数量、空间、结构和演化方面的问题时，数学常常就会派上用场。当然，数学在解决问题的同时自身也得到了发展。牛顿（Newton）为了研究行星的运动规律，发明了微积分。现在，微积分已经成为几乎所有近代科学和工程学的基础。

　　物理学的发展与数学有非常丰富的互动。物理学家维格纳（Wigner）曾以《数学在自然科学中不可理解的有效性》为题目写过一篇文章[4]。在文章中，他列举了一系列在物理学理论中数学结构可以帮助指出理论进一步发展的方向，甚至是预言实验的例子，从而断言这种现象不是一个巧合，而是反映了物理学与抽象数学之间蕴含的深刻联系。在历史上，物理学与数学一直是相互促进发展的。

近20年来，在传统上更注重经验理论或概念的生命科学领域也与数学携起手来。人类基因组测序的完成与数学关系密切，测序技术与算法的进步是交替进行的。测序技术的飞速发展，人们积累了大量的生物学数据，因此如何管理这些数据和如何理解这些数据成为了一个新的挑战。随着后基因组时代的到来，生物学研究者的定量研究能力和知识已不再是可有可无了。研究细胞周期的纳斯（Nurse）在一篇综述文章中写道："我们或许需要进入一个陌生、更抽象的世界，它不同于我们现在想象的由细胞运动组成的世界，在那里可以利用数学很快地进行分析"[5]。自然科学的各研究领域都进入了更深的层次和更广的范畴，更需要利用数学理论与方法对它进行阐述，数学与现代自然科学研究的关系变得更加密切。

数学的作用不仅表现在自然科学中，也表现在众多技术领域中。1984年美国国家研究委员会的报告《复兴美国数学》指出："进入高技术时代的时候，我们也就进入了数学技术的时代"[6]，可惜多数享用这些技术的人们往往意识不到蕴藏在这些技术背后的数学所做出的本质贡献。信息技术广泛应用在社会生活的各个方面，从计算机断层扫描成像到最近的3D打印机，图形和图像处理技术中凝聚着许多数学研究成果。数学在信息时代的重要意义正日益引起重视，数学是推动计算机技术发展和促进这种技术在其他领域中应用的基础科学。

随着计算机技术和计算数学的发展，高性能计算得到了飞速发展。目前，计算机数值模拟已经可以与传统的理论手段和实验手段并驾齐驱，成为科学与工程研究的第3种手段。计算机模拟可以为实际过程提供全时空的定性、定量认识，极大地帮助了我们了解所研究的现象，重大科学突破可望在其辅助下产生。波音公司在新的大型客机的研发中大量采用计算机数值模拟[7]，极大降低了研制费用，缩短了研制周期，增强了波音公司产品的竞争力。高性能计算机模拟在国防安全方面的作用也越来越不容忽视，特别是在核禁试的约束之下，模拟逐渐成为其唯一可以替代的研究手段。这一切使得高性能计算模拟成为国家发展和保持核心竞争力的必需科技手段。

数学在社会科学研究中的作用也逐渐体现。各种现代经济理论都以数学作为基本工具，力图以数学理论来描述宏观经济或微观经济的发展规律。通过构建数学模型，所研究的问题可以被清晰地抽象出来，社会科学家也可以像自然科学家一样进行"假设驱动"的研究。在实际应用领域中，银行业雇佣了大批金融分析师。他们通过建立数学模型来理解市场的行为，帮助银行盈利和保证银行安全的运行。

综上所述，数学在科学研究、高技术等领域的研究占有重要地位并且具有深远影响。数学和各种技术及社会生活的密切结合不仅体现了数学与外部世界的统一性，而且向全社会展示了数学的重要实践价值。正因为如此，多数国家将保持数学方面的领先地位当做保持可持续发展的一种重要战略需求。

数学作为一门科学来讲，包含其理论、方法以及与其他学科的交叉部分。过去的半个世纪是数学发展的黄金时代，其发展速度超越了历史上的任何时代，许多重大问题得到解决或取得了突破性的进展，成就斐然。数学的主要发展趋势表现为：数学内部各分支的融汇、数学与其他科学更加自觉的交叉以及数学与高技术的深入结合。

数学一开始来源于对现实世界的抽象，古希腊毕达哥拉斯（Pythagoras）学派就认为"万物皆数"，他们相信所有的自然现象总能归结成数之间的关系。随着人们越来越多地将注意力集中在这些抽象对象上，数学与现实越走越远，导致大部分数学定理是由假设演绎产生的。特别是 19 世纪中叶以后，数学（特别是纯粹数学）是一门逻辑演绎的科学观点占据了主导地位，独立于外部世界的不断自我完善所产生的内在需求成为了纯粹数学发展的主要驱动力，人们的好奇心极大地推动了数学的发展。所以，今天的数学和那些以具体物质作为研究对象的自然科学不同，它是一门集严密性、逻辑性、精确性、创造力与想象力于一体的纯而又纯的学科。在过去的半个世纪中，纯粹数学的发展呈现出的明显倾向是各分支学科之间相互交叉和相互渗透融合。在所研究的问题上如此，在研究所采用的方法上也是如此，许多重大突破都集中反映了这种趋势。一些原有分支学科之间的界限逐渐淡化了，出现了许多跨几个分支学科的新研究方向。在一些十分有活力的研究领域中，代数、分析、几何、拓扑甚至随机的方法结合在一起，使得不同领域的数学家又重新意识到他们正在从事着一项共同的事业。

数学发展的动力既来自于内部产生的需求，也来自于外部现实世界提出的问题。解决科学中提出的问题是数学发展的另一个重要驱动。近年来，应用数学发展的主要趋势为与其他科学更加自觉地交叉融合以及与高技术的深入结合。数学、计算机科学和生物学结合在一起产生了一些新的学科分支。各种数学工具组合起来被用于从生物技术产生的大量复杂数据中提取有用的生物学信息，整合不同层次的信息，对生物系统各不同部分之间的相互关系和相互作用建立数学模型，用来理解生物系统如何行使功能等。许多其他科学问题的研究提出了一些超越现有数学范围的新课题，而且大都不能轻而易举地处理，这些问题备受关注，也为数学的进一步发展提供了巨大的机会。

高性能科学与工程计算的兴起是 20 世纪后半叶最重要的科学技术进步之一。目前最快的超级计算机的运算速度已经达到了每秒可以进行 10^{16} 次浮点运算的水平。许多重大的科学技术问题根本无法求得解析解，也往往难以进行实验，但却可以进行计算机模拟。计算天文学、量子色动力学、高能物理与核物理、湍流、气候、计算生物学、聚变科学、地下水、材料和化学等许多重大挑战的问题可以将计算机模拟作为研究手段。不仅如此，世界上最快的超级计算机——"天河 2 号"用了 3.2 万颗主处理器和 4.8 万颗协处理器，计算核心的总数达到了 312 万个，并通过高速网络连接。单就面对这样复杂的硬件构架，对程序的设计和优化也会提出许多数学问题。

在现代自然科学、工程技术和社会科学研究中，人们越来越多地利用观察和试验的手段获取数据，利用数据分析方法探索科学规律。随着新型的数据观测工具和手段的出现，我们进入了一个大数据时代，数据类型、数据量和数据产生的速度都发生了极大的变化。与过去处理实验数据的情况不同，更加重要的变化是现在所得到的数据并不能直接告诉我们现象和规律。例如，尽管人类基因组的测序完成了，但是我们还不知道如何去解读这部"天书"，仍然不知道这个序列是如何影响整个生命过程的。在这种情况下，从数据中获取知识或者进行"数据驱动"研究成为了一个新的挑战。在大数据时代，统计学、数据分析和新的建模与计算方法将得到很大发展。除了科学数据外，社会经济活动中也产生了许多形形色色的大数据，能不能理解这些数据并利用它们来改善我们的生活也得到了很大的关注。

近几十年间数学发展的另一个趋势是数学与各种技术特别是与高技术的结合。高技术的出现把我们的社会推进到了数学技术的时代。在这个计算机和计算技术飞速发展、信息技术的应用日益广泛的时代，数学与工程技术正以新的方式相互作用着。50 年前，数学虽然也直接为工程技术提供一些工具，但基本方式是间接的。现在不一样了，数学和工程技术之间，在更广阔的范围内和更深刻的程度上直接相互作用着，极大地推动了数学和工程技术的进步。

第二章

数学学科的发展规律、发展现状和发展态势

数学学科发展的驱动力既来自不断自我完善所产生的内在需求，也来自于解决现实世界提出的具体问题所产生的需求。根据这些不同特点，我们在本篇中将数学划分成纯粹数学、应用数学与计算数学、统计学与数据科学3个部分。它们除了前面叙述的一些共性以外，也有自己的特点。我们对这3个部分的发展规律、发展现状和发展态势分别进行讨论。

第一节 纯 粹 数 学

综合历史的发展脉络与现代的结构分类方法，在比较广泛的意义下纯粹数学主要包括代数与数论、几何与拓扑以及分析学三大部分。纯粹数学既是整个数学的理论基础，也与数学的其他部分一起在自然科学、工程技术与社会经济中直接或间接地得到广泛深入的应用。纯粹数学具有简洁性和抽象美的特点，不仅强烈地吸引了众多的科学家和工程技术人员，而且也被社会大众所仰慕。

虽然数学研究发端于解决实际问题，但从19世纪后期起越来越多的数学研究按照数学的内在价值观来自由地发展数学，侧重于关心数学理论自身的发展以及逻辑的完整性。可以说，数学研究的这一发展趋势是人类原始创新精神的最完美体现。这种趋势并未使数学研究丧失活力，反而极大地拓展了数学自身的发展空间，为数学越来越广泛深入地应用提供了思想方法和理论支撑。这些重要的发展催生了纯粹数学。

纯粹数学发展的主要动力来自于数学家追求其研究成果的简洁性和抽象美的好奇心。在这种好奇心的推动下，数学家基于理论框架与逻辑链条的完整性发现与提出问题，并遵循从特殊到一般的思路对已有理论进行抽象化和一般化，最终达到对所关注问题的彻底解决。这已成为纯粹数学研究与发展的基本模式。在此过程中，人们既简化了原有的理论，又对所关注问题有了更加深入的理解，或使得一些理论得到统一，或大大扩展了原有理论的应用范围，并且导致与一些不同领域的联系更加紧密且易于理解，为解决其他领域的关键问题提出了一些共性的基础理论问题。

一、代数与数论

代数与数论发端于人类对计数的需求和利用符号运算求解未知量的需求，一直伴随着人类文明的发展，具有悠久的历史。在现代更广泛的意义上，这里的代数与数论主要指数论、代数、代数几何与数理逻辑。

（一）数论

数论发展的生命力在于它独特的魅力和自身有数不完的好问题，它强烈地吸引了职业与业余的数学家，这形成数论发展的最主要动力，一个永不枯竭的动力。数学其他分支的发展为数论带来了强有力的工具，不断给数论带来大发展和新面貌。

数论与分析数学（尤其是复分析）的结合形成解析数论，过去 100 多年的发展使人们对素数的认识大大加深，标志性的结论有素数定理、哥德巴赫（Goldbach）猜想和孪生素数猜想的进展等。数论与代数的结合形成代数数论，与代数几何的结合形成算术代数几何，现在是特别有活力的分支。无疑，费马大定理（Fermat's last theorem）的证明是代数数论和算术代数几何的一个伟大成就。代数几何已成为数论研究的强大工具，在韦伊（Weil）猜想、费马大定理（Fermat's last theorem）、朗兰兹纲领（Langlands program）中的基本引理等标志性成果的证明中都起着关键的作用。

数论与表示论的结合现在是备受关注的研究方向，一个特别引人注目的主题就是朗兰兹纲领（Langlands program）。该纲领建立了代数群表示与数论之间的深邃联系。这个纲领的中心问题是函子性猜想，它描述了不同代数群的自守表示之间的深刻联系。函子性猜想蕴含了很多著名的猜想，如阿廷（Artin）猜想、拉马努金（Ramanujan）猜想、佐藤－塔特（Misaki-Tate）猜想等。朗兰兹（Langlands）函子性猜想的一个重要特殊情况是朗兰兹（Langlands）互反律，或者说朗兰兹（Langlands）对应。对于函数域上的一般线性群，拉佛格（Lafforgue）在 2002 年证明了朗兰兹（Langlands）的互反律猜想［即建立了朗兰兹（Langlands）对应］，并因此获得了当年的菲尔兹奖（Fields Medal）。2010 年发表的基本引理的证明也是这个纲领中的一个巨大进展，吴宝珠（Ng）因其对基本引理的证明获得了 2010 年的菲尔兹奖（Fields Medal）。

由于与遍历论的结合，组合数论最近这些年的进展令人吃惊。一项突出的成就是陶哲轩（Tao）和格林（Green）证明了素数等差数列可以任意长。这是陶哲轩（Tao）获菲尔兹奖（Fields Medal）的主要工作之一。数的几何理论还有很多有意思的问题。例如，巴嘎瓦（Bhargava）因为在数的几何中发展了一些强有力的方法，并把这些方法用于小秩环的计数和估计椭圆曲线的平均秩，于 2014 年获得菲尔兹奖（Fields Medal）。

数论现在正处于一个特别活跃的发展期，重大成果不断涌现。重大问题中还包括黎曼（Riemann）假设与 BSD 猜想两个千禧年问题等着人们去解决。

（二）代数

代数是数学最古老的分支之一，最初的主要研究对象是多项式和多项式方程，本质上这些对象背后是运算加减乘除的性质。随着数学的发展，新的运算系统不断产生，代数的研究内容日益丰富，与其他数学分支的联系也日益密切，既为其他分支提供工具，也从其他分支获得发展的问题与动力。

多项式方程的探索给数学发展以巨大的推动，复数和群论均由此产生。复数和群论对整个数学的发展意义是不可估量的。数论对代数的发展起着十分重要的作用，很多新的运算系统来自数论，同余给出了一类特别重要的有限域、有限环和有限群。

拓扑学尤其是代数拓扑是代数学发展的重要源泉，现在很为人关注的霍普夫（Hopf）代数就是来自拓扑学的研究，量子群就是一类特别的霍普夫（Hopf）代数。量子群的典范基理论部分激发了丛代数（cluster algebra）理论的产生。近 10 余年丛代数理论发展迅速，还建立了二维黎曼面的三角剖分与代数表示论的联系。今天，代数学最引人注目的方向是表示论，尤其是李表示论，其次是重要的代数结构，如群、李代数、顶点算子代数、量子群、代数、环、域等。

群表示理论是一个庞大的研究领域，在数学和物理中应用广泛。李群和代数群在单位元处的切空间是李代数，可以看做李群和代数群的线性化。李代数和相关的代数如顶点算子代数等及其表示同样在数学和物理中应用广泛。有限群的表示可以通过其群代数的模来研究。过去几十年，代数的表示论有很大的发展，尤其是林格尔（Ringel）发现代数表示论与量子群的联系之后。在过去几十年中，表示论的一些影响深远的发展包括：几何方法在代数群和量子群表示理论中的应用，并由此产生了几何表示论；用表示论研究数论的朗兰兹纲领（Langlands program）和一个平行的几何朗兰兹纲领（Langlands program）；李（超）代数及其表示的发展与在理论物理和数学物理中的应用；还有近 20 年的一股范畴化潮流。另外，传统的李群表示理论、代数表示论和有限群的模表示理论也是非常活跃的，这些依然是表示论的主要研究方向。重要的代数结构研究始终是代数学的发展动力。新的代数结构既产生于代数学自身的研究，也产生于其他数学分支和物理的研究。现在代数学中最有活力的发展方向是那些与其他数学分支和物理有密切联系的方向，李理论和表示论都在其列。

（三）代数几何

代数几何的基本研究对象是多项式方程组的零点集，称为代数簇。虽然说代数几何的历史可以追溯到古希腊时期的圆锥曲线研究，也可以认为笛卡儿（Descartes）的解析几何是代数几何的先声，但代数几何真正形成和发展还是最近 100 多年的事情。先从一维的代数簇（即代数曲线）开始，然后是二维的代数簇（即代数曲面）。特别重要的是黎曼 - 洛赫（Riemann-Roch）定理，对它的推广产生了 K- 理论。K- 理论已成为代数、数论、几何、拓扑等分支的重要工具。

20 世纪四五十年代韦伊（Weil）和查里斯基（Zarisky）用新的语言严格表述了代数几何的基础。1949 年，韦伊（Weil）对有限域上的代数簇提出了一个猜想，其中一部分可以看成黎曼（Riemann）猜想在有限域上的形式，对以后代数几何的发展影响巨大，这其中包括塞尔（Serre）和格罗滕迪克（Grothendieck）在代数几何上的工作。20 世纪五六十年代，格罗滕迪克（Grothendieck）用概型的语言改写了代数几何，在此基础上极大地发展了这一学科，包括为证明韦伊（Weil）猜想而建立的 l 进制上同调理论。他于 1966 年获得菲尔兹奖（Fields Medal）。他的思想和工作对代数几何与数学的发展产生了深远的影响。1974 年，格罗滕迪克（Grothendieck）的学生德林（Deligne）用 l 进制上同调理论证明了韦伊（Weil）猜想中的黎曼（Riemann）假设部分，并主要因此于 1978 年获得菲尔兹奖（Fields Medal）。

和数论一样，代数几何自身的问题是推动代数几何发展的最主要动力。代数几何的中心问题是对代数簇分类。但这个问题太大、太难，现阶段很难完全解决。一维的情况是代数曲线，其分类相对容易，在 19 世纪就知道光滑的射影曲线可以用它们的亏格来分类。在 1885~1935 年期间，代数几何史上著名的意大利学派对二维的情形研究其分类。意大利学派的特点是几何直观思想丰富深刻，但后期的工作严格性不足。小平邦彦（Kunihiko Kodaira）和沙法列维奇（Shafarevich）及其学生在 20 个世纪 60 年代重新整理了代数曲面的分类。小平邦彦（Kunihiko Kodaira）在代数几何和复流形上的工作十分有影响力，早在 1954 年，他就获得了菲尔兹奖（Fields Medal）。沙法列维奇（Shafarevich）在代数数论和代数几何上都做出了重要的贡献，有著名的沙法列维奇（Shafarevich）猜想，至今尚未解决。曼福德（Mumford）和庞比利（Bombieri）在 20 世纪六七十年代把意大利学派对曲面的分类工作做到了特征 p 域上。曼福德（Mumford）在代数几何方面的贡献是多方面的，如构造了给定亏格曲线的模空间，对几何不变量的研究等，因为这些贡献，他于 1974 年获得菲尔兹奖（Fields Medal）。庞比利（Bombieri）则因其在解析数论、代数几何和分析数学上的杰出工作于 1974 年获得菲尔兹奖（Fields Medal）。三维情形的分类直到 20 世纪 80 年代才由日本数学家森重文完成，他因此于 1990 年获得菲尔兹奖（Fields Medal）。

如何把这些分类的工作推广到高维的情形是非常活跃的研究方向。对代数曲线、代数曲面和三维代数簇做更精细的分类也是人们感兴趣的课题，这就到了模空间的研究范围。除了代数曲线，代数曲面的模空间，或更广泛的代数簇的模空间，人们还对代数簇上的向量丛的模空间十分感兴趣，这也是代数几何现在的一个主流方向。代数曲线的模空间与量子场论的联系是过去一些年非常活跃的研究方向。在对两个假设的量子场论作比较时，威腾（Witten）对代数曲线的模空间提出了一个猜想，后被孔策维奇（Kontsevich）证明。同样基于量子场论的考虑，威腾（Witten）认为存在一些可通过某些积分计算的纽结和三维流形不变量，后来被孔策维奇（Kontsevich）所证实。这些工作影响很大，是孔策维奇（Kontsevich）获得 1998 年菲尔兹奖（Fields Medal）的部分主要工作。

数学物理给代数几何带来了很多的新思想和新问题。代数簇的奇点非常有意思，常常蕴含丰富的信息，与其他分支有出人意料的联系，如孤立奇点与单李代数的联系、舒伯特（Schubert）簇的奇点和李代数的表示的联系等。如果一个代数簇有奇点，那么很多对研究无奇点的代数簇有效的工具就失效了。一个特别重要的问题是奇点解消。1964 年广中平祐关于复代数簇找到了一个办法解消奇点，为此他于 1970 年获得菲尔兹奖（Fields Medal）。对特征 p 代数闭域上代数簇的奇点解消是人们现在很关注的问题。

同调群和上同调是代数几何中的重要研究工具。构造满足需要性质的（上）同调群也是代数几何重要的研究课题。同调群中有一些特别的元素对研究认识空间的几何结构非常重要。对光滑的复代数簇的德拉姆（De Rham）上同调，其中一些元素称为霍奇（Hodge）类。代数几何中一个未解决的主要问题就是霍奇（Hodge）猜想，它断言霍奇（Hodge）类都是一些代数圈类的有理线性组合，这也是克雷数学研究所（CMI）的千禧年问题之一。

代数叠是近年来十分活跃的研究课题。代数几何因自身的活力及与其他数学分支和物理的深刻联系，现正处于强劲发展的时期，从每年产生的论文数量也可以看出这一点。

（四）数理逻辑

逻辑的运用在古文明就有，但数理逻辑的形成却只有 100 多年的历史。数理逻辑关注的问题是数学形式逻辑方面的问题，如形式系统的表现能力、形式证明系统的演绎能力等，这些与数学基础密不可分，也与理论计算机科学密切相关。数理逻辑的发展一方面依靠自身的问题；另一方面也离不开数学其他分支的发展，理论计算机科学也推动数理逻辑的发展。皮亚诺（Peano）的算术理论和希尔伯特（Hilbert）的几何基础理论都对数理逻辑发展有很大的作用。数理逻辑在其他数学分支有很多精彩的应用。例如，埃克斯（James Ax）用数理逻辑中的模型论首先证明如果有限维复线性空间自身的一个多项式映射是单射，那必是满射；又如，卢索夫斯基（Hrushovski）用模型论证明了函数域上的莫代尔－朗格（Mordell-Lang）猜想，产生了很大的影响力。P 和 NP 问题是数理逻辑专家特别感兴趣的问题，这也是一个千禧年问题。

二、几何与拓扑

几何与拓扑起始于人类对刻画物体形状及其变化特征的需求。这里的几何与拓扑在较广意义下主要指微分几何、拓扑学、辛几何与数学物理。

（一）微分几何

在过去的 100 余年中，微分几何得到了巨大的发展，成为数学研究中的核心分支。从二维曲面上的高斯－伯奈特（Gauss-Bonnet）公式，发展到今天人们对曲率与流形拓扑之间关系的广泛理解，以及指标理论作为数学的一个新分支的建立；从二维曲面分类发展到对四维流形拓扑的深刻理解，以及三维庞加莱（Poincaré）猜想和几何化猜想的解决；从黎曼（Riemann）面的一致化定理发展到亚玛比（Yamabe）问题和凯勒－爱因斯坦（Kaehler-Einstein）度量的研究。现代微分几何的主要特点是与其他数学分支，如拓扑学和微分方程的交叉融合，最具代表性的成果就是三维庞加莱（Poincaré）猜想的解决，这一著名的拓扑学问题，最终是用微分几何、微分方程方法解决的。现代微分几何的研究主要侧重微分几何、流形拓扑、微分方程的联系、四维流形的微分结构、复几何、指标理论以及子流形几何。

微分几何在 20 世纪发展过程中的一个基本特征是从局部到整体，另一个基本特征是它与分析学（特别是偏微分方程）的融合。因而产生了微分几何与流形拓扑、微分方程相联系的一些"经典"问题。黎曼（Riemann）流形局部的基本量是它的曲率，而它最基本的整体特征是该流形的拓扑结构。研究曲率的整体性质可归为非线性偏微分方程的研究，从爱因斯坦（Einstein）方程

到杨 - 米尔斯（Yang-Mills）方程、从极小曲面方程到调和映射方程以及它们
对应的抛物流等皆是如此。这些方程的奇点分析是非常重要的，如佩雷尔曼
（Perelman）解决庞加莱（Poincaré）猜想和几何化猜想的关键是里奇（Ricci）
曲率流的奇点拓扑分类。到目前为止，几何中重要方程的奇点研究仍有许多基
本问题还未解决，有待进一步研究。

里奇（Ricci）流经过了20年的发展，最终以佩雷尔曼（Perelman）证
明了三维的庞加莱（Poincaré）猜想及瑟斯顿（Thurston）的几何化猜想宣
告成功。自此三维光滑流形的分类也基本完成。一个自然的问题是四维紧
致光滑流形的分类。首先，1986年菲尔斯奖（Fields Medal）获得者费利德
曼（Freedman）的工作对单连通四维拓扑流形给出了完美的刻画，他建立
了拓扑流形与相交形式的对应关系。但同样是在20世纪80年代，唐德森
（Donaldson）的工作却告诉我们从光滑流形的角度看，四维流形应该是非常复
杂的。一个例子是四维欧氏空间上有无数个不同的光滑结构。任何维数小于等
于3的拓扑流形上的微分结构都是唯一的。当维数大于等于5时，微分结构的
存在性对应于其切丛的某种约化性。然而维数为4时，微分结构的问题却显得
特别的困难，这也使得对所有四维微分流形进行分类变得十分困难。在过去
30年中，基于唐德森（Donaldson）不变量及塞伯格 - 威腾（Seiberg-Witten）
不变量，人们对光滑四维流形有了一定的认识，取得了非常突出的成果。但
距离四维光滑流形的完整图像还相差甚远。比如"四维光滑流形的庞加莱
（Poincaré）猜想"到目前为止还没有答案：拓扑四维球面上的光滑结构是否唯
一？这是一个四维流形的基本问题。

几何分析的方法可以用来研究四维流形的微分结构。其中一个方法是里
奇（Ricci）流，它的基本思想是形变背景空间的度量，以期达到了解背景空
间的几何与拓扑结构的目的。用里奇（Ricci）流的方法对光滑四维流形进行
分类仍然有许多未解决的基本问题，因此发展四维流形上的里奇（Ricci）流
理论是十分重要的。已知任何四维怪球面上都不存在反对偶度量，因此通过研
究如何构造反对偶度量，我们也许可以找到研究四维流形光滑结构的新途径。
四维流形中重要的一类流形是辛流形。辛四维流形与复曲面有很多类似处，一
个自然的问题是研究它们之间的深刻联系。几何分析提供了一些方法，如复投
影面中辛子曲面的同距问题与非常重要的一类辛四维流形分类紧密相关。对于
平均曲率流和广义柯西 - 黎曼（Cauchy-Riemann）方程奇异解的研究都值得进

一步探讨。研究辛流形分类的另一途径是辛曲率流,有证据显示在四维情形中,辛曲率流可以起到非常重要的作用,甚至像里奇(Ricci)流在三维的情形一样,关键还是辛曲率流的奇点分析。

复几何是微分几何中的一个非常优美的分支。最早的研究可追溯到 19 世纪黎曼(Riemann)面的一致化定理。许多代数几何的问题也可用复几何的方法来解决。

霍奇(Hodge)猜想是克雷数学研究所选出的 7 个千禧年问题当中的一个。它是复代数几何中最重要的问题。霍奇(Hodge)猜想断言一个代数流形的有理数域上 (p, p) 型上同调类空间是个解析簇环。更具体地,复流形上有理系数的 (p, p) 形式表示的上同调类称为霍奇(Hodge)类。霍奇(Hodge)猜想是:光滑复代数流形的霍奇(Hodge)类可用它的不可约代数子簇的以有理数为系数的形式线性组合来表示。有一些事实支持霍奇(Hodge)猜想,列夫谢茨(Lefschetz)定理表明霍奇(Hodge)猜想对余维为 1 的情形是对的。这样当流形的复维数不超过 3 时,霍奇(Hodge)猜想是对的。1991 年由卡塔尼(Cattani)、德林(Deligne)与开普兰(Kaplan)得到的关于霍奇(Hodge)loci 的代数性结果是支持霍奇(Hodge)猜想的最强有力的证据。研究霍奇(Hodge)猜想的一种途径是利用几何测度论。也可通过杨-米尔斯(Yang-Mills)方程的自对偶解来研究霍奇(Hodge)猜想。特别在复四维情形,如果对自对偶解的空间有足够的了解,就可以解决环面上的霍奇(Hodge)猜想,这已包括德林(Deligne)几十年前提出的一个问题。

20 世纪 50 年代,卡拉比(Calabi)开始了高维凯勒-爱因斯坦(Kaehler-Einstein)度量的研究。70 年代,丘成桐(Yau)通过研究复蒙日-安培(Monge-Ampere)方程解的存在性,证明了著名的卡拉比(Calabi)猜测。对于任意的凯勒(Kaehler)类,卡拉比(Calabi)在 20 世纪 80 年代提出了更一般的典则度量——凯勒(Kaehler)极值度量的研究。凯勒(Kaehler)极值度量的存在性与 K- 的稳定性相关,因而有丘-田-唐德森猜想。这一猜想最近有重大进展,但一般情形还有待研究。凯勒-里奇(Kaehler-Ricci)流是里奇(Ricci)流在凯勒(Kaehler)流形的情形,其奇点分类与代数几何中 flip 变换紧密相连,有很好的研究前景。如果能用几何分析方法分类凯勒-里奇流(Kaehler-Ricci)产生的奇点,我们可以将代数流形的分类理论推广到一般凯勒(Kaehler)流形。

　　非凯勒复几何的研究经过缓慢的发展，逐渐受到人们的重视。由于非凯勒复流形上不存在凯勒度量，所以首要问题是这些复流形具有什么样的特殊厄米（Hermitian）度量。现在研究的比较多的特殊厄米度量是平衡度量、SKT度量（strong Kaehler with torsion metric）与广义凯勒度量。这些度量也可用曲率流方法来研究。

　　19 世纪的微分几何中有两个经典定理，高斯 - 伯奈特（Gauss-Bonnet）定理是利用高斯（Gauss）曲率的积分来计算曲面的欧拉数，黎曼 - 罗赫定理是对紧黎曼面上全纯线丛的全纯截面的空间维数给出信息。1944 年，陈省身内蕴地证明了所有维数的高斯 - 伯奈特（Gauss-Bonnet）定理。10 年后，赫尔维茨（Hirzebruch）把经典的黎曼 - 罗赫定理推广到所有的维数。格罗滕迪克（Grothendieck）通过引入一个新的理论：代数向量丛的 K- 理论，获得了赫尔维茨定理的簇的版本。然后阿蒂亚（Atiyah）和赫尔维茨发展了光滑向量丛的拓扑 K- 理论。拓扑 K- 理论使得椭圆算子的指标定理有了更适当的表达方式。在 1963 年，阿蒂亚（Atiyah）和辛格（Singer）宣布了他们的指标定理。它在微分几何、拓扑、代数几何、表示理论、数论和物理学中都有广阔的应用。从那时起，指标理论和流形上的整体分析成为一个新的数学分支。

　　1985 年，奎伦（Quillen）引进了超联络（superconnection）。利用某种超联络的曲率与热核作为工具，毕斯姆（Bismut）严格定义了对应一簇狄拉克（Dirac）算子的无穷维向量丛的陈特征表示。特别是，他引入了时下称为毕斯姆（Bismut）超联络的列维 - 茨维塔（Levi-Civita）超联络，建立了局部指标定理的簇版本。对于平坦向量丛，毕斯姆 - 洛特（Bismut-Lott）建立了黎曼 - 罗赫 - 格罗滕迪克定理的光滑版本。通过超度，他们构造了实解析挠率形式。在所有的情况下，他们所考虑的是与纤维相配的底流形上的微分形式。特别地，全纯（或实）解析挠率形式阶为 0 的部分是瑞 - 辛格（Ray-Singer）全纯（或实）解析挠率，它是拉普拉斯（Laplace）算子行列式的重整化。毕斯姆 - 契格（Bismut-Cheeger）的 eta 形式的 0 阶部分是阿蒂亚 - 帕图蒂 - 辛格（Atiyah-Patodi-Singer）的 eta 不变量，它衡量自伴椭圆算子谱的对称性。从分析的角度来看，椭圆算子的指标是以初等不变量出现的，而 eta 形式和全纯（或实）解析挠率形式是以第二阶不变量出现的。特别地，超度公式给出了簇指标定理在第二层次上的精细化。一般情况下，用度量和联络等几何数据来定义上述初等或第二阶不变量。初等不变量不依赖于几何数据的选取，但第二阶不变量是依赖于它们的。更一般地，初等变量是自然函子，也就是说，它们与映照的组合相容。一个自然而有趣的问题是第二阶不变量如何依赖于几何数据的选取。更一般地，如何决定它们的函子性质。这些函子性质也有助于阐明这些不变量的自然性。这些二阶不变量也自然出现在其他的理论中。

如果一个紧李群作用于流形上，阿蒂亚－辛格（Atiyah-Singer）等变指标定理告诉人们，可以利用不动点集的几何数据计算出等变指标。是否对第二阶不变量也存在局部化公式？例如，由它们的等变算术黎曼－罗赫定理所触发，克勒－勒斯勒尔（Koehler-Roessler）在 2002 年对全纯解析挠率提出了一个局部化猜想。受毕斯姆－洛特（Bismut-Lott）工作的启发，井草－克莱因（Igusa-Klein）和德怀尔－韦斯－威廉姆斯（Dwyer-Weiss-Williams）提出了高阶的拓扑挠率不变量，它是经典赖德迈斯特（Reidemeister）挠率的簇版本。一个自然且重要的问题是毕斯姆－洛特（Bismut-Lott）挠率和高阶的拓扑挠率不变量之间的确切关系。于 1950～1978 年间发展起来的塞尔伯格（Selberg）迹公式以及对于轨道积分的哈里什－钱德拉（Harish-Chandra）的普朗歇尔（Plancherel）公式，是表示论和数论的基础。对于与对称空间某种丛上的热核相配的自然函数，使用它的亚椭圆（hypoelliptic）拉普拉斯算子理论，毕斯姆（Bismut）对半单元素的所有轨道积分得到了明确的公式。这项工作给出了迹公式和指标理论之间的直接联系。事实上，非常相似于阿蒂亚－辛格（Atiyah-Singer）指标的计算公式。人们自然会尝试扩展这种方法来建立非半单元素的轨道积分公式。这是一个长期计划，涉及朗兰兹纲领（Langlands program）。

在子流形几何研究方面，极小曲面存在性及相关问题受到高度关注。带边极小曲面佩拉图（Plateau）问题的研究极大地推动了非线性分析及几何分析的发展。无边极小曲面以及全纯曲线的研究在数学物理、代数几何、复几何等领域中非常重要。极小曲面以及调和映照等几何中非线性方程的紧性及奇点研究，与之相关的几何流（如平均曲率流、热流和新发展起来的几何流）也越来越受到数学家的重视。经典的维莫尔（Willmore）猜想已经解决，高亏格及其他情形还有待进一步研究。

1968 年，陈省身提出以下猜想：单位球面中常数量曲率的闭极小超曲面是否必为等参超极小超曲面？陈省身的猜想与西蒙（Simons）不等式有关。设 M 是单位球面 S^{n+1} 中的具有常第二基本形式长度平方 S 的闭极小超曲面，西蒙（Simons）证明：如果 $S \leqslant n$，那么 $S=0$（全测地）或者 $S=n$［克利福德

（Clifford）超曲面]。由于当 M 极小时，S 是常数，与数量曲率是常数等价，陈省身猜想的最初版本是：球面中常数量曲率闭极小子超曲面的数量曲率取值是否离散？这个问题至今仍未获得解决，仅有一些已知的例子，如单位球面中的常数量曲率闭极小超曲面是等参的。由于等参理论的发展，陈省身猜想的证明取得了一些进展，但仅有一些低维情形的结果。当然这些结果距离猜想的完全解决相差甚远。

1970 年，劳森（Lawson）提出了一个猜想：在相差刚体运动意义下，克利福德（Clifford）环面是三维单位球面中唯一的嵌入极小环面。最近 Brendle 对劳森（Lawson）猜想给出了肯定的回答。对复射影平面 CP^2 中的拉格朗日（Lagrange）曲面，Oh 提出了类似的猜想：实射影平面 RP^2 和克利福德（Clifford）环面是 CP^2 中仅有的紧致极小拉格朗日（Lagrange）曲面。由于 CP^2 中存在很多浸入极小拉格朗日（Lagrange）环面，所以上面的猜想可以改为以下形式：拉格朗日（Lagrange）版本的劳森（Lawson）猜想：复射影平面 CP^2 中的嵌入极小拉格朗日（Lagrange）环面必为克利福德（Clifford）环面。

与一些物理学相关的重要微分几何问题值得深入研究。物理学中的广义相对论以及规范场理论和数学有很深的渊源，它们之间的进一步沟通必定会导致数学理论的新发展。

杨 - 米尔斯（Yang-Mills）理论在微分几何的研究中有重要应用。对于全纯向量丛，唐德森 - 乌伦贝克 - 丘成桐（Donaldson-Uhlenbeck-Yau）定理建立了厄米 - 杨 - 米尔斯（Hermitian-Yang-Mills）度量（或联络）的存在性与曼福德（Mumford）意义下全纯结构的稳定性（stability）之间的等价对应。半稳定结构可以看成稳定结构模空间的边界，研究半稳定结构对全纯向量丛模空间的进一步认识很重要。半稳定结构一般来说带有奇异点，研究它们的几何结构是非常有意思的问题。与规范场理论相关的其他一些重大数学问题也有待进一步研究。比如作为杨 - 米尔斯（Yang-Mills）理论的数学基础，至今为止杨 - 米尔斯（Yang-Mills）方程解的存在性问题尚未彻底清楚。杨 - 米尔斯（Yang-Mills）理论中的"质量间隙"（mass gap）还没有很好的数学解释，这也是克雷数学研究所（CMI）列的七大数学难题之一。这一问题的解决需要在数学特别是几何和偏微分方程的研究中引入新的思想。

广义相对论从它诞生之日起就一直是微分几何发展的极大动力，对其中某些基本观念和定律的理解、认识是许多重要几何分析问题的来源。我们知道，质量是广义相对论中十分基本的概念。根据物理学中的基本定律，人们相信正质量猜想应该成立。在一定条件下正质量猜想可约化为黎曼（Riemann）几何中关于数量曲率非负流形的几何问题。20 世纪 80 年代初，舍恩－丘成桐（Schoen-Yau）用极小曲面理论及威腾（Witten）用旋量（spinor）方法分别解决了正质量定理。随后，90 年代后期 Huisken-Illmanen 用逆平均曲率流，Bray 用共形流得到了比正质量定理更为精细的三维黎曼（Riemann）流形上的潘洛斯（Penrose）不等式。这些问题的解决既回答了长期存在于物理学中的困惑，同时也为几何分析的发展提供了新的视角，如研究更一般条件下的高维的正质量定理及潘洛斯（Penrose）不等式成为人们关注的问题。最近十几年来，受潘洛斯（Penrose）不等式证明的影响，人们开始研究拟局部质量及其衍生出的一类几何不等式，得到了一批丰硕的结果。为理解孤立系统中质心的几何意义，人们开始研究渐进平坦流形上的常中曲率曲面的存在性和唯一性以及与经典等周问题的关系，这一类问题的研究构成了最近几年几何分析的一大热点。但由于方法和技术的限制，这类研究大都局限于低维流形，高维情形知之甚少，值得进一步的研究。广义相对论的基本方程是爱因斯坦（Einstein）方程，这是一个双曲型的方程。难度很大，仅用分析方法是不够的。相信爱因斯坦（Einstein）方程今后的研究必定与几何有更深的联系。

（二）拓扑学

拓扑学研究空间在连续形变下的不变性质，它的起源之一是庞加莱（Poincaré）对于天文学的研究。庞加莱（Poincaré）猜想与三维球面同伦等价的三维流形必同胚于三维球面，寻求庞加莱（Poincaré）猜想及广义庞加莱（Poincaré）猜想的证明是 20 世纪拓扑发展的重要轨迹。拓扑学在生物、计算机和物理学中都有着广泛的应用。

一般拓扑学 / 点集拓扑学致力于研究基本的拓扑性质，并甄别出数学家最感兴趣的拓扑空间。几何拓扑学研究的主要对象是流形，特别是流形的分类及其上各种几何结构的存在性与分类，其研究方法也是多种多样，如拓扑方法、几何方法及代数方法等；近年来人们在三维流形分类问题的研究中取得了重大突破。代数拓扑学主要研究拓扑空间的代数性质，如拓扑空间的同调与同伦性质。代数拓扑学为基础数学的研究提供了强有力的工具。例如，各种示性类的发现，对基础数学多个领域都有重要意义；经典李群的同伦群及同调群的计算，极大地促进了数学的发展。

60 年来，拓扑学的研究取得了辉煌的成就。20 世纪 50 年代中期，米尔诺（Milnor）证明了七维球面上奇异光滑结构的存在性。几年后，斯梅尔（Smale）应用莫尔斯（Morse）理论和惠特尼（Whitney）技巧证明了高维庞加莱（Poincaré）猜想。三维、四维流形具有特殊性，需要更多的研究工具，这使得低维流形的研究成为拓扑学的主要研究对象之一。在 20 世纪 70 年代末，三维、四维流形的研究开始了新的篇章。瑟斯顿（Thurston）的几何化猜想具有划时代的意义，其断言三维流形上存在典则的分解，使得每一部分上存在瑟斯顿（Thurston）给出的 8 种几何之一。几何化猜想蕴含了庞加莱（Poincaré）猜想。这在其后的几十年里一直是三维拓扑的中心研究内容。双曲几何在三维流形的研究里已经非常成熟，包括 Tameness 和 Ending Lamination 等猜想都得到了证明。在四维流形上，费利德曼（Freedman）在拓扑意义上发展了惠特尼（Whitney）技巧，应用 Casson handle 证明了四维庞加莱（Poincaré）猜想，并且给出了四维单连通流形的拓扑分类。另外，唐德森（Donaldson）应用在物理学中取得巨大成功的杨－米尔斯（Yang-Mills）理论，用规范场理论研究四维流形，证明了某些四维流形上不存在光滑结构，而有些四维流形上具有不同的光滑结构。格罗莫夫（Gromov）关于辛流形中伪复曲线的研究、威腾（Witten）关于莫尔斯（Morse）理论的流曲线解释和在此基础上弗洛尔（Floer）定义的弗洛尔（Floer）同调理论，不仅证明了动力系统里著名的阿诺德（Arnold）猜想，也为数学物理特别是镜面对称提供了丰富的思想。塞伯格－威腾（Seiberg-Witten）理论的提出，促进了规范场理论在数学中的进一步发展，也导致了 Heegaard-Floer 等弗洛尔（Floer）理论的出现与应用，很多经典拓扑问题得到解决，如魏因施泰因（Weinstein）猜想和性质 P 猜想等。

拓扑学的研究也与其他数学分支相互影响，几何分析的发展为拓扑学提供了巨大的契机。1982 年，哈密顿（Hamilton）发展的里奇（Ricci）流为三维庞加莱（Poincaré）猜想和瑟斯顿（Thurston）几何化猜想提供了可能。而佩雷尔曼（Perelman）的突破性工作最终完成了这两个著名猜想的证明，在瑟斯顿（Thurston）框架下给出了三维流形的分类，这是当代数学最伟大的成就之一。由于格罗莫夫（Gromov）的奠基性工作，拓扑方法和群论的结合诞生了几何群论。人们用几何方法来研究群论的问题，也应用群论来研究三维流形上的拓扑问题。2012 年，Agol 等应用几何群论，证明了虚拟哈肯（virtual Haken）猜想和虚拟（virtual）纤维化猜想，这与庞加莱（Poincaré）猜想结合，在 Waldhausen 定理的框架之下，证明素的无本质环面的三维流形或者是球面模去有限群的作用，或者是圆周上的曲面丛模去有限群的作用。纽结理论开始于泰特（Tait）对于纽结分类的研究。亚历山大（Alexander）定义了纽结的多项式不变量，Lickorish 证明了三维流形都可以由三维球面中的链环做手术得到，这极大地促进了纽结理论的发展，特别是在低维流形的应用。琼斯（Jones）定义的多项式不变量，与量子群理论等多个数学分支相关，也成为很活跃的领域。寻找量子不变量与经典低维拓扑之间的深层联系，是拓扑学里具有挑战性的工作。

由于在拓扑学方面的巨大贡献，塞尔（Serre）、托姆（Thom）、斯梅尔（Smale）、米尔诺（Milnor）、瑟斯顿（Thurston）、唐德森（Donaldson）、费利德曼（Freedman）、琼斯（Jones）、威腾（Witten）、佩雷尔曼（Perelman）、莫兹坎尼（Mirzakhani）等数学家获得了菲尔兹奖（Fields Medal）。而纳什（Nash）获得诺贝尔经济奖的工作的主要研究工具是微分拓扑。

曲面理论一直是研究低维拓扑的重要工具。正规曲面、不可压缩曲面、希加德分解、瑟斯顿（Thurston）度量最小化曲面都是三维流形研究中的重要工具。三维流形之间的映射，尤其是非零度映射，是近年来活跃的研究课题。非零度映射的存在性与有限性，与纽结群和三维流形基本群相关，也给出了三维流形上的偏序关系。非零度映射的标准形式和三维流形自映射的不动点，都是很有意义的问题。紧曲面几何拓扑的研究在低维流形拓扑学研究中起着基本而重要的作用。特别地，紧曲面的曲线复形、映射类群与几何结构形变空间本身是几何群论十分重要的研究对象，同时为低维流形几何拓扑学的若干最新重要进展提供了强有力的工具。瑟斯顿（Thurston）证明了映射类可以分为周期、伪阿诺索夫（Anosov）和可约 3 种。曲线复形具有格罗莫夫（Gromov）双曲性质，使得人们可以用双曲几何的方法来研究映射类群。一个基本问题是映射类群是否是线性的。约翰逊（Johnson）子群由所有分离曲线的德恩（Dehn）扭曲生成，人们不知道约翰逊（Johnson）子群是否无限生成。曲面上自映射在三维、四维流形中的扩张也是有意义的研究课题。Heegaard 分解是三维流形的基本结构之一。三维流形的 Heegaard 亏格在连通和下具有可加性。有意义的问题包括决定三维流形的亏格和寻找 Heegaard 分解的不变量，以及三维流形拓扑与黏合映射之间的关系。弗洛尔（Floer）同调在三维、四维拓扑上取得了巨大成功，可以决定纽结亏格、瑟斯顿（Thurston）度量和流形的纤维化，区分四维流形上的光滑结构，解决了魏因施泰因（Weinstein）猜想和三角剖分猜想等。理解弗洛尔（Floer）同调类的拓扑含义，理解不可压缩曲面和瑟斯顿（Thurston）度量最小化曲面与弗洛尔（Floer）同调的内在联系，都是很基本而重要的问题。

纽结理论与三维流形的发展紧密相关。三维流形都可以在三维球面中的链环上做德恩（Dehn）手术得到，而四维光滑流形都可以用 Kirby 图表示，并且不同的表示给出同样的流形当且仅当它们具有某种等价性时。扭结与辫群理论和映射类群的研究息息相关。纽结理论感兴趣的问题包括：纽结的解结数与交点是否具有可加性；琼斯（Jones）多项式与作为它的范畴化的 Khovanov 同调，是否具有规范场理论的解释；能否提出有效检测 mutation 的多项式不变量。纽结上的德恩（Dehn）手术是过去几十年中经典拓扑所关心的问题，包括透镜空间猜想和性质 P 等，很多著名猜想已被解决。而 Cosmetic 手术猜想和 Berge 猜想是近期的热点问题。

流形的分类、流形间映射的几何性质以及流形的对称性是流形拓扑学的重要课题。同伦与同调群是流形的基本拓扑不变量，它们的性质以及有效计算是这些研究的共同基础。李群及其齐性空间在当代几何和物理学中起着十分基础的作用。对此类流形的上同调给出系统而有效的计算途径具有重要意义。流形拓扑学的核心课题，是对于具有特定几何结构的流形进行系统分类，从 20 世纪 60 年代 Browder-Novikov-Sullivan-Wall 的工作开始，其一直是拓扑学中关注的领域，但是目前为止数学界了解得仍然很少，其中较为可能得到的是具有较高连通度的流形以及具有非平凡基本群的五维流形的分类，其研究具有特殊意义。分类工作将为这些流形上的黎曼（Riemann）几何和辛几何的研究奠定基础。高维流形间映射的度数、光滑流形模空间的同伦性质、稳定同伦群的计算，也是高维流形研究的重要课题。

规范场理论在区分四维流形上的光滑结构方面取得了很大成功，很大程度上是因为规范场理论与三维流形切触结构和四维流形辛结构的密切联系。人们期待弗洛尔（Floer）同调在低维流形上继续发展并取得更多结果。在三维庞加莱（Poincaré）猜想中起关键作用的里奇（Ricci）流思想，人们期望能够在四维流形中发展同样成功的理论，去研究四维光滑情形的庞加莱（Poincaré）

猜想。辛拓扑在四维流形的研究中将有着重要作用。辛几何中的 blowup 对应于代数几何中的双有理手术的简单情形，寻找更多的双有理手术在辛拓扑中的对应，这将对辛拓扑的研究带来新的思想和更多的结果。在奇数维流形上，存在着与辛结构相对应的切触结构。Overtwisted 切触结构由超平面场的同伦类决定。紧切触结构的存在和分类揭示了流形的整体拓扑性质。感兴趣的问题包括：闭切触流形如果包含无穷的 Giroux torsion，是否一定是 overtwisted；是否每个切触流形都有页面亏格为 1 的开书分解；双曲三维流形上紧切触结构的存在性和分类。这些结果都与四维流形上的辛结构紧密联系。

几何群论在拓扑学的研究中具有重要意义，特别是虚拟哈肯（Virtual Haken）猜想的证明，使得几何群论成为拓扑学里非常活跃的分支。国内拓扑学家在几何群论方向做了一定的工作，如相对双曲群，已有很多的年轻人投入到几何群论的研究中来，是大有可为的研究方向。

拓扑量子场论与范畴论也是当代拓扑学的重要研究方向。当代数学的特征之一是从有限自由度系统转向无限自由度系统。相对于有限自由度系统，无限自由度系统展现出很多截然不同的性质，从中发展出许多全新的数学结构。其中的数学通常表现出无穷维数、更弱的结合律、更复杂的结构等特点，如模空间理论、仿射李代数、A- 无穷代数、A- 无穷范畴、顶角算子代数等，我们暂且称之为新的数学。这些新数学也让人们对传统数学有了许多深入的洞见，比如 Donalson 理论、镜对称、几何朗兰兹（Langlands）等。对无限自由度系统的深入研究，开始于物理学中的量子场论。正如牛顿对天体力学这一有限自由度系统的研究引发了微积分的发现一样，量子场论的研究激发新数学的产生并非偶然，然而新数学的发展也如同微积分一样，需要一个漫长的积累过程。目前数学上可以严格构造的场论主要有两种，一种是拓扑场论，另一种是共形场论。前者可以认为是无限自由度系统中的有限子系统，它在数学上有着长足的发展，从早期的 Donalson 理论、琼斯（Jones）多项式等，到近来的弦拓扑、Heeggard-Floer 不变量、配边假设等，一直是非常活跃的领域。后者则在本质上就是无限自由度系统，被认为是量子场论在重整化流下的不动点。目前对共形场论的研究有多种入手办法，情形如同瞎子摸象一般，其中结构极尽丰富多彩，至今仍有大量迷雾等待人们揭开。这两种场论可以作为新数学发展的基石之一，对它们的研究可以引领人们去深入了解无限自由度系统的本质。另外，一个自然的问题是研究无限自由度系统所需的工具。微积分所依赖的是实数理论，以及其背后的集合论。而无限自由度系统中的数学结构往往都非常复杂的，人们意识到需要范畴这样结构化的工具来处理，因此以范畴语言来研究新的数学逐渐成为一种潮流。很自然的，范畴论及高阶范畴论（higher category theory）也已成为数学发展的热点。不仅如此，场论中的许多重要概念都能够在范畴论中得以实现，如劳瑞（Lurie）的 de Rham chiral homology，实际上就是场论中的路径积分，因此人们可以摆脱实数的局限，去自由发展全新的数学理论。高阶范畴早在格罗滕迪克（Grothendieck）时代就在系统化地发展，是研究几何所必需的，在新数学的激励下，高阶范畴论包括它所依赖的同伦论，有待人们去密切关注。

（三）辛几何与数学物理

辛几何不变量是区别空间辛结构的最重要性质。虽然辛几何很早就被应用于哈密顿（Hamilton）动力学的研究中，但是对辛几何不变量的研究却起步较晚，其原因之一是辛几何没有局部不变量，这一点和黎曼（Riemann）几何有很大不同。黎曼（Riemann）几何中各种曲率都是局部不变量，而辛几何中的不变量只能依赖于空间的整体性质，这也导致了对辛几何不变量的研究具有很大的难度。20 世纪 90 年代格罗莫夫－威腾（Gromov-Witten）不变量的引进是这一问题的重大突破。格罗莫夫－威腾（Gromov-Witten）不变量是受格罗莫夫（Gromov）在辛几何中伪全纯曲线的工作和威腾（Witten）在弦理论中拓扑 Sigma 模型的工作的启发而产生的。这些不变量的严格数学定义依赖于田刚、阮勇斌以及李骏等的奠基性工作。孔策维奇（Kontsevich）和曼宁（Manin）对格罗莫夫－威腾（Gromov-Witten）不变量进行了公理化研究。格罗莫夫－威腾（Gromov-Witten）不变量理论是几何与物理交叉学科中的一个非常重要的领域。这一理论和数学及物理中的许多领域都有深刻的联系并且对其有非常重要的应用。在辛几何中它们被用来区分流形上的不同辛结构和研究辛变换群。零亏格的格罗莫夫－威腾（Gromov-Witten）不变量定义了辛流形上的量子上同调，后者与哈密顿－弗洛尔（Hamiltonian-Floer）同调理论紧密相关。在代数几何中，格罗莫夫－威腾（Gromov-Witten）不变量被用来计算代数流形上的全纯曲线的个数，并通过镜像对称原理与霍奇（Hodge）结构的形变相关联。格罗莫夫－威腾（Gromov-Witten）不变量的普适方程反映了代数几何中稳定曲线模空间［即德林－曼福德（Deligne-Mumford）空间］

的拓扑结构。对于某些特殊辛流形，低维拓扑与规范场论中的塞伯格－威腾（Seiberg-Witten）不变量和唐德森－托马斯（Donaldson-Thomas）不变量等都和格罗莫夫－威腾（Gromov-Witten）不变量等价。格罗莫夫－威腾（Gromov-Witten）不变量的生成函数和可积系统中的 tau- 函数具有很多类似的性质，如 Virasoro 约束等。在弦论中，格罗莫夫－威腾（Gromov-Witten）不变量对应于拓扑 Sigma 模型的关联函数，并给出了镜像对称中的 A- 模型。

超弦理论中真空态的几何空间是卡拉比－丘（Calabi-Yau）流形。镜像对称现象预测卡拉比－丘（Calabi-Yau）流形上的非线性 Sigma 模型中的 A- 模型与镜像流形上的 B- 模型有某种等价关系。其中的 A- 模型与卡拉比－丘（Calabi-Yau）流形的辛结构有关，而 B- 模型与复结构的形变有关。一般情形下 A- 模型不变量的计算要比 B- 模型不变量的计算复杂很多。镜像对称一旦建立，将提供 A- 模型不变量的非常有效的算法。镜像对称中有许多著名数学问题需要解决。对这些问题的研究将是今后一些年中数学物理领域中的热点之一。在闭弦理论中，非线性 Sigma 模型的 A- 模型是格罗莫夫－威腾（Gromov-Witten）不变量，而相对应的 B- 模型则比较复杂。亏格为 0 的 B- 模型对应于霍奇（Hodge）结构的形变，Bershadsky-Cecotti-Ooguri-Vafa 的工作把复三维卡拉比－丘（Calabi-Yau）流形上亏格为 1 的 B- 模型对应于 Ray-Singer analytic torsion，相应的亏格为 0 和 1 的镜像对称也已经建立。最近 Costello 和 Si Li 提出了卡拉比－丘（Calabi-Yau）流形上高亏格 B- 模型的一种模式，但是相应的亏格大于 1 的镜像对称还没有建立。

与镜像对称密切相关的问题是卡拉比－丘（Calabi-Yau）流形上格罗莫夫－威腾（Gromov-Witten）不变量的计算问题。对卡拉比－丘（Calabi-Yau）超曲面来说，亏格为 0 和 1 的格罗莫夫－威腾（Gromov-Witten）不变量的计算已经基本上解决了。局部化技巧在这里起到了非常重要的作用。物理学家通过研究全纯反常方程对一些高亏格不变量进行了计算，这些在数学上并不属于严格计算。目前对于紧致卡拉比－丘（Calabi-Yau）流形上亏格大于 1 的格罗莫夫－威腾（Gromov-Witten）不变量的计算还没有数学上的行之有效的算法。与此问题相关的一个猜想是 Landau-Ginzburg/Calabi-Yau（LG/CY）correspondence，它把卡拉比－丘（Calabi-Yau）超曲面上的格罗莫夫－威腾（Gromov-Witten）理论等价于一类量子奇点理论。量子奇点理论的数学基础最近由范辉军－Jarvis－阮勇斌等建立，亏格大于 0 的 LG/CY correspondence 目前还没有建立，如果能够建立，它将为计算卡拉比－丘（Calabi-Yau）超曲面上的高亏格格罗莫夫－威腾（Gromov-Witten）不变量提供新的方法。

格罗莫夫－威腾（Gromov-Witten）不变量理论中另外一个非常重要的问题是 Virasoro 猜想。这个猜想是连接格罗莫夫－威腾（Gromov-Witten）不变量理论和可积系统的一个桥梁，也是计算格罗莫夫－威腾（Gromov-Witten）不变量的一个重要工具。Virasoro 猜想是物理学家 Eguchi-Hori-Xiong 提出的。代数几何学家 S. Katz 对它做了一些修正。这个猜想说代数流形上的格罗莫夫－威腾（Gromov-Witten）不变量的生成函数满足一个无穷序列的偏微分方程组。这些偏微分方程的算子满足 Virasoro 代数标准生成元素的括号积关系，当流形是一个点的时候这个猜想等价于威腾（Witten）的一个著名猜想并且由孔策维奇（Kontsevich）证明，它是孔策维奇（Kontsevich）获得菲尔兹奖（Fields Medal）的重要工作之一。Okounkov-Pandharipande 证明了代数曲线上的 Virasoro 猜想。所有紧致辛流形上的 0 亏格的 Virosoro 猜想由刘小博和田刚证明。高亏格的 Virasoro 猜想，特别是量子上同调非半单的情形，还远没有解决。

闭弦理论需要研究不带边界的伪全纯曲线。而相应的开弦理论则需要研究带边界的伪全纯曲线。孔策维奇（Kontsevich）的同调镜像对称猜测是开弦理论中的一个重要问题。这个理论中的 A- 模型是卡拉比－丘（Calabi-Yau）流形上拉格朗日（Lagrange）子流形构成的 A 无穷代数的导出范畴，称为深谷（Fukaya）范畴。而镜像流形上的 B- 模型则是凝聚层的导出范畴。孔策维奇（Kontsevich）的同调镜像对称猜测认为这两种模型应该是等价的。最近卡拉比－丘（Calabi-Yau）超曲面上的同调镜像对称猜测被 Sheridan 证明。一般卡拉比－丘（Calabi-Yau）流形上的同调镜像对称猜测还没有解决。

拉格朗日－弗洛尔（Lagrange-Floer）同调理论是深谷（Fukaya）范畴的基础。它建立在对带边界的伪全纯曲线模空间的研究之上。Fukaya-Oh-Ohta-Ono（FOOO）等对这个理论的建立和研究做了大量的工作。在环簇上，FOOO 理论与量子上同调有着密切的关系。这可以理解为环簇上 0 亏格的开弦理论和闭弦理论的一种对偶关系。目前拉格朗日－弗洛尔（Lagrange-Floer）同调理论还基本上是 0 亏格的理论，高亏格的理论还没有建立。高亏格拉格朗日－弗洛尔（Lagrange-Floer）同调理论及其与格罗莫夫－威腾（Gromov-Witten）不变量的关系（开弦理论和闭弦理论的对偶）也是非常重要的研究课题。

镜像对称中的一个基本问题是如何构造卡拉比－丘（Calabi-Yau）流形的镜像流形，其中一种构造是由 Strominger-Yau-Zaslow（SYZ）猜想给出的，这个猜想的一个粗略说法是镜像对称的两个卡拉比－丘（Calabi-Yau）流形都具有以特殊拉格朗日（Lagrange）环面为纤维的纤维化结构，并且这两个流形的纤维互为对偶（T-对偶）。卡拉比－丘（Calabi-Yau）流形的上述纤维化结构通常是有奇异纤维的，而且流形在奇异纤维附近的结构比较复杂，这些纤维化结构的底空间应该具有奇异仿射流形结构。特殊拉格朗日（Lagrange）子流形的定义依赖于卡拉比－丘（Calabi-Yau）流形的黎曼（Riemann）度量，对这些子流形的研究涉及非常复杂的偏微分方程问题。目前对 SYZ 猜想的研究大多忽略度量，而仅研究拓扑方面的问题。受 SYZ 猜想的启发，Gross-Siebert 最近提出了他们构造镜像卡拉比－丘（Calabi-Yau）流形对的计划，该计划的核心是由仿射流形加上一些组合信息来构造退化卡拉比－丘（Calabi-Yau）流形族，这一计划已经在国际上引起了广泛的关注。

以上是辛几何与数学物理领域中公认的一些具有重要意义的问题。每个问题的解决都会在国际上产生重大的影响，促进本领域甚至其他相关领域的极大发展。国际上有很多数学家在研究这些问题。预计今后几年会在其中几个问题上取得重大突破。

三、分析学

分析学的诞生与人类利用事物的局部结构研究其整体结构的需求紧密相关，主要的标志是牛顿（Newton）因理解行星的运动而发明的微积分。在相当广泛的意义下这里所谓的分析学主要指复分析与多复变函数、泛函分析、调和分析、动力系统、偏微分方程以及概率论与随机分析。

（一）复分析与多复变函数

复分析是基础数学的一个重要研究分支，主要研究复平面中的区域和黎曼（Riemann）曲面以及其上的函数和映射的性质。复分析的研究自柯西（Cauchy）开始，在 19 世纪以来得到了巨大的发展，成为近代最活跃的数学研究分支之一。许多现代数学的基本理论和概念都可以在复分析中找到它的源头。当前复分析同其他方向领域的交叉和渗透达到了前所未有的广度与深度，在数学的其他分支、物理等其他学科，乃至工程中都成为重要方法和工具并有广泛的应用。复动力系统是当前国际上十分活跃的研究方向之一。米尔诺［Milnor，菲尔兹奖（Fields Medal）获得者］、沙利文（Sullivan）、瑟斯顿［Thurston，菲尔兹奖（Fields Medal）获得者］等引进了拓扑和几何的方法，芒德布罗（Mandelbrot）引进了计算机技术等极大地推进了复动力系统的发展。Rees、McMullen、Lyubich、Shishikura、van Strein、Smillie、Yoccoz、Eremenko、Bonk 等数学家先后在最近 4 届国际数学家大会上就这一研究方向作了 1h 或 45min 报告，特别是 Yoccoz 和 McMullen 分别在 1994 年和 1998 年获得了菲尔兹奖（Fields Medal）。复动力系统与许多其他分支学科如分析、几何拓扑、克莱因（Klein）群理论、拟共形映射和泰希缪勒（Teichmüller）空间理论、值分布论、实动力系统、低维流形、遍历论及分形和计算机技术有着密切的联系，在计算复杂性、图像与信号处理以及生态学等领域起着十分重要的作用。例如，著名的描述生物种群繁衍规律的模型在复动力系统中得到了深入的研究并获得了丰富的结果。近年来，复分析由于 3 个重大突破引起国际学术界极大的兴趣：沙利文（Sullivan）、McMullen、Lyubich 等关于费根鲍姆（Feigenbaum）普适常数的研究；Lawler、Schramm、Werner 等关于 Stochastic-Loewner-evolution（SLE）的创立和发展［基于这方面的工作 Werner 于 2006 年获得了菲尔兹奖（Fields Medal）］；Smirnov 关于渗流共形不变性的进展［基于这方面的工作 Smirnov 于 2010 年获得了菲尔兹奖（Fields Medal）］。这些成果都是复分析、动力系统、随机过程、统计物理、共形场论等不同领域相互交叉作用，解决重大问题的成功例子。这些发展使得复分析同几个不同的领域紧密联系起来，形成了新的前沿交叉研究领域和方向。在 2014 年国家数学家大会上又有两位有关复分析与动力系统的数学家：Mirzakhani 由于在黎曼（Riemann）面及其模空间的几何和动力系统方面的工作，Avila 由于在动力系统方面的工作而获得菲尔兹奖（Fields Medal）。

复动力系统是当前复分析领域中最活跃的研究方向之一。经过 30 多年的发展，出现了很多突破性的进展。自 20 世纪 80 年代以来，在沙利文（Sullivan）、Douady、Hubbard、瑟斯顿（Thurston）等著名数学家的推动下，复动力系统得到了很多突破性的进展，形成了新的研究高潮。复动力系统与许多数学研究分支有非常密切的联系，其基本工具包括现代复分析的各个方面，其中重要的有拟共形映射、泰希缪勒（Teichmüller）空间理论、克莱因

（Klein）群理论、双曲几何、值分布理论等。另外，计算机科学也被广泛应用到复动力系统的研究中。复动力系统主要关注下述问题的研究：线性化问题；非一致双曲动力系统；多项式动力系统与有理函数动力系统；双曲猜想（双曲猜想是复动力系统的中心猜想）；双曲分支的边界性质（与双曲猜想密切相关）；整函数和亚纯函数动力系统。p-adic 动力系统和 Berkovich 空间上的动力系统是复动力系统与数论交叉的一个新方向，目前在国际上广受关注。单复变复动力系统与算术动力系统、多复变动力系统联系日益紧密，用复动力系统的观点去研究代数曲线和模空间的算术性质日渐成为备受关注的研究领域。主要研究内容包括：有理映射模空间和椭圆曲线的算术性质；模空间的 bifurcation current 理论；算术分布（arithmetic equidistribution）理论。重整化变换的复动力系统具有明确的统计物理意义，寻找相关的重整化变换族，需要进一步研究该族有理函数动力系统的不稳定集（相变点集）的拓扑和几何性质等重要问题。最后，对高维复动力系统的研究处于有待深入的阶段。

拟共形映射是泰希缪勒（Teichmüller）理论的基本研究工具，它也在克莱因（Klein）群、低维拓扑、复动力系统等领域，得到了广泛的应用，同时拟共形映射也在值分布、调和分析、偏微分方程、变分理论等其他数学分支的研究中有着十分重要的应用。泰希缪勒（Teichmüller）理论在数学和物理的很多分支中有着重要的应用，如近 20 年来，瑟斯顿（Thurston）把泰希缪勒（Teichmüller）理论应用到低维拓扑中，对三维流形的几何性质进行了系统的研究。沙利文（Sullivan）利用泰希缪勒（Teichmüller）理论解决了复解析动力系统中的一个经典猜测——有理函数的 Fatou 分支最终周期性问题，极大地推动了复动力系统向前发展。20 世纪 80 年代初泰希缪勒（Teichmüller）理论又被用到超弦理论研究中，这方面需要关注的研究包括将平面拟共形映射理论推广到高维的情形，并应用于偏微分方程和椭圆算子理论的研究；研究具有有限偏差（finite distortion）的同胚映射理论，并应用于变分理论特别是调和映射和极小曲面的研究；研究泰希缪勒（Teichmüller）空间的实几何，特别是关于有限维泰希缪勒（Teichmüller）空间的球面凸性；研究万有泰希缪勒（Teichmüller）空间中一些有重要应用背景的子空间，并应用于调和分析、实分析、偏微分方程理论中的若干问题的研究，包括柯西（Cauchy）奇异积分算子的有界性、椭圆调和测度的绝对连续性等基本问题；泰希缪勒

（Teichmüller）空间的度量几何；泰希缪勒（Teichmüller）空间的复几何，特别是关于泰希缪勒（Teichmüller）空间中 Caratheodory 度量的研究；泰希缪勒（Teichmüller）空间的复解析理论，特别是关于泰希缪勒（Teichmüller）空间上的纤维空间理论的研究。

多复变函数是现代数学的一个重要分支，主要研究多个复变量的全纯函数的性质和结构。多复变函数源自单复变函数，其研究广泛地使用着微分几何、代数几何、李群、李代数、拓扑和微分方程等其他近代数学学科中的概念和方法。近年来，多复变函数的研究和微分几何、代数几何、代数数论、模空间理论以及近代数学物理等联系日益密切，不断地开辟、更新和拓展新的研究内容和领域。

多复变的超越方法［包括方程 L^2 方法、多次调和函数理论、正定闭流动形（positive closed current）理论、曲率方法、高维位势理论、复 Monge-Ampère 方程等］在多复变与复几何的发展中起着重要作用。多复变中一个自然的基本问题就是约束性（特别地，L^2）解析延拓问题，是试图融合式发展多复变中基本而成熟的 Stein 流形整体理论与 L^2 方法。Ohsawa 和 Takegoshi 的 L^2 延拓定理是对该问题的一个突破，并由许多数学家［如肖荫堂（Siu）、Demailly 等］找到了在复几何中广泛而深入的许多应用：如肖荫堂（Siu）应用该延拓定理解决了复代数几何中的多亏格的形变不变性问题，该问题是极小模型纲领的重要部分。

利用与发展超越方法可以研究复几何（包括复代数几何）中的基本问题。例如，一些对拟有效（pseudo effective）全纯线丛的上同调群的性质（包括 Lefschetz 定理的类似、新的消灭定理），具拟有效全纯线丛的紧复流形的结构。研究多次调和函数奇点及其不变量［Lelong 数、Kiselman 数、Demailly 数、复奇点指数（complex singularity exponent）、乘子理想层等］及各不变量间的关系。正定闭流动形上的 L^2 延拓定理是一个重要问题。

多复变中与群作用相关问题的研究涉及几何不变量理论、全纯变换群理论、李理论等，是交叉性强的重要研究课题。研究方程 L^2 方法的群不变形式及其应用；研究群作用下的 L^2 方法与群不变域复化猜想；建立带群作用的整体施坦（Stein）流形理论。另外，Oka 流形理论、全纯对象的存在与分类（如形变理论、模空间）、全纯不变量、逆紧全纯映照等的研究也是国内多复变应发展的研究课题。

　　几何函数论主要研究双全纯映射的分析性质与其像的几何性质之间的联系。单复变数几何函数论的发展已有 100 多年的历史，内容十分丰富，有许多深刻而又优美的结果。多复变数几何函数论的研究开始于 1933 年，但直到 1988 年才取得突破性进展。之后，多复变数几何函数论的各种结果不断出现，已形成了一个完整系统的新兴数学分支，并处于最活跃时期。以龚升为首的中国学者对该分支的突破和发展做出了杰出的贡献。多复变数几何函数论的问题成千上万，但得到完整解决的并不多。经过中外学者 20 多年的努力，目前在凸映射、准凸映射和星形映射的增长与掩盖定理，凸映射的偏差定理和分解定理，玻尔（Bohr）半径，各种映射类的判别准则，Roper-Suffridge 算子等问题上得到了较完整的结论。此外，在多复变数施瓦茨（Schwarz）导数和布洛赫（Bloch）常数等问题上也做出了许多深刻的研究工作；在星形映射族的偏差定理问题上取得了部分进展，但离完整解决尚有较大差距。多复变数几何函数论有待解决的重要问题主要有：星形映射族的偏差定理、凸性半径和比伯巴赫（Bieberbach）猜想；凸映射族、准凸映射族、星形映射族的各种子族、星形映射族和螺形映射族的布洛赫（Bloch）常数确切值；几何函数论的各种已知结果在克利福德（Clifford）分析中的拓展；新研究方法的探索，尤其是寻找边界型施瓦茨（Schwarz）引理的应用等。研究多复变数几何函数论，需要借助其他数学分支的已有结果，所用到的主要研究工具是多复变、调和分析、微分几何、李群和李代数等。反过来，多复变数几何函数论的某些结论也对其他数学分支的研究工作有所裨益。

　　非交换非结合的多复变理论是古典的多复变理论在四元数、八元数、克利福德（Clifford）代数领域的推广，非交换非结合数学的研究源于数学物理。例如，在宇宙模型 M 理论中，宇宙被表示为四维 Minkowsky 空间乘以直径微小的流形，该流形的和乐群（Holonomy Group）是八元数的自同构群。再如，物理中的麦克斯韦（Maxwell）方程、狄拉克（Dirac）方程、爱因斯坦（Einstein）方程可以用 k-Cauchy-Fueter 算子描述，该算子是多复变中所研究的算子在非交换领域的推广。非交换非结合的多复变理论的核心理论与古典的多复变理论相同，包括 Hartogs 现象、非奇次柯西－黎曼（Cauchy-Riemann）方程理论、Hörmander L^2 理论、边界柯西－黎曼（Cauchy-Riemann）算子、积分表示理论。非交换非结合的多复变理论将形成厄米（Hermitian）克利福德（Clifford）分析理论、多元克利福德（Clifford）分析理论、多元 Slice Clifford

理论。特别在 Slice Clifford 理论中，全纯理论被正则理论代替，为了使得正则性在乘法和复合运算中保持，需要在非交换领域引入新的乘法和复合运算，这将自然地导致相应的多复变几何函数论、函数空间及算子理论在非交换非结合领域的推广。非交换非结合的多复变理论的研究现在才开始起步，仍然缺少许多分析工具。例如，在 k-Cauchy-Fueter 算子的研究中，现在所使用的是代数几何中正合序列的方法，缺少多复变自身的方法；在 Slice 理论的研究中缺少正则复合理论，该理论的突破将产生在该复合意义下的新的黎曼（Riemann）面理论，从而复流形理论可以推广到非交换非结合领域。

多复变中的一些基本不变度量（如 Carathedory、Kobayashi 度量）是芬斯勒（Finsler）度量。研究凯勒（Kahler）几何中的著名成果［如霍奇（Hodge）理论］在复芬斯勒（Finsler）几何中的推广、类似和差异是有价值的。CR 结构是重要的一类几何结构，CR 几何研究 CR 流形及其 CR 映照，是复几何与实几何的一个交叉方向。研究实子流形在双全纯等价下的分类、不变量等是有重要意义的。另外高维复动力系统与高维 Nevanlina 理论也是多复变应发展的方向和课题。

多复变函数空间及算子理论的研究也是多复变的重要研究方向。它贯穿于当代分析领域许多重要的研究分支，如泛函分析、算子理论、调和分析、复分析。不仅如此，它还同复动力系统、偏微分方程、李群表示理论、单叶函数、分形几何、概率论等有紧密的联系，应用范围十分广泛。长年未解决的公开问题和不断提出的新问题正吸引着越来越多的研究者进入这一领域使其成为当今数学界十分活跃的研究方向。

在研究全纯函数空间的性质时，由于多复变泰勒（Taylor）展开中多重指标的复杂性，光用泰勒（Taylor）展开很难解决关键性问题，所以该空间中函数的基本构成尤为重要，能否将该空间中的任意函数分解成最简单函数与某一序列空间的序列乘积之和是一个很有价值的工作。就原子分解整体方面来讲还有很多有待解决的问题。函数空间的原子分解和函数空间的对偶空间有着密切的关系，此外函数空间的对偶空间与函数空间上的算子理论、等价刻画以及 Gleason 问题的可解性等方面都有着千丝万缕的联系。众所周知，复合算子谱特征同诱导映射的不动点尤其是当茹瓦－沃尔夫（Denjoy-Wolff）点是密切相关的，并根据不动点的特征可分为椭圆型、双曲型、抛物型。单位圆盘情形，往往借助著名的迭代模型，将单位圆盘上各种经典的函数空间上复合算子的谱转化为平面（或上半平面）上全纯自同构诱导的复合算子的谱来研究。但在高维情形，由于诱导映射的不动点更复杂，且没有一维情形行之有效的迭代模型，使得高维情形的研究从 1994 年以来基本处于停滞状态，没有实质上的进展，要有所突破，可能需要算子半群理论及复动力系统有关知识，进一步挖掘不动点的特性。

函数空间上算子的研究中一个新兴的问题是把函数空间上的所有（有界）复合算子作为一个整体，并赋以算子范数拓扑，来研究这个拓扑空间的连通性。这个问题最初于 1981 年 Berkson 在他的一篇论文中讨论了经典的 Hardy 空间的复合算子的孤立性条件，伴随着复合算子的差分研究，复合算子全体的一些代数性质与等距问题也逐步出现且渐成体系，这对于算子代数等有关经典方向具有重要研究意义。

特普利茨（Toeplitz）算子及相关算子已经具有了很多相当深刻和完美的结果，但其还有许多最基本问题没有解决，特别是对于多复变函数空间而言，由于不同域上的函数空间结构不同、多重指标的出现等问题，导致了多复变数函数空间上的算子理论尚未得到充分发展。在研究中出现的众多看似简单但又悬而未决的问题也激励着越来越多的数学科研工作者去寻求最终的答案。

线性动力系统的超级循环性与算子理论中算子族的普遍性有关，而超级循环是普遍性问题在所考虑的算子族是由一个线性算子的迭代所生成的时候的特殊形式。常见的拓扑向量空间上，HC 准则是否是一个充分必要条件目前还不知道，即到底什么样的空间才会存在不满足 HC 准则的超级循环算子，这仍然是一个公开问题。判断一个具体算子是否是超级循环算子，虽然有了 HC 准则及其各种变形，不过由于到目前为止，还没有一个充分必要条件，因此，判断一个给定经典算子的循环性是一个比较有挑战性的问题。

（二）泛函分析

泛函分析的诞生和发展，一方面源于数学内部矛盾解决的需求；另一方面，很大程度上受到来自于数学、物理和工程领域中实际问题的驱动。泛函分析是 20 世纪 30 年代以来形成的一个数学分支，隶属于分析学，主要研究无限维空间（具有各种拓扑）的结构以及作用在它们之上的算子；另外，也研究空间的各种子集的解析结构、代数结构、几何结构和拓扑结构。泛函分析是一门综合性很高的数学分支，它的诞生和发展受到数学的抽象化、公理化以及量子物理的推动。由于它的高度抽象化，其概念和方法广泛地渗透和应用到数学的各个分支以及自然科学和技术科学领域。特别是近年来，研究一些数学对象的非交换、非线性的本质特征的需求使得泛函分析在代数、几何、拓扑、分析和数学物理等学科中有着广泛和深入的交叉和联系。

巴拿赫（Banach）是经典泛函分析理论的主要奠基人。数学家、物理学家沃尔泰拉（Volterra）、Frechet 等对经典泛函分析的发展有重要贡献。Fredholm、冯·诺依曼（von Neumann）、希尔伯特（Hilbert）等在现代泛函分析发展进程中有重要历史地位。国际上泛函分析学科的领军人物是菲尔茨奖（Fields Medal）获得者 Connes 和琼斯（Jones）、法国院士 Ostrowski、巴拿赫奖（Banach Award）获得者 Pisier、克拉福德奖（Crafoord Prize）获得者 Nirenberg 等。现代泛函分析已演变成一个庞大的数学体系；根据其研究内容和特点，大致可分为若干研究方向，这些方向既相互刺激促进，又相互支撑发展，在不断解决内外矛盾的过程中推动着泛函分析的整体发展。主要研究方向有算子理论和算子代数、非交换几何、空间理论以及非线性泛函分析。

刻画算子的结构以及对算子进行分类是算子论的核心问题。算子的结构很大程度上取决于算子谱的分布，谱理论研究和指标理论联系在一起，近现代数学的许多重要发现本质上都是算子谱理论和指标理论的一种联系，如 BDF-定理、阿蒂亚-辛格（Atiyah-Singer）指标定理等。对几何、偏微分方程（PDE）、调和分析等数学分支中许多重要问题的研究，实质上就是对问题衍生的算子谱理论的研究。

近 30 多年来，在算子结构的研究和算子的分类方面取得了许多重要成果。算子论的领袖人物道格拉斯（Douglas）倡导的希尔伯特（Hilbert）模思想把算子理论搬上了一个广阔的数学舞台，构建了算子理论和代数、复几何、拓扑以及函数论等数学分支相互交融、相互支撑的平台。算子理论在量子信息和量子计算的应用前景非常广阔。

算子代数是 20 世纪 30 年代以来为了给量子物理建立数学基础而发展起来的数学分支。最初的主要开创人是冯·诺依曼（von Neumann）与盖尔范德（Gelfand）。20 世纪 70 年代以来，通过与流形上的指标理论、扭结理论、K-理论等相结合，算子代数在几何、拓扑、代数、算子理论、群表示、遍历理论、数学物理乃至数论方面等都有成功的应用。C^*-代数原本是指希尔伯特（Hilbert）空间上的有界算子全体的按范数闭的自伴子代数。盖尔范德（Gelfand）指出了交换的 C^*-代数就是拓扑空间上的连续函数代数。因此 C^*-

代数的研究也被称为非交换拓扑学。C^*- 代数的结构常常在拓扑动力系统、群表示和几何学等中出现。而冯·诺依曼（von Neumann）代数是弱闭的 C^*- 代数，冯·诺依曼（von Neumann）代数也被称为非交换测度理论。冯·诺依曼（von Neumann）代数因子的分类是从 Murray 及冯·诺依曼（von Neumann）开始的，到 Connes［菲尔兹奖（Fields Medal）获得者］的分类理论和琼斯（Jones）［菲尔兹奖（Fields Medal）获得者］的子因子理论的出现，冯·诺依曼（von Neumann）代数理论得到了很大的发展。我国学者证明了自由群因子是型的基本因子，从而解决了型的基本因子存在问题。C^*- 代数的研究主要是以非交换拓扑的形态体现。自 20 世纪 90 年代以来顺从 C^*- 代数的分类理论发展突飞猛进，逐步成为现代 C^*- 代数理论发展的主要方向，其基本设想是以 K- 理论及相关的参数完全确定 C^*- 代数的结构。C^*- 代数的分类结合了现代分析、K- 理论、代数拓扑、拓扑动力系统以及许多其他数学分支，其主要特色之一是 K- 理论通常仅带来拓扑空间的部分信息，但这在确定非交换拓扑空间中起着关键的作用。C^*- 代数分类的发展建立在其 K- 理论及相关的参数往往给出了有关 C^*- 代数的完全不变量的基础之上，它的发展还牵动了 Kasparov KK- 理论、图代数理论、抽象调和分析的发展。

从 20 世纪 70 年代中期开始，法国数学家 Connes 受到阿蒂亚（Atiyah）关于群作用下指标定理的启发，利用 Renault 等对叶状结构（foliation）等几何对象以标准的方式构造出的算子代数，发展了一整套非交换拓扑和非交换几何理论，开创了一个全新的数学分支。这一套理论在几何、拓扑、数学物理乃至数论方面都取得了令人意想不到的巨大进展，迅速发展为现代数学的核心之一。与此同时发展出来的算子代数工具（如算子代数的 K- 理论等）和循环上同调理论等非交换几何自身的工具紧密结合，建立了拓扑学与分析学的深刻联系。在紧的情形下，流形上的椭圆微分算子解空间的维数指标是有限的，阿蒂亚－辛格（Atiyah-Singer）指标理论建立了几何、拓扑和分析的本质联系。代数拓扑学是利用代数的工具来研究拓扑空间的，基本目标是发现同论等价下空间的同胚分类的代数不变量。在紧的情形下，空间上连续函数代数的不变量和空间的拓扑不变量是等同的，这种交换代数的"代数拓扑"学已经获得了巨大的成功。在非紧情形下，连续函数代数所携带的信息已经不能满足我们发展"代数拓扑"工具的需求。一种更为适合的非交换的 C^*- 代数能够使得代数的方法在一些几何、拓扑学问题的研究中发挥极为重要的作用。这就是由局部紧且具有有限传播（propagation）的算子所生成的 Roe- 代数。在非紧完备的黎曼（Riemann）流形上，椭圆微分算子解空间的维数不再是有限的了，这种解析的不变量需要用 Roe- 代数的 K- 群来定义。近年来的研究表明，要解决一些几何、拓扑学的问题，如 Novikov 猜测、格罗莫夫（Gromov）正标量曲率的存在性、拉普拉斯（Laplace）算子的谱理论等，必须了解 Roe- 代数的 K- 群——非交换情形的代数拓扑。核心的问题是粗 Baum-Connes 猜测，这个猜测本质上是希望能够通过容易计算的拓扑的不变量——K- 同调，来了解 Roe- 代数的 K- 群。基本的进展是在空间可以粗嵌入到一些好的巴拿赫（Banach）空间的情形下，如粗嵌入到希尔伯特（Hilbert）空间、具有性质（H）的巴拿赫（Banach）空间等，这个指标映射是同构或是一对一的，进而证明 Novikov 猜测，解决格罗莫夫（Gromov）正标量曲率的存在性问题以及拉普拉斯（Laplace）算子谱理论的相关问题。

泛函分析空间理论主要研究巴拿赫（Banach）空间、拓扑向量空间和算子空间及其连续线性映射构成的范畴。格罗滕迪克（Grothendieck）在 20 世纪 50 年代建立了巴拿赫（Banach）空间的格罗滕迪克（Grothendieck）纲领和张量积与核空间理论。在格罗腾迪克（Grothendieck）纲领的基础上，20 世纪七八十年代，巴拿赫（Banach）空间几何学取得了重大突破，该领域中一些长期公开的问题被解决，这主要归功于法国泛函分析学派，Maurey 和 Pisier 是其代表性人物；在此基础上，Bourgain 和 Gowers 做出了杰出工作，因而先后获得了菲尔兹奖（Fields Medal）。20 世纪 90 年代，Pisier 将巴拿赫（Banach）空间的思想和方法系统地引入到算子空间中，取得了重大进展。同时，他与许全华、Junge 系统地开拓了非交换分析的研究，奠定了现代非交换鞅论的基础。算子空间理论与非交换分析是近 20 年来泛函分析最活跃和富有成果的研究领域之一。空间理论的另一其他活跃方向是还包括巴拿赫（Banach）空间的非线性理论和局部理论，这些方向自 20 世纪 90 年代起得到了更加深入的研究，并引起了其他学科的关注，如它们与非交换几何和凸几何密切相关。空间理论未来若干年的主要研究目标之一是建立算子空间格罗滕迪克（Grothendieck）纲领和量子伊藤（Ito）随机积分的分析理论。目标的实现将是泛函分析领域的突破性成果。

非线性泛函分析是在数学分析、线性泛函分析、代数学、拓扑学、微分方程等分支基础上系统发展起来的一个数学理论，目前非线性泛函分析主要包括不动点理论、拓扑度理论、极小化方法、变分与拓扑方法［临界点理论、莫尔斯（Morse）理论、指标理论等］、分歧理论、Ljusternik-Schnirelmann 理论、单调和增生算子理论、变分不等式、凸分析等，以及这些理论对各种非线性问题的应用。近 30 多年来，我国在非线性泛函分析理论及其应用（尤其是大范围变分与拓扑方法及其应用）方面取得了令人瞩目的成果，解决了非线性偏微分方程、哈密顿（Hamilton）系统乃至几何分析、测地线和多体问题等交叉领域当中的一系列重要问题。

在算子的结构、分类及应用研究中，需要开展 Arveson-Douglas 关于本质正规性的几何化猜测的研究；特普利茨（Toeplitz）算子、汉克尔（Hankel）算子、复合算子、Cowen-Douglas 算子、强不可约算子等的分类、谱理论、指标理论和相关的不变子空间、约化子空间以及这些算子生成的代数等问题的研究；算子理论在量子信息和计算中的应用等。在算子代数的分类理论研究中，需要开展最广泛的单顺从 C^*- 代数的分类理论的研究；建立紧度量空间上极小动力系统的轨道分类理论，并从而奠定 C^*- 代数分类理论进一步发展的方向。建立指数连续的不可约子因子并进一步发展子因子理论，以及带动它与群表示及共形场论的共同发展。在粗 Baum-Connes 猜测（Baum-Connes 猜测）的研究中，一个有效的方法是为非交换的空间找到合适的坐标体系。巴拿赫（Banach）空间几何理论的随机模型为这方面的研究提供了一条途径，特别在有限生成群的情形下，格罗莫夫（Gromov）的 Monster 群的出现为这个方向的研究提供了强劲的发展动力。通过粗 Baum-Connes 猜测（Baum-Connes 猜测）发展 Roe- 代数的 K- 理论及高指标定理，把指标代数的构造与群作用联系起来，研究群作用下的更精细的高指标问题（Baum-Connes 猜测）。在非交换几何的视野下，进一步拓展在几何、拓扑及分析方面的应用，在流形的分类、Novikov 猜测、格罗莫夫（Gromov）正标量曲率的存在性、拉普拉斯（Laplace）算子的谱理论等方面做出贡献。

算子空间是量子化的巴拿赫（Banach）空间，近年来发现算子空间是研究量子信息十分合适的数学框架和理论基础，其最重要的研究课题之一是建立算子空间的 格罗滕迪克（Grothendieck）纲领，非交换 Lp 空间是算子空间中最重要的例子。非交换分析就是围绕非交换 Lp 空间来研究算子空间的拓扑结构、几何与分析性质。量子概率可纳入非交换分析的框架之下，建立量子伊藤（Ito）随机积分的 Lp 理论是其重要的课题之一。

　　在非线性泛函分析的基本方法的研究中，需要开展变分方法本身进一步的发展（希尔伯特 23 个著名问题中的最后一个问题），包括非光滑临界点理论、分歧理论等，以及莫尔斯（Morse）理论和指标理论的进一步发展（应用于辛几何、测地线、多体问题等）。在大范围变分和拓扑方法与非线性偏微分方程（PDE）的结合研究中，需要应用于各类物理、非线性力学、光学、生物中的数学模型。具有引领作用的问题有：关于拉普拉斯（Laplace）算子特征值估计的波利亚（Polya）猜测；关于半线性椭圆方程的 De Giorgi 猜想；关于极小曲面的伯恩斯坦（Bernstein）猜想；关于半线性椭圆方程的 Gibbons 猜想；关于没有对称性的椭圆方程无穷多解的 Rabinowitz 公开问题；还有各类薛定谔（Schrödinger）方程、狄拉克（Dirac）方程、Gross-Pitaevskii 方程、玻色－爱因斯坦（Bose-Einstein）凝聚模型（如 Sirakov 公开问题）；高维临界玻色－爱因斯坦（Bose-Einstein）凝聚型方程；奇异扰动问题和具临界指数的 Ambrosetti 公开问题等。其中，具有临界和超临界指数增长的方程更具挑战性。

　　巴拿赫（Banach）空间几何学的中心主题就是研究一般巴拿赫（Banach）空间与经典 Lp 空间或其子空间之间的距离。奥尔利奇（Orlicz）空间是 Lp 空间的自然推广，其几何性质的研究一直是空间理论的主题之一。向量值调和分析、向量值鞅论与巴拿赫（Banach）空间几何学相互关联、相互促进。巴拿赫（Banach）空间非线性理论主要研究巴拿赫（Banach）空间的非线性嵌入和同胚问题，包括利普希茨（Lipschitz）嵌入、一致嵌入及其相关的粗嵌入等。巴拿赫（Banach）空间局部理论主要研究其整体性质与其有限维子空间性质之间的关系等。基于空间随机化发展起来的随机度量理论及其在金融风险中的应用也是一个值得研究的课题。

　　在非线性泛函分析与微分几何、几何分析的结合中，极小曲面问题、常平均曲率曲面和常平均曲率超曲面（保持曲面围成体积不变的曲面面积变分的临界点）的研究是微分几何学的重要课题，而黎曼（Riemann）流形之间的调和映射是黎曼（Riemann）流形之间映射的能量泛函的临界点，它是极小子流形的推广。另外，高维 Willmore 猜想的研究也是微分几何中的重要问题。

（三）调和分析

　　调和分析是现代核心数学的一个重要组成部分，国际数学家联盟前主席卡尔松（Carleson）[1992 年沃尔夫奖（Wolf Prize）和 2006 年阿贝尔奖（Abel

Prize）获得者］曾指出："调和分析在数学中的地位相当于原子理论在物理学中的地位"（见 Notices of AMS. 2001，48：482.）。调和分析的起源可追溯到19世纪初著名数学家傅里叶（Fourier）关于波动方程与热传导方程的求解。通过傅里叶（Fourier）展开，人们可以分析和研究函数的整体性质及求解微分方程等，并把傅里叶（Fourier）分析理论与工具广泛应用于其他学科。20世纪50年代初，Calderón［1989年沃尔夫奖（Wolf Prize）获得者、1991年美国国家科学奖章获得者］和 Zygmund（美国著名数学家和数学教育家、1986年美国国家科学奖章获得者）创立了奇异积分算子理论，标志着现代调和分析的诞生。半个多世纪以来，调和分析理论取得的许多重大进展使其在数学的众多领域中产生了深刻的影响。正因为如此，在调和分析研究领域中聚集了一大批著名数学家从事调和分析及相关领域的研究工作，其中包括 L. Hörmander［1962年菲尔兹奖（Fields Medal）和1988年沃尔夫奖（Wolf Prize）获得者］、卡尔松（Carleson）［1992年沃尔夫奖（Wolf Prize）和2006年阿贝尔奖（Abel Prize）获得者］、施坦（Stein）［1999年沃尔夫奖（Wolf Prize）获得者］、Fefferman［1978年菲尔兹奖（Fields Medal）获得者］、Bourgain［1994年菲尔兹奖（Fields Medal）获得者］、陶哲轩（Tao）［2006年菲尔兹奖（Fields Medal）获得者］以及一批国际数学家大会上作 1h 或 45min 报告的著名数学家，如 Ambrosio、Chang、Cheeger、Coifman、Christ、Daubechies、David、Hofmann、Hytönen、Kenig、Koskela、Lacey、Semmes、Soggc、Thiele、Wainger 等。他们的杰出贡献又极大地推动了现代调和分析的发展，并使得调和分析的思想、方法和技巧在偏微分方程、位势理论、复分析、几何分析、非线性分析、表示论、解析数论、小波分析等众多数学领域中得到广泛的应用。

　　函数结构研究中的一个核心问题就是 Lusin 猜测型问题：对给定一个函数类中的函数，它按给定的基本函数族线性展开后是否收敛于该函数。一元傅里叶（Fourier）级数 Lusin 猜测的原始形式是：2π-周期的平方可积函数的傅里叶（Fourier）级数的部分和几乎处处收敛于该函数，它于1913年由著名数学家 Lusin 提出，并于1966年由著名数学家卡尔松（Carleson）解决。但是对于高维的多重傅里叶（Fourier）级数，求和方式多种多样，情况十分复杂。一般说来，Lusin 猜测型问题的研究可归结为一些极大算子（当考虑点态收敛性时）与带奇性的积分算子（当考虑按范数收敛性时）在所考虑函数空间上的有界性研究。因此，围绕不同形式的 Lusin 猜测型问题，相应的各种极大算子与奇异积分算子以及各种函数空间的研究一直是国际多元调和分析研究的核心内容之一。其中最典型的是有关 Riesz-Bochner 平均算子的 Riesz-Bochner 猜测、有关 Kakeya 极大算子的 Kakeya 猜测和关于傅里叶（Fourier）变换的限制性定理猜测，这些猜测的研究吸引了大批国际著名分析学家的兴趣，是分析学家关注的核心问题，最近在 Kakeya 猜测和关于傅里叶（Fourier）变换的限制性定理猜测这两方面出现了重要的进展，如 Guth 使用多项式方法的最新工作，但目前尚未彻底解决这些问题。国际上沃尔夫奖（Wolf Prize）或菲尔兹奖（Fields Medal）获得者 Calderon、Stein、Fefferman、Bourgain、Tao 等以及一批国际数学家大会特邀报告人都对这些问题进行过深入研究并做出过重要贡献。

随着 Coifman-McIntosh-Meyer 与 Auscher-Hofmann-Lacey-McIntosh-Tchamitchian 等解决有关希尔伯特平方根算子的 Kato 猜测，Lacey-Thiele 和 Grafakos-Li 解决有关希尔伯特（Hilbert）变换的 Calderón 猜测（双线性情形）等，近年来，多线性算子有界性研究、时频调和分析理论、与微分算子相关的 Riesz 算子有界性的研究、低维流形上的奇异积分算子理论与应用及相关于这些算子的函数空间实变理论等得到了蓬勃发展。特别地，调和分析近年来的重大进展大都与（多线性）振荡积分的研究相关，而正如施坦（Stein）在其经典著作 *Harmonic Analysis：Real-Variable Methods, Orthogonality, and Oscillatory Integrals*（Princeton University Press, Princeton, NJ, 1993）中所指出的，振荡积分从一开始就是调和分析学科的本质部分。这些（多线性）奇异积分理论的进一步发展及其应用应该受到足够重视与支持。

数学和物理中的许多重要问题最后都能归结为某些算子在一些函数空间上的有界性，而刻画这些算子的有界性离不开相应函数空间的实变理论，因此函数空间实变理论一直是调和分析的中心内容之一。近年来，随着上述调和分析理论的发展，一系列相关的新函数空间实变理论，如与各种微分算子相关的函数空间实变理论、一般度量测度空间上的函数空间实变理论及基于非勒贝格（Lebesgue）空间［如 Morrey 空间、奥尔利奇（Orlicz）空间、洛伦兹（Lorentz）空间］的函数空间实变理论等，也随之出现且获得了长足发展，并在偏微分方程等其他数学学科找到了很好的应用。因此，函数空间实变理论的进一步发展及其应用值得关注和支持。

非光滑度量空间上调和分析理论的推广与应用也是调和分析的重要研究

内容。一方面，有曲率下界的度量空间在佩雷尔曼（Perelman）解决庞加莱（Poincaré）猜想中起到了重要作用，并且在施图姆（Sturm）及 Lott-Villani 解决有里奇（Ricci）曲率下界的黎曼（Riemann）流形的 Gromov-Hausdorff 稳定性中起到了关键作用；另一方面，度量空间作为黎曼（Riemann）流形、次黎曼（Riemann）流形的进一步推广是非常一般的底空间，并且是很多调和分析的理论基础。非光滑度量空间上的调和分析发展及其在几何分析中的应用受到了包括菲尔兹奖（Fields Medal）得主佩雷尔曼（Perelman）、Villani，美国科学院院士 Coifmann，以及一批在国际数学家大会上作 1h 或 45min 报告的著名数学家 Ambrosio、Cheeger、Hytönen、Koskela、Semmes 等的广泛关注。非光滑度量空间上的调和分析理论是一个崭新的且有着很强生命力的发展方向，应该受到足够重视与支持。

（四）动力系统

动力系统理论主要研究系统演化的数学规律，理解各种运动形式。其研究对象主要归结为由微分方程、映射等给出的数学模型，这些模型大部分描述的是各种客观自然规律、动力系统理论，因而与物理、力学、天文等学科密切相关，近年来也被大量应用到电子信息、化学、生命、经济和许多社会科学领域中。动力系统的研究可追溯到牛顿时代，微积分理论建立后，一些自然演化定律可以用微分方程表示，通过研究这些方程解的性质，人们就可以知道相应的演化规律。例如，牛顿通过这一途径成功解决了天体力学的二体问题，证明了开普勒定律。然而，在三体问题的研究中牛顿遇到了极大的困难，以至于认为上帝控制着运动的复杂性。

现代动力系统理论奠基于 19 世纪后期。庞加莱（Poincaré）在三体问题的研究中发现了横截同宿现象，揭示了非线性系统可能具有极其复杂的动力学行为，使得人们认识到不可能求得大多数方程的显式解。庞加莱（Poincaré）开创了微分方程的定性理论，运用拓扑、几何、分析手段，在不试图求得解的表达式的情况下研究各种运动轨道的基本性质与特征，进而刻画系统运动的全局结构和性质。与此同时，李雅普诺夫（Lyapunov）也建立了微分方程解的运动稳定性理论。这些工作将人们的目光从专注于寻找一个具体的解提高到从全局的角度审视整体的动力学行为。在研究以微观形式表现的复杂动力学行为的同时，同时代的玻尔兹曼（Boltzman）、埃伦菲斯特（Ehrenfest）等物理学家的先驱性工作也使人们开始从宏观角度来研究动力学统计规律，源于玻尔兹曼（Boltzman）的遍历性假设直接刺激了遍历理论的发展。

20 世纪上半叶，伯克霍夫（Birkhoff）提出动力系统的概念，证明了庞加莱（Poincaré）关于扭转映射不动点的最终几何定理，冯·诺依曼（von Neumann）、伯克霍夫（Birkhoff）证明了相关遍历定理。自此以后，动力系统理论有了长足的发展，尤其是以柯尔莫哥洛夫（Kolmogorov）、阿诺德（Arnold）、莫泽（Moser）和斯梅尔（Smale）为代表的一批数学家关于不变集、结构稳定性、分支、扩散、遍历、混沌、分形、灾变等理论的研究极大地丰富了动力系统理论。其研究的手段也有了很大的发展，拓扑、几何、代数、大范围变分、指标理论以及新的分析手段在动力系统理论研究中发挥了很大作用。近年来，Bourgain、Furstenberg 以及陶哲轩（Tao）等近期的工作加速了调和分析、组合、数论等领域与动力系统理论的交叉融合。目前动力系统已成为一个研究面十分宽广的数学分支，并广泛渗透到了自然科学、工程技术和社会科学的许多领域。

微分动力系统主要研究有一定光滑性的映射因迭代而产生的复杂性质和结构稳定性。人们常用混沌描述动力学复杂性，双曲性常常是导致混沌的原因。具有很强混沌性质的典型模型有斯梅尔（Smale）马蹄、洛伦兹（Lorenz）吸引子、Hénon 映射等。人们还引入如正李雅普诺夫（Lyapunov）指数、正熵、分形维数等统计量来刻画运动复杂性。20 世纪 60 年代以来，斯梅尔（Smale）、Sinai、卡尔松（Carleson）等在此领域都做出过杰出贡献。Pesin、Ruelle 等建立起测度熵与李雅普诺夫（Lyapunov）指数之间的内在关系。Ledrappier-Young 证明了一般的 Hausdorff 维数、李雅普诺夫（Lyapunov）指数与测度熵之间的关系。卡尔松（Carleson）等在一族具有极强耗散性的 Hénon 映射中证明了具有正李雅普诺夫（Lyapunov）指数的轨道集具有正的勒贝格（Lebesgue）测度，给出了混沌现象可物理观测的范例，但如何在标准映射等保守系统中证明该现象则具有很强的挑战性，虽经若干著名数学家的努力但是仍尚未成功。

在结构稳定性方面，由于 C^1 封闭与 C^1 连接引理的证明，一致双曲动力系统已经有深入、系统的理论和结果。廖山涛在封闭引理的证明等方面有着重要贡献，他创立的典范方程组和阻碍集理论在微分动力系统研究中具有特殊的作用。但对于具有较高光滑度的 C^r 映射（$r>1$）是否能够证明或否定相应的封闭引理看来还很遥远。

20 世纪 70 年代末，Newhouse 发现同宿相切附近具有无穷多的汇，而人们也发现洛伦兹（Lorenz）吸引子的奇点可由周期点逼近。Pesin 的正李雅普诺夫（Lyapunov）指数猜测由于我国数学家在 90 年代初建立的保体积映射中的不变环面定理等结果而遭到否定。从 90 年代起，微分动力系统的研究者更多关注于非一致双曲系统和持续非双曲系统的动力学性质。其中特别引起关注的一类是由 Pesin、Sinai 提出的部分双曲系统，不少数学家投入大量精力来研究保守部分双曲系统的遍历性与耗散部分双曲系统的 Sinai-Ruelle-Bowen（SRB）测度或者物理测度的存在性以及相关的统计性质。这方面已经有不少优美的结果，但距离彻底的清晰刻画尚有一段距离。

不具有能量耗散的物理、力学系统的数学模型一般可以用哈密顿（Hamilton）方程表示。动力系统的研究最初就是起源于对诸如天体力学的 N 体问题等哈密顿（Hamilton）系统的研究，这类系统具有如辛结构、变分原理等特殊性质。在 20 世纪 20 年代伯克霍夫（Birkhoff）证明庞加莱（Poincaré）最终几何定理之后，60 年代建立的 KAM 理论证明了近可积系统中存在非常多的不变环面，否定了遍历性假设。阿诺德（Arnold）扩散现象的发现揭示了多自由度系统特有的动力学复杂性，而 Nekhorshev 则证明扩散速度非常缓慢。这些里程碑式的进展将人们对于哈密顿（Hamilton）系统动力学行为的理解提升到一个崭新的层次，阿诺德（Arnold）扩散的通有性问题也成为非常著名的数学问题。在经历近半个世纪的努力之后，阿诺德（Arnold）扩散研究在 21 世纪取得突破，我国数学家证明了预双曲正定系统阿诺德（Arnold）扩散在残差（residual）意义下的通有性。为研究诸如阿诺德（Arnold）扩散等动力学的不稳定性，人们发展了一套新的变分方法来研究一类具有典型意义的系统——正定哈密顿（Hamilton）系统，大部分物理系统一般满足正定性条件：能量是速度的正定二次函数，马瑟（Mather）理论是这套变分方法的核心，Fathi 建立的弱 KAM 理论建立了马瑟（Mather）理论与哈密顿 – 雅可比（Hamilton- Jacobi）方程黏性解之间的联系，使得这套变分方法更为有力。根据对于阿诺德（Arnold）扩散的研究人们有理由相信，尽管遍历性假设对于哈密顿（Hamilton）系统而言不成立，但源于埃伦菲斯特（Ehrenfest）的拟遍历假设仍然成立。令人意外的是，在保体积映射范畴内拟遍历假设并不成立，这由保体积映射中的不变环面定理所否定。

哈密顿（Hamilton）系统的另一个研究重点是周期解。20 世纪 60 年代阿诺德（Arnold）提出了关于周期解的著名猜测，即辛流形上哈密顿（Hamilton）同胚的不动点个数下界估计。该猜测成为辛几何研究的最重要问题之一，相关研究进一步导致关于格罗莫夫 - 威腾（Gromov-Witten）、辛容量等不变量的研究和对定义在辛流形与切触流形上的动力系统的深刻理解。我国数学家建立与发展了针对哈密顿系统周期解、闸轨道与同宿轨等的指标迭代理论；在紧凸或星形能量面上周期轨道及闸轨道的多重性与稳定性问题、黎曼（Riemann）与芬斯勒（Finsler）流形上闭测地线个数的下界估计及稳定性问题以及 N 体问题中周期解的稳定性研究取得了突破性进展。

哈密顿（Hamilton）系统的研究还延伸到无穷维系统。Craig-Wayne、Eliasson、Kuksin 和 Bourgain 等对半线性型的非线性偏微分方程发展的 KAM 理论已较为成熟，从而得到拟周期解的存在性。近年来，人们还在非线性薛定谔（Schrödinger）方程中发现类似阿诺德（Arnold）扩散的现象，系统的能量可能从低频模态向高频模态移动。偏微分方程中的阿诺德（Arnold）扩散成为新的关注方向。

20 世纪 50 年代，Gottschalk 和 Hedlund 直接考虑一般的拓扑群在拓扑空间的作用，拓扑动力系统由此成为动力系统的一个重要分支。除了研究迭代的不变集以及系统的传递性、极小性、混合性等基本回复性质外，近年来拓扑熵（局部性、相对性、独立性、可降性和残差熵等），混沌的层次及产生机制，轨道等价，（伪）转移不变集，（广义）符号动力系统一直是研究的热点。遍历理论研究的主要问题有保测系统的分类、遍历系统的结构、多重遍历定理等以及它们在其他数学领域中的应用。保测系统的分类问题，sofic 群作用的研究，特别是测度同构、弱 Pinsker 猜测、熵等是研究的热点。目前拓扑动力系统与遍历理论在组合数论中的应用是人们十分关注的问题，有十分广阔的发展前景。

动力系统与组合数论的联系是由 Furstenberg 在 1977 年给出 Szemeredi 定理的遍历理论证明时建立起来的。Szemeredi 定理可以陈述为：具有正密度的自然数集合（包含任意长的算术级数）。Furstenberg 的证明方法引出了关于多重遍历平均是否收敛的重要问题，此问题在模收敛的意义下由 Furstenberg-Weiss、Host-Kra、陶哲轩（Tao）、Walsh 等由易到难逐步用了近 40 年的时间解决，其中所产生的一些方法和理论已经成为动力系统研究的重要手段。

微分方程定性理论与分支理论是利用定性方法结合分析、代数、几何与计算的手段，研究由常微分方程导出的动力系统解轨道的性质与拓扑结构，以及这些性质与结构在扰动下的拓扑不变性、突变性及复杂性。分支理论与方法在其中发挥着重要作用。经过20世纪后半叶的发展，局部分支理论已有系统的理论结果。目前看来，大范围分支的研究是极具挑战性的方向，除去一些相当或可以转化为局部分支的问题外，至今鲜有系统结果。（莫泽 Moser）指出5体非碰撞奇异轨道方程具有非常复杂的非局部奇异性。

平面多项式微分系统极限环个数与多项式次数的关系以及极限环的相互位置是希尔伯特（Hilbert）第16问题中后半部分提出的问题，这是一个多世纪以来没解决的数学难题。我国数学家曾在二次系统的研究中取得了有影响的成果。阿诺德（Arnold）和斯梅尔（Smale）分别在1977年和1998年提出不同形式的弱化希尔伯特（Hilbert）第16问题，目前主要针对弱化形式展开研究。

与常微分方程相比，由偏微分方程、反映时间滞后或超前的泛函微分方程等所定义的流生成无穷维半动力系统具有更为复杂的动力学性质，物理学家有时用时空混沌加以形容。20世纪后期，对某些具有强耗散效应非线性发展方程的整体吸引子、惯性流形、有限维数估计等有一系列结果。近来也有将法向双曲不变流形、周期轨与同宿轨分支拓展到偏微分方程的工作，但许多理论问题有待解决。

将随机因素加入各类动力系统，构成随机动力系统。主要关注两方面的内容：一是随机系统与确定性系统的共性，二是随机项对系统行为产生的本质性的影响。

动力系统研究中需要侧重研究的问题有双曲外的部分双曲微分动力系统，包括 Palis 的稠密性猜测［双曲系统在两种典型分支（同宿切和异维环）的闭包之外是稠密的］以及星号系统的研究；微分动力系统的遍历论，如研究关于维数大于2的光滑动力系统 SRB 测度的 Palis 猜测［具有有限个 SRB 测度，除去勒贝格（Lebesgue）测度为零的集合外，每个初始点轨道的平均分布由其中一个 SRB 测度决定，且每个 SRB 测度相对小的随机扰动稳定］；哈密顿（Hamilton）系统的动力学不稳定性，解决正定近可积系统的阿诺德（Arnold）扩散问题，特别需要发展适用于非正定系统的变分理论及方法，如临界不变测度等，以用于非正定哈密顿（Hamilton）系统的复杂动力学研究；辛映射的不动点与周期点理论，需要研究切触流形上的动力学，特别是研究切触流形 Reeb 向量场的各种边值轨道，以及研究 N 体问题的碰撞解的性态和 N 体问题中的光滑周期轨道及其他边值问题解的存在性与稳定性；非线性偏微分方程定义的哈密顿（Hamilton）动力系统，需要研究偏微分方程解的长时间稳定性和扩散、拟线性偏微分方程（如欧拉方程）的 KAM 理论；拓扑动力系统的遍历论，如多重遍历平均的逐点收敛问题，与此相关的玻尔（Bohr）问题，Sarnak 猜想（Möbius 函数渐近正交于零熵序列）；常微分方程的分支理论与弱化希尔伯特（Hilbert）第 16 问题，需要对具有非双曲轨道的动力系统研究在通有小扰动下轨道拓扑结构的变化规律，这是分支理论研究的基本问题；由偏微分方程、时滞泛函方程定义的耗散型无穷维动力系统，需要研究周期与拟周期解、行波解与孤波解、分支理论以及其在种群动力学、传染病学等领域的应用。

（五）偏微分方程

偏微分方程是基础数学研究的一个重要领域，起源于对一些物理学模型的精确描述。随着数学本身的发展，其他领域也提出了一些新的偏微分方程模型，现在已成为联系数学相关领域及诸多应用学科之间最重要的桥梁。物体的运动与演化通常遵从物理学的基本定律，而这些基本定律的局部形式就是通过偏微分方程来描述的。偏微分方程在数学与物理等许多研究领域起着重要的作用，许多基本方程的研究已成为数学及物理学一些领域的核心问题，同时也推动了相关领域的发展。与其相关的领域包括实分析、复分析、随机分析、微分几何、拓扑学、流体动力学、广义相对论、电动力学、量子力学等。特别地，流形上的几何流、杨－米尔斯（Yang-Mills）方程和塞伯格－威腾（Seiberg-Witten）方程等在拓扑和辛几何中起着重要的作用；调和分析、概率论、堆垒数论等也与椭圆、抛物、双曲或薛定谔型方程有着紧密的联系；可积系统理论在代数几何中有着深刻的应用；拉普拉斯－贝尔特拉米（Laplace-Beltrami）算子以及波动方程的散射理论与数论中自守形式的研究有着密切的关系。同时偏微分方程也逐步渗透到工程、生物学、化学、经济与金融等学科，借助于现代化的计算与数值模拟技术，它的研究对于自然科学、工程技术和社会科学的诸多学科的发展起着重要的作用。

自 20 世纪后半叶，非线性偏微分方程取得了巨大的进展。国际上许多著名数学家［包括多位菲尔兹奖（Fields Medal）与沃尔夫奖（Wolf Prize）获得者] 在该领域做出了重要贡献。国内许多数学家也对偏微分方程的引入与发展起到了重要推动作用，对于某些具有重要物理意义的偏微分方程的研究甚至是率先在国际上开展的。随着国民经济的飞速发展与学术交流的广泛开展，国内逐步成长了一批中青年数学家从事偏微分方程及相关领域的研究，在国际一流的学术刊物上发表了一系列高水平的文章，得到了国际同行的高度评价，逐步进入主流研究领域，缩小了与国际水平的差距。然而，在偏微分方程的许多方向上，研究内容的创新性与研究水平仍落后于数学发达国家。

非线性偏微分方程的基本问题是研究其解的存在性、唯一性和稳定性。除了一些局部性的理论之外，不存在统一的框架与方法来处理非线性偏微分方程的整体性理论。不同类型的非线性偏微分方程具有不同的特点，由此产生了不同的研究分支与特有的研究框架，关键的问题是给出解的某种先验估计。偏微分方程的传统研究框架与方法大致有函数论与泛函分析方法、拓扑方法、连续性方法、变分方法、极大值原理与能量估计、爆破分析方法等。线性方程仍有许多经典的问题有待进一步研究，同时它的一些理论和方法也可以用于非线性问题的研究，如椭圆型方程的位势理论与正则性、极大值原理与 Nash-De-Giorgi 迭代方法、能量估计与群作用下的不变量、微局部分析与仿微分算子、施瓦兹（Schwartz）分布与广义解、傅里叶（Fourier）模方法与极小能量归纳技术、谱方法、Profile 分解与集中紧致原理等。近 30 年来，调和分析、几何分析与偏微分方程的相互作用促进了偏微分方程的发展。傅里叶（Fourier）分析在常系数线性偏微分方程、拟微分算子在变系数线性偏微分方程中的有效性充分体现了调和分析在偏微分方程中的作用。原始的数学物理方程存在着大量公开问题需要解决，这就要求进一步发展新的数学理论与方法。例如，经典的不可压纳维-斯托克斯（Navier-Stokes）方程光滑解的整体存在性是 7 个千禧难题之一，目前还没有解决此问题的有效办法。

偏微分方程的研究现状是其研究方法的多样性。经典研究方法与现代研究互相渗透，源于几何、分析、代数与拓扑等不同领域的方法进一步融合，许多整体或大范围的结果往往需要求助于物理原理与物理不变量的研究等，充分体现了这个时代的研究特点。另外是纯数学与计算数学的相互交叉作用。随着计算机技术与数值模拟水平的提高，客观上对于从事基础数学特别是偏微分方程研究的数学家提供了更多的思路。事实上，数值模拟不仅为数学猜想提供了新的途径，同时许多重要的猜想在严格的数学证明之前，或多或少的经历了数值模拟的验证。随着数学学科的发展，以个人独立研究为学科特点的局面也逐步向以研究团队合作交流与合作研究的方式转变。

对于光滑的初始函数，三维不可压缩纳维‐斯托克斯（Navier-Stokes）方程光滑解的整体存在的猜想在 2000 年被美国克雷数学研究所（CMI）列为 7 个千禧难题之一。到目前为止，最好的结果是纳维‐斯托克斯（Navier-Stokes）方程弱解的可能奇异点集的一维豪斯多夫（Hausdorff）测度为零。将纳维‐斯托克斯（Navier-Stokes）方程作为千禧问题，除了其鲜明的物理背景之外，相应的非线性项也具有很好的消失结构，似乎是有希望解决的超临界问题，然而难度远超过人们的想象。已知的不变量不足以克服从高频相互作用所产生的奇性，纳维‐斯托克斯（Navier-Stokes）方程在细尺度的行为较粗尺度而言更难控制，而超临界使得无法控制细尺度的非线性相互作用。满足 Serrin 型条件（实际上是假设一个强制性控制）的 Leray-Hopf 弱解是正则和唯一的。Parelman 通过引入一个控制里奇（Ricci）流的整体控制量——Parelman 熵成功地解决了庞加莱（Poincaré）猜想，或许启示我们引入新的不变量，控制高频相互作用可能产生的奇性，解决这一公开问题。即使对于轴对称有旋的纳维‐斯托克斯（Navier-Stokes）方程而言，问题也还是公开的，该问题及相关问题的研究将推动微分方程领域的发展。

对于任意渐进平坦初值集，真空爱因斯坦（Einstein）方程相应极大柯西（Cauchy）演化是测地完全的，进而演化曲面的曲率具有整体的小性，并且沿着所用的方向在无穷远处趋向于零。对于充分大的初始集，奇性的产生是不可避免的，这就导致了以彭罗斯（Penrose）命名的几个著名的猜想，也是微分方程未来若干年需要解决的公开问题。首先需要研究弱宇宙监督猜想，即对于一般的渐进平坦初值集，首先，需要研究真空爱因斯坦（Einstein）方程存在极大未来柯西（Cauchy）演化，并且具有一个完整的未来零性无穷，从物理学的观点来看所有的奇性都被黑洞覆盖。其次，需要研究强宇宙监督猜想，即对于一般的渐进平坦初值集或具有紧性的初值集，需要研究真空爱因斯坦（Einstein）方程存在极大未来柯西（Cauchy）演化，并且此演化可局部延拓成洛伦兹（Lorentz）流形。最后，对于一般的渐进平坦初值集，需要研究真空爱因斯坦（Einstein）方程的解可以渐近地分解成有限个相互运动分离的黑洞、克尔（Kerr）解的叠加；同时，对于真空爱因斯坦（Einstein）方程所有渐进平坦 U（1）解均是完全的。解决上述问题，需要分析几何及广义相对论相关方面的研究，相关问题包括非线性波方程和双曲线方程的最佳适定性问题、杨－米尔斯（Yang-Mills）单极子和 Ginsburg-Landau 涡点的整体稳定性、拟地转流的正则性和爆破等。

　　混合型偏微分方程指在连通区域的某一部分上是椭圆形的，在连通区域另一部分上是双曲型的，相应的分界曲线（曲面）就是蜕化线（面），在其上退化为抛物型的（或不定义的）。混合型方程在物理、力学、几何学中有广泛的应用。事实上，跨音速流动的描述、弹塑性力学的一些问题、几何中的曲面形变等问题均会归结为混合型方程。目前，它的大量研究基于先验估计、积分方程、正则化、紧性等经典的研究方法，许多问题均未完全解决，需要发展新的研究方法，特别是源于分析、几何、拓扑等相互作用而产生的方法，适应于混合性偏微分方程的研究。

　　退化型偏微分方程是指在区域的某些点集或在某个方向上发生型的蜕化，但在所考虑的区域上并不同时出现有椭圆型和双曲型。退化方程（组）的特点是具有非负特征的偏微分方程。退化方程（组）在边界层理论、无旋薄壳理论、渗流理论、扩散过程等许多具体物理问题中，具有重要的理论意义与应用价值。尽管在数值模拟等应用方面取得了许多直观的认识，但在数学理论的研究方面仍然处于初级阶段。解决这些问题也同样需要新的数学思想及对于退化型偏微分方程有更深入的认识。

　　在物理、材料、生命科学等学科及数学其他领域的研究中，提出了许多非线性抛物型、双曲型以及带有随机项的发展方程，它们的稳态方程通常对应着非线性椭圆方程组，如超导物理中的 Ginzburg-Landau 方程、玻色－爱因斯坦（Bose-Einstein）方程。这些问题有着明确的背景，解的存在性、唯一性及其结构的研究是重要的课题，它的研究通常需要发展新的工具和方法。特别是解的奇性结构的研究，具有重要的理论意义与应用价值。事实上，随着计算技术的发展，光滑的解往往可通过数值模拟等方法得到，而奇性解是难以进行数值模拟的。

　　解的奇性与理解什么是解的问题密切相关；从物理的角度，它与理解相应的各种物理理论的适用范围有紧密的联系。对于非线性发展型方程，即使是光滑初值，解也可能在有限时刻产生奇性。由此而派生的主要问题是：产生奇性的原因、产生奇性的位置与时刻、奇性发生之后解是否还可以延续、奇性的特征。解的奇性了解也是非线性发展方程的一个本质问题。几何测度论为此类问题提供了成熟的分析工具，可以期望它对于一般问题的非光滑解的奇异集的结构等问题研究起着重要作用。

湍流的概念已有 130 年的历史，是指流体运动中流体微团的多尺度、不规则的随机脉动而产生的非平稳流动，它通常存在着不同尺度的能量交换和随机扰动。人们普遍的观点是服从纳维－斯托克斯（Navier-Stokes）方程。理解与模拟不同尺度之间的非线性相互作用或研究跨越不同尺度之间的能量传递与转移，特别是随机扰动的影响，是自然科学领域极其重要的科学问题。目前，除了数值模拟之外，对于湍流的认识非常有限，如何从数学的角度来刻画湍流现象是数学家在未来致力研究的公开问题。另外，与欧拉（Euler）方程密切相关的自由界面的瑞利－泰勒（Rayleigh-Taylor）不稳定性及开尔文－亥姆霍兹（Kelvin-Helmholtz）不稳定性也是著名的公开问题。

不可压缩欧拉（Euler）方程是最早出现的非线性方程，人们对该方程解的存在性唯一性的认识还很不够。已知二维不可压缩欧拉（Euler）方程及三维轴对称不可压缩欧拉（Euler）方程光滑解的整体存在性，主要的问题包含：三维不可压缩欧拉（Euler）方程光滑解是否产生奇性；可否建立三维不可压缩欧拉（Euler）方程弱解的整体存在性；整体弱解是否可以刻画相应的物理现象；另外，对于欧拉（Euler）方程的光滑解而言，能量是守恒的，但对于欧拉（Euler）方程的弱解而言，是否保持能量守恒；如何理解欧拉（Euler）方程弱解对应的内在耗散机制、Onsager 猜想等问题也是未解决的公开问题。基于能量守恒的理想气体的可压缩欧拉（Euler）方程和非线性超弹性材料方程，其一维情形已证明了相应守恒系统在初值具有充分小的有界变差时，解的整体存在且唯一，但是对于高维相应的问题还需要进一步的研究。三维系统解的局部适定性已得到证明，解的整体存在性问题是未解决的公开问题。此外是否可以定义合适的广义解，使得对一般初值可以证明解的整体存在且唯一，而且定义可以兼顾激波及它可能的奇性，需要进一步的研究。

在描述流体的运动时，当我们考虑不同的物理尺度或关注运动的不同侧面时可以得到许多著名的运动方程。在宏观层次，最著名的方程是欧拉（Euler）和纳维－斯托克斯（Navier-Stokes）方程组。在微观层次，相应的运动模型由描述单个粒子运动耦合的牛顿（Newton）方程构成。介于两者之间的一个介观模型是统计物理中的基本方程，即玻尔兹曼（Boltzmann）在 1872 年建立的玻尔兹曼（Boltzmann）方程，描述了稀薄气体中大量粒子通过相互碰撞而产生的各种物理现象随时间的统计演化，它是 Kinetic 理论的基石之一。同时，它和流体动力学方程有着密切的联系。事实上当平均自由程趋于零时，希尔伯特（Hilbert）展开的一阶近似就是欧拉（Euler）方程组，Chapman-Enskog 展开的二阶近似为纳维－斯托克斯（Navier-Stokes）方程组。上述展开也称之为玻尔兹曼（Boltzmann）方程的流体动力学极限，关于它的严格数学证明是希尔伯特（Hilbert）第 6 问题的一个主要部分。关于玻尔兹曼（Boltzmann）方程及相关模型的研究至今已经取得了许多进展，然而，玻尔兹曼（Boltzmann）方程的许多重大问题并没有得到解决，如玻尔兹曼（Boltzmann）方程到欧拉（Euler）方程的流体动力学极限、重整化弱解的正则性等均是这一领域的著名公开问题。

非线性薛定谔（Schrödinger）、KdV 方程等是色散方程的典型代表，显著特点是其解在不同频段上具有不同的传播速度，传播速度依赖于频率的尺寸。关于非线性薛定谔（Schrödinger）方程柯西（Cauchy）问题的整体适定性与散射理论，借助于时空乘子与 Morawetz 型估计、Strichartz 估计对于非聚焦的临界与次临界非线性薛定谔（Schrödinger）方程的柯西（Cauchy）问题获得了一系列令人满意的结果。然而，仍然有大量的公开问题尚未解决。例如，三维或四维聚焦能量临界非线性薛定谔（Schrödinger）方程的柯西（Cauchy）问题的整体适定性与散射理论，目前还没有实质进展，且流行的集中紧致方法与刚性方法似乎不能直接使用；非聚焦能量超临界非线性薛定谔（Schrödinger）方程的柯西（Cauchy）问题的整体弱解的正则性问题也是一个长期以来未解决的公开问题，即它等价于判别它是否是物理解；质量次临界非线性薛定谔（Schrödinger）方程的柯西（Cauchy）问题的散射理论；周期三次非聚焦薛定谔（Schrödinger）方程的弱湍流解的存在性猜想；不具代数结构的一般非线性色散方程的低正则问题的整体适定性与散射理论；Soliton resolution 猜想，即对一般初值，聚焦型非线性薛定谔（Schrödinger）方程的柯西（Cauchy）问题的能量整体解在长时间演化后可分解成两个主要部分：有限个相互分离的孤立子的叠加和某一自由方程的解（散射波）之和。

麦克斯韦（Maxwell）方程、波映照、杨－米尔斯（Yang-Mills）方程。这些方程的研究方法不甚相同，目前的研究仅限于局部性理论或特殊情形下的结果，许多基本问题悬而未决。对于物理与几何背景的波映照方程，已有的研究主要集中于解的局部适定性或小初值假设下解的长时间性态、某些具有特殊结构情形下的整体存在性与长时间性态。人们之所以如此关注各种流形上的波映照方程的研究，原因在于很多具有物理意义的偏微分方程都具有波动方程的形式，如电磁学中的麦克斯韦（Maxwell）方程、量子场论中的杨－米尔斯（Yang-Mills）方程等。流形上的波动方程不仅对偏微分方程理论研究也对物理理论研究产生了深刻的影响。目前研究的公开问题有：Sogge 局部光滑估计猜想，它与调和分析中著名的 Bochner-Riesz 猜想、限制型猜想密切相关，这是一个非常困难的猜想；高维情形的狄拉克－麦克斯韦（Dirac-Maxwell）方程、波映照、杨－米尔斯（Yang-Mills）方程的整体适定性问题；非线性波动方程在各类时空流形上的 Strauss 猜想与 Glassey 猜想；拟线性波动方程的低正则性问题的适定性、各种时空流形上的拟线性波动方程等。

（六）概率论与随机分析

概率论是关于随机现象的数学理论，目的在于揭示随机现象中的重要结构和定量的规律，为统计学提供理论基础。概率论的创始人为 16 世纪末意大利的数学家卡丹诺（Cardano）、17 世纪法国的数学家帕斯卡（Pascal）与费马（Fermat）、瑞士的数学家雅各－伯努利（Bernoulli）。概率论最初研究的是赌博中输赢等随机现象。然而人们逐渐发现，很多领域都存在与此相似的随机现象，且在这些领域起着重要作用。于是，概率论的应用范围被扩大。特别地，在 19 世纪末物理学家玻尔兹曼（Boltzmann）和吉布斯（Gibbs）建立了统计力学，从给定随机环境中按确定性力学规律运动的大量微小物理粒子出发解释了宏观气体的性质，确立了以定量方式从微观层面物理学规律推演宏观层面物理学规律的典范，是利用概率论解释自然现象的一个巨大成功。20 世纪初，受统计力学等领域研究的刺激，人们开始研究随时间变化的随机现象，形成了有广泛应用范围的随机过程理论。值得特别指出的是，1900 年庞加莱（Poincaré）的学生巴夏里埃（Bachelier）在首次研究"投机理论"的过程中实际建立了布朗运动的模型，随后爱因斯坦（Einstein）和控制论创始人维纳（Wiener）才分别建立了布朗运动的物理模型与数学模型。1906 年，俄国数学家马尔可夫（Markov）提出了马尔可夫链这一可以描述短程记忆的至今仍在包括人工智能等众多领域有重要应用的十分重要的随机过程模型。概率论的严格公理化也是著名的希尔伯特 23 个问题之一的内容。1933 年苏联数学家柯尔莫哥洛夫（Kolmogorov）给出了概率空间的公理化定义和希尔伯特（Hilbert）问题的解答，奠定了概率论的严密数学基础。这是概率论发展史上极其重要的一个里程碑,为概率论后来的迅速发展奠定了坚实的基础。柯尔莫格罗夫(Kolmogorov)在 1980 年获得沃尔夫(Wolf)数学奖,其做出的杰出贡献包括这一工作在内。1939 年,法国数学家温勒(Ville)提出了鞅这一在包括经济学等领域有重要应用的概念。1942 年日本数学家伊藤(Ito)开创了随机分析,他因此获得了沃尔夫(Wolf)数学奖以及国际数学联盟首次颁发的高斯奖(Gauss Prize)。

概率论与随机分析不仅越来越表现出它在众多领域的应用性和实用性,而且对这些大量基本应用问题的研究也反过来推动了它们本身的迅速发展。例如,一方面获得 1997 年诺贝尔经济学奖的 Black-Scholes 理论以及相关金融数学理论主要基于伊藤(Ito)的随机分析理论,另一方面对金融学中许多重要问题的研究也推动了包括非线性期望下随机积分理论等随机分析理论的深入发展。2006 年菲尔兹奖(Fields Medal)获得者奥克恩科夫(Okounkov)的获奖工作,建立了概率论、表示论和代数几何之间的桥梁,解决了与弦物理学有关的一个重要数学问题。这不仅揭示了概率论与纯粹数学中多个表面上不相关分支之间的深刻联系,而且也为弦物理学中一些重要问题的严格理论研究提供了新的思想。同时,这一年的菲尔兹奖(Fields Medal)获得者陶哲轩(Tao)的获奖工作,一方面利用概率论的思想和动力系统的多重遍历理论解决了一个历史上长期悬而未决的著名数论难题,另一方面也进一步刺激了马尔可夫(Markov)过程多重遍历理论的深入发展。2010 年的菲尔兹奖(Fields Medal)获得者维拉尼(Villani)的获奖工作,大量借鉴随机分析中泛函不等式和最优输运理论的思想和方法,利用动力系统理论和偏微分方程理论解决了流体力学中的朗道阻尼和非平衡统计力学中玻尔兹曼(Boltzmann)方程的长时间行为这两个困难问题。另外,Werner、Smirnov 与 Hairer 分别利用随机分析理论直接研究统计物理中二维格点模型的标度(scaling)极限 SLE(stochastic Loewner evolution)以及 KPZ(Kardar-Parisi-Zhang)方程与随机量子化方程等重要问题并取得了重大突破,分别于 2006 年、2010 年和 2014 年获菲尔兹奖(Fields Medal),而 Varadhan 和 Sinai 也分别因利用概率论与随机分析理论研究统计物理中流体力学极限和相变现象而获得了 2007 年和 2014 年的阿贝尔奖(Abel Prize)。

从 20 世纪 40 年代美国数学家杜布系统研究一般鞅论以及日本数学家伊藤(Ito)引入随机积分开始,经过几代学者的努力形成了随机分析这一研究方向。随机分析主要借鉴数学中分析学的思想与方法研究随机过程的局部结构和整体特征，是"具有随机趣味的分析学"。到目前为止，随机分析研究主要包括一般半鞅理论、随机微分方程、随机偏微分方程、随机微分几何与马利亚万（Malliavin）分析、马尔可夫（Markov）过程理论、狄氏型理论、随机矩阵与随机场理论、非线性期望下的随机积分理论、正则结构理论等。它们在数学其他分支、力学、物理、化学、生物与医学、经济金融、管理科学以及工程技术等领域都有十分广泛的应用，也是目前和未来国际概率论领域研究的重点和热点。

一般半鞅理论的研究相对集中在：对长记忆与强关联的随机过程类，包括可描述复杂网络上信息传输过程的分数维布朗运动等，发展它们的随机积分理论；利用半鞅理论中扩大过程信息流这一方法，研究含有信用风险等道德风险的资产定价与风险度量问题；将行为金融学中的情景理论引入资产定价和风险度量问题的研究中，发展所需的随机分析理论与方法。

随机微分方程的研究相对集中在：研究系数不满足利普希茨（Lipschitz）条件的非利普希茨（Lipschitz）型随机微分方程解的基本性质；利用随机分析方法研究系数仅具有弱正则性时常微分方程或随机微分方程解的基本性质；结合大数据，借鉴随机分析、动力系统和统计学的思想方法，研究动力系统与不确定环境耦合后动力学行为的变化特征，这一方面的研究与国际上受到高度重视的不确定性量化方法紧密相关。在随机微分方程研究中，目前最受国际数学界高度关注的是研究随机洛纳（Loewner）演化（SLE）。该方程是非常典型的非利普希茨（Lipschitz）型随机微分方程，它的研究背景，一方面可以从复分析里著名的比伯巴赫（Bieberbach）猜想谈起，1923 年洛纳（Loewner）为了研究比伯巴赫（Bleberbach）猜想引进了描述单参数共形映射形变的洛纳演化（Loewner evolution，LE）；另一方面，从 20 世纪 80 年代以来共形场论（CFT）成为理论物理与数学相互作用的主要物理分支之一，在弦理论的发展中起到了相当重要的作用。从共形场论出发许多物理学家预言或猜测，包括渗流模型、自回避游走、伊辛（Ising）模型、FK 模型与 O（n）圈模型、去圈随机游动（LERW）、均匀展开树（UST）等大量来自统计物理的二维模型其标度极限是共形不变的。1994 年开始，一些数学家如沃尔夫奖（Wolf Prize）获得者朗兰兹（Langlands）等就试图利用数学方法研究渗流模型标度极限的共形不变性。2000 年数学家施拉姆（Schramm）引进随机洛纳（Loewner）演化，并推测统计物理中二维模型的标度极限就是某个随机洛纳（Loewner）演化。实质上，随机洛纳（Loewner）演化定量描述了平面上具有共形不变性和一种马尔可夫性的单参数随机曲线族。引进随机洛纳（Loewner）演化的动机来自于寻找随机分析学者劳勒（Lawler）于 1980 年引进的去圈随机游动的连续版本，而平面上共形不变随机曲线的研究则可以追溯到著名随机分析学者莱维（Levy）在 1946 年关于复布朗运动共形不变性的发现。沃纳（Werner）、劳勒（Lawler）和施拉姆（Schramm）他们一起发展了随机洛纳（Loewner）演化理论，严格证明了一些二维空间上统计力学模型的标度极限是某个随机洛纳（Loewner）演化从而具有共形不变性，系统深化了人们对平面上共形不变的随机曲线的理解和认识。随机洛纳（Loewner）演化理论因此也吸引了一大批数学家和物理学家的兴趣，而证明二维空间上统计物理模型标度极限就是某个随机洛纳（Loewner）演化也成为具有挑战性的难题。2006 年沃纳因对随机洛纳（Loewner）演化研究的杰出贡献而获得了菲尔茨（Fields Medal）奖。同时，因为证明了伊辛（Ising）模型的标度极限是随机洛纳（Loewner）演化这一杰出成就，斯米尔诺夫（Smirnov）也获得了 2010 年的菲尔茨奖（Fields Medal）。目前，三角形格点上的渗流、去圈随机游动、均匀展开、Harmonic Explorer 与高斯自由场、伊辛（Ising）模型以及 Ising random cluster 模型等的标度极限及共形不变性已被证明。但是，二维空间上大量统计物理模型标度极限及共形不变性还缺乏严格的数学证明。毫无疑问，继续研究二维空间上这些统计物理模型标度极限及共形不变性将是随机洛纳（Loewner）演化理论的核心问题。另外，也需要研究包括几何性质、调和测度、豪斯多夫（Hausdorff）测度和维数、重分形谱等 SLE 本身性态的问题。最后，基于随机洛纳（Loewner）演化理论来建立共形场论的严格数学理论也是一个重要的研究内容。

随机偏微分方程的研究相对集中在力学、物理以及工程技术等领域中，对于带有随机噪声驱动的重要偏微分方程，主要研究这类方程解的存在唯一性，以及遍历性等基本性质。这其中具有挑战性的是随机噪声高度退化的情况，目前的研究很不系统，为了系统研究它需要发展新的随机分析理论。另外，研究与这些方程有关的许多控制问题也具有很强的挑战性，如处于随机复杂环境中的传感器网络与智能机械等柔性和弹性系统的控制问题。为了给出这些系统精度度更高的实际控制模型和控制器设计方法，需要对描述它的随机偏微分方程组进行分析。经典的控制理论在柔性和弹性系统的控制方面有很大的局限性，需要发展新的研究框架、思路和方法。特别地，在随机的热传导与非线性双曲守恒律系统描述的波传播过程、随机的牛顿与非牛顿流体和电磁流体的分析与控制，以及随机复杂环境中非线性弹性模型和流体与弹性体耦合模型的控制及其应用等问题的研究中，就限于所涉及的随机偏微分方程组的可控性问题在数学理论上也是极具挑战性的。

随机微分几何与马利亚万（Malliavin）分析的研究相对集中在下述在两方面。一是，运用随机微分几何与马利亚万（Malliavin）分析的基本方法研究数学中分析学、有限维黎曼（Riemann）流形、有限维复流形等分支以及金融学中的一些困难问题，如奇异扩散半群的哈纳克（Harnack）不等式、李雅普诺夫（Lyapunov）型条件下非紧的黎曼（Riemann）流形上扩散过程的泛函不等式、非紧的黎曼（Riemann）流形上 Lp- 下同调群的非零化定理和有限维数定理、高维的 Corona 定理、强负曲率单连通凯勒（Kahler）流形上有界全纯函数的存在性、基础资产价格或交易策略带有强非线性约束的资产定价和风险度量等。二是，研究无穷维线性空间和无穷维流形上的随机微分几何与马利亚万（Malliavin）分析问题。例如，黎曼（Riemann）流形的 Wasserstein 空间上梯度流的研究、具有挑战性的马利亚万（Malliavin）矩阵算子非退化但其伪逆无界情况的研究。特别是，后者是以前随机微分几何与马利亚万（Malliavin）分析研究中几乎未曾遇到的情况，需要发展开创性的研究思路与方法。

狄氏型理论的研究相对集中在如下几个方面：在狄氏型理论的框架中，研究区域上莱维（Levy）过程等跳跃型马尔可夫（Markov）过程的内在超压缩性、热核估计、边界附近行为与相应的位势理论、享特（Hunt）假设（H），以及进一步研究非对称拟正则狄氏型的 Beurling-Deny 型分解理论及其应用等。

自从 1906 年提出马尔可夫（Markov）链的概念起，历经马尔可夫（Markov）、柯尔莫哥洛夫（Kolmogrov）、莱维（Levy）等一大批学者的努力，到 20 世纪 60 年代形成了比较完备的马尔可夫（Markov）过程理论。所有具有短程记忆特征的随机过程都可用马尔可夫（Markov）过程来描述。因此，它是随机过程中被研究最多而且应用也最广泛的过程类之一，主要是利用其生成元或转移概率族来研究它们的概率性质。下面将简述目前与未来研究比较活跃的若干专题。

马尔可夫（Markov）过程遍历性的研究重点集中在具有重要实际背景而

且研究难度较大的不可逆马尔可夫（Markov）过程上，主要针对一些不可逆典型过程的谱空隙的存在性与精细估计进行研究，包括某些不可逆排队论模型的遍历性问题，特别是 M/PH/1、PH/M/1 等模型在位相无限时的一般遍历性、指数遍历性和强遍历性；多物种模型的过程存在性、唯一性和相应的遍历理论等。

马尔可夫（Markov）过程的衰减性与泛函不等式的研究在以下两个方面比较活跃。一方面是借鉴其遍历性研究的丰富成果来建立一套衰减性的完整理论，包括相应的泛函不等式的证明。另一方面的研究包括了具有非线性和非对称性的随机偏微分方程的泛函不等式、运费不等式和最优传输不等式；某些条件下生灭过程或一般 Q 过程的泛函不等式、修正 Log-Soblev 不等式和相应的显式判别准则；粒子之间相互排斥的连续型气体模型的泛函不等式如修正的 Log-Soblev 不等式和协方差估计等。

粒子系统与测度值过程及其遍历性的研究主要包括：利用拟正则狄氏型理论构造一般 Polish 空间上的粒子系统，并构造合理的测度值过程使其关于相对熵指数收敛到 Poisson-Dirichlet 分布；研究随机流产生的超过程以及包括相关的 Konno-Shiga 方程在内的一类随机偏微分方程解的轨道唯一性；研究 Stepping-Stone 模型的遍历行为，包括其泛函不等式和可逆性；研究有选择的 FV 超过程的遍历性和有移民分支过程的遍历性和可逆性，以及选择和重组模型与非平衡动力模型的极限行为；研究测度值过程和分支过程的大偏差等极限性质；利用施坦（Stein）方法和耦合方法等，研究测度值过程和分支过程的极限和收敛性的上界估计等。

随机环境中马尔可夫（Markov）过程的研究主要包括：研究具有随机移民的超布朗运动在 Quenched 概率下的中心极限定理和大偏差等性质，大偏差理论在通信、排队论中的应用；研究随机环境中的随机游动的一些挑战性的基本问题，如在二维情形以及环境平稳、遍历、一致椭圆、混合时随机游动沿某方向运动的 0-1 率等。

马尔可夫（Markov）骨架过程，作为马尔可夫（Markov）过程的一种重要推广，其研究借鉴了马尔可夫（Markov）过程研究的思想与方法。它的研究有两个方面。一方面包括了排队论中各种排队过程模型在内的大量混杂随机模型的马尔可夫（Markov）骨架过程的研究。这类马尔可夫（Markov）骨架过程在 1997 年由侯振挺和合作者引入，已经出版了中文、英文专著介绍并总结了相关情况，其研究主要集中在这一理论在金融保险和排队理论中的应用。

另一方面包括了大规模网络上 Web 马尔可夫（Markov）骨架过程的理论及其应用的研究，是由马志明和合作者于 2009 年从万维网搜索引擎设计的研究中提炼出来的一类新的重要随机过程。这类过程囊括了离散时间马氏链、Q- 过程、更新过程等经典随机过程以及一类新的重要随机过程——镜面半马氏过程，不仅概括了万维网中信息的输入、传输和使用的基本特征，而且可用来描述互联网用户的浏览过程、计算机病毒在互联网中的传播过程、计算机黑客对计算机网站进攻的演化过程，宽带无线移动通信网络、传感器网络、物联网和生物分子网络等大规模网络中信息的输入、传输和使用过程，以及这些网络故障的传播与扩散过程等。主要的研究相对集中在大规模网络上的 Web 马尔可夫（Markov）骨架过程理论与方法的丰富与发展，大规模网络上的搜索引擎设计、热点信息挖掘以及故障的传播与扩散现象等问题。需要指出的是，这两类马尔可夫（Markov）骨架过程互不包含，既有重叠又有区别。

非线性数学期望及其随机积分理论的研究可追溯到法国数学家邵盖（Choquet）在 1954 年提出的容度概念以及他利用容度定义的一种现在被称为 Choquet-积分的非线性积分。利用该非线性积分定义的期望就是一种非线性数学期望，目前在金融和经济学得到了广泛应用。从 20 世纪 70 年代开始，Choquet-积分被推广为非可加测度和非线性数学期望理论。近 10 多年非可加测度和非线性积分理论的研究取得了一系列成果。彭实戈在 1997 年给出了定义非线性数学期望的新思路，通过他建立的倒向随机微分方程一般理论引入了 g-期望与相应的条件 g-期望的概念，并初步建立了动态相容的非线性数学期望理论的基础。他和合作者发现，g-期望不仅是研究经济学与金融学中递归效用理论与金融风险度量的有力工具，而且 g-期望还保持了经典数学期望除线性性质之外的所有基本性质。通过进一步的研究他们还发现，g-期望仍然是基于给定概率空间的，并且由 g-期望所确定的概率族关于维纳测度是绝对连续的。鉴于此，彭实戈在 2005 年又提出了一般的非概率框架下由马尔可夫（Markov）链所产生的非线性数学期望理论，接着在 2006 年进一步提出了非常一般的 G-正态分布和 G-期望的概念。特别地，由 G-期望所确定的概率族一般关于维纳（Wiener）测度并不是绝对连续的，但动态相容性仍然成立。基于这一框架下，他引入了 G-期望下的 G-布朗运动，并建立了关于 G-布朗运动的随机积分，还得到了相应的伊藤（Ito）公式。这些概念和理论可用于研究证券的收益率和波动率处于不确定情形时金融风险的度量问题和随机波动问题。彭实戈还证明了 G-期望框架下的大数定律和中心极限定理，并给出了这些定律的金融解释。非线性数学期望及其随机分析理论的研究，目前主要包括：倒向随机微分方程理论的进一步研究；g-风险度量与其他风险度量之间关系的研究，为金融业选择合适的风险度量工具提供理论依据；倒向重随机控制系统理论的研究，以及各类反射倒向重随机微分方程及相关的随机偏微分方程理论的研究，重随机干扰下随机控制问题的进一步研究，包括最大值原理及动态规划原理的研究；倒向随机系统的滤波理论与部分信息下随机控制问题的研究，包括部分信息下随机递归和随机控制问题的最大值原理以及线性二次控制问题的研究等。另外，G-期望框架下随机分析理论是一个新兴的研究方向，有许多基础理论问题尚未解决，需要进一步发展和完善。

随机矩阵的研究已经出现在 1928 年维希特（Wishart）关于多元统计分析的工作中。20 世纪 30 年代，我国数学家许宝騄不仅在多元统计分析的研究中获得了许多重要的结果，而且对随机矩阵理论的发展做出了重要贡献。20 世纪 50 年代，受到来自核物理和量子力学研究的重大推动，随机矩阵理论逐渐成为在数学和理论物理两个领域中都获得迅速发展的研究方向，它关注的核心问题是：刻画满足某种对称性条件的高维随机矩阵的特征值和特征向量、最大特征值以及特征值之间的间隙等相关量的渐近分布，并研究其普适性问题，即研究不同类型的随机矩阵模型的特征值和特征向量是否具有某种共同的渐近分布。物理学家维格纳（Wigner）在 1952 年证明：高斯型厄米随机矩阵模型（Gaussian unitary model）的特征谱测度弱收敛到半圆周律。随后，一些其他类型随机矩阵模型的特征谱和最大特征值的渐近分布也被确定。值得特别指出的是，蒙哥马利（Montgomery）关于黎曼（Riemann）-ζ 函数非平凡零点对分布规律的关联猜想，已经由物理学家和随机矩阵专家弗里曼·戴森（Freeman Dyson）发现，其密度函数正好是高斯型厄米随机矩阵模型特征值对的关联密度函数。奥德里兹科（Odlyzko）曾做了大量的数值计算，在适当的归一化后从数值计算上验证了黎曼（Riemann）-ζ 函数非平凡零点的间距分布与高斯型厄米随机矩阵模型特征值间距分布确实相同，为蒙哥马利（Montgomery）所猜测的零点分布与随机矩阵理论间的紧密联系提供了数值证据。这一事实已经被命名为蒙哥马利-奥德里兹科定律（Montgomery-Odlyzko law），与希尔伯特-波利亚猜测（Hilbert-Polya conjecture）很相似。后一猜想预言，黎曼（Riemann）-ζ 函数非平凡零点与某个厄米算符（Hermitian operator）的

特征值相对应。这些都促使一些学者利用随机矩阵理论去研究著名的黎曼
（Riemann）- ζ 函数猜测。

随机复杂网络理论由 1998 年沃兹（Watts）和斯道格兹（Strogatz）在《自然》期刊上的一篇文章开始，他们在该文章中引入了用于描写人际关系网络的"小世界"网络模型。鲍劳巴希（Barabasi）和艾伯特（R. Albert）于 1999年在《科学》期刊上的文章又引入了用于刻画互联网和科学家之间合作关系的网络的无标度网络的模型。随后，许多领域中都发现了这种网络结构，对随机复杂网络的研究成为热点。这些大规模网络在不断地发展变化，从对它们的统计结果来看它们都在整体上呈现出类似于随机变动的行为，可以选择某个典型网络的随机模型来研究它们。随机复杂网络的研究，目前主要包括：利用现代概率论的思想与方法研究小世界网络、无标度随机网络和演化网络等随机复杂网络的构造及特征性质；寻求新的方法来研究小世界网络、无标度随机网络和演化网络等随机复杂网络若干重要特征刻画的解析表达式，探索构造演化网络的新机制，建立更符合现实世界的网络模型；构建群体遗传中新的随机复杂网络模型及其统计推断方法，并应用于同物种内不同亚种生物进化历史的研究；利用随机复杂网络的概率特征，研究不同类型生物基因组和蛋白质组的差异和功能预测；利用随机复杂网络方法研究基因动态调控模型、非编码区的遗传功能及其与编码基因的关系；利用随机复杂网络的形成机制与结构稳定性，构建干细胞等重要生物体的演化模型并研究它们的生物功能特征；考察计算机病毒在互联网或邮件网络中的传播与计算机黑客对计算机网站进攻的演化过程，SARS、禽流感和艾滋病等恶性传染病在人群构成的复杂网络中的传播，以及信用风险与非法资金在金融机构形成的复杂网络中的传播和扩散等；建立描述复杂网络中随机过程的数学模型并研究其基本性质，要求其涵盖上述现实网络中重点关注信息的传播和扩散现象等。

渗流模型用于描述地下岩层中石油流动的不规则通道，在如何轰炸和封锁跑道等军事问题的研究中也有重要应用。渗流模型展示了统计物理中重要的"相变"现象，即当某些参数连续变化时，系统骤然间发生巨大变化的现象，具体表现为某个宏观观察量的不连续性。渗流模型所关注的参数是每条边"开通"的概率 p。当 p 很小时，开通边所连接而成的连通分支（open cluster）都是有限的；而当 p 上升且超过临界值时，该连通分支就包含了无穷多个顶点。渗流模型主要研究的是临界值和连通分支的大小以及一系列相关量的估计。20

世纪 90 年代以来人们发现,渗流模型在许多其他学科有着重要应用,可挖掘出更加精细与丰富的性质。渗流模型的研究主要包括两个方面,一方面是研究和验证与随机洛纳(Loewner)演化有关的渗流模型的精准估计。例如,三角形格点上渗流模型的标度极限已被证明就是随机洛纳(Loewner)演化。但是,目前人们还只能对几个特殊网络上的渗流模型验证随机洛纳(Loewner)演化理论是否成立。一般要验证随机洛纳(Loewner)演化需要 4 个步骤,而其中的一步就是对渗流模型建立非常精准的估计。另一方面是研究渗流模型中无穷连通分支上的随机游动以及其他重要随机过程的性质。无穷连通分支很不规则,但人们却相信,它与原来的整个网络具有相同或相近的性质,因此其上的随机过程也应该具有相同或相近的性质。已经证明:三维欧氏格点上无穷连通分支的随机游动是非常返的,其热核估计与普通欧氏格点上的随机游动具有相同的形式,而且不变原理也成立。这说明,在适当的标度变换后,无穷连通分支上的随机游动非常接近于布朗运动。当把随机运动替换为其他随机过程如无穷粒子系统时,不变分布的存在唯一性以及其他分布收敛到不变分布的速度等许多问题还有待研究。

在统计物理中的重要随机偏微分方程研究方面,KPZ 方程是时空白噪声驱动的随机偏微分方程,描述了流体中随机界面的演化规律,物理学家认为它反映了一大类统计力学模型的普适特征。同时,研究包括规范场论在内的量子场论以及弦论的严格数学理论的一个重要方法是随机量子化方程方法。三维空间及其有界区域上具有 4 次自相互作用的玻色量子场对应的随机量子化方程是时空白噪声驱动的随机偏微分方程,其解的存在唯一性与遍历性是这一研究方面的重要公开问题;而四维情形类似的量子场涉及了规范场论中极其重要的希格斯(Higgs)粒子理论,物理学家还认为它反映了包括伊辛(Ising)模型等一大类统计力学重要模型的普适特征,其临界特性使其严格数学理论的建立极其困难,涉及 "杨 - 米尔斯场的存在性及其质量间隙" 这一 7 大千禧年问题中的关键核心困难。Hairer 因提出与发展了正则结构理论并解决了 KPZ 方程和三维有界区域上具有 4 次自相互作用的玻色量子场对应的随机量子化方程的局部解存在性而获得了 2014 年的菲尔兹奖(Fields Medal)。统计物理中的重要随机偏微分方程的主要研究包括:围绕 KPZ 方程和随机量子化方程等统计物理中随机偏微分方程解的存在唯一性、遍历性及其普适性开展研究,发展相关正则结构理论、无穷维遍历理论与重整化的数学理论。

概率论中的极限理论一直是概率论研究中的一个重要研究方向,直接为统计学中的大样本理论和统计推断理论等提供理论依据,研究内容十分丰富。现代概率极限理论主要集中在斯坦(Stein)方法和自正则化极限理论以及大偏差理论的研究方面。

利用正态分布的分部积分公式,1972 年斯坦(Stein)精确估计了不同概率逼近的差异。特别地,他给出了独立随机变量和与正态分布差异的估计,得到了著名的一致与非一致的 Berry-Essen 界。后来,这种思想与研究方法被推广到更广的分布类中,并称其为斯坦(Stein)方法,是精确估计各种概率逼近的有力工具。无论对独立还是一些相依程度被量化的随机变量列,是正态逼近还是非正态逼近,斯坦(Stein)方法不仅都是适用的,而且利用斯坦(Stein)方法还可以研究概率逼近的绝对误差和相对误差。自正则化方法原来是指,利用随机变量列部分和的经验方差取代理论方差,从而正则化随机变量列的部分和,这种思想后来被推广到利用相关的经验数字特征来代替其理论的数字特征。自正则化极限定理的主要优点是对随机变量矩条件的假设无要求或要求很弱。将斯坦(Stein)方法和自正则化方法结合,可以获得许多假设条件很弱的概率逼近的绝对误差和相对误差估计。

大偏差理论的研究可以被回溯到 20 世纪 30 年代初关于随机变量尾概率的精确渐近性研究。1966 年,基于克莱默、萨诺夫(Sanov)和斯莱德(Schilder)等的工作,瓦拉德汗(Varadhan)给出了大偏差原理的现代定义。在 20 世纪七八十年代,为了认识薛定谔(Schrödinger)算子第一本征值的变分公式与大偏差的关系,唐斯克(Donsker)和瓦拉德汗(Varadhan)建立了马尔可夫(Markov)过程大时间渐近行为的大偏差原理。另外,为了研究狄利克雷(Dirichlet)边值问题基本解的小时间渐近性质这一重要问题,瓦拉德汗(Varadhan)还给出了扩散过程的小时间大偏差原理。事实上,马尔可夫(Markov)过程的大偏差理论不仅被广泛应用于包括维纳(Wiener)Sausage 问题、极问题与流体力学极限问题等在内的许多相关问题的研究,而且还被推广到了平稳过程、动力系统以及统计力学中的吉布斯(Gibbs)测度等的研究中。对许多随机环境中的随机游动和扩散过程、随机矩阵以及无穷交互粒子系统模型相应的大偏差和中偏差原理也已被建立。同时,在 20 世纪 70 年代,为了研究动力系统的随机扰动问题,基于斯莱德(Schilder)的工作,弗瑞德林(Freidlin)和温茨尔(Wentzell)系统地发展了随机扰动的大偏差理论。这已经成为研究动力系统随机扰动稳定性、排队网络等相关问题的一个强有力工具。最后，在 20 世纪末和 21 世纪初，受研究随机过程的轨道大偏差的推动，随机过程大偏差的弱收敛方法已被提出，并成功地对一些随机偏微分方程建立了 Freidlin-Wentzell 型的大偏差估计。

第二节　应用数学与计算数学

一、应用数学

从现代的意义上讲，应用数学研究指的是那些由自然科学、社会科学、工程技术等诸多方面的需求所驱动的数学研究。按照维基百科的说法："applied mathematics is a mathematical science with specialized knowledge"[8]。有别于基础数学，应用数学的发展动力主要来源于数学的外部，应用数学的研究来源于实际问题，并在围绕解决问题的研究中形成新的数学方法与理论，推动数学的进一步发展。就这个意义而言，不少应用数学分支也有悠久的历史。事实上，20 世纪之前基础数学和应用数学根本就没有被加以区分，应用数学这个名词的广泛采用应该只有 80 年不到的历史，采用这个名词的目的是为了给这些数学研究打上一个鲜明的"问题驱动"的标志。

除了针对具体问题的数学研究之外，应用数学的研究也丰富了数学本身，它包括应用偏微分方程、应用概率论、运筹学、组合与图论、控制理论、理论计算机科学等学科领域，以及数学与其他学科领域的交叉研究。

（一）应用偏微分方程

当年牛顿（Newton）发明微积分的目的就是为了理解行星的运动，这可以算是应用分析的前驱研究。相当多现象的演化可以通过微分方程这样的分析学模型来进行描述，应用分析主要涉及这些模型的数学分析。它从应用领域关心的问题出发，通过运用现代数学工具，分析模型的性质，以加深对模型所描述问题或者所发生现象的机理理解。如果需要，也包括对模型进行适当的约化和降维等，使得注意力可以集中到所关心的问题上，这样的做法对构造理想的数值格式具有重要的意义。

最近几十年来，应用偏微分方程的研究主要围绕源自于重要实际问题中的数学模型，从数学上严格分析论证应用领域关心的重要问题，通过对模型的分析，发现新性质，加深对模型的理解；对模型进行约化和降维，有益于数值模拟；将物理直觉、经验公式、形式关系等进行严格的数学表示并加以严格论证。

流体力学一直是应用数学的一个重要研究方向。事实上，欧洲和美国大学的许多数学系中至今还开设这门课程。雷诺（Reynolds）首先在实验中观察到了液体在流动中存在两种结构完全不同的状态：稳定的层流和不稳定的湍流，并指出存在一个临界数（临界雷诺（Reynolds）数），当雷诺（Reynolds）数小于此临界数时，流体的运动保持稳定的层流运动；而当雷诺（Reynolds）数大于此临界数时，流体将失稳，从层流转为湍流。现在我们对湍流的认识还太少，甚至还不知道临界雷诺（Reynolds）数的具体数值。应用数学家从纳维－斯托克斯（Navier-Stokes）方程出发，运用分析工具，通过非线性分析探索确定临界雷诺（Reynolds）数的具体大小，取得了一些成果。当然距离最终解决这个问题还有一段路要走。实际上，与流体相关的还有其他一些失稳的现象，我们对这些失稳现象的理解远远不足，这也是非常具有挑战性的问题。

除了流体中出现的多种失稳现象之外，流体在运动过程中遇到物理边界时常发生流场的突变现象，其中一个重要的现象即所谓的边界层的出现。边界层问题在科学和工程技术中具有十分重要的应用。对于不可压黏性流体的流动，20世纪初，普朗特（Prandtl）观察到远离边界流场中的惯性起到了决定性作用，黏性的作用可以忽略；而在边界附近流场的惯性与黏性的作用均非常重要。基于这样的假设，普朗特（Prandtl）建立了边界层的数学描述，也叫普朗特（Prandtl）边界层方程。近10多年来，边界层稳定性的数学分析在应用数学界非常活跃，相继获得了一些很有意义的成果。尽管如此，仍有很多本质问题有待探索且非常具有挑战性，普朗特（Prandtl）理论的严格数学论证还有很长的路要走，这也是应用领域十分关心的问题。

输运方程，包括玻尔兹曼（Boltzmann）方程，是高能量密度物理、核物理等众多领域中的重要模型，对于它的分析十分困难。另外，这个方程在三维情形下是一个时空七维问题，数值求解的计算量也极大，求解很困难。尽管计算机技术飞速发展，但是输运方程的高效求解仍然是科学计算界的难题。为了高效求解输运问题，其中一种办法是通过矩方法对其降维，以减少计算量。利用玻尔兹曼（Boltzmann）方程的查普曼－恩斯库格（Chapman-Enskog）展开，将七维问题约化为四维时空问题；但它们只是在平衡态附近能很好地逼近玻尔兹曼（Boltzmann）方程。远离平衡态的时候，我们也有更高阶展开得到的伯内特（Bernett）方程或者超伯内特（Bernett）方程，但由于这些方程的不适定性，用于实际问题计算也还存在一些问题。因而，应用数学家也一直试图从物理原理和数学理论出发，试图建立物理上合理的、数学上适定的、便于计算的、实用的高阶矩方程。

材料科学也为应用分析提供了许多机会。液晶是介于晶体和液体之间的物质相态，外界条件的微小改变，使液晶材料发生相变，从而导致物理和光学性质的改变。这种独特性质使得液晶材料因其能耗低、感应灵敏的显著优势得到了广泛应用。独特的物理、化学性能和广阔的应用前景也使得液晶一直是物理学家、化学家和材料学家的热点研究对象，也为理论研究提供了大量的数学问题。液晶模型可视为多尺度模型，从数学上严格论证不同尺度模型之间的关系对理解现有的液晶模型，建立新的液晶模型具有重要意义。特别是建立和论证液晶微观模型和宏观模型之间的关系，理解它们的共性、区别和联系，有助于理清各个模型的适用范围、各参数的物理意义。这些数学问题既有明确的物理背景，又有深刻的数学内涵。

（二）应用概率论

概率论最初是因为赌博的研究而创立的。不仅如此，现在许多概率论学家依然希望保持这样的血统，将不少概率论的问题赋予了赌博的解释。尽管概率论有着这样一个不那么光彩的出身，但是确被用来描述自然界中的各种各样的不确定性现象。前面所提到的玻尔兹曼（Boltzmann）和吉布斯（Gibbs）等就应用概率论在粒子系统建立了所谓的统计物理学，而波恩（Born）则赋予了量子力学中的波函数的一个概率论的解释。最近，施拉姆（Schramm）将随机游动引入经典的勒夫纳（Loewner）演化方程，成功地解决了一系列共形场论的问题。用来对付自然界中的那些层出不穷的不确定性现象，概率论实属一大利器。

概率论模型不但可以很好地解释自然界中的随机现象，也可以用于帮助我们理解社会科学中的现象。金融和保险对于经济实体而言就像人体的血液和免疫系统一样，其重要性不言自明。概率论是金融和保险研究中的不可或缺的基础工具。随机分析中的伊藤（Ito）公式就是华尔街金融分析师必备的工具之一，所以伊藤（Ito）也被誉为"华尔街最有名的日本人"。布莱克（Black）和斯科尔斯（Scholes）利用几何布朗运动来描述资产价格的变动，给出了资产定价与风险度量问题的内在形成机制的模型，创造性地建立了资产定价和风险度量理论，极大地促进了现代金融保险业的发展壮大与蓬勃发展。尽管这些基于随机分析的风险理论在金融保险业已经得到普遍的实际应用，但它还不能很好地处理风险概率分布在未知情况下的相关问题。特别是，当金融保险市场上的衍生产品不断出现的时候，各种产品之间的相关性变得越来越复杂，同时购买了这些衍生产品的各个金融机构所面临的风险之间的相关性也不再可以忽略，这种整个金融系统的风险也越来越受到关注。研究这些问题对于我国金融保险业的安全有着重大的现实意义。

此外，伴随着大数据时代的来临越来越需要应用概率论为信息和大数据研究提供理论基础与方法。与互联网、无线通信网、物联网等大规模网络及其上的信息与物质流动有关的数据呈现爆炸式增长，利用这些大数据对它们进行研究与分析也受到高度重视。这也是目前与未来应用概率研究需要侧重于与网络科学交叉应用的重要原因。

（三）运筹学

运筹学是第二次世界大战中发展起来的一门交叉学科，主要研究人类对各种资源的运用及筹划活动，了解其中的基本规律和方法，以期发挥最大效益，达到总体最优的目标。它起源于英国军方的一个叫做 operational research 的项目，其目的是提高雷达控制的自控火炮的效率。因这个项目大获成功，所以项目的名称也成了这个学科的名称。战后，运筹学应用到企业民生、科技工程、经济金融等诸多领域，也获得了成功。特别是由于计算机的问世，运筹学的应用变得越来越广泛。

无论是供应链网络、交通运输还是信息传输网络、网络营销、大规模工业制造流程等，都存在一个尽可能地提高效益的问题，换句话说，都存在一个优化问题。研究这些实际问题对于我们国家正在面临的经济转型有着很重要的意义。在这些问题的研究中，建模和分析是基础工作，多数问题会涉及组合优化、随机优化和网络优化。由于这些问题的复杂性，求解最优解时往往有很高的计算复杂性，使得问题变得不可计算。因此，设计高效的近似解求解算法变得十分重要。

博弈论也算是运筹学的一个分支学科，它主要研究处于冲突或者竞争状态时的双方行为，这在许多社会科学领域的研究中起着重要作用，成为实证研究的基本方法之一。这个学科的诞生是以冯·诺依曼（von Neumann）和摩根斯坦（Morgenstern）的《博弈论与经济行为》作为标志的，现在的微观经济理论中相当多的结果都是以博弈论分析为基础的。在政治学方面，特别是在中国现实情况下，博弈论并没有能够发挥它应有的作用，而现在大家常讲的"上有政策，下有对策"便是针对这种现象的一个最明确的注解。加强这些方面的研究可以帮助我们更好地理解现在出现的社会现象，对于解决我们国家的一些重大民生问题，创建和谐社会有着极大好处。

（四）组合与图论

组合数学是应用数学中的一个很有特点的分支，主要研究有限或离散结构的存在、计数和优化问题，它具有极其悠久的历史。人们对于组合论的最初研究兴趣主要是来自于好奇心，大多数的研究与趣味数学游戏联系在一起。至今，组合数学中还有一批历史上遗留下来的著名困难问题，它们仍吸引了很多人的兴趣。当然，这些问题之所以让人们感兴趣，并不是单纯因为它们的历史悠久，也与近年来组合数学与越来越多的其他数学分支所发生的密切联系有很大关系。即使是组合数学中纯基础的这一部分，也与传统的那种优美大相径庭，完全是以一种现代的方式出现在人们面前。

组合数学的研究对象是离散结构，而计算机科学的核心是使用算法来处理离散数据。近几十年来，随着计算机科学的日益发展，组合数学的重要性也日渐凸显，从而进入了一个迅速发展的黄金时代。近年来出现的所谓 E 级（每秒 10^{18} 次浮点运算量级）计算，无论是在超级计算机硬件设计上还是在算法设计上都给组合数学提出了无数新的研究课题，特别重要的问题是怎样使这些设计可以尽量适合于并行、自适应、多物理耦合和多尺度计算的特性。

不仅如此，到了原子和分子层次的微观世界，许多问题也具有了离散的特征，分子结构设计以及各类化合物的物理化学性质研究也与组合数学发生了密切的联系。特别是生物学中的 DNA 就是一个碱基对组成的序列，这种序列与生物功能的联系是生物信息学的研究对象，这也是组合数学可以发挥作用的一个重要领域。关于这一点，组合学大师罗塔（Rota）在 30 年前就曾经预言过。他说："The lack of real contact between mathematics and biology is either a tragedy, a scandal, or a challenge, it is hard to decide which[9]。"罗塔（Rota）当然清楚地知道历史上数学在遗传学中所起的作用，只是他并不认为那算得上是真正的联系，他期待着组合数学在生物学研究中的应用。10年后他的愿望便实现了，组合数学在DNA序列的研究发挥了重要作用。

图是描写相互连接的若干单元的数学表述，它的研究作为离散数学中很特别的一个部分已经成为信息科学与网络技术研究中最有力的工具之一，得到了广泛的应用。特别是近来受到重视的随机图理论，被看成是许多复杂系统的基础之一，这方面的研究发展十分迅速。应用随机网路的理论，我们可以对社交网络进行建模和分析，它不仅具有重要的理论意义，而且在广告投放等商业应用上也有一定效果。

（五）控制理论

工程科学与数学的交叉结合催生了控制论，它是一个研究如何影响动力系统的行为以实现预期目标的理论。虽然控制论起源于工程，但是后来的应用范围逐渐扩大，在社会学和金融管理等社会科学领域中也都有应用。尽管控制的概念很早就产生了，但控制论的理论基础却是在维纳（Wiener）的名著 *Cybernetics: Or the Control and Communication in the Animal and the Machine* 中正式提出的。在20世纪40年代出版的这本中，维纳（Wiener）将控制和通信放在一个统一的框架下进行讨论，具有非凡的超前意识。

维纳（Wiener）本人是一个著名的数学家，他将控制理论的基础牢固地建立在数学之上。离开了数学，控制科学中的许多概念、规律和结果的准确表述都成问题，严格意义下的研究工作更是寸步难行。控制理论的研究涉及了相当多的应用数学分支，多数情况下控制问题的研究并不是现有结果的简单、平凡应用，它们时常会提出一些新的数学问题，其解决本身具有挑战性，同时需要发展或引入适当的数学工具。从这个意义上讲，控制理论的研究对应用数学发展也有非常重要的意义，它促进或刺激了这些应用数学分支的发展。

将控制论、信息论和系统论结合在一起处理是现代控制理论的一个特点，对于这样系统的研究将在21世纪发生很大的变化。传统上，我们对系统的研究采取的是所谓做自上而下（Top-down）的研究方法。这种方法将一个很大的系统分解成通过通信相互连接的小单元，从理解这些小单元出发来推测整个大系统的整体行为。在许多生物现象的研究中，这样自上而下的研究方法遇到了根本的困难，复杂的模型不仅使问题本身变得更大和更烦琐，常常还会带来根本性的差异，这样的现象也叫做复杂性。物理学家安德森（Anderson）在1972 年写过一篇 *More is Different* 的文章，他说："在复杂性的每一个层次中都会有崭新的性质出现。心理学不是应用生物学，生物学也不是应用化学。我们现在所看到的整体不仅仅是多一些，它与各部分之和有着很大的区别[10]。"类似的复杂性现象出现在许多不同的情况下，看起来困难是由于各个小单元之间那种通过通信关联的复杂性所造成的。目前我们还缺乏理解这样的复杂系统的有效方法，对这些系统的控制理论研究也算是一个前沿问题，具有很大的挑战性。

（六）理论计算机科学

现代意义下的信息技术指的是基于数字计算技术和数字通信技术的信息技术，是有关信息的获取、传输、储存、处理以及信息应用的技术，它深刻依赖应用数学的理论与方法。

在这场信息技术带来的革命中，应用数学起到了非常重要的作用。香农（Shannon）从通信工程的角度研究信息量的问题，给出了通信系统的模型，提出了信息量的数学表达公式，并解决了信道容量、信源统计特性、信源编码、信道编码等一系列基本问题，为数字通信奠定了理论基础。编码将信息对象转换为便于传输的数字符号，编码和密码理论则是应对这种需求而产生的应用数学理论。编码通常可分为信源编码和信道编码，信源编码用于数据压缩，以便于信息的存储和传输，而信道编码用于纠正所发送信息中可能出现的错误。另外，为了达到保密通信的目的，也采用密码编码学。信息安全是信息化社会最受关注的问题之一，编码与密码的数学理论是信息安全技术的核心基础。这个领域中，不仅应用数学发挥了重要作用，数论、代数、代数几何等许多纯数学的数学分支也应用于编码与密码的研究中。从这个意义上讲，纯数学与应用数学的界限变得模糊了。随着移动互联网络通信的发展，云计算和大数据时代的到来，编码与密码理论又迎来新的挑战和发展机遇。

信息处理的一个典型例子是图像处理，这些数据作为可视媒体的一部分，广泛存在于互联网、卫星遥感、医疗诊断及日常生活的各个方面，对其高效的处理是信息处理的重要任务之一。数学理论与方法为图像处理提供了坚实的基础，在雷达成像和医学成像等方面，数学就是一门实实在在的技术。与许多其他信息一样，图像信息也具有稀疏性，运用压缩感知技术可在远低于奈奎斯特（Nyquist）采样率的条件下获取图像信号样本。发展图像的稀疏表示理论及其处理可以高效地处理图像，这是解决复杂图像处理的关键问题。相当广泛的信息技术问题可以依靠稀疏性建模，而基于信息的稀疏性建模的信息技术统称为稀疏信息处理，它们常表现为某个复杂的约束优化问题。图像信息处理还有一个特点，相当多的情况下，从图像处理中获取的结果依赖人们基于自身视觉的认知，所以发展基于认知模拟的图像处理新技术也是一个挑战。这里需要解决的问题是如何对广泛而分散存在的生物视觉实验数据进行正确建模，理解心理学或更一般的认知规律。

计算机的发展，也为实现脑力劳动的机械化创造了条件。借助计算机部分替代脑力劳动能使科研工作者摆脱烦琐的甚至是不可能完成的推导与计算，为科学研究提供了新的工具，出现了自动推理、计算数论、符号分析等一批新的学科分支。吴文俊开创的机器证明方法以方程求解的符号计算理论和机器证明为核心，采取将定理证明转为方程求解的思路，取得了巨大成功，在机器人与 CAD 等重要领域发挥着作用。

随着 3D 扫描仪、深度相机和 3D 打印技术的发明，3D 几何图形处理将成为迅猛发展的数字技术。这种技术将引起个性化制造的蓬勃发展，而这一发展将为我国制造技术的赶超、推动制造业服务化、加快制造业升级带来新机遇，也为 3D 数字几何图形处理及应用研究提出了许多新的挑战问题。

量子信息论是量子力学与信息论相结合而产生的一门新兴学科，是物理、数学、计算机与通信等多学科交叉的前沿领域。量子系统中的信息载体是微观粒子的量子态，它的基本单位也叫量子比特。量子信息论和经典信息论有着很大的区别，这种区别源于量子物理和经典物理服从不同的物理规律。1994年 Shor 提出了大数素数分解的量子算法，它表明了一旦量子计算机得以实现，现今广泛使用的 RSA 密码体制将被破译。尽管现在量子计算机和量子通信都还没有能够进入实用的阶段，但是围绕它们的理论研究却已经开展起来，是一个值得进行关注的领域。

二、计算数学

伴随着超级计算机的迅速发展，高性能科学计算应用到各种各样的科学技术和工程领域，数值模拟已与理论研究和实验研究相并列成为科学研究的第3 种手段。与理论研究相比，科学计算能够处理众多无法求得解析解的问题，对一些更复杂、更困难的实际问题进行定性和定量的研究。与实验研究相比，数值模拟能够对困难问题做出比较全面的仿真，以相对低成本的方式，短周期地反复进行计算，以获得各种条件下所研究对象全面、系统的信息；甚至对无法或无条件进行实验或试验的问题可通过科学计算来进行研究。科学计算是一个跨学科、跨行业的协作领域，即使在应用数学内部，科学计算也是一个交叉领域，需要计算数学专家、应用分析学专家、应用概率论专家、组合论专家、运筹学专家等的通力合作来研究模型。现今高性能科学计算不仅是体现国家科学技术核心竞争力的重要标志，也是国家科学技术创新发展的关键要素。国家重大战略需求中许多科学问题的解决高度依赖于高性能科学计算中基础算法、可计算建模和数值软件的发展水平。

（一）计算流体力学

从飞行器设计到武器物理研究中的许多问题都可以归结成流体力学问题，而流体力学方程组的计算极具挑战性，一直是高性能计算发展最主要的源泉和推动力之一。计算流体力学是多尺度复杂流动机理研究的重要手段，多种应用背景下的多尺度复杂流体流动演化问题为强非线性强间断问题，涉及的物理变量多，演化时空尺度跨越大，计算量特别大，进行精细的高置信度数值模拟难度非常大，计算流体力学的数值方法面临着一系列的挑战。开展高维计算流体力学数值方法的研究，可以带动一大批相关课题的研究工作，对推动计算数学学科的发展具有十分重要的作用。

（二）计算材料科学

随着科技发展的不断深入与工程技术的不断提高，对材料的要求也越来越高。同时材料复杂体系的物理规律和物理性质也越来越复杂，传统的解析推导方法已不敷应用，甚至无能为力。实验手段虽然在可靠性上具有优势，但无论是在时间成本还是经济成本上也都无法满足要求。以各种物理理论为基础，运用高性能科学计算提供的各种工具，诞生了一系列材料物理性质的数值计算方法，也叫做计算材料科学。它已经成为对材料复杂体系的物理规律和物理性质进行研究的重要手段，并迅速得到发展。它为材料的设计、制造、工艺优化和材料功能、性能的合理使用，提供了新的科学依据。

（三）量子化学计算

量子化学计算也是高性能科学计算的一个重要领域，从已知的物理规律出发为分子科学提供定量的理论基础。物质的许多性质由处于原子核电场中的电子的量子力学行为所确定，求解分子电子结构是量子化学的核心任务。当处理生物大分子这样的量子多体问题时，基本的困难来自于所谓的"维度灾难"，其计算复杂度非常之大。近来，第一性原理的分子动力学模拟已经从小分子体系和简单晶胞体系拓展到更加复杂的体系。在这些方面的模拟和计算，物理学家和化学家绝对走在了数学家的前面，因此应用数学家应该努力，寻求共性的算法去降低计算量，从而使处理更大的体系成为可能。生物学过程的直接分子、原子模拟将成为研究生物学的重要手段，发展新的理论和方法进行跨尺度的分子动力学模拟将是重要的研究方向。

（四）计算生物学

随着生物海量数据的产生，对复杂生物系统进行建模和计算模拟已逐渐成为可能，定量和系统地理解复杂生物现象和功能将成为生命科学研究的新的特征。在这一背景之下，计算生物学成为了生物数学中最核心的组成部分，也是最有活力的研究领域之一。对生命系统进行数学建模，以及基于这些模型的计算机模拟，有助于加深人们对生物实验现象的理解，从而形成对生命系统的功能以及疾病综合的、本质的理解，对认识生命系统的运行原理和人类健康具有重要意义。

前面提到的生物大分子模拟是计算生物学中的一个典型领域，也是目前国际上耗费高性能计算资源最多的领域之一。由于计算模型、方法和计算机能力的限制，当前生物模拟的整体预测能力和实用性还非常有限，这给计算数学带来了极大挑战和机遇。

单从分子层面或者进一步到细胞层面进行研究对于理解生命现象还是不够的，系统生物学在分子、细胞、组织、器官、生物体整体乃至种群各个层面上研究其结构、功能及相互作用，并描述和预测生物功能、表型和行为。所以，计算系统生物学将对生命不同尺度上的过程和现象通过建立计算模型来进行数值模拟、预测、设计和干预等。从基因组测定序列到整个生命过程的研究是一个逐步整合的过程。由生物体内各种分子的鉴别及其相互作用的研究到生物学路径、相互作用网络、工作模块，最终完成整个生命活动的路线图需要学术界长时间的共同努力。

计算生物学一个特别值得注意的领域，它是以研究大脑为目的的计算神经科学。人类的大脑包含了大约 1 万亿个神经元，并由大约 1 千万亿个突触连接形成了这些神经元之间的极其复杂的相互联系。计算神经科学的研究目标是通过建立理论计算模型，利用和发展数学分析及数值模拟的手段从而在机制上理解大脑的工作原理，通过定量和系统的研究期望能够理解大脑的工作原理，最终希望为医学上治愈和防止大脑神经系统的疾病提供帮助。探索和揭示大脑的奥秘已经成为现代自然科学面临的巨大挑战，计算神经科学也已成为最为活跃的研究领域之一。

（五）可计算建模与基础算法

高性能科学计算能力的提高固然与计算机技术的发展有关，与之处于同等关键地位的是可计算模型与基础算法的创新。可计算建模是指根据所研究问题对计算精度的要求，简化模型并减少计算量，使得模型在现有计算机条件下可计算。可计算建模与所研究的问题有密切关联。现象中的多时空尺度、多物理过程、多介质、大变形、强刚性等的特点，给可计算建模带来了很大的挑战。基础算法是指通过计算模型构造出来的、经过理论分析和应用验证的普适性算法。绝大多数情况下，这些算法都源于对某一特定问题的研究，发展之后在多个领域获得了广泛应用。计算问题中的高维数和异构、跨尺度、强耦合、强非线性、高度病态、不适定、复杂几何等问题，对于非线性偏微分方程的离散算法、非线性优化问题算法、随机算法等提出了新的要求。这些算法所解决的问题是多个学科或领域的共性关键问题，而数学家因其独特的知识结构和专业能力在算法的发明或发展中起着极为重要的作用。线性代数问题解法器是高性能科学计算中花费最多计算资源的部分，特别是对于 E 级计算机，代数解法器也首先得到关注。E 级计算机系统数值算法的效率并不单纯地由算法的计算复杂度决定，而需要考虑算法的数据存储、通信量、计算强度和是否适合异步并行计算等综合因素。这对于 E 级计算机系统上的数值算法研究提出了许多新的研究课题。

除了前面所讲的科学与技术对应用数学的需求以外，医疗健康、经济转型等民生问题和国防安全、国家重大项目等也为应用数学提供了很好的舞台，反过来应用数学也为解决实际问题提供了重要的技术支撑，这些都为应用数学提供了很好的发展机会。

第三节 统计学与数据科学

一、统计学

统计学是研究如何有效地收集、整理和分析数据的科学，其目的在于通过数据对不确定现象的特征和规律进行推断，以便给出正确认识。在当今自然科学和人文社会科学的研究中，人们越来越依赖于采用观察、试验、调查和记录的手段来获取客观数据，并利用数据分析方法发现、探索和掌握自然科学与人文社会科学中的规律，提高更深层次的理解和认知能力，推动各学科领域的发展。统计学作为归纳推理和定量分析的学科，其理论和方法已成为当今自然科学、工程技术和人文科学等领域研究的重要手段和不可替代的工具。

试验设计是收集数据的基础。费歇尔（Ficher）认为："试验完成之后再咨询统计学家常常无异于请他们为试验进行尸体解剖。他或许只能告诉你试验失败的原因"[14]。他也是最早系统地关注试验设计的人，他的著作《试验设计》一共出了 9 版，被印刷 11 次。统计学也发展了许多整理和分析数据的方法，形成了一套完整的统计推断理论。对于假设驱动的科学研究来讲，统计学提供了根据实验数据对科学假设进行检验的基本方法。

统计学从一开始就是一门由实际问题驱动而发展起来的学科。统计学中的许多开创性工作都是从一个非常具体的实际问题的研究开始，由此产生了一种新的统计方法，最终成为统计学发展中的里程碑。统计学也还是一门集理论的严谨性和方法的普适性为一体的学科。它以概率论为基础，探究随机现象中所产生的数据规律，从而可以在理论上严格论证统计方法的有效性。研究某个具体问题中产生的统计方法的有效性，一旦从理论上得到证实以后，往往会发现这个方法具有一定的普适性，可用于更多的问题。

就统计学这个名词的出现而言，最早指的是收集一国的人口和经济数据，用于确定税收等国家政策。尽管现在统计学的含义已经发生了很大的变化，但是在国家各种宏观政策的制定时仍然需要统计学作为工具。统计学不仅是科学研究或者政府决策的工具，也与我们的生活息息相关。将统计学应用于检测新药是否对某种疾病有效或者有没有别的毒副作用叫做药物临床试验；应用于工业制造过程中提高产品的质量叫做产品质量控制；而应用于金融保险中的风险计算则叫做精算。统计学服务于各行各业。

二、数据科学

随着数据收集技术手段的进步和信息技术的迅速发展，原始数据的类型和规模发生了极大的变化。这些数据不仅包括传统意义的数字，也包括文本、语音、信号、图像、视频等非结构型数据。不仅如此，大量数据正在普遍产生于多种科学活动，各行各业都充满了数据。这些数据复杂多样，理解这些数据的要求也变得越来越高，常需要对相关领域知识的掌握与交流。另外一个与传统统计推断不同的特点是逐渐出现了一些新型的计算方法，而这些计算已经不再是统计学家所熟悉的 SAS 或者 R 等软件能够很好地应付得了的。

处理这些新的数据类型的一个成功范例是谷歌公司的搜索算法——PageRank，而谷歌公司的成功很大程度上依赖于这个搜索算法。PageRank 通过指向某个网页的超链接数量和那些设置了超链接网页的等级来确定这个网页的等级。这个算法的基本逻辑并不需要知道每个网页的具体内容，只要指向这个网页超级链接的统计结果说它足够好就行了。2012 年之前，谷歌一直在采用 PageRank。谷歌的排序技术令大多数人感到满意，在输入关键词以后，多数时候用户在第一页中就可以发现所需要的网页。在不具有网页的先验知识的情况下，谷歌的逻辑仍然可以发现哪个网页更加吸引公众的兴趣，事实证明谷歌的这个逻辑是正确的。谷歌的排序算法要处理浩瀚的网页和无数的超链接，所以计算量十分大，面对这些数据的变化，分析和处理的方式也开始发生变化。

2001 年，克利夫兰（Cleveland）写了一篇题为 *Data Science: An Action Plan for Expanding the Technical Areas of the Field of Statistics* [15] 的文章，他认为融合了数据计算最新进展后的统计学应该被看成是一门独立的学科，叫做数据科学，它也是统计学的一个扩展。数据科学除了数据计算、数据建模和分析之外，还要求对数据的背景有充分的了解，以便提出科学问题，探索数据背后所蕴藏的规律。

　　按照维基百科的解释，数据科学是研究如何从数据中获取知识的科学。数据科学当然看重数据本身，但是更关键的是蕴藏在数据中的知识。作为一门学科来说，它并不仅要求对于过去已发生的现象进行解释，而在于对未来将要发生的现象进行可证伪的预测。从数据中学习知识不仅是对机器学习、数据库的研究，更强烈地依赖于问题所相关学科的领域知识。

　　英特尔公司的创始人摩尔（Moore）曾提出，计算机硬件能力每两年便会提高一倍，这也被称作摩尔（Moore）定律。这条定律不是一个物理法则，而是一个推测，信息技术硬件的发展至今仍服从这个趋势。所以计算机的储存能力，以至于我们今天所面对的数据量的增长也将服从摩尔（Moore）定律[16]，这也就是所谓的大数据时代。数据的海量和复杂性构成了当今大数据的基本特征，如何更有效地分析这样的数据为数据科学带来了前所未有的挑战。2012年，美国发布了"大数据研究和发展计划"[17]。美国已经将大数据科学看成是国家战略与国家竞争力的一部分，以数据科学为基础的技术将决定着未来。随着大数据概念的普及，数据科学日益成为热点学科。如何把大数据变成知识，是数据科学的基本问题，提出了众多新挑战，其应用十分广泛。

　　在今天的大数据时代中，我们所遇到数据的第一个特点是数据量大。伴随着数据量大的一个附加现象是数据的维数极高，如基因表达微阵列数据、基因组学中的高通量数据、网络数据、文本数据等，其维数可以轻易达到成千上万，而且维数常常还可能随着数据量的增加而增加。怎样在有限的观测数据下获得稳定的规律便成为一个难题，这个问题也叫做维数的诅咒。处理这个问题的常用方法是基于真实信号所具有的稀疏性的特征。将一个稀疏的高维原信号投影到低维空间上，使得这个投影包含了重建信号的足够信息，然后再利用这些投影通过求解一个优化问题来重构原信号。在这个方面，压缩感知是一个成功的例子。由于一些杰出数学家，如多诺霍（Donoho）、陶哲轩（Tao）、康代斯（Candes）等的工作，压缩感知理论基础得以建立，并迅速成为当前研究的热点之一。在压缩感知中，人们采用随机矩阵投影的方法，可用较少的信息对原信号进行恢复，因而压缩感知的应用在大数据处理中扮演着重要角色，它已经成为近几年数据科学领域中新兴的热门研究方向，在理论和应用方面均有价值与意义。

　　几乎平行发展起来的高维数据的统计分析与压缩感知是具有互相启发

的工作。针对高维数据问题，提出了各种新型的数据降维方法。以 Lasso 和 SCAD[18]为代表的高维稀疏变量模型选择方法的提出，使变量选择问题取得了重大突破。假定协变量的个数超过测量方程的个数或者在相同尺度上增加，则可以通过正则化方法来研究多因素之间的关联性和因果性，研究高维变量之间的关联性图模型和变量之间的因果机制模型。这方面的发展将使现代统计、计算、优化及其他相关学科具有广泛的合作空间。

现在我们所获得的数据类型也十分复杂，特别是那些在各行各业中出现的文本数据、图像数据、语音数据、视频数据等非结构数据。分析这些数据的第一步是赋予数据一个合适的数学结构，有一个合适的结构之后数学才有用武之地。

数据的特征表示是一种最常用的结构。深度学习采用多层神经网络来自适应地学习非结构化数据中的多层次特征表达，这是从非结构化数据中自适应地学习多层次特征的一个范例。深度学习是近几年来兴起的一个机器学习技术，在语音识别、图像处理、自然语言处理等应用领域中取得了巨大成功，在工业界（如谷歌、百度、Facebook 等）有着大量的应用。深度神经网络的结构具有多层次的局部和整体连接结构，与视觉神经网络具有一定的相似性；随机梯度方法是一种在线算法，也被认为是最接近人脑的机器学习算法。尽管深度学习在实践上取得了很大成功，但是目前还缺乏合理的数学理论来解释其效果。基于这个理由，深度学习在学术界也引起了广泛兴趣，许多基本问题有待于得到回答。

不少数据本身就具有网络结构，如社交网络。还有一些数据本身并没有网络结构，但可以附加一个自然的网络结构，如基因的调控网络、图模型、数据的局部距离或者相似性导致的网络结构。对这些网络数据分析已经成为数据科学新的前沿领域。无论是网络数据分析方法的探索、理论的创新、算法的研究，还是网络数据分析在科学技术和社会经济的应用都受到了广泛的关注。

拓扑与几何数据分析的研究是近年来数据分析的新方向。它通常将数据的局部变化关系映射到一个图或网络上，然后通过从局部到整体的数据整合来探索整体结构。2000 年 Science 期刊发表了两篇文章，文中提议的 ISOMAP[19]和 LLE[20]两种非线性维数约化方法代表了微分几何方法在数据分析中的应用开始。近年来代数拓扑方法也进入到数据分析，拓扑数据分析方法催生了机器学习和应用数学国际会议的新主题论坛，基于拓扑数据分析成立的 Ayasdi 公司也被美国国防部评为十大技术创新公司之一。值得注意的是所有拓扑数据方法都与离散莫尔斯（Morse）理论有着密切的关系，未来这方面的进展很可能继续延续莫尔斯（Morse）理论的思想。

大数据时代数据的另一特点是产生数据的速度很快，很多数据并不是静态的，它们可能以数据流的形式出现，甚至不能做到全部存储，如果不进行实时处理就可能永远丢失。例如，实时视频监控、在线广告、推荐系统和电子商务中的点击和查询记录等。对于这些数据，发展实时数据流的在线分析方法和快速算法就显得十分重要。即使是那些不是以数据流形式出现的大数据，由于数据量巨大或者数据以分布式的方式储存在多个服务器上，建模或分析的计算方法也与传统方法会有很大区别。近年来，计算资源的进步大多在于由大量计算机组成的集群、云计算平台和并行多核架构等方面。利用这些计算资源的新发展，依据问题的特点和物理条件限制，研究合适的并行或者分布式计算的模型和方法也非常重要。在多数情况下，我们需要兼顾算法速度和统计优良性的新方法。

许多其他学科领域的迫切需求是数据科学发展的动力，如生命科学的挑战强烈呼唤数据科学的新方法和新理论。人类基因组计划的目标是希望通过对基因序列的测定最终帮助我们理解癌症，从而找到治疗方法。基因序列的测定是完成了，但是"基因"和"基因调控"等基本观念比人们最初的想象要复杂得多，理解癌症似乎仍然是一个遥远和艰巨的任务。人们开始将研究的注意力转向基因组的生物学功能。在搜集生物体信息的技术方面，基因芯片的高通量表达数据为研究和揭示基因之间的相互作用，特别是基因表达的时空调控机制提供了基础。从这些生物数据出发，研究多基因的调控网络并揭示有关的作用机理，包括重大疾病基因的识别与定位，已成为后基因组时代研究的重要课题，这也成为一个典型的数据科学问题。这些研究将不但具有重要的科学价值，可以帮助我们加深对各生物过程、现象的理解；同时也具有极大的实用价值，可以为人类最终战胜包括癌症在内的重大疾病提供重要线索。在这些方面，国际上若干大型组学计划陆续展开，如旨在识别人类基因组和其他模式生物基因组的完整的功能元件谱图的 ENCODE 计划，旨在为研发肿瘤药物提供指南的 CMAP 计划等。理解这些复杂的生物学数据已成为当前许多重大生命科学问题研究取得关键性突破的瓶颈之一。

2013 年美国政府正式公布了一项针对目前无法治愈的大脑疾病的脑科学研究计划，该计划一个重要且基础的研究工具就是各类脑图像数据。单模态、多模态医学图像的数据分析是近几年医学临床应用、药物开发等领域关注的重要问题。由于各种图像的变量维数通常是十万或百万数量级，而样本空间通常相对来说比较少，对分类与回归分析方法提出了很多严峻的挑战。如何降低超高维图像数据的维数，提取有意义的图像特征，是利用医学图像进行计算机辅助诊断与治疗跟踪的关键问题。通过研究感兴趣区域的形态学特征，或者直接利用像素空间结构、多尺度信息、不同模态图像的融合与匹配、纵向数据的时间序列分析，并结合临床数据等，发展基于影像的可靠统计推断方法，用于疾病早期诊断与预测、药物疗效评估等对于推动国民经济发展和提高人民健康生活水平有着重要的研究意义。

发展高效、准确的高通量数据挖掘工具不仅是生命科学和脑科学领域中的热点问题，在安全监控视频、互联网销售等其他大数据增长的主要国民经济应用领域也是重点问题。最近，国务院印发的《关于加快发展生产性服务业促进产业结构调整升级的指导意见》中明确指出，现阶段我国生产性服务业重点发展研发设计、第三方物流、融资租赁、信息技术服务、节能环保服务、检验检测认证、电子商务、商务咨询、服务外包、售后服务、人力资源服务和品牌建设，并提出了发展的主要任务。统计学和大数据分析在这些方面将会发挥独特的重要作用。

我国的统计学科经过几代人的不懈努力，统计基础理论和应用研究得到了迅猛发展，取得了丰硕的成果，在国际上赢得了良好的声誉。我国学者由于在统计学和数据科学方面的工作曾应邀在 2010 年国际数学家大会上作 45min 邀请报告，在 2011 年国际工业与应用数学大会上作 1h 大会报告。我国的统计学科有着较好的基础，与国际知名华人统计学家保持着相对密切的合作研究联系。这些都为我国的统计学与数据科学奠定了一个良好的发展基础。

虽然我国统计学科的发展已形成相当规模，呈现积极向上的态势，但也必须认识到，从总体来讲我们与国际先进水平仍存在着一定差距。特别是在统计分析和数据科学的交叉应用研究方面，无论从广度上还是深度上都还比较薄弱。面对国际科学技术发展的形势和国家战略发展的需要，统计学和数据科学的发展必须改变"轻交叉应用"的局面，在国家重大需求应用方面也要取得突破性进展。

随着大数据的推动，数据科学的研究从数据储存、计算、建模和分析到解决问题将推动多个学科的合作。在大数据时代中，数学家应当选择接受新的挑战，走出去与数据科学各个方面的学者合作，取得新的收获。

第三章

"十三五"数学学科发展目标和可能取得突破的领域

　　总体上讲,数学在下一个 5 年计划中还会保持一个高速发展的态势。对于我们国家来讲,下一个阶段数学发展的目标是:在数学的基础理论方面,扶植一些以年轻人为主的研究团队,争取产生若干在国际上有重大影响的成果,培养和造就一些具有竞争菲尔兹奖(Fields Medal)实力的青年数学家;在数学的实际应用方面,继续鼓励数学家关心实际问题,取得支撑解决国家重大战略需求的重大成果,培养一批具有交叉学科背景和核心攻关能力的研究团队。在国际上若干前沿领域形成开创性和引领性的方向,在承担和解决国家重大急需的问题方面做出重要贡献,促进中国由数学大国向数学强国的快速转变。

　　展望未来几年,可能取得重大突破的领域和方向包括:

(一)朗兰兹纲领(Langlands program)研究

　　朗兰兹纲领(Langlands program)是当今数学领域非常活跃的研究方向,它联系了 3 种来源各异的数学对象:伽罗瓦(Galois)表示(算术对象),自守表示(分析对象)和代数簇的各种上同调理论(几何对象),使得相应的 3 种不变量〔阿廷(Artin)L 函数、自守 L 函数、Hasse-Weil L 函数〕相匹配。这 3 大领域的结合为数论问题提供了有力的杠杆,Wiles、泰勒(Taylor)等证明的谷山－志村猜想便是一个范例。朗兰兹纲领（Langlands program）的核心问题是函子性猜想，蕴含了很多著名的猜想，如阿廷（Artin）猜想、拉马努金（Ramanujan）猜想、佐藤－塔特（Misaki-Tate）猜想等。迹公式是研究朗兰兹纲领（Langlands program）的一个重要工具。研究朗兰兹纲领（Langlands program）的团队需要数论、代数群、李群表示论和代数几何专长的研究人员。近年来国内一批青年学者在朗兰兹纲领（Langlands program）相关问题上开展研究，呈现出了良好势头。在包括椭圆曲线、模形式、自守表示、伽罗瓦（Galois）群的表示、自守表示、迹公式、李群表示、平展上同调、模空间理论、向量丛理论、代数群及其表示等相关方向开展深入研究，已取得突出成果。代表成果包括：关于高阶 Rankin-Selberg L- 函数特殊值非零假、Theta 对应中的两个基本问题（Howe 重数保守猜想和 Kudla-Rallis 守恒律猜想）、有关 L- 函数的重数一猜想等多个重要问题的完全解决；关于 R- 群与朗兰兹（Langlands）对应的 Arthur 猜想和亚辛群迹公式椭圆项的稳定化突破等。

核心问题主要包括：BSD 猜想及相关问题，几何 p-adic 伽罗瓦（Galois）表示的 Fontaine-Mazur 猜想，为复叠群建立不变迹公式，为非阿基米德局部域上复叠群的调和分析奠定基础，研究亚辛群的稳定迹公式（包括基本引理的相应推广等），代数叠的平展上同调及其在几何表示论和朗兰兹纲领（Langlands program）中的应用，志村（Shimura）簇的上同调，素数分布，特征 p 上的代数群的不可约特征标问题，简约群的表示和它们的扭结 Jacquet 模的关系，利用局部 Zeta 函数的极点构造奇异的李群表示等。

（二）几何分析、辛几何与数学物理

在几何分析、辛几何与数学物理等方向，经过长期的积累和发展，我国已形成若干有相当实力的科研团队，取得了一批具有国际影响的重要研究成果，在国际上占有一席之地。几何分析方向的代表性成果包括：费诺（Fano）流形情形下 Yau-Tian-Donaldson 猜想的证明；凯勒－里奇（Kahler-Ricci）孤立子唯一性问题的解决；第一陈类为正定的环流形上凯勒－里奇（Kaehler-Ricci）孤立子存在性问题的解决；Brown-York 质量正定性的证明；带极点渐近双曲流形刚性定理的证明；广义相对论中描述孤立重力系统的类空时间截面中稳定叶状结构唯一性的证明等。辛几何与数学物理方向的研究集中在格罗莫夫－威腾（Gromov-Witten）不变量理论和量子奇点理论上，代表性成果包括：半正辛流形上量子上同调和格罗莫夫－威腾（Gromov-Witten）不变量严格数学定义的建立以及量子上同调结合律的证明；紧致辛流形上辛几何和代数几何框架中格罗莫夫－威腾（Gromov-Witten）不变量的稳定映射模空间上实质基本类（virtual fundamental class）的构造以及辛几何框架中实质基本类的另外构造；哈密尔顿型格罗莫夫－威腾（Gromov-Witten）理论中辛涡度方程解模空间紧性的证明；物理中 Landau-Ginzburg 模型 A 理论这一量子奇点理论的数学基础的建立和 DE 情形下广义威腾（Witten）猜想的证明；0 亏格的 LG/CY correspondence 的证明；所有紧致辛流形上 0 亏格的 Virasoro 猜想与半单条件下亏格为 2 的 Virasoro 猜想以及一些格罗莫夫－威腾（Gromov-Witten）不变量的普适方程的证明等。

未来若干年可能取得进一步重大突破的核心与主要问题包括：几何分析方向的凯勒（Kahler）几何中典则度量的问题、广义相对论中与质量相关的几何问题、曲率流的存在性问题以及 BV 空间中若干与几何问题有密切关系的变分问题等；辛几何与数学物理中格罗莫夫－威腾（Gromov-Witten）不变量理论和量子奇点理论方面的哈密尔顿型格罗莫夫－威腾（Gromov-Witten）不变量的构造以及公理体系的证明和有关 GLSM 方面的问题、用微分几何工具构造高亏格的 Landau-Ginzburg 模型 B 理论的问题、非半单情形下 Virasoro 猜想和寻找更多普适方程的问题以及高亏格 LG/CY correspondence 问题等。

（三）代数几何研究

在代数几何方向，我国已形成一支以青年学者为主体、具有国际影响力的研究队伍。代表性成果包括：解决了对数典范偶的上升链猜想、一般型对数典范偶的有界性猜想、费诺（Fano）簇退化的田刚猜想等；在 L^2 延拓最佳常数的问题研究中取得突破性进展，解决了任意开黎曼（Riemann）面上的 Suita 猜想等。在已有的研究工作基础上，该研究队伍将继续在代数几何尤其是高维双有理几何中挑战一系列困难问题，包括 Abundance 猜想、费诺（Fano）簇有界性的 ACC 猜想等重大问题，有望在这些重要问题、霍奇（Hodge）理论和曲面的几何等领域取得进一步的突破。

（四）随机分析研究

我国在随机分析方向已形成若干有雄厚研究实力的科研团队，取得了一批有重要国际影响的研究成果。代表性成果包括：倒向随机微分方程一般理论和基于倒向随机微分方程理论的具有动态相容性的新期望即 g-期望的建立；非线性期望一般理论体系和一种新的非线性金融风险度量工具 G-期望的提出以及 G-期望下随机积分理论的建立和其在金融风险度量与随机控制中的应用；拟正则狄氏型这一新数学框架以及狄氏型与马氏过程的一一对应关系的建立；非对称狄氏型和半狄氏型的 Beurling-Deny 公式的证明；局部紧分解定理的证明和 L^1 可积随机变量凸集的刻画；紧致黎曼（Riemann）流形上谱隙新变分公式的建立和马氏过程收敛速度估计的泛函不等式刻画；扩散过程的哈纳克（Harnack）不等式和弱庞加莱（Poincaré）不等式等泛函不等式的证明；环路空间上加权一阶索伯列夫（Sobolev）空间的庞加莱（Poincaré）不等式与带位势项的 Log-Sobolev 不等式以及维纳（Wiener）空间上的薛定谔（Schrödinger）算子和对称扩散算子谱隙比较定理的证明；斜卷积半群的提出以及测度值移民过程公理化定义形式和 Fleming-Viot 超过程可逆性充分必要条件的建立；随机伊辛（Ising）模型亚稳态性的刻画以及渗流模型无穷连通分支上随机游动的新相变现象的发现；时变 Witten Laplace 算子热方程的 W-熵单调性和玻尔兹曼（Boltzmann）熵沿 Wasserstein 空间测地线凸性的证明；随机 Burgers 方程和二维随机纳维–斯托克斯（Navier-Stokes）方程解的存在性、唯一性以及解不变测度的存在性和遍历性的证明；所有 Bell 对角态的量子失协（quantum discord）的解析公式的建立以及测量诱导的扰动和测量诱导的非局域性等关联度量的引进等。在与国际同行开展广泛交流与合作的基础上，他们有望在非线性期望理论以及物理、力学、金融与控制论中的重要理论与现象的随机分析研究方面取得进一步突破。

（五）哈密顿（Hamilton）动力系统

哈密顿（Hamilton）动力系统与天体力学密切相关，有许多引人注目的著名问题。我国在这一研究领域具有深厚的基础和实力雄厚的研究队伍。近年来，他们在三体等边三角形椭圆轨道解的稳定性以及预双曲系统阿诺德（Arnold）扩散问题的研究上均取得了一系列突破。他们将继续深入研究哈密顿（Hamilton）系统的整体适定性、正则性与稳定性等问题，有望在哈密顿（Hamilton）系统周期轨道多重性与稳定性问题以及 3 个自由度乃至任意自由度近可积系统的阿诺德（Arnold）扩散问题等方面的研究上取得进一步突破。

第四章

数学学科建议优先发展的领域

第一节　纯　粹　数　学

纯粹数学发展中的一个显著特点是围绕重大问题和著名难题开展研究，发展新方法和新理论，进而促进重大问题的解决，产生新理论和新领域。这一特点也是推动纯粹数学发展的主要动力之一。展望未来若干年，纯粹数学优先发展领域选择的一些基本考虑和出发点应为：国际当前活跃的前沿和主流方向，特别应关注具有发展潜力和重要意义的新方向和新领域，具有重要学术价值和影响的重大问题和猜想；我国具有良好研究基础和研究队伍的方向和领域。综合上述因素，建议在未来的若干年优先发展如下一些方向和领域：

（一）代数数论

代数数论主要起源于费马大定理（Fermat's last theorem）的研究，以代数整数，或者代数数域为研究对象，主要研究目标是为了更一般地解决不定方程的问题。得益于代数几何和表示论的发展，代数数论过去这些年取得了巨大的进展，特别是英国数学家安德鲁·怀尔斯证明了费马大定理（Fermat's last theorem），因此获得 1998 年的菲尔兹奖（Fields Medal）特别奖以及 2005 年度邵逸夫奖的数学奖。该领域需要研究的核心与主要问题有：椭圆曲线的研究（包括 BSD 猜想）、丢番图方程、L 函数在特殊点的取值等。

（二）解析数论

解析数论起源于对素数分布、哥德巴赫（Goldbach）猜想、华林问题以及格点问题等经典问题的研究，是数论中以分析方法作为主要研究工具的一个分支。解析数论的方法主要有圆法、筛法、指数和方法、特征和方法、密率等。随着陶哲轩（Tao）和张益唐（Zhang）等的工作，解析数论迎来了一个新的活跃发展时期。拟研究的核心与主要问题有：素数分布和黎曼（Riemann）假设等重大问题，以及哥德巴赫（Goldbach）猜想与孪生素数猜想等重要猜想。

（三）自守形式和 L- 函数

L- 函数是著名的黎曼（Riemann）Zeta 函数由一维向高维的推广，相应地，自守形式是赫克（Hecke）特征和模形式向高维的推广。L- 函数是朗兰兹纲领（Langlands program）中联系数论、代数几何和表示论的桥梁，它是很多数学问题的关键所在，如千禧年数学问题中的黎曼（Riemann）假设和 BSD 猜想都是关于 L- 函数的。自守形式广泛出现于数论、弦理论等其他数学和物理分支中，也是研究 L- 函数的有力工具。在自守形式研究方面已经产生了 Drinfeld、Lafforgue、吴宝珠（Ngo）三位菲尔兹奖（Fields Medal）获得者。自守形式和 L- 函数研究中的核心问题包括朗兰兹（Langlands）函子性猜想、Bloch-Beilinson 猜想、p- 进 L- 函数的构造和性质、局部朗兰兹（Langlands）猜想等。

（四）组合数论、数的几何

组合数论主要研究整数集合的组合性质。数的几何起源于高斯（Gauss）的格理论（lattice）和闵可夫斯基的凸体理论。由于与遍历论的结合，组合数论最近这些年的进展令人吃惊，一项突出的成就是陶哲轩（Tao）和格林（Green）证明了素数等差数列可以任意长，这是陶哲轩（Tao）获菲尔兹奖（Fields Medal）的主要工作之一。近 20 年来，数的几何理论在密码学中产生了重要应用，形成了一个重要的研究方向——格密码。该领域需要研究的核心与主要问题有：组合数论中的动力系统方法，若干 Erdos 问题（包括 Erdos-Turan 猜想、表示函数、分拆函数、同余覆盖系及其应用），和集问题，零和问题，组合同余式，希尔伯特（Hilbert）第 18 问题第 3 部分，Rogers 的深洞问题，最短向量问题。

（五）表示理论和导范畴

表示理论是一个庞大的研究领域，在数学和物理中应用广泛，导范畴在其中起着日益重要的作用。表示理论主要研究内容包括：几何表示论；几何朗兰兹纲领（Langlands program）；李（超）代数及其表示以及在理论物理和数学物理中的应用（包括标准模型）；表示论中的范畴化，李群表示理论、代数表示论和有限群的模表示理论。

（六）代数结构与 K- 理论

重要的代数结构研究始终是代数学的发展动力。沃沃斯基（Voevodsky）因代数 K- 理论的工作而荣获了 2002 年的菲尔兹奖（Fields Medal）。数论中很多核心的内容都可以用 K- 理论进行总结和推广。该领域拟研究的核心与主要问题包括：K- 理论中著名的贝林松猜想，距离完全解决仍然非常遥远；里赫登鲍姆（Lichtenbaum）猜想，尚未得到完全证明。这两个猜测是其核心和主要研究问题。

（七）代数簇的分类、双有理几何与模空间以及代数叠

代数几何因自身的活力及与其他数学分支和物理的深刻联系，现正处于强劲发展的时期，其研究对模空间、几何表示论、朗兰兹纲领（Langlands program）都十分重要。该领域主要研究内容包括：对代数曲线、代数曲面和三维代数簇做更精细的分类导致代数簇的模（moduli）空间的研究；代数簇上的向量丛的模空间也是代数几何现在的一个主流方向；纤维化代数流形的几何及其应用，低维代数流形的分类与拓扑研究也相当重要；代数曲线的模空间与量子场论的联系也是非常活跃的研究方向；代数叠（algebraic stack）是概形的推广，其研究对模空间、几何表示论、朗兰兹纲领（Langlands program）都十分重要。

（八）集合论、模型论、证明理论以及递归理论

数理逻辑关注数学的形式逻辑方面的问题，与数学基础密不可分，也与理论计算机科学密切相关。该领域拟研究的核心与主要问题包括：构造各种

各样的内模型以理解大基数的含义，构造各种各样的力迫扩张来证明相关的数学猜想是独立的。这两者依然是集合论领域中非常活跃的两大探索主题。另外，Cherlin-Zil'ber 猜想是数理逻辑中模型论的一个重要问题，与代数群密切相关。

（九）几何方程奇点研究和复流形分类

几何方程的奇点分类是解决许多几何问题的关键。凯勒－里奇（Kahler-Ricci）流是里奇（Ricci）流在凯勒（Kahler）流形上的类似，其奇点研究与代数几何中 flip 变换紧密相连，有很好的研究前景。该领域主要研究内容包括：用几何分析方法分类凯勒－里奇（Kahler-Ricci）流产生的奇点，把代数流形的分类理论推广到一般凯勒（Kahler）流形，其他几何方程的奇点结构，非凯勒（Kahler）复几何，如平衡度量、SKT 度量与广义凯勒（Kahler）度量研究中的曲率流方法。

（十）一般情形的 Yau-Tian-Donaldson 猜测

一般情形的 Yau-Tian-Donaldson 猜测是说：在给定的极化的（polarized）凯勒（Kaehler）类上存在常数量曲率的凯勒（Kaehler）度量的充要条件是此凯勒（Kaehler）类具有 K- 稳定性。该猜测是凯勒（Kaehler）几何研究的核心问题之一，最近在费诺（Fano）情形下有重大进展。但一般情形仍未得到突破。

（十一）广义相对论中质量和等周不等式之间的关系

广义相对论从它诞生之日起就一直是微分几何发展的极大动力，质量是广义相对论中十分基本的概念。根据物理学中的基本定律，人们相信正质量猜想应该成立。该领域拟研究的核心与主要问题包括：给定数量曲率非负的渐进平坦流形，对于每个给定区域，都可以定义一个等周比，猜测这个等周比不小于欧氏空间中的等周比，和欧氏空间相比，在数量曲率非负流形上，用同样大小的面积可以围成体积更大的区域，相应的体积差异反映了区域内的质量大小。这样，从几何分析角度诠释了广义相对论中的质量含义。

（十二）共形紧爱因斯坦（Einstein）流形无穷远边界的共形几何和内部黎曼（Riemann）几何之间的关系

共形紧爱因斯坦（Einstein）流形是双曲空间的自然推广，其内部的黎曼

（Riemann）度量在无穷远边界能诱导一个自然的共形结构，因此对于一个共形紧流形我们能够讨论无穷远边界的共形几何。该领域拟研究的核心与主要问题包括：共形紧爱因斯坦（Einstein）流形无穷远边界的共形几何和内部黎曼（Riemann）几何之间究竟有何关系？特别地，想知道对于无穷远边界上的每一个共形结构是否可唯一决定一个共形紧爱因斯坦（Einstein）度量？这些问题研究需要综合运用几何，拓扑和分析等工具，将为几何分析的发展提供新的视角。

（十三）指标理论及流形上的整体分析

二阶不变量是指标理论中一个重要的几何量，椭圆算子的指标是以初等不变量形式出现的。而 eta 形式和全纯（或实）解析挠率形式是以第二阶不变量出现的，它依赖于几何数据的选取。该领域拟研究的核心与主要问题包括：第二阶不变量如何依赖于几何数据的选取？更一般地，如何决定它们的函子性质？是否对第二阶不变量也存在局部化公式？

（十四）子流形与黎曼（Riemann）几何若干问题

子流形与黎曼（Riemann）几何中有许多经典问题迄今没有解决。该领域拟研究的核心与主要问题包括：单位球面中的常数量曲率的闭极小超曲面是否必为等参极小超曲面的陈省身猜想；劳森（Lawson）猜想：复射影平面中的嵌入极小拉格朗日（Lagrange）环面必为克利福德（Clifford）环面；霍普夫（Hopf）猜想：两个球面的乘积空间上不存在截面曲率为正的黎曼（Riemann）度量；米尔诺（Milnor）的猜想：秩大于 1 的单连通紧李群上不存在截面曲率为正的黎曼（Riemann）度量。

（十五）三维流形中的曲面理论

曲面理论一直是研究低维拓扑的重要工具。该领域拟研究的核心与主要问题包括：三维流形间非零度映射的标准形式和映射的不动点；曲面映射类群是否是线性的，其约翰逊（Johnson）子群是否无限生成，及其在三四维流形中的扩张；决定三维流形的亏格和寻找 Heegaard 分解的不变量，以及三维流形拓扑与黏合映射之间的关系；理解弗洛尔（Floer）同调类的拓扑含义，理解不可压缩曲面和瑟斯顿（Thurston）度量最小化曲面与弗洛尔（Floer）同调的联系。

（十六）纽结与辫群理论

纽结理论与三维流形的发展紧密相关。三维流形都可以在三维球面中的链环上做德恩（Dehn）手术得到，四维光滑流形都可以用 Kirby 图表示。该领域拟研究的核心与主要问题包括：纽结的解结数与交点数是否具有可加性；琼斯（Jones）多项式与 Khovanov 同调是否有规范场理论的解释；提出有效检测 mutation 的多项式不变量，纽结上的德恩（Dehn）手术，Cosmetic 手术猜想和 Berge 猜想。

（十七）流形的同伦与同调理论若干问题

流形的分类和其间映射的几何性质，以及流形的对称性，是流形拓扑学的重要课题。同伦与同调群的性质以及有效计算是这些研究的共同基础。该领域拟研究的核心与主要问题包括：对李群的上同调给出系统而有效的计算途径，较高连通度的流形的分类，高维流形间映射的度数，光滑流形模空间的同伦性质，稳定同伦群的计算，环面流形的组合拓扑及其同伦研究等。

（十八）低维流形上的几何、规范场理论与辛拓扑

几何方法在三维、四维拓扑上取得了很大成功，规范场理论与切触结构和辛拓扑密切联系。该领域拟研究的核心与主要问题包括：弗洛尔（Floer）同调的继续发展和应用，双有理手术与辛拓扑的联系，里奇（Ricci）流在四维光滑庞加莱（Poincaré）猜想研究中的应用，Giroux torsion 和切触结构紧性、开书（open book）分解的关系，双曲三维流形上紧切触结构的存在和分类。

（十九）几何群论与双曲几何

几何群论在拓扑学的研究中具有重要意义，特别是虚拟哈肯（Virtual Haken）猜想的证明，使得几何群论继续成为拓扑学里非常活跃的分支。该领域拟研究的核心与主要问题包括：双曲三维流形中曲面群的判定与几何实现，以及相对双曲群的判定。

（二十）拓扑量子场论与范畴论

拓扑量子场论的研究表现出从有限自由度到无限自由度、更弱的结合律、更复杂的结构等特点，无限自由度系统需要范畴这样的结构化工具。该领域拟研究的核心与主要问题包括：唐德森（Donaldson）理论、镜对称、几何朗兰兹（Langlands）、共形场论和拓扑场论、高阶范畴论和它所依赖的同伦论。

（二十一）卡拉比‐丘（Calabi-Yau）流形与镜像对称

超弦理论中真空态的几何空间是卡拉比‐丘（Calabi-Yau）流形。镜像对称预测卡拉比‐丘（Calabi-Yau）流形上的非线性 Sigma 模型中的 A- 模型与镜像流形上的 B- 模型有某种等价关系。该领域拟研究的核心与主要问题包括：对镜像对称中许多著名数学问题的研究将是今后一些年中数学物理领域中的热点之一。闭弦理论中的 A- 模型是格罗莫夫‐威腾（Gromov-Witten）不变量。亏格为 0 的 B- 模型对应于霍奇（Hodge）结构的形变，高亏格的 B- 模型则比较复杂。核心问题是建立亏格大于 1 的镜像对称。

（二十二）卡拉比‐丘（Calabi-Yau）流形上格罗莫夫‐威腾（Gromov-Witten）不变量的计算

与镜像对称密切相关的问题是卡拉比‐丘（Calabi-Yau）流形上格罗莫夫‐威腾（Gromov-Witten）不变量的计算问题。该领域拟研究的核心与主要问题包括：紧致卡拉比‐丘（Calabi-Yau）流形上亏格大于 1 的格罗莫夫‐威腾（Gromov-Witten）不变量的计算，特别地，Landau-Ginzburg/Calabi-Yau（LG/CY）对应 correspondence 猜想，亏格大于 0 的 LG/CY 对应 correspondence 猜想。

（二十三）Virasoro 猜想

Virasoro 猜想说代数流形上的格罗莫夫‐威腾（Gromov-Witten）不变量的生成函数满足一个无穷序列的偏微分方程组。Virasoro 猜想是连接格罗莫夫‐威腾（Gromov-Witten）不变量理论和可积系统的一个桥梁，也是计算格罗莫夫‐威腾（Gromov-Witten）不变量的一个重要工具。该领域拟研究的核心与主要问题包括：高亏格的 Virasoro 猜想，特别是量子上同调非半单的情形。

（二十四）孔策维奇（Kontsevich）的同调镜像对称猜测

孔策维奇（Kontsevich）的同调镜像对称猜测是开弦理论中的一个重要问题。孔策维奇（Kontsevich）的同调镜像对称猜测认为这两种模型应该是等价的。卡拉比－丘（Calabi-Yau）超曲面上的同调镜像对称猜测已被证明。该领域拟研究的核心与主要问题包括：一般卡拉比－丘（Calabi-Yau）流形上的同调镜像对称猜测。

（二十五）Lagrangian Floer 同调理论

Lagrangian Floer 同调理论建立在对带边界的伪全纯曲线模空间的研究之上。在环簇上，FOOO 理论与量子上同调有着密切的关系。这可以理解为环簇上 0 亏格的开弦理论和闭弦理论的一种对偶关系。该领域拟研究的核心与主要问题包括：高亏格 Langrangian Floer 同调理论及其与格罗莫夫－威腾（Gromov-Witten）不变量的关系。

（二十六）Strominger-Yau-Zaslow（SYZ）猜想

镜像对称中的一个基本问题是如何构造卡拉比－丘（Calabi-Yau）流形的镜像流形。SYZ 猜想的一个粗略说法是镜像对称的两个卡拉比－丘（Calabi-Yau）流形都具有以特殊拉格朗日（Lagrange）环面为纤维的奇异纤维化结构，并且这两个流形的纤维互为对偶（T- 对偶）。该领域拟研究的核心与主要问题包括：卡拉比－丘（Calabi-Yau）流形的黎曼（Riemann）度量在 SYZ 猜想研究中的作用，Gross-Siebert 构造镜像卡拉比－丘（Calabi-Yau）流形对的计划。该计划的核心是由仿射流形加上一些组合信息来构造退化卡拉比－丘（Calabi-Yau）流形族。

（二十七）复动力系统及相关问题

自 20 世纪 80 年代以来，在沙利文（Sullivan）、Douady、Hubbard、瑟斯顿（Thurston）等著名数学家的推动下，复动力系统得到了很多突破性的进展，形成了新的研究高潮。米尔诺（Milnor）、沙利文（Sullivan）、瑟斯顿（Thurston）等引进的拓扑和几何方法以及 Mandelbrot 引进的计算机技术等极大地推进了复动力系统的发展。该领域拟研究的核心与主要问题包括：有理映射动力系统与马尔可夫（Markov）分割，多项式的核拓扑熵，非一致双曲性，抛物重整化理论，有理函数动力系统的拓扑结构等，研究双曲猜想，局部连通性猜想，不变图和典型马尔可夫（Markov）分解的存在性，游荡连续通的存在性，参数空间的代数几何性质，多变量复映射的局部与整体动力学，统计物理中的复动力系统问题。

（二十八）算术与代数动力系统

用复动力系统的观点去研究代数曲线和模空间的算术性质日渐成为备受关注的研究领域。该领域拟研究的核心与主要问题包括：有理点在代数曲线的分布；PCF 映射在模空间以及其一些典型子空间的分布；模空间一些典型的一维子空间中双曲分支边界的局部连通性；高维双曲分支的整体拓扑结构，刻画其基本群；p-adic 动力系统和 Berkovich 空间上的全纯动力系统。

（二十九）泰希缪勒（Teichmüller）空间理论

泰希缪勒（Teichmüller）理论在数学和物理的很多分支中有着重要的应用。该领域拟研究的核心与主要问题包括：泰希缪勒（Teichmüller）空间上的度量和几何性质，以及各种典型子空间，Weil-Petersson 度量，BMO-Teichmüller 空间，拟共形映射理论，黎曼（Riemann）曲面上的调和映射，柯西（Cauchy）奇异积分算子的有界性、椭圆调和测度的绝对连续性，泰希缪勒（Teichmüller）空间理论在双曲三维流形理论中的应用。

（三十）单变元与多变元的解析映照的值分布及相关问题

解析映照的值分布研究是单变元与多变元复分析理论中的基本问题。该领域拟研究的核心与主要问题包括：亚纯函数涉及导数的 Nevanlinna 反问题及精确性；正规组理论及其相关的边界问题；拟共形手术在 Nevanlinna 理论中的应用；Ahlfors 覆盖曲面论第二基本不等式的精确形式；Ahlfors 极值曲面的存在性和唯一性；Ahlfors 理论在高维复空间中的推广；双曲复空间的刻画以及解析族之间的全纯映射的存在性，双曲复空间中复解析曲线上的等周问题；复域上的非线性复代数微分方程和差分方程及其应用等。

（三十一）多复变超越方法及其在复几何中的应用

利用与发展超越方法以研究复几何中的基本问题，希望可以得到复几何方面的新结果，如一些对拟有效（pseudoeffective）全纯线丛的上同调群的性质（包括 Lefschetz 定理的类似、新的消灭定理），具拟有效全纯线丛的紧复流形的结构。该领域拟研究的核心与主要问题包括：多次调和函数奇点及其不变量，各不变量间的关系，正定闭流动形（positive closed current）上的 L^2 延拓定理，利用超越方法如流动形理论研究多复变动力系统、多复变值分布理论。

（三十二）多复变中与群作用相关的问题

多复变中与群作用相关问题的研究涉及几何不变量理论、全纯变换群理论、李理论等，是交叉性强的重要研究课题。该领域拟研究的核心与主要问题包括：方程 L^2 方法的群不变形式及其应用，群作用下的 L^2 方法与群不变域复化猜想，建立带群作用的整体施坦（Stein）流形理论，Oka 流形理论、全纯对象的存在与分类（如形变理论、Moduli 空间）、全纯不变量、逆紧全纯映照等。

（三十三）多复变数几何函数论

几何函数论主要研究双全纯映射的分析性质与其像的几何性质之间的联系。多复变数几何函数论的研究开始于 1933 年，现已形成了一个完整系统的新兴数学分支，并处于最活跃时期。该领域拟研究的核心与主要问题包括：星形映射族的偏差定理、凸性半径和比伯巴赫（Bieberbach）猜想；凸映射族、准凸映射族、星形映射族的各种子族、星形映射族和螺形映射族的布洛赫（Bloch）常数确切值；几何函数论的各种已知结果在克利福德（Cliford）分析中的拓展；新研究方法的探索，尤其是寻找边界型施瓦茨（Schwarz）引理的应用等。

（三十四）非交换非结合的多复变理论

非交换非结合的多复变理论是古典的多复变理论在四元数、八元数、克利福德（Clifford）代数领域的推广。该领域拟研究的核心与主要问题包括：厄米（Hermitian）克利福德（Clifford）分析理论、多元克利福德（Clifford）

分析理论、多元 Slice 克利福德（Clifford）理论；复合意义下的新的黎曼（Riemann）面理论，多复变中一些基本不变度量的复芬斯勒（Finsler）几何、CR 几何研究，霍奇（Hodge）理论在复芬斯勒（Finsler）几何中的推广、类似和差异；实子流形在双全纯等价下的分类、不变量，函数空间的原子分解以及对偶；复合算子谱结构；算子空间的拓扑结构与等距；特普利茨（Toeplitz）算子的代数性质；线性算子的超循环性。

（三十五）调和分析及相关问题

调和分析的实质是将所研究的数学对象分解为性质优良的简单个体，通过对个体的分析性质的细致刻画和精细估计来获得原对象的整体分析性质。由于和偏微分方程、泛函分析和几何分析等其他数学分支的交叉，调和分析近年来在算子范数的最佳常数估计、相关于算子的函数空间理论及多线性算子有界性等方面均取得了重要进展。主要研究课题有 Lusin 猜测型问题、奇异积分理论、函数空间实变理论和非光滑度量空间上调和分析理论的推广及应用。

（三十六）粗 Baum-Connes 猜测

法国数学家 Connes 受到阿蒂亚（Atiyah）关于群作用下指标定理的启发，发展了一整套非交换拓扑和非交换几何理论。近年来的研究表明，要解决一些几何、拓扑学的问题，比如说，Novikov 猜测，格罗莫夫（Gromov）正标量曲率的存在性，拉普拉斯（Laplace）算子的谱理论等，必须了解由局部紧且具有有限 Propagation 的算子所生成的 Roe- 代数的 K- 群——一种非交换的代数拓扑。这一领域的核心问题是粗 Baum-Connes 猜测（Baum-Connes 猜测）。研究这一问题的有效方法是为非交换的空间找到合适的坐标体系。这一问题的研究将对于流形的分类、Novikov 猜测、格罗莫夫（Gromov）正标量曲率的存在性、拉普拉斯（Laplace）算子的谱理论等方面做出贡献。

（三十七）线性算子的谱理论、结构及其应用

刻画算子的结构以及对算子进行分类是算子论的核心问题。算子的结构很大程度上取决于算子谱。刻画函数空间上的特普利茨（Toeplitz）算子、汉克尔（Hankel）算子和复合算子以及一些特殊的算子类（如 Cowen-Douglas 算子、强不可约算子等）的结构、谱理论和分类以及算子理论在量子物理、量子

信息和量子计算中的应用是目前算子论中的重要问题。希尔伯特（Hilbert）模的几何分析是算子理论和代数几何、复几何、复分析、交换代数相互驱动的研究；在 Helton-Howe 纲领下算子换位子的 Schatten-von Neumann 性质和迹公式的研究，Arveson-Douglas 关于本质正规性的几何化猜测的研究是这方面的核心问题。

（三十八）C^*-代数的分类理论

C^*-代数的研究也被称为非交换拓扑学，它在拓扑动力系统、群表示和几何学中广泛出现。冯·诺依曼（von Neumann）代数是弱闭的 C^*-代数，因此冯·诺依曼（von Neumann）代数被称为非交换测度理论。研究最广泛的单顺从 C^*-代数的分类并建立紧度量空间上极小动力系统的轨道分类理论，从而奠定 C^*-代数分类理论进一步发展的方向。在冯·诺依曼（von Neumann）代数方面，建立指数连续的不可约子因子并进一步发展子因子理论，并带动它与群表示及共形场论的共同发展。

（三十九）算子空间理论与非交换分析

算子空间是量子化的巴拿赫（Banach）空间，近年来发现算子空间是研究量子信息十分合适的数学框架和理论基础。其最重要的研究课题之一是建立算子空间的格罗滕迪克（Grothendieck）纲领。非交换 L^p 空间是算子空间中最重要的例子，非交换分析就是围绕非交换 L^p 空间来研究算子空间的拓扑结构、几何与分析性质。量子概率可纳入非交换分析的框架之下，建立量子伊藤（Ito）随机积分的 L^p 理论是其重要的课题之一。

（四十）巴拿赫（Banach）空间几何学、非线性嵌入与向量值调和分析

巴拿赫（Banach）空间几何学的中心主题就是研究一般巴拿赫（Banach）空间与经典 L^p 空间或其子空间之间的距离。奥尔利奇（Orlicz）空间是 L^p 空间的自然推广，其几何性质的研究一直是空间理论的主题之一。向量值调和分析、向量值鞅论与巴拿赫（Banach）空间几何学相互关联、相互促进。巴拿赫（Banach）空间的非线性嵌入问题，同胚问题［包括利普希茨（Lipschitz）嵌入、一致嵌入及其相关的粗嵌入等］在非交换几何和几何群论中有重要应用，

是研究的热点所在。

（四十一）变分方法及其应用

变分方法本身的进一步发展是非线性泛函分析的一个中心问题，这是希尔伯特（Hilbert）23 个著名问题中的最后一个问题，尽管对这个问题没有一个确切的答案，然而围绕变分法理论及应用的研究一直是非线性泛函分析的研究热点。在应用方面，和拓扑方法与非线性偏微分方程（PDE）的结合，应用于各类物理、工程领域和生物学中的数学模型。具有引领作用的问题有：关于拉普拉斯（Laplace）算子特征值估计的波利亚（Polya）猜测；关于半线性椭圆方程的 De Giorgi 猜想；关于极小曲面的伯恩斯坦（Bernstein）猜想；关于半线性椭圆方程的 Gibbons 猜想等。

（四十二）莫尔斯（Morse）理论和指标理论及其应用

莫尔斯（Morse）理论和指标理论的进一步发展并结合变分方法、临界点理论等，研究辛几何与哈密顿（Hamilton）系统等领域中的若干著名猜测。该领域拟研究的核心与主要问题包括：关于哈密顿（Hamilton）系统的魏因施泰因（Weinstein）猜测；关于闸轨道多重性的 Seifert 猜测；紧流型上的闭测地线猜测；非线性哈密顿（Hamilton）系统周期解及相关边值问题〔开弦问题、拉格朗日（Lagrange）边值问题〕；N 体问题；极小曲面问题、能量泛函和高维 Willmore 猜想。

（四十三）双曲外的部分双曲微分动力系统

从 20 世纪 90 年代起，微分动力系统的研究者更多关注于非一致双曲系统和持续非双曲系统的动力学性质。其中特别引起关注的一类是由 Pesin、Sinai 提出的部分双曲系统。该领域拟研究的核心与主要问题包括：Palis 稠密性猜测 I（拓扑情形），Palis 稠密性猜测 II（测度情形），有奇星号系统的部分双曲刻画，Pujals 猜测。

（四十四）微分动力系统的遍历论

李雅普诺夫（Lyapunov）建立的微分方程稳定性理论将人们的目光引向方程的整体动力学行为。玻尔兹曼（Boltzman）、埃伦费斯特（Ehrenfest）等物理学家从宏观角度来研究动力学统计规律直接刺激了遍历理论的发展。该领域拟研究的核心与主要问题包括：有限维非一致双曲、部分双曲或有控制分解的动力系统的动力学行为，诸如混沌性、具有物理意义的不变测度（SRB 测度）的存在性及其遍历性、个数和相对随机小扰动的稳定性等；由随机偏微分方程的解产生的无穷维随机动力系统的动力学行为；微分流形上随机微分方程的解的动力学行为及其与流形几何特征的关系等。

（四十五）哈密顿（Hamilton）系统的动力学不稳定性

主要研究任意自由度近可积哈密顿（Hamilton）系统的阿诺德（Arnold）扩散猜想与稠轨道。该领域拟研究的核心与主要问题包括：多自由度正定系统局部极小轨道的几何结构与变分性质；哈密顿－雅可比（Hamilton-Jacobi）方程的奇性传播，广义与随机哈密顿－雅可比（Hamilton-Jacobi）方程的弱KAM 理论；非正定系统的基本变分理论，如洛伦兹（Lorentzian）度量决定的哈密顿－雅可比（Hamilton-Jacobi）方程整体黏性解的结构等；多自由度近可积系统阿诺德（Arnold）扩散的通有性，随机近可积系统的轨道分布。

（四十六）辛映射的不动点与周期点理论

20 世纪 60 年代阿诺德（Arnold）提出了关于周期解的著名猜测，即辛流形上哈密顿（Hamilton）同胚的不动点个数下界估计。相关研究进一步导致关于格罗莫夫－威腾（Gromov-Witten）不变量的研究和对定义在辛流形与切触流形上的动力系统的深刻理解。该领域拟研究的核心与主要问题包括：不动点、周期点及相应哈密顿（Hamilton）闭轨的多重性及稳定性问题；退化阿诺德（Arnold）猜想、广义康利（Conley）猜想、切触流形上的 Reeb 向量场的闭特征研究、高维流形上闭测地线的多重性与稳定性、多体问题周期轨道的稳定性研究。

（四十七）非线性偏微分方程定义的哈密顿（Hamilton）动力系统

Craig-Wayne、Bourgain 等对半线性型的非线性偏微分方程发展的 KAM理论已较为成熟，人们在非线性薛定谔（Schrödinger）方程中也发现类似阿诺德（Arnold）扩散的现象。该领域拟研究的核心与主要问题包括：紧致空间（如环面）上的拟线性偏微分方程（包括欧拉方程）的 KAM 理论、长时间稳定以及阿诺德（Arnold）扩散；非紧空间（如欧氏空间）上的非线性偏微分方程的定性理论、KAM 理论、正规形（normal form）以及索伯列夫（Sobolev）范数的渐近性质等。

（四十八）拓扑动力系统的遍历论

主要研究群在空间作用的定性性质，涉及系统的复杂性、回复性和稳定性等诸多方面。该领域拟研究的核心与主要问题包括：系统的混沌性质以及各种混沌性质之间的关系、大群作用的熵、与熵相关概念的局部化、相对化理论、零熵系统的不变量和它在 Furstenberg $\times 2 \times 3$ 问题中的应用、系统回复性相关问题、多重逐点收敛中的各种问题、玻尔（Bohr）问题、Sarnak 猜想、系统稳定性相关的问题及其在控制论等领域中的应用。

（四十九）常微分方程的分支理论与弱化希尔伯特（Hilbert）第16问题

常微分方程分支理论研究结构不稳定系统在扰动下轨道拓扑结构变化的规律，如奇点、周期轨、同宿轨、不变集等的个数变化、稳定性转变及结构性态。该领域拟研究的核心与主要问题包括：阿诺德（Arnold）提出的弱化希尔伯特（Hilbert）第 16 问题，接近 n 次哈密顿（Hamilton）系统范围内的多项式系统极限环个数问题，它转化为求全体 n 次多项式 1- 形式沿所有可能的 $n+1$ 次闭代数曲线族的阿贝尔（Abel）积分零点个数的上确界 $Z(n)$。目前仅知 $Z(n)$ 有限，但它与 n 的关系除已知 $n=2$ 外其他仍未知。

（五十）偏微分、时滞泛函方程定义的耗散型无穷维动力系统

主要关注系统解的存在性、正则性、稳定性、各种吸引子的存在性及其拓扑结构。该领域拟研究的核心与主要问题包括：系统各种吸引子的存在性、正则性以及维数估计，吸引子的结构分析，吸引速度（拓扑）的估计；方程在吸引子（或不变集）上的约化问题；惯性流形、近似惯性流形的存在性问题及构造方法；导致周期现象的霍普夫（Hopf）分叉和导致空间斑图的稳态解分叉；各种模式的行波解和空间传播现象；无穷维动力系统理论在时滞泛函方程和偏微分方程的应用。

（五十一）分形几何

分形几何体大量出现在自然现象中的不同领域。这些几何对象难以用经典几何与经典方法描述与处理，其研究涉及数学的诸多分支，需要特定的思想方法和技巧。该领域研究的核心与主要问题包括：具重叠结构的分形性质；非吉布斯（Gibbs）测度的重分形分析，特别是自仿测度以及发展相应的条件局部熵理论；分形双利普希茨（Lipschit）等价的刻画；分形的纲（gauge）函数的研究；分形上的分析；动力系统中的分形结构等。

（五十二）纳维－斯托克斯（Navier-Stokes）方程

纳维－斯托克斯（Navier-Stokes）描述了黏性流体的运动，是流体动力学的基本方程，包括不可压纳维－斯托克斯（Navier-Stokes）方程和可压纳维－斯托克斯（Navier-Stokes）方程。该领域研究的核心与主要问题包括：解的整体存在性、唯一性、稳定性以及解的大时间性态；黏性消失时解的极限问题；可压缩纳维－斯托克斯（Navier-Stokes）方程解的马赫数极限问题等。其中，三维不可压缩纳维－斯托克斯（Navier-Stokes）方程光滑解的整体存在性是7个千禧难题之一。

（五十三）爱因斯坦（Einstein）方程

广义相对论中爱因斯坦（Einstein）方程把引力描述为时空的一种几何曲率，该方程是一个以时空为自变量的二阶非线性双曲型偏微分方程，相关的非线性双曲型偏微分方程的研究也是重要的研究课题。待解决的问题包括：宇宙监督猜想，即对于一般的渐进平坦初值集，爱因斯坦（Einstein）方程存在极大未来柯西（Cauchy）演化，并且此演化可局部延拓成洛伦兹（Lorentz）流形；对于一般的渐进平坦初值集，爱因斯坦（Einstein）方程的解渐近地分解成有限个相互运动分离的黑洞、克尔（Kerr）解的叠加。

（五十四）欧拉（Euler）方程

欧拉（Euler）方程描述理想流体的运动，是最早出现的非线性方程组，它分为可压缩欧拉（Euler）方程和不可压缩欧拉（Euler）方程。该领域拟研究的核心与主要问题包括：欧拉（Euler）方程解在不同函数空间中的存在性、唯一性、正则性、稳定性以及光滑解是否在有限时间内爆破；高维欧拉（Euler）方程可否建立弱解的整体存在性，整体弱解是否可以刻画相应的物理现象，欧拉（Euler）方程弱解对应的内在耗散机制等。

（五十五）玻尔兹曼（Boltzmann）方程

玻尔兹曼（Boltzmann）方程描述了稀薄气体中大量粒子通过相互碰撞而产生的各种物理现象随时间的统计演化。当平均自由程趋于零时，希尔伯特（Hilbert）展开的一阶近似就是欧拉（Euler）方程组，二阶近似为纳维‐斯托克斯（Navier-Stokes）方程组。玻尔兹曼（Boltzmann）方程的许多重要问题没有得到解决，如玻尔兹曼（Boltzmann）方程到欧拉（Euler）方程的流体动力学极限、重整化弱解的正则性等。

（五十六）非线性扩散方程与椭圆方程

非线性抛物型、椭圆型方程（组）以及带有随机项的方程，是从物理、材料、生命科学等其他领域的研究中提出的，核心问题包括解的存在性、唯一性及其结构的研究。特别是解的奇性结构的研究，对于非线性发展型方程，即使是光滑初值，解也可能在有限时刻产生奇性，需要研究产生奇性的原因、产生奇性的位置与产生时刻、奇性发生之后解是否还可延续、奇性的特征。

（五十七）混合与退化型偏微分方程组

混合型方程在所考虑区域的某一部分是椭圆形的，另一部分是双曲型的，退化型方程是指在区域的某些点集或在某个方向上发生型的蜕化。混合型方程在跨音速流动的描述、弹塑性力学的问题、几何中的曲面形变等问题中有广泛的应用。退化方程可应用在边界层理论、无旋薄壳理论、渗流理论、扩散过程等许多具体物理问题中。这些问题的研究包括解的边界条件的确定、解的存在性、唯一性及稳定性等。

（五十八）非线性色散方程

色散方程描述波长与频率之间的关系，方程的解在不同频段上具有不同的传播速度。非线性薛定谔（Schrödinger）方程、KdV方程等是色散方程的典型代表。关于非线性薛定谔方程柯西（Cauchy）问题的整体适定性，需要解决的问题包括：三维或四维聚焦能量临界非线性柯西（Cauchy）问题的整体适定性与散射问题；非聚焦能量超临界非线性柯西（Cauchy）问题整体弱解的正则性问题；质量次临界非线性柯西（Cauchy）问题的散射理论；周期非聚焦薛定谔（Schrödinger）方程的弱湍流解的存在性猜想。

（五十九）非线性数学期望下的随机分析理论及其应用

非线性数学期望下的随机分析理论在金融和控制领域有十分重要的应用。需要具体研究的核心与主要问题包括：G- 期望下的随机分析理论；倒向重随机控制系统理论以及各类反射倒向重随机微分方程及相关的随机偏微分方程理论；重随机干扰下随机控制问题及其最大值原理与动态规划原理；倒向随机系统的滤波理论以及部分信息下随机递归和随机控制问题的最大值原理与线性二次控制问题；g- 风险度量与其他风险度量之间的关系。

（六十）正则结构理论与随机量子化方程

凝聚态物理、量子场论、共形场论、弦论以及统计力学中有大量的重要理论问题与方法，包括千禧年问题之一的规范场及其质量间隙问题，都可以通过随机量子化方程利用随机分析等概率方法加以刻画与严格的研究，这方面的重大进展是 2014 年菲尔兹奖（Fields Medal）获得者 Martin Hairer 建立的正则性结构理论。需要具体研究的核心与主要问题包括：随机量子化方程与重整化方法的随机偏微分方程刻画及其遍历理论，以及相关正则性结构理论的完善与扩展；统计力学中的动态蒙特卡罗（MonteCarlo）与标度极限方法研究。

（六十一）随机微分几何与马利亚万（Malliavin）分析

随机微分几何与马利亚万（Malliavin）分析是概率与几何分析等不同数学分支相互交叉与渗透而产生的新兴研究领域。该领域拟研究的核心与主要问题包括：李雅普诺夫（Lyapunov）型条件下非紧的黎曼（Riemann）流形上扩散过程的泛函不等式；非紧的黎曼（Riemann）流形上 Lp 下同调群的非零化定理和有限维数定理；高维的 Corona 定理以及强负曲率单连通凯勒（Kahler）流形上有界全纯函数的存在性；黎曼（Riemann）流形的 Wasserstein 空间上梯度流以及里奇（Ricci）曲率流的最优传输问题；马利亚万（Malliavin）矩阵算子非退化但其伪逆无界情况下的 Nash-Moser 型马利亚万（Malliavin）分析。

（六十二）随机微分方程

随机微分方程研究相对集中在非利普希茨（Lipschitz）条件下随机微分方程与 SLE 等重要方程的研究。该领域拟研究的核心与主要问题包括：非利普希茨（Lipschitz）条件下随机微分方程解的存在唯一性及相关泛函不等式；SLE 的几何性质、调和测度、豪斯多夫（Hausdorff）测度和维数、重分形谱，拟共形映射与 SLE，统计物理中若干格子模型的极限；生物物理中 Hodgkin-Huxley 模型的切转扩散过程刻画和物理化学中欠阻尼朗之万方程等模型的二阶随机微分方程刻画，以及它们的非平衡态数学理论研究。

（六十三）随机偏微分方程

随机偏微分方程研究相对集中在随机纳维－斯托克斯（Navier-Stokes）方程、随机薛定谔（Schrödinger）方程以及随机玻尔兹曼（Boltzmann）方程等具有重要的力学、物理和工程技术背景方程的研究。该领域拟研究的核心与主要问题包括：随机噪声退化与非退化的情况具有重要力学、物理和工程技术背景的随机偏微分方程解的存在唯一性以及遍历性等基本性质；随机的热传导与非线性双曲守恒律系统描述的波传播过程，随机的牛顿与非牛顿流体和电磁流体的分析与控制，随机复杂环境中非线性弹性模型和流体与弹性体耦合模型的控制及其应用。

（六十四）随机矩阵与随机场理论

随机矩阵与随机场理论主要研究随机矩阵以及更广泛的随机场的重要性质。该领域拟研究的核心与主要问题包括：随机矩阵特征值分布普适性猜想与临界情形下奇异性态的刻画；随机矩阵中间隙概率渐近性态与可积方程的联系；特征值分布的相变；随机矩阵与曲线模空间上的相交理论；各向同性随机场样本轨道的概率、分析、几何和渐近性质；各向异性随机场和各点异性随机场与相应随机偏微分方程解的概率、分析、几何和渐近性质等。

（六十五）马尔可夫（Markov）过程的遍历论与离散空间上马尔可夫（Markov）过程的精细刻画

马尔可夫（Markov）过程遍历性的研究集中在不可逆马尔可夫（Markov）

过程上，离散空间上马尔可夫（Markov）过程的研究侧重于渗流模型与随机复杂网络的研究。该领域拟研究的核心与主要问题包括：不可逆典型过程的谱空隙估计；马尔可夫（Markov）过程的衰减性与泛函不等式；粒子系统与测度值过程及其遍历性；马尔可夫（Markov）过程的拟平稳性与拟遍历性，临界值和连通分支的大小估计；渗流模型与 SLE 研究；渗流模型中无穷连通分支上的随机游动；小世界网络、无标度随机网络和演化网络等随机复杂网络的构造、特征性质及解析表达式。

（六十六）一般半鞅理论与狄氏型理论的推广及应用

一般半鞅理论与狄氏型理论的推广在工程技术和经济金融领域有十分重要的应用。该领域拟研究的核心与主要问题包括：对长记忆与强关联的随机过程类发展随机积分理论；利用狄氏型理论研究区域上莱维（Levy）过程等跳跃型马尔可夫（Markov）过程的内在超压缩性、热核估计、边界附近行为与相应的位势理论；研究有限维莱维（Levy）过程的亨特（Hunt）假设（H）；研究无穷维布朗运动是否满足亨特（Hunt）假设（H）；研究由布朗运动驱动的 SDE 解过程的亨特（Hunt）假设（H）等。

（六十七）现代概率极限理论

现代概率极限理论主要包括施坦（Stein）方法、自正则化方法、正态随机变量的小概率估计方法以及大偏差理论。该领域拟研究的核心与主要问题包括：随机配置中最优配置方差的精确渐近界与中心极限定理；欧氏空间上极小生成数和最短路径的统计量概率极限性质；不同概率测度下随机划分的渐近性质；随机划分所生成的点过程及其极限点过程和极限过程分布性质的刻画；随机环境的分支过程的整体环境下极限的小值概率；统计力学模型标度极限研究中相关精确渐近估计的问题。

第二节　应用数学与计算数学

应用数学和计算数学发展的动力主要来源于数学的外部，其研究与发展不仅需要满足学科自身发展的需求，而且还需要更加重视其实际应用背景的发展需求。因此，应用数学和计算数学优先发展方向和领域的选择，不仅应该关注其学科发展更深入和内部学科分支分得更细的发展趋势，而且应该更加重视应用问题驱动的研究，以及与数学的其他分支、自然科学、工程技术、经济金融与管理科学等领域相互交叉、渗透与融合而产生的交叉研究。结合应用数学与计算数学未来若干年国际发展趋势、我国已经具备的研究基础和实力以及我国未来需要推动发展的方向和领域情况等，建议在未来的若干年优先发展如下一些方向和领域：

（一）流体力学的稳定与不稳定性问题的数学分析

工程技术中的许多关键核心问题都涉及对流体力学中的稳定与不稳定性现象的深刻理解。需要研究的核心与主要问题包括：针对泊肃叶（Poiseuille）流、伯纳德（Bernard）对流、瑞利－泰勒（Rayleigh-Taylor）不稳定性等流体力学中的典型稳定与不稳定性现象，研究其非线性稳定与不稳定性产生的机理与条件，并开展相关物理参数对这类稳定与不稳定性影响的定性与定量分析。

（二）输运问题的模型约化

在科学和工程技术乃至管理科学的实际应用中高维输运问题的解决常常成为关键之一。需要研究的核心与主要问题包括：针对大量的实际应用，研究能大大减少高维输运问题计算量的共性模型约化方法，包括既物理合理又便于计算的高阶矩模型和输运扩散耦合模型等，分析这些约化模型的适定型与性质，以及这些约化模型与高维输运问题原始输运模型的定量关系与误差。

（三）液晶材料的数学建模及分析

液晶材料是日常生活中大量使用的工程材料，其性能的提高和使用范围的扩大涉及对它的结构与性质的深入理论研究，而这离不开对它的数学建模与分析。需要研究的核心与主要问题包括：建立应用方便又能精确刻画液晶各种相和缺陷结构的数学模型，研究不同尺度液晶模型之间的关系并对其进行严格的数学论证，研究液晶缺陷集的数学刻画，缺陷集的分布、结构、性态以及其动力学行为。

（四）组合学中的代数方法与概率方法及其应用

组合问题的研究对数学、计算机科学、生物学以及数字通信等领域中许多困难问题的解决至关重要。需要研究的核心与主要问题包括：针对许多组合问题的特性构建交换代数、群表示论、代数几何等领域的代数模型，利用现有的代数工具或创立新的代数理论解决这些组合问题；利用已受到国际学术界高度重视的概率方法研究极值组合理论，如 Ramsey 理论中涉及很多无法简单描述其结构的极值组合问题；将组合设计应用于编码理论、信息安全、稀疏信息处理中的离散结构存在性及其构造问题的研究。

（五）图论的现代理论及重要应用

图论的现代理论不仅是网络技术的理论基础，也在分子设计与大规模电路设计中有重要应用。需要研究的核心与主要问题包括：研究长圈特别是哈密顿圈等具有某种性质的子图存在性；研究图的边集能否被一些子图的边集覆盖并寻求最优覆盖；研究有限置换群、高对称图理论、对称网络设计及其容错性；研究图的谱与图的结构性质之间的关系；研究更有效的分子描述符系统以及 dimer-monomer 问题中结构的随机边界模型；研究超大规模集成电路设计和制造中的电路划分所对应的图或超图的点集划分问题及光刻掩膜所对应的图着色问题。

（六）稀疏优化和低秩矩阵优化的方法和理论

稀疏优化和低秩矩阵优化是压缩传感和大数据处理的关键核心问题。需要研究的核心与主要问题包括：研究稀疏优化和低秩矩阵优化的精确恢复理论；研究特殊的和带简单结构的非凸优化问题并发展快速优化算法和突破性的新优化方法；结合多重网格最优化算法和区域分解最优化算法考察图像和信号处理问题；针对由大量机器组成的集群、云计算平台和并行多核架构等计算资源的发展，依据问题的特点和物理条件限制，研究合适的并行/分布式/分散式计算的模型和方法。

（七）复杂计算环境下组合优化理论与近似算法

交通、医疗、能源和工程设计等领域的一些重要问题的研究可归结为复杂计算环境下组合优化理论的研究与高效近似算法的设计。需要研究的核心与主要问题包括：交通网络的决策和博弈模型、大型云计算中心能耗优化模型、基于医学图像的几何优化、有效分割与分类模型、大规模多层次设施选址的优化和博弈模型等中的组合优化理论研究以及快速有效算法的设计与分析；刻画相关复杂环境下组合优化问题的算法时间复杂度与近似程度的量化关系，研究线性或超线性时间复杂度的近似算法。

（八）随机优化和随机算法理论

随机优化和随机算法理论与通信网络、交通系统、医疗系统以及供应链等方面的优化设计及控制紧密相关。需要研究的核心与主要问题包括：概率准则、首达目标准则、风险灵敏准则、均值-方差准则、在险值（VaR）与平均在险值（AVaR）准则下的离散或连续状态马尔可夫决策过程；马氏骨架过程模型的多型分枝过程理论、非分枝型轮询排队系统以及贪婪排队网络的遍历理论和排队性能指标等；大规模随机系统优化与分析计算；随机数据复杂优化的统计推断与稳定性理论以及算法设计与分析。

（九）高阶非线性稀疏性的数学理论及其应用

稀疏性是信息表示的普遍属性，基于稀疏性建模的信息技术统称为稀疏信息处理。稀疏信息处理研究正从典则稀疏性、变换稀疏性发展到非线性稀疏性，而信息对象从一阶（向量）、二阶（矩阵）到高阶（张量），应用则遍及科学与技术的方方面面。需要研究的核心与主要问题包括：非线性稀疏性理论与方法（特别是由非线性稀疏性所诱导的优化理论与计算方法）；非凸交替方向方法（ADMM）的收敛性理论；张量的稀疏性刻画、建模与分析；非凸正则化的统计性质与局部最优解性态；自然场景的稀疏表征、结构稀疏性建模与应用等。

（十）数学机械化中的符号分析

数学机械化旨在发展利用计算机解决各类数学问题的理论与方法。该领域正从聚焦代数方程求解向符号分析方向发展，而后者的核心基础是构造性微分或差分代数几何。需要研究的核心与主要问题包括：偏差分方程的特征列方法及相应的机器证明方法，稀疏微分与差分结式和微分与差分环簇理论及算法，微分差分伽罗瓦（Galois）理论与闭形式解，线性微分－差分代数的分解、约化与组合恒等式证明，如关于 D-finite objects 的 Zeilberger-Wilf 方法的完整性证明等。

（十一）云计算环境下的编码与密码学

编码与密码是信息安全技术的基础。编码是指将信息对象（如文字、数字或图片等）转换为方便传输的数字符号（码），而密码将原始信息变换为密文，使未授权者不能提取原始信息。编码与密码学的发展正从单分支、单学科向多分支、多学科综合发展，应用则从点对点通信、网络到网络通信向移动互联网络通信和适应云计算环境发展。需要研究的核心与主要问题包括：具有指定几何或组合特征的编码理论与应用；适用于云环境和大数据的 LDPC 码的构造、结构和编译码；网络编码、网络纠错码及其在通信和计算中的应用；面向云环境的密码设计与分析应用；面向大数据的访问控制理论与技术等。

（十二）支持 3D 打印的高效几何图形处理

随着 3D 扫描仪与深度相机的不断普及，特别是 3D 打印技术的快速兴起，几何图形处理已成为迅猛发展的数字技术。3D 几何数据处理是该类技术的核心基础。主要挑战源自数据量大、数据维数高、含大量噪声、结构不规整、拓扑结构复杂等。需要研究的核心与主要问题包括：几何数据的稀疏建模与处理（如稀疏数据去噪、修补、分割、简化、匹配、检索等）；三维几何数据的自适应表示与等几何处理；深度相机数据的配准与三维重建。

（十三）图像处理的数学理论与方法

图像处理是信息处理的基本任务之一，涉及对图像数据的各种分析、变换、解译与应用，如图像去噪、复原、识别、分割、配准、检索、压缩、放大、存储、传输等。数学理论与方法一直是图像处理的坚实基础，但图像作为典型的非结构化数据，对其处理本质地依赖人们的认知，而且有典型的"仁者见仁、智者见智"的特征。所以，图像处理的最大挑战是：如何模拟人的视觉原理发展"拟人"的图像处理技术？特别鼓励探索将视觉认知模拟与几何分析方法结合，发展更为本质和更为有效的图像处理技术。建议研究：图像稀疏表示理论及其融合稀疏性先验的几何分析图像处理方法；基于视觉认知模拟的图像处理新方法；支持生物医学短时、低剂量超声、CT和PET成像与医学图像处理的图像处理基础算法等。另外，稀疏建模、统计建模、小波分析、变分方法等数学工具仍然具有广阔的应用前景，鼓励结合这些方法以及机器学习等方法，发展更加高效的混合型高维图像处理方法。

（十四）随机分布参数系统的控制理论与控制问题的算法与实现

随机分布参数系统的控制理论与控制问题的算法与实现是现代信息产业中广泛存在的传感器网络和智能机械等柔性和弹性系统调控的理论与方法基础，目前只有零星结果，需要发展新的数学工具。需要研究的核心与主要问题包括：随机抛物型方程和随机双曲型方程等的能控性，随机偏微分方程的反馈镇定问题，随机分布参数系统的适定正则性理论，无限维随机HJB方程理论，以及随机发展方程的LQ问题与时间最优控制问题；有限维系统控制问题的数值方法，分布参数系统控制问题的数值方法，以及随机系统控制问题的数值方法。

（十五）面向E级计算的新型计算方法

"十三五"末将进入E级计算时代，面向E级计算机系统开展新型计算方法研究对提高计算效率非常重要。需要研究的核心与主要问题包括：针对E级计算机系统数值算法的效率需要综合考虑算法的数据存储和通信量、计算强度（浮点运算次数/内存比特数）和是否适合异步并行计算等因素，研究E级计算的解法器包括数据通信/同步隐藏算法、数据通信/同步降低算法、单双精度混合算法、容错算法和随机算法，研究非线性偏微分方程离散后得到的非线性代数问题的算法和时间并行算法。

（十六）多物理耦合偏微分方程的可计算建模与算法

多物理、多尺度耦合问题出现在许多科学技术领域，它们的数值模拟是重要的研究手段。在数值模拟中，需要耦合不同尺度的物理模型（如材料科学中的宏观和微观模型的耦合，高能量密度物理中的流体与能量输运的耦合等），如何合理耦合这些不同的模型以及提出高效算法是实际领域急需解决的问题。需要研究的核心与主要问题包括：耦合模型的定性理论、界面或区域耦合条件的确定、高效算法的构造，以及算法的稳定性、收敛性、误差分析、跨尺度的渐进性质；不同区域耦合模型自适应选取方法等。

（十七）不确定性量化及其高效算法

偏微分方程中的通量、源项或者初边值常含有无法准确确定的参数，这些参数经常以随机变量或随机过程的形式出现，其对方程解的影响需要通过计算和统计方法进行确定（不确定量化）。需要研究的核心与主要问题包括：随机偏微分方程和不确定量化问题计算方法〔如蒙特卡罗（MonteCarlo）方法效率的提高、多项式混沌方法等〕的建立与分析、高维问题的降维方法、稀疏网格的构造、基于贝叶斯框架的反问题不确定性量化等。

（十八）谱方法和高阶方法的理论及应用

谱方法和高阶方法的优点在于数值解的精度随着被求解问题的光滑度的提高而增加，但其应用的广泛性和算法的适用性仍有很大的改进空间。需要研究的核心与主要问题包括：研究高频声波和电磁波问题的计算模拟及误差分析、适用于高维科学工程计算问题的谱方法和高阶方法、非结构网格以及自适应移动网格的高阶方法构造和分析、谱方法和高阶方法所产生的特殊代数方程组的求解、实际应用中的分数阶微分方程的高阶数值方法等。

（十九）大规模代数和特征值问题的快速算法

大规模矩阵问题的高效数值求解是决定科学与工程计算效率的重要因素。需要研究的核心与主要问题包括：研究基于复杂离散的线性与非线性代数方程组的高效算法与理论，矩阵特征值问题、矩阵方程和科学工程中的反问题的高效求解，线性与非线性最小二乘问题求解，高效可扩展的预处理子的构造与分析，低秩逼近，基于 L^1 优化基础上的压缩感知算法等。

（二十）应用偏微分方程的反问题算法与分析

反问题是指通过一些外部测量，理解系统未知内部结构的问题，大多可以归结到确定各类偏微分方程的系数或源，在地质成像、无损探伤、隐身技术、医学成像、环境科学等领域有广泛应用。需要研究的核心与主要问题包括：研究波传播中的反散射问题，开展相关的不适定性理论和高效计算方法的研究，期望通过这些研究极大地推进隐身技术和高分辨率成像应用；研究各类应用问题中偏微分方程反问题的数学理论，尤其是唯一性及稳定性；研究环境科学中的有关扩散和非正常扩散有关的反问题数学模型和高效算法，并利用观测到的数据推断污染的源头。

（二十一）非守恒型双曲方程组的高精度计算方法

在许多的科学与技术研究领域中常常出现非守恒型的双曲方程组（如在可压缩多相流、流固耦合问题、三温辐射流体力学、动理学方程的矩展开等研究中），其高精度数值求解方法研究是这些领域数值模拟的重点方向，也是当前计算方法的研究热点。需要研究的核心与主要问题包括：针对重要实际应用中的非守恒型双曲方程组，开展保持物理特性的高精度高保真计算方法研究，包括满足（间断、多相等）界面条件和全系统物理守恒律的计算格式研究；分析计算方法的稳定性与收敛性等。

（二十二）复杂流动问题的可计算建模与高效计算方法

随着科学研究的不断深入，我们所面临的流动问题越来越复杂，如地下强爆炸和航天飞行器再入等所面临的流动问题。实现这些问题的数值模拟的有效途径是建立适应现有计算能力的可计算模型及其高效的计算方法。需要研究的核心与主要问题包括：研究重要应用领域中复杂流动问题的全流域的可计算建模及其能保持复杂流场物理特性的强稳定、高精度、少通信、高效的计算方法；所发展的可计算模型和计算方法需要能适应极端物理状态、多物理过程耦合等的大规模计算，并通过实验数据等验证建模、算法的置信度。

（二十三）软物质的可计算建模与模拟

软物质包括聚合物、液晶、表面活性剂、胶体、生物大分子等。需要研究的核心与主要问题包括：针对典型的软物质体系开展可计算建模、算法和数学理论研究。研究复杂生物大分子微观动力学过程的分子动力学模拟和自由能计算的高效算法；研究分子构形对软物质结构、相变和动力学行为的影响，通过直接模拟方法或借助实验结果找出能够描述问题特征的不变流形或函数空间，应用模型约简方法，建立可计算模型，尽量保持该软物质体系的典型物理特征和性质；研究其数学理论。针对问题设计可计算模型的保物理性质的高效算法，开展模拟研究，理解和预测复杂相结构、缺陷、界面和动力学行为，以及材料的性能。

（二十四）多尺度建模与模拟

材料计算问题大都是多尺度问题。需要研究的核心与主要问题包括：针对典型材料建立材料物性的多物理多尺度可计算模型，研究量子力学/分子动力学/经典力学等跨尺度耦合模型（动力学耦合模型）的数学理论，特别是其中具有相同内涵不同变量的相互表达和转换关系、耦合界面的自适应确定原则，以及满足物理守恒律且易于实现的耦合条件等；发展基于多尺度模型耦合与数据集成的材料设计算法以及极端条件、极端环境下的多尺度算法，实现针对典型体系的大规模数值模拟。

（二十五）电子结构理论的计算方法

量子材料具有很多新奇性质，其中电子结构计算是关键。需要研究的核心与主要问题包括：针对量子多体体系的基态及激发态，发展数学模型、高效算法、并行计算及理论分析，开发相关科学计算软件并应用于实际系统；发展密度泛函理论、波函数方法与量子蒙特卡罗（Monte Carlo）等计算模型的有效算法和数学分析方法；开展基函数选取、非线性特征值问题求解、张量近似算法、低阶复杂度算法等问题的研究。

（二十六）基于重大工程问题的优化与决策

能源和信息领域的重大工程中存在许多关键的优化与决策问题需要利用先进的运筹学方法加以解决。需要研究的核心与主要问题包括：新能源接纳型中概率机会约束优化、鲁棒优化与分布式鲁棒优化建模方法和算法设计；低碳环境下发电优化调度问题的紧混合整数线性规划建模与高效算法；大数据背景下的信息获取与存储中的最优化模型与算法；大数据背景下的信息传输中的最优化模型与算法；大数据背景下的知识深度挖掘中的最优化模型与算法。

（二十七）量子信息的若干关键问题

量子信息是量子力学与信息论相结合而产生的新学科，主要研究量子信息的度量、表示、变换、传输、计算及应用。需要研究的核心与主要问题包括：量子非局域性以及量子关联与量子退相干的数学理论与方法；量子码的构造、性能分析及其几何或组合特征刻画；量子网络纠错码的系统理论；多维最大量子纠缠的判定、计算和表示；量子控制中的状态空间方法；量子控制系统的结构理论；量子控制中的开环与闭环控制；量子系统的最优控制理论以及量子控制中的半经典方法。

（二十八）大规模网络的建模、关键性质和算法

大规模网络及其上的信息与物质流动的建模、关键性质刻画、调控及相关算法研究是网络科学界的理论研究重点。需要研究的核心与主要问题包括：大规模网络及其上的信息与物质流动的随机过程模型研究；大规模网络中热点信息挖掘、故障扩散、攻击防御与大数据流的关键性质刻画；大规模随机复杂网络的优化与博弈问题的建模、分析与算法设计以及统计监控和预警；网络控制的数学模型与基础理论研究以及系统控制与多源信息融合。

（二十九）金融保险的概率和优化建模

金融保险的概率与优化建模是金融保险理论研究的关键核心问题。需要研究的核心与主要问题包括：波动率不确定情况下资产定价与动态风险度量问题的集值随机微分包含以及非线性数学期望型随机分析模型的构建及其关键性质刻画；具有市场冲击成本等有摩擦的金融市场中金融衍生品的定价与风险度量问题的随机分析研究；有地位意识参与者的金融微分博弈研究；金融市场中内部交易的非对称信息博弈研究；最优保险问题的非马氏更新过程风险模型与行为金融模型研究等。

（三十）高通量组学数据的分析与优化建模

新一代测序技术的飞速发展，极大地促进了生命科学研究，也使高通量测序大数据成为生物信息学研究的主要内容和基础，也成为进一步利用和解析的原动力。高通量组学数据的分析与优化建模已成为数学与生物交叉研究的核心问题之一。需要研究的核心与主要问题包括：基于概率模型的序列映射算法；高通量组学数据组装算法以及相应结果的统计评估；RNA-seq、ChIP-seq数据的统计和优化建模等；来源于不同测试平台、不同实验室数据的可比较性和可整合性研究以及相应的统计和优化模型；细胞不同层面组学数据的整合、优化模型；围绕 ENCODE、CMAP 等大型组学项目，发展分析组学大数据的

统计和优化方法等。

（三十一）生物网络的建模与分析

生物分子网络研究的指导思想是：一组基因（蛋白）在环境的制约下共同产生某一生物体功能（或导致一种疾病）。复杂网络的理论与方法已成为其研究的基本工具，通过分析和集成不同来源、不完全、高噪声和高错误率的生物数据来推断或重建生物分子网络及生物模型结构，主要的挑战是如何最优利用稀少数据和误差数据来精确推断其结构。在生物网络的模型约化与计算方法方面，需要研究的核心与主要问题包括：噪声干扰下影响细胞命运的、具有特定生物功能的核心网络的理论和计算方法；高效的模拟细胞尺度化学反应随机动力学的新型数值方法和软件实现；化学反应网络动力学中稀有事件的基本数学理论和算法；复杂生物网络动力学模型约化的有效方法和软件实现；基于单细胞时空数据的调控网络重构和细胞类型的识别与聚类。在神经元网络动力学的计算、约化和分析方面，需要研究的核心与主要问题包括：基于神经元构建的大规模神经网络动力学的快速数值求解算法；发展针对大脑神经元高维非线性网络动态系统的新型数学结构与方法，如高维空间中网络演化动力学的几何结构，动力学不变量以及统计性的结构稳定性等问题；研究神经元复杂网络的鲁棒性，以及相应的功能特性与动态适应性等；发展计算神经科学中分析实验数据的方法，如寻找针对高维实验数据的有效基空间降维算法和对于小样本数据的信息提取算法等；发展面向重要神经科学实验的数学建模与数值计算方法。

（三十二）结构生物信息学建模与分析

最近的技术发展推动了人们对染色质三维结构的认识与理解：编码蛋白和非编码蛋白的基因，以及大量的基因间及远端的调控元件，通过动态的相互作用，构成了一个远超出教科书中所定义的结构，在物理空间、拓扑空间、时间以及遗传上都极度复杂的、网络形式的高级基因组结构。解析基因组的这一高级结构，是摆在后基因组时代的基因组科学家面前的最大挑战。需要研究的核心与主要问题包括：基于高通量的 Hi-C 数据开发新的统计模型和机器学习技术，解析染色质的真实空间结构；开发新的时间序列模型去回溯以及重建空间结构的动态折叠路径；建立新的演化动力学模型来准确反映在物种的演化以及在肿瘤的体内微进化过程中因为要调节基因表达而需要的染色质空间结构变化与演化，并研究对物种适应度产生的影响。

（三十三）系统生物学建模与分析

生物系统是其组成部分相互作用的综合行为结果，不能把注意力仅放在单个的基因、蛋白质或细胞上，而必须把生物系统作为一个整体来研究，进一步探索生命现象发生发展的过程和机制，探讨细胞内部和外部环境的信息，及细胞的生长、分化、增殖、凋亡等动态过程以及生物有机体的功能。由此而出现的系统生物学试图整合不同层次的信息以理解生物系统如何行使其功能，是一门研究生物系统的内部组分结构以及在各种内、外部条件下这些组分的相互作用和演化规律的学科。需要研究的核心与主要问题包括：发展有效分析蛋白质复合物结构柔性的弹性网络模型并分析它们之间的相互作用；基于柔性分析研究蛋白质功能残基和结构单元的识别；利用耦合扩散过程及非平衡态统计物理的随机数学理论来探索重要分子马达蛋白质复合物体系发挥生物功能的分子机制；研究蛋白质鉴定的 FDR 估计与控制，蛋白质变体（如翻译后修饰、突变、可变剪接）检测的 FDR 估计与控制，以及生物标记物发现的变量选择和 FDR 估计与控制；基于模式生物生命系统的数学建模；基于重要信号转导通路的数学建模；干细胞的生物信息学和计算系统生物学研究以及非编码 RNA 的功能研究等。

（三十四）群体遗传学建模与分析

全基因组测序技术和诱导多功能干细胞的发现使人们可以从群体遗传学的角度研究细胞、肿瘤、器官等生物体形成、发育的演化过程。但这样的演化过程与传统的群体遗传学演化过程相当不同，如不同父本的子代数量可以相差很大，它们产生子代的时间也差别巨大。需要研究的核心与主要问题包括：重组溯祖过程的新数学模型和新算法；适用于刻画细胞、肿瘤、器官等生物体形成、发育演化过程的新型分子遗传学定量模型和推断方法；细胞群体的数学建模，定量预测细胞、肿瘤、器官等生物体形成、发育；中国人族群分类的群体遗传学数学方法等。

（三十五）计算表观组学建模与分析

随着二代测序技术的发展与成熟，染色质免疫共沉淀－测序（ChIP-seq）技术被越来越多的用来绘制全部基因组的表观修饰图谱，为系统地研究转录调控特别是表观修饰的调控作用提供了丰富且宝贵的数据。但是，生物学家无法直接从如此大规模的数据中提取有效的信息。挑战在于如何把这些数据转化成可解释的功能注释。面对如此大规模的数据，简单的统计分析已经不足以充分挖掘其中的信息、探索其中的模式。需要研究的核心与主要问题包括：设计和利用数理统计、最优化等数学理论与方法对表观组学数据进行建模与分析，探索其背后的生物学机制，为下一步的实验设计提供方向。

（三十六）宏基因组与宏观生物系统的建模与分析

目前微生物群落大数据研究迫切需要整合不同来源、不同类型和不同尺度的微生物群落海量数据，设计整合数据模型进行跨类型、跨尺度的数据整合挖掘分析。与传统针对人体基因组等数据的数学建模和分析不同，针对微生物群落的大数据建模和分析将涉及样本数据的搜集、分析、预测和控制等面向生物体的全面分析过程。尤其是预测和控制模型，将是人体微生物群落分析难以涉及的。需要研究的核心与主要问题包括：宏基因组异质性大数据的整合和数据模型化；群落样本比较、搜索、聚类分析和网络分析等挖掘；基于时序或不同条件下微生物群落整体变化趋势的数学建模和趋势预测模型建立；以应用为导向的群落改造（通过控制生存环境）和数学模型优化及实际测试等。

（三十七）生物分子模拟与计算

生物分子的模拟与计算是对生命不同尺度上的过程和现象通过建立计算模型来进行数值模拟、预测、设计和干预等，是国际上耗费高性能计算资源最多的领域之一。需要研究的核心与主要问题包括：研究复杂生物大分子微观动力学过程的分子动力学模拟和自由能计算的高效算法；发展大规模分子动力学采样数据的智能化分析方法；发展从微观到宏观，与多物理跨尺度模型相匹配的实用分子动力学算法及适于高性能计算的算法和软件；针对典型生物分子体系如单个离子通道内的离子输运等过程的高效、高可信度模拟；面向结构生物学中的冷冻电镜法解析多体生物大分子复合物结构的数学理论与计算方法；整合从分子层次到宏观临床实验等各层次的实验数据，建立多尺度的数学模型，发展相应的多相混合算法和并行计算技术，研究细胞相互作用的机理和机制。

（三十八）生态数据的建模与分析

生态数据建模的前沿研究包括了基于生态数据的种群动力学模型与传染病动力学模型的构建。首先需要从生态数据中挖掘出实际存在的主要生态学现象，然后再针对这些主要生态学现象建立相应的数学模型，接着利用相关模型研究如种群规模与结构的时空演化特征以及传染性疾病传播对种群系统演化的影响。需要研究的核心与主要问题包括：种群消长的确定性模型、随机模型、空间模型（如濒危种群模型的构建、分析、比较、控制等）的构建；突发与重大传染病在地区间传播（特别在异质医疗资源地区间的传播）模型的构建、分析与控制理论和方法；传染病控制的复杂网络建模方法；基于生态数据确定种群动力学模型与传染病动力学模型中未知参数的数据分析方法；生态大数据的统计推断与数据挖掘的理论与方法等。

第三节　统计学与数据科学

统计学与数据科学发展的强大动力来自于人类在分析与理解所拥有的数据过程中需要的理论与方法的需求，包括了利用数据对不确定现象的特征和规律进行推断过程中需要的理论与方法的需求，以及从大数据获取知识过程中需要的理论与方法的需求。因此，统计学与数据科学中优先发展方向与领域的选择，不仅需要考虑未来若干年我国具有好的研究基础和强的研究队伍的方向和领域情况，以及未来需要推动发展的方向和领域情况；还更应该重视国家的战略需求、我国经济社会的重要需求以及可能拥有的大数据情况等。特别地，应该鼓励直面大数据对传统统计学发起挑战的研究者。基于以上考虑，建议统计学与数据科学若干年优先发展如下的方向与领域：

（一）大数据的数学结构、特征提取及表示

大数据是需要发展新的处理和分析模式才能转变为知识的海量、高增长

率、多源异构、有用信息稀疏的数据资源，包括网络数据、生物信息数据、图像数据、地理数据（遥感数据、大范围时空数据等）、音频 / 文本数据等。大数据分析是当前数据科学最具挑战性的研究领域，其基本科学问题的研究尚处在起步阶段。主要研究内容包括：大数据的数学表示方法；大数据的数学结构，比如几何结构、拓扑结构；大数据的稀疏结构扫描和特征提取；大数据的抽样方法和理论等。

（二）大数据的关联性度量与分析

数据关联性的研究一直是统计学的重要主题之一。目前统计学常用的相关性度量方法有相关系数法和 Copula 方法等，前者度量的是两个随机变量之间的线性相关，后者度量的是两个及以上随机变量间的非独立关系。由于估计方法的限制，度量准确度不够令人满意。在大数据时代，关联性度量的基本科学问题是超高维数据的非线性相关、非对称相关的度量。主要研究内容包括：超高维数据的非线性相关的特征扫描；多源异构数据、非结构数据和极值事件的关联性度量、混合结构数据的非线性关联度量等。

（三）超高维数据分析的方法和理论

超高维数据是指变量数相对于样本数呈指数型增长。这类数据的一个重要特征是有用的变量数相对较少，即稀疏性。大数据时代，文本、音像、传感、网络等非结构化数据经过预处理后，可以表达为超高维向量或矩阵，并伴有某些特殊形式的稀疏性。解决超高维数据的稀疏效应的核心是变量选择、维数降低、特征提取以及数据压缩。主要研究内容包括：发展新的超高维特征扫描、变量筛选的降维方法；发展新的基于模型参数惩罚限制的变量选择和检验方法；建立基于高维降维方法的稀疏聚类、判别和主成分分析理论与算法；发展大维数据矩阵的特征分析、谱密度分析与估计理论。

（四）多源异构信息融合的统计与学习的理论基础

多源异构信息指信息来源多样、信息结构包含结构化、半结构化和非结构化等不同结构。多源异构是大数据的主要特征之一，因而对多源异构信息融合方法的研究成为大数据分析的基本科学问题之一。在大数据的框架下，需要发展新的方法和理论来处理多源异构信息融合问题。主要研究内容包括：超高维稀疏结构下的假设检验型；聚类分析型数据融合技术、快速算法和理论；多源异构分布式信息融合的技术、快速算法与理论；深度学习的算法和理论等。

（五）非结构化数据的学习理论

相对于结构化数据（即行数据，存储在数据库里，可以用二维表结构来逻辑表达实现的数据）而言，不方便用数据库二维逻辑表来表现的数据即称为非结构化数据，包括图片、文本、图像和音频/视频信息等，基本科学问题是从非结构化数据的表示到特征提取方法的研究。主要研究内容包括：深刻理解数据结构，构建数据在一定结构下的数据学习机制和高维数据统计模型；结合数据的关联关系与数据结构关系，构建预测模型；发展评判非结构化数据分析方法合理性的相关理论；对诸如 ImageNet 这样的超大规模实际图像数据库，发展新的算法，尤其是随机算法以及相应的并行算法。

（六）因果推断及因果机制

因果作用的统计推断主要研究如何用试验和观察数据评价因果作用并发现产生数据的因果机制。评价因果作用和发现因果关系是许多科学研究的重要目标。主要研究内容包括：研究各种因果作用的可识别性和统计推断方法；根据具体实际应用，放松和取消不合适的假定，研究敏感性分析方法和因果作用的部分可识别问题；探讨因果路径上多变量之间的因果作用关系和传递性问题；研究不同总体中因果作用的可迁移学习方法；探索利用观察和试验数据进行因果网络结构的学习方法，研究各种挖掘数据产生机制的方法。

（七）数据分析的随机算法和分布式计算

分布式计算技术研究如何把一个需要非常巨大的计算能力才能解决的问题分成许多小的部分，然后把这些部分分配给许多计算机进行处理，最后把这些计算结果综合起来得到最终的结果。大数据环境下，数据集分布存储在计算机网络中，在网络的一台计算机中只存放一个局部的数据集，将所有局部数据集汇总到一台计算机进行分析是不实际的。因此，需要发展大数据分布存储环境的数据分析和分布式计算的方法。主要研究内容包括：发展大数据分布式计算方法，研究大数据分解与整合的分析方法；针对大数据多源异构的特性，发展新的统计优化准则，研究分布式统计算法的优良性；在并行和分布式计算环境下，针对稀疏图、稀疏矩阵等，发展有效的随机算法及其理论。

（八）复杂数据结构的稳健统计推断

稳健统计是研究当数据偏离假定模型或记录数据有过失误差时统计方法的优良性问题。在复杂数据结构（尤其在超高维数据）情形下，稳健统计的理论和方法还不完善，亟须发展。主要研究内容包括：对于带测量误差及其删失的高维纵向数据，研究变系数、动态分位数等回归模型的稳健统计推断理论和方法；基于稳健统计模型的函数型数据的参数估计、检验和算法；超高维复杂数据的稳健特征筛选和变量选择；高维复杂数据的稳健统计建模及其在经济、金融、保险和管理问题中的应用研究等。

（九）混合型数据的统计推断

在生物医学、心理学、社会学、经济金融以及巨灾风险评价等领域存在大量的同时包括数值型、分类型、函数型、时空数据、潜变量数据和缺失数据等特征的混合数据，现有的统计推断理论与方法尚不能有效地处理这类数据，亟须发展新的理论和方法。主要研究内容包括：针对不同混合型数据的特点提出有效的统计建模理论、方法和算法；小样本混合数据的变量选择、降维、假设检验和置信区间；针对特定领域（如生物或医学的复杂问题），建立基于多源异构混合数据的统计推断理论与算法；发展针对混合数据的聚类分析、判别分析以及主成分分析方法、算法及其理论。

（十）地理数据的建模和分析

空间数据是带有空间位置和时间信息的度量值，标志事件发生的地点和时间计数值。地理数据具有数据量大、数据类型差异大、多源异构、空间形态特征随时间变化等特点，如何对其建立统计模型和预测面临着挑战。主要研究内容包括：大规模、多变量时空数据的建模与分析；空间或时空数据自相关性的局部统计量分析与推断；不同空间和光谱分辨率下的遥感数据的融合及分类方法的研究；空间数据分析中的高维变量选择，空间数据分析中的大尺度多重检验，时空数据相依结构和聚集性的联合分析。

（十一）质量控制和计算机试验设计的统计理论与方法

统计质量控制指使用统计技术进行质量控制，其理论和应用研究正从传统的单变量或多变量数据向来源多样、结构复杂、包含信息和规律随时间变化的数据发展，因此面临巨大挑战。计算机试验设计则是通过建立输入因子和响应变量之间的复杂函数机制，模拟真实的实体实验过程，其设计和分析技术也与传统的实体实验过程和试验设计有显著的不同。主要研究内容包括：大数据中的函数数据异常变化监控；与分布无关的实时统计分析和检测；基于数据挖掘方法的实时分析和处理方法；构建多维投影上具有优良性质的拉丁超立方体设计；在具有连续/离散输入因子条件下，发展具有优良性质的高维度、多精度试验设计的理论、方法和有效算法；计算机试验－实体实验联合建模，以及计算机模型校准和纠偏。

（十二）金融数据的建模和分析

金融数据的特征主要表现为非独立、非平稳和高频，其数据建模的统计理论、方法和算法研究已成为新的学科前沿。主要研究内容包括：具有条件异方差的非平稳、非线性模型类的估计理论，非平稳性和非线性性的统计检验方法及其渐近理论；非平稳数据的回归分析，涉及非平稳线性回归模型的线性检验，半参数非平稳回归模型的估计方法和渐近理论；不同时间频率的高频金融数据结构识别和统计建模；金融社会网络关系中的数学刻画和特征提取，网络结构的分类，危机信号传染途径识别等。

（十三）社会网络的数据挖掘

社会网络指社会行动者及其相互关系的集合，由许多节点和各节点间连线构成，节点通常是指个人或组织，节点间连线代表各种社会关系。社会网络分析的目的是通过点和线的集合建立行动者交往关系的模型，定量描述群体关系的结构，其难点在于产生机制、数学表达和特征提取，主要研究内容包括：社会网络数据的数学表达与特征提取；网络数据的度量模型；社会网络结构产生机制的统计建模与推断；社会网络复杂相关关系的统计建模与推断；社会网络数据与位置轨迹数据的融合。

第四节 数学与其他学科交叉

数学发展的大统一趋势，数学研究内涵的快速扩展、交叉融合趋势，数学作用的技术化趋势和统计学的快速变革趋势是当今数学发展的基本特征之一。数学之外的广泛学科不仅因自身的深入发展需要运用更深刻的数学，而且也更是源源不断地向数学提出全新的科学问题与挑战。数学界应十分关注并鼓励数学家深入、持久地与其他学科交叉、融合，通过解决交叉领域中的数学问题以提升对国家经济社会发展的直接贡献水平。根据学科发展前沿与国家重大需求相结合的原则，在与其他学科交叉方面，提出如下优先研究领域：

（一）大数据的分析与理解

随着信息技术，特别是互联网、物联网等技术的发展，人类社会已然进入大数据时代。"拥有大数据是时代特征、解读大数据是时代任务、应用大数据是时代机遇"已成为当今时代的显明印记。正如人类基因组测序完成后，解译基因组乃至各种组学数据成为生物学与医学等学科的基本科学活动那样，解读各自领域的大数据正在成为当今和今后科学的基本活动之一。对大数据的分析与理解已成为科学、技术、经济、社会发展的公共基础问题，也是众多高新技术的重要组成部分。

对大数据的分析与理解（解译）旨在帮助人们从数据中发现新知识、形成新理念、创造新价值，主要任务是发现其中所蕴含的结构、趋势、规律及相关性。解译大数据依赖强大的计算机存储、处理和计算能力，也依赖如何表示、建模、分析与计算大数据的数学理论与方法。发展大数据解译技术必须创造新的思维方式和新的方法论。例如，传统用于分析数据的统计学方法以抽样数据为对象，以样本趋于无穷的极限分布为基础，而大数据所处理的对象是自然数据，常具有长程相依性和有偏性，从而"大数定律"和"中心极限定理"不再成立，必须重建统计学基础；传统的计算理论建立在静态数据基础上，不能描述数据流等大数据问题的可计算性、复杂性等，现有计算方法也基本上都是面向串行或传统并行计算架构所发展的，还没有支持在分布式计算平台（如云计算平台）上完成大数据分析任务的成熟大数据算法；另外，对大数据分析与处理所产生的结果，判定其真伪性的方法论尚未建立起来。因此，要真正实现从大数据到大价值，重建大数据统计学基础、计算技术基础和真伪性方法论是必须解决的重大科学基础问题。

建议聚焦研究：大数据的高效表示、母体与计算机抽样，多源异构数据的融合处理，超高维数据的约简与统计推断，非结构化数据的分析与处理，复杂数据的特征相关性与因果性分析，大数据问题的计算复杂性理论，分布式大数据处理的可行性与高效算法，大数据计算的递进式、并行、实时处理方案及其理论基础，大数据背景下的机器学习与数据挖掘，以及在工业、农业、医疗、经济、社会管理等领域的大数据工程应用等。大数据的分析与理解研究应该特别坚持与领域结合。

（二）生物与生态数据中的建模、分析与计算

持续高速发展的现代分子生物学实验和观测手段（测序技术、芯片技术和质谱技术等）在微观与宏观分子生物学以及脑／神经科学等生物学领域产生了不同类型、不同来源、不同层次的大量生物数据，急需定量研究方法来阐述相关生物体在时间、空间等多尺度上产生的一般现象和规律。这些生物数据的复杂性表现在：维数高，达数千、上万维；结构复杂，具有高度的非线性性和非一致性；噪声强而信号弱；"污染"严重；时间和空间上的变化范围极大。同时，计算机与信息技术（如互联网技术，传感器技术等）以及大规模流行病调查方法在生态学领域的大量应用也已经积累并仍在不断产生大量的生态数据。这些生态数据因生态学研究本身的复杂性而具有下面的复杂特点：变量维数极高，分析某种生态学结果常常有很多可能的影响因素；不完全，流行病调查方法获得的数据有缺失和删失等。对上述两方面产生数据的建模、分析与计算，现有的数学工具远不能胜任，需要发展新方法和新理论以及计算手段，发现内在模式以及验证生物学家与生态学家提出的科学假说，促进生物学和生态学的研究产生重大突破。特别是21世纪初以来，生物学和生态学进入崭新的发展阶段，其特征和标志包括高通量数据测试技术的成熟、大量计算机与信息新技术的使用、大量大规模流行病调查的开展以及大量大型公共数据库的建立。生物学的研究蓝图从基因组学、蛋白组学、代谢组学到系统生物学，而生态学的研究蓝图也从地区与国家扩展到洲乃至全球。生物学和生态学中建

模、分析与计算的研究也发展到了新的阶段，具有全新的模型和方法论，关键是描述生物体与相关生态系统的主要属性并直接去定量求解相关的生物与生态问题，最终得到隐藏在复杂生物现象和生态系统中的机理和规律，其主要推动力是生物与生态数据的不断积累。在数据科学时代，新的生物学和生态学将会诞生：从原先观测性的、描述性的科学跃升为定量的、可预测的、工程性的科学。可以预期，数学将进一步提供本学科特有的思维、概念和方法，促进解决生物学和生态学本身的问题。

建议聚焦如下研究：高通量组学数据的分析与优化建模；生物网络、结构生物信息学、系统生物学、群体遗传学、计算表观组学、宏基因组与宏观生物系统的建模与分析；生物分子模拟与计算；生态数据的建模与分析。

（三）医学成像与医学图像处理的理论与技术

医学成像设备或系统是医学探查身体内部结构、损伤、病变的基本手段，其原理基于"由探测信号的投影数据重构身体内部结构"这类典型数学反问题。针对提高当今成像设备分辨率、扩大应用范围，特别是短时成像、低剂量成像、支持诊疗一体化的医学应用，需要开展新型、基于数学新原理的成像理论与方法研究。鼓励研究：基于压缩感知与深度学习相结合的 MRI、CT 与 PET 成像（特别如脑部和心脏 MRI、低剂量 CT 和新型 CT）；基于背景与目标分离的稀疏成像；基于多通道、并行处理的 MRI 成像；基于新型激发源的成像原理与技术，多模态光学成像等。

医学图像处理与判读是辅助医学诊断治疗的基本工具，其本身有高维、低分辨、演化、弱差等特征，处理时极其困难。处理医学图像需要更加精细的数学工具与方法，除几何分析（如共形几何方法）、小波分析、变分方法、统计建模等行之有效的方法外，稀疏建模方法、深度学习方法、大数据方法、误差建模方法将发挥越来越重要的作用。鼓励研究：围绕医学图像去噪、配准、分割、识别等关键问题研发共性基础算法，支持关键器官和病灶的轮廓划定、疾病诊断、病变演化和精准治疗（如剂量优化计算，放疗方案制定、手术实时引导等）；基于人体结构组织建模的医学图像判读技术；作为个性化医疗的基础，围绕重大疾病，开展医学图像、组学数据与各种问诊数据的融合推断研究；可能揭示重大疾病（如肝癌、心血管疾病、阿尔茨海默病等）的发病机理与病变规律的影像技术理论及方法。另外，放疗优化技术、影像实时引导技

术、医学图像重建技术、海量医学图像分析与统计推断等都是值得深入研究的
方向。

（四）资源勘探中反问题的理论与计算

以非常规油气为核心的资源勘探是国家能源战略的重要组成部分，对于
保持社会经济可持续发展具有特别重要意义。非常规油气包括页岩油气、致密
砂岩油气、煤层气等。在我国未来发展中，这类资源将是替代常规资源的现实
选择，其勘探开发涉及地质学、地球物理学、岩石物理学、流体力学、数学与
信息科学等多学科交叉。

非常规油气资源勘探在数学上表现为数学物理反问题：依据探测信号
（如地震波、电磁波）的回波反演非常规油气藏的地质结构、储集特征、流体
性质等，其研究需要准确地认知和表征地质对象多尺度特征与多物理机制间的
内在联系。首先，需要对探测信号在特定地质结构中的传播规律进行多尺度、
多物理建模，以有效认知非常规油气的多尺度、非均匀、多结构储集特征和流
体性质与地球物理场之间的内在联系，准确表征其地质地球物理模型，揭示近
地表多物理结构介质中波的衰减与频散机制，以实现散射效应与吸收效应的有
效分离等。其次，需要对所建立的多尺度、多物理耦合模型建立适定性、正则
性等数学理论，发展高效的波场模拟方法（正演方法）。该方面研究的另一聚
焦点是发展多物理结构、多相介质中的反演理论与方法，特别是基于探测信号
回波数据处理的反演，以及基于波场模拟与探测信号回波数据信息处理相结合
的混合反演等。

该方面研究期望构建多尺度、多结构、多物理场耦合的地质－地球物理模
型（介质的数学描述和波的控制方程），以此为基础，综合运用数学、信息科
学、计算科学、地球物理等多学科手段，发展适合于特定地质特点的非常规油
气资源勘探与开发所必备的正反演理论和计算方法，为我国非常规油气资源勘
探开发提供理论与技术支撑。

第五章

政策与建议

对于数学这样的基础学科，国家自然科学基金的资助是经费来源的主渠道，所以整个资助格局的设计是十分重要的。为了我国的数学学科能够得到更好的发展，提出如下几条建议：

（一）加大对数学学科的稳定支持

数学学科因其基础性，较少得到基础研究投入以外的资助，希望能形成国家层面的增强资助数学的格局，以缓解数学研究资助渠道单一的困局。在基础研究领域希望能有一种让青年数学家"甘心坐冷板凳"潜心做研究的支持方式。虽然已有各种努力，但结果仍不十分理想，究其缘由，还是基金制度设计中的竞争性所导致的。建议稳定（如 5～8 年）支持 50 名左右的青年科学家（以纯粹数学为主）沿主流、有突破可能的前沿方向攻关，让他们"愿坐冷板凳，而志存高远；唯美清高，而生活体面"。对这类人才团队的支持，应采取不同于已有人才基金的选拔方式，以布局、基础、潜力为依据，以申请与推荐相结合的方式选拔。

（二）启动建设若干有影响的数学交叉研究与交流中心

为适应数学发展的大趋势，加强学术交流和合作研究平台的顶层设计。

重点支持建设 3～5 个数学与其他学科交叉研究与交流中心，搭建数学与其他强相关学科（mathematically intensive discipline）交流研究平台，以推动交叉为牵引，以凝练科学问题和承担国家重大科研任务为特征，在促进学科交叉融合、提升创新效率上迈出实质性步伐，促进形成一批高水平交叉学科的研究团队，并在解决国家重大需求问题上做出重大贡献。在数学学科内部，应充分发挥已有研究基地的带动、辐射作用，重点资助 2～3 个以科学问题为牵引、以推动数学内部交叉为特征的若干研究所。

从全球的角度看，不少交叉领域也还处于起步阶段，各个国家的发展情况也很不平衡，因而资助建立若干具有国际影响的数学交流研究平台有着重要的战略意义。从体制上讲这样的平台可以属于某一个单位，但从运行机制上讲它应该属于整个中国数学界。有计划、有组织地在这样的平台上培植学科交叉融合的新生长点，推动问题驱动的应用数学研究，对于我国数学的持续发展是非常有益的。

（三）改进基金资助政策，加强宏观引导，提高资助效益

数学同其他学科相比有明显的特殊性，基金项目的资助希望能够兼顾到数学学科的特点。建议试行"学科自主、同步增长"的资助模式，数学学科在限定面上、青年基金和地区基金项目的资助项目总数和经费总额的条件下，各类项目之间可以调配指标打通使用，经费额度灵活配置，以优化科学基金的使用效率。

建议青年基金项目与面上项目资助数之比大致保持在 2∶3。假定每个人最初都从获得青年基金项目资助开始，青年基金项目负责人在项目结束之后将有 2/3 的人可以有机会将来再次主持面上项目，在每一轮面上项目结束之后，都有 2/3 的项目主持人可以在以后获得机会再次主持项目。在这样的假定之下，青年基金项目与面上项目数之比大约应该是 2∶3。

现行的以很大比重参考项目申请量分配项目批准数的办法是否科学需要认真地考究。这种方法或多或少地会影响到学科评审组对每一个分支学科基金项目的批准数，其后果是使一些非常重要的但是目前国内感兴趣的人还不太多的领域不能够很好地发展起来，这对于调整学科方向、合理进行学科布局来讲也是不利的。尽管学科评审组可以根据实际需要进行调整，但实际操作时却非常艰难。比较可行的操作办法是列出一些专门用于进行学科布局的项目数，这样的设计可以更好地发挥专家的作用，积极主动地进行宏观引导。

（四）加强数据共享，发挥数据作用

现在已经进入了大数据时代，数据的积累指数在增长，如何使这些数据转变为知识是大数据时代的根本问题。其中一个基本问题是如何能方便地获得数据，更好地发挥这些数据的效益。基金资助项目研究中产生了很多数据，国家自然科学基金委员会应当注意收集、整理这些数据，并在这些数据的共享上多下功夫，这样不仅能够使这些数据的效益最大化，也可以避免一些不必要的重复资助。为了做到这一点，国家自然科学基金委员会应该着手制定一些标准，并要求所资助的研究项目按照一定的规范提交数据，让数据能够发挥更大作用。

 参考文献

［1］Bacon R. Opus Majus. J H Bridge. The opus maius of Roger Bacon，1897.

［2］Galileo G. The assayer. Rome，1623.

［3］Feynman R P. The Character of Physical Law. Cambridge：MIT Press，1965：599，600.

［4］Wigner E. The unreasonable effectiveness of mathematics in the natural sciences. Communications on Pure and Applied Mathematics，1960，13（1）：1-14.

［5］Nurse P. A long twentieth century of the cell cycle and beyond.Cell，2000，100（1）：71-78.

［6］National Research Council. Renewing U.S. Mathematics：Critical Resource for the Future，1984.

［7］Ball D N. Contributions of CFD to the 787-and Future Needs. International Conference for High Performance Computing. Networking，Storage and Analysis，2008：1.

［8］http://en.wikipedia.org/wiki/Applied_ mathematics.

［9］Rota G C，Schwartz J，Kac M. Discrete Thoughts. Boston：Birkhäuser，1986.

［10］Anderson P W. More if different：Broken Symmetry and the nature of hierarchical structure in science. Science，1972，177（4047）：393-396.

［11］http://www.whitehouse.gov/mgi.

［12］http://www.nsf.gov/pubs/2014/nsf14591/nsf14591.pdf.

［13］http://www.mathinstitutes.org.

［14］Fisher R A. Presidential Address. Sankhyā：The Indian Journal of Statistics 1938：14-17.

［15］Cleveland W S. Data science：an action plan for expanding the technical areas of the field of statistics. International Statistical Review，2001，69（1）：21-26.

［16］Manyika J，Chui M，Brown B，et al. Big Data: The next frontier for innovation，competition，and productivity. McKinsey Global Institute，2011.

［17］http://www.whitehouse.gov/blog/ 2012/03 /29/big- data- big-deal［2012-03-29］.

［18］Fan J Q，Li R Z. Variable selection via nonconcave penalized likelihood and its oracle properties. Journal of American Statistical Association，2001，96（456）:1348-1360.

［19］Tenenbaum J B，de Silva V，Langford J C. A global geometric framework for nonlinear dimensionality reduction. Science，2000，290（5500）：2319-2323.

［20］Roweis S T，Saul L K. Nonlinear dimensionality reduction by locally linear embedding. Science，2000，290（5500）：2323-2326.

第二篇　力　　学

力学学科发展战略

第一节　力学学科的战略地位

一、力学学科的定义、特点及资助范围

力学是关于力、运动及其关系的科学。力学研究介质运动、变形、流动的宏微观行为，揭示力学过程及其与物理、化学、生物学等过程的相互作用规律。力学为人类认识自然和生命现象、解决实际工程和技术问题提供理论与方法，是人类科学知识体系的重要组成部分，对科学技术的众多学科分支发展具有重要的引领、支撑和推动作用。

力学学科具有完整的体系和分支学科，并且与其他学科交叉形成了众多交叉领域，其主要特点如下：

（1）力学是一门既经典又现代的学科，它以机理性、定量化地认识自然与工程中的规律为目标，同时具有基础性和应用性。力学经历了两千多年的发展历程，曾是经典物理学的基础和重要组成部分。后因具有独立的理论体系和独特的认识自然规律的方法，在工程技术需求推动下按自身逻辑进一步演化，从物理学中独立出来成为一门应用性较强的基础学科。它在学科发展和工程应用的"双力驱动"下不断发展，在促进人类文明和现代科技进步中发挥了重要作用，具有不可替代性。

（2）力学是工程科技的先导和基础，为开辟新的工程领域提供概念和理论，为工程设计提供有效的方法，是科学技术创新和发展的重要推动力。力学以工程中的实际事物作为研究的出发点和应用对象，侧重于研究其宏观尺度上呈现的运动规律，并探索其细微观基础，发掘蕴含在工程之中的基本规律和定量的设计准则。力学源于工程且高于工程，并于20世纪在各个工程技术领域中成长壮大，为土木、建筑、水利、机械、船舶、航空、航天、能源、化工、信息电子、生物医学工程等发展提供了解决关键技术问题的理论和方法。

（3）力学是一门交叉性突出的学科，具有很强的开拓新研究领域的能力，不断涌现新的学科生长点。由于力学理论、方法的普适性，以及力学现象遍及自然和工程的各个层面，力学学科广泛地与数学、物理、化学、天文、地学、生物等基础学科和几乎所有的工程学科相互交叉、渗透，所形成的大量新兴交叉学科已成为力学学科的重要组成部分。力学学科的这一特点不断地丰富着力学的研究内容和方法，并使力学学科保持着旺盛的生命力。

目前，我国力学学科已经形成了以动力学与控制、固体力学、流体力学、生物力学为主要分支学科，爆炸与冲击动力学、环境力学、物理力学等为重要交叉领域的力学学科体系。数理科学部力学科学处主要资助力学中的基本问题和方法、动力学与控制、固体力学、流体力学、生物力学、爆炸与冲击动力学等力学学科分支领域的研究。一方面资助处于国际前沿、具有创新学术思想的研究项目，另一方面侧重资助与我国社会经济可持续发展和国家安全紧密结合的、能推动工程技术发展的研究项目，鼓励利用国内现有仪器设备和重点实验室开展力学的实验研究，提倡与相关学科的研究人员联合开展学科交叉问题的研究。

二、力学学科的战略地位

（一）力学是一门重要的基础学科，是许多自然科学、技术科学的先导，为认识自然规律、改造世界提供了最为关键和有效的手段

力学是人类最早从生产实践中获取经验，并加以归纳、总结和利用的自

然科学领域。力的作用与物质的运动是自然界和人类活动中最基本的现象，从而也奠定了力学在自然科学中的基础地位。力学家、天文学家伽利略创建的"观察、实验、理论"科学研究方法 3 部曲，后又经牛顿等的继承、弘扬和发展，体现了力学的科学研究方法论和基础学科的内涵，成为力学基础研究的主线。17 世纪，牛顿力学体系的创立标志着人类历史上第一门定量化科学的诞生，引领了自然科学的兴起。18 ～ 19 世纪，连续介质力学的成熟使力学发展成为一门内容丰富、且获得广泛应用的基础科学。近代科学正是汲取和继承了经典力学的科学精神、研究方法和成果而发展起来的。

自然科学的各门学科大都分别研究自然界的一个方面，而力学从它创立之初便以宇宙间的一切事物为研究对象。在其发展过程中，力学家进一步形成了"实验观测、力学建模、理论分析、数值计算"相结合的研究方法和学术风格。他们在实验和假设基础之上，通过精妙的力学建模和推理过程建立理论，用严格而理性的数学思维描绘复杂物质世界的现象，进而深化对实际问题中基本规律的认识。力学家善于应用理论和实验相结合的方法，由表象到本质、由现象到机理、由定性到定量，解决自然科学和工程技术中的关键科学问题。著名科学家赫兹认为："所有物理学家都同意这样的观点，即物理学的任务在于把自然现象归结为简单的力学定律"，这无疑从方法论的高度肯定了力学的作用。

（二）力学是生命力强大和活跃的基础学科，对促进交叉学科的形成和发展具有重要的推动作用

力学研究的是自然界最基本的机械运动形式。如果其他运动形式对机械运动有较大影响或者需要考虑它们之间的相互作用，便会促使力学同其他学科交叉形成新的分支学科，并促使传统概念产生变革。如空气动力学为航空、航天技术奠定了理论基础，断裂与损伤力学深刻改变了机械强度设计的出发点，结构动力学及波动力学打破了在地震多发地区不能建设高层建筑的禁锢。

在 20 世纪，力学不仅完备了自身学科体系，而且产生了广泛的学科交叉与融合，促使新的交叉学科形成，如生物力学、爆炸与冲击动力学、环境力学和物理力学等，也极大地推动了其他学科的发展。力学与生命科学和医学的交叉，提高了人类对生命体应力与生长关系、力学－化学－生物学耦合规律的认识，孕育了生物医学工程学科，促进了生命科学和生物医药工程的进步。力学

与环境和灾害研究的交叉，推动了环境科学的发展。力学与数学、计算机等科学的交叉推动了应用数学和计算机科学的发展。

面对 21 世纪诸多极具挑战性的世界难题，如人类健康、气候变化、能源短缺和可持续性发展问题，以及上至近空间飞行和深空探测，下至纳尺度器件等高新科技的兴起，力学学科正面对着众多超越经典研究范畴的新科学问题，涉及非均质复杂介质、极端环境、不确定性、非线性、非定常、非平衡、多尺度和多场耦合等特征。这些新挑战，必将促使现代力学体系发生新的重大变革。

（三）力学是几乎所有工程科技的基础和支撑，在我国现代化建设和国家安全中发挥了不可替代的作用

马克思曾指出"力学是大工业的真正科学基础"，这表明力学对 18 世纪和 19 世纪的工业革命发挥了决定性作用。20 世纪，力学进入了以应用力学为重要标志的蓬勃发展新阶段，它不仅遍及各个工程领域，而且对科学技术进步、社会经济发展起到了难以估量的促进作用。20 世纪初，普朗特在空气动力学方面的创新为飞机设计和航空工业奠定了理论基础。随后，冯·卡门领导的应用力学学派突破了声障，实现了超声速飞行，极大地拓展了人类活动空间。在航空、航天、船舶、机械、汽车和土木工程等领域，力学与工程的结合日益紧密，且显示出强大威力，使得力学在世界工业化和现代化建设中大放异彩。

我国力学学科在国家经济发展与国防建设中发挥了重要和关键作用。以钱学森、周培源、郭永怀和钱伟长等杰出力学家为代表的我国力学工作者，不但在流动理论、喷气推进、工程控制论和广义变分原理等方面做出了具有国际影响的开创性贡献，赢得了世界力学界的尊重，同时也极大地支撑了我国现代工业体系和国防现代化建设。20 世纪"两弹一星"、核潜艇的成功研制，近年来在载人航天和探月、新一代歼击机、大型发电装备、大型水电工程、大规模制造、大跨度桥梁、超高层建筑、深海钻探、高速列车等方面取得的成就，都充分体现了力学学科的重大贡献和支撑作用。

21 世纪以来，人类文明、社会经济发展和国家安全的新需求，如空天飞行器、深海空间站、绿色能源、灾害预报与预防、环境保护、人类健康与重大疾病防治等问题的突破与解决，都期待着力学的进一步发展和关键贡献。

（四）力学学科横跨理工，体系完善、内容丰富，是培养"创新型""复合型"专业人才的摇篮

力学的一个重要特点是其研究问题的广泛性，学科横跨理工，知识体系巨大，内容丰富。力学学科倡导"发现或者建立反映事物本质属性的力学模型，运用和发展数学工具对它进行分析、推理，从而获得对事物运动机理的认识，以至能达到预测和控制事物运动的目的"。因此，力学学科培养的人才具有数理方面宽广扎实的基础，物理和数学建模方面的严格训练，有很好的实验研究和数值计算能力，善于与其他学科领域结合，能够理工结合和兼顾大局，更容易培养具有创新精神和综合能力的专业人才。

由于力学学科是工程科技的先导和基础，且在我国的形成与发展过程中历史环境独特、需求急迫，因此力学学科成为我国工程科技人才培养的摇篮和重要保障。新中国成立不久，钱学森、周培源、郭永怀和钱伟长等老一辈力学家创建了我国近代力学人才培养体系，培育出一批优秀力学人才，为当时的国家经济建设与发展，特别是以"两弹一星"为标志的国防科技工业输送了一批批领军人物与技术骨干。改革开放以来，力学学科培养的杰出人才活跃于航天、航空、船舶、机械、材料、土木、建筑、环境、能源和生物医学等各个工程领域。

（五）力学是科技创新和发展的重要推动力，在我国建设创新型国家和实现科技战略布局中将进一步发挥重要作用

《国家中长期科学和技术发展规划纲要（2006—2020年）》明确指出了我国未来相当长一段时间的科技工作方针是："自主创新、重点跨越、支撑发展、引领未来"。实现这一国家战略布局的核心是造就大批具有创新精神和能力的优秀人才队伍，不断增强我国原始创新能力，并向广度和深度发展。

与西方发达国家的现代化进程相比，我国尚处于工业化中后期，同时面临着信息化的艰巨挑战。党中央提出大力推进信息化与工业化融合，走新型工业化道路，这对力学学科提出了双重任务。一方面，要着力解决我国工业化转型发展面临的提升装备质量、降低能源消耗和改善环境污染等突出问题；另一方面，要解决我国信息化发展中面临的众多力学前沿问题。此外，力学学科还要瞄准人类所共同面临的健康、安全、能源和环境等世界性难题，为我国发展实现"弯道超车"和全面突破，发挥其独特作用，提供坚实支撑。

第二节 力学学科发展规律与发展态势

一、力学学科的发展规律

（一）发展规律之一是"双力驱动"

力学是一门应用性很强的基础学科，一方面，力学源自人们对大至天体运动、小至身边所及的各种自然现象内在规律的探索，其研究不仅奠定了物理学的力学基础，而且引发和催生了现代科学的发展；另一方面，力学源自人们在改造自然中对劳动工具、运输工具等设计的需求，其研究不仅推动了经济发展，而且引发了工业革命。近代以来，力学学科发展呈现更加显著的"双力驱动"规律，既紧密围绕物质科学中所涉及的非线性、跨尺度等前沿问题展开，又涉及人类所面临的健康、安全、能源和环境等重大问题。当代力学强国都在力学的基础研究和应用研究上同时发力，谋求实现两者的良性互动。

（二）发展规律之二是不断提升模型的描述和预测能力

力学是一门基于模型进行定量研究的学科，发展初期，人们根据探索自然和改造自然的需求，建立简单力学模型，并通过计算、实验等手段开展研究，形成了基本的科学认知方法。近代以来，力学研究的对象日趋广泛和复杂，建立的模型则更加精准，不断追求计算方法和实验技术的更新。与此同时，还要针对力学计算、设计、控制，简化、验证和改进模型。当代力学强国都重视提出新模型、新计算方法和新测试技术，并在开发新软件、新仪器上占据显著优势。

（三）发展规律之三是积极谋求与其他学科进行交叉创新

力学是一门不断与众多学科进行交叉和融合的学科，力学现象的普遍性和力学研究方法的普适性，提供了力学与其他学科产生交叉的前提。力学不仅与机械、船舶、航空等学科交叉，产生了转子动力学、船舶力学和飞行器力学等工程科学与技术；还与物理学、生物学和地学等交叉，产生了物理力学、生物力学和环境力学等新兴交叉领域。当代力学强国不仅重视传统力学交叉学科领域，而且投入了更大的精力发展与新兴学科相关的力学问题。

二、力学学科的发展态势

现代科技、经济和社会发展对力学提出了一系列挑战性问题，致使力学研究呈现出以下几个突出特点：研究对象的多尺度差异，如从宏观、细观、微观到纳观的跨尺度、一体化研究；研究对象所处的超常环境、高超声速飞行、超深开采、侵彻爆轰和核能利用等造成的超高温、超高压、超高速、高辐射等极端环境；研究对象的复杂性和非线性，如多机器人协同操作、飞行器跨声速颤振分析与控制等；从简单的机械运动描述到揭示机械运动及其与物理、化学、生物学过程的相互作用规律，其研究领域有了很大拓展；与其他学科的广泛交叉与融合，既与数学、物理、生命、材料和信息等学科深度融合，又与航空、航天、船舶、动力、能源和环境与灾害工程等重大工程需求广泛交叉。

上述特点引发了力学研究手段、理论和方法体系的变革。一方面，要求力学学科对非线性动力学、强度理论、湍流理论等力学难题有所突破；另一方面，要求力学学科发展新的理论与方法，以更好地解决新的问题、满足新的需求。当前，力学学科的发展呈现出如下态势：

（1）更加重视宏观与微观相结合。探索物质跨层次、多尺度的力学现象和非线性并远离热力学平衡态的力学行为，是力学基础研究的重要发展趋势。因此，力学研究要突破连续介质力学的基本假设，突破先局部分析、再整体还原的传统思路，突破确定性和随机性之间的传统关联方法。用全新的微结构力学和跨尺度关联跨越上述鸿沟，是力学家、物理学家、材料学家等长期渴求实现的共同目标。实现这一目标的标志在于创建"多尺度力学"的新理论，并建立微观、细观到宏观尺度约化连接的跨尺度关联方法。

（2）更加重视超常环境与复杂系统。力学以自然界、工程中的真实介质和系统为研究对象，成为众多需要精细化、机理化描述的应用科学和工程技术学科的基础，这使得力学学科不仅对技术科学的贡献特别大，而且在解决层出不穷的工程技术问题中，也不断丰富和发展其自身。随着现代科技的快速发展，人类利用和开发自然的能力大幅度提升，实际工程技术所面临的研究对象愈发复杂，环境愈发超常，需要不断拓展力学理论和方法的适用范围，丰富研究手段，提高解决复杂问题的能力。

（3）更加重视高性能计算手段。面对日益复杂的研究对象和科学问题，力学计算与仿真方法的作用越来越大。飞速发展的信息科学和计算机技术正不断赋予计算力学新的能力，由此催生了数值仿真和计算机辅助工程（CAE）产业并成为计算科学的核心，以计算力学方法为纲，集建模推理、计算与模拟、数据获取与管理、智能判断与控制为一体的力学研究手段正在形成。与之对应，将导致一系列新的计算体系、大规模高性能的数值和智能算法、软件系统及其集成、计算可视化与虚拟仿真技术的发展。

（4）更加重视先进实验技术。复杂介质、极端条件、多场耦合和多尺度力学问题等构成了力学学科前沿的主要内涵。必须建立新原理或先进的装置来创造力学行为研究的新条件，也必须进一步发展高时空分辨率、多场、原位、实时诊断的仪器和测试技术来揭示力学的新问题和新现象。在装置方面，更高速、更高压、更高温、更高品质的驱动、模拟和加载能力是重点发展方向；在仪器和测试技术方面，多场、多尺度、非接触的精细时空结构与特征的捕捉成为研发前沿。

（5）更加重视学科交叉与融合。随着人类对健康、安全、能源、气候、环境和海洋等问题的日益关注，力学学科面临越来越多的综合性、交叉性问题。自21世纪以来，力学与生命科学和医学相结合所发展的生物力学、力学与地学相结合所发展的环境力学、力学与物质微观运动规律相结合所发展的物理力学等，已有了长足的发展。人们在研究微纳尺度器件、智能材料与结构中所遇到的力、热、电、磁等多场耦合问题，在生物医学工程、柔性电子器件等领域所涉及的软物质问题，也是力学学科近年来兴起的重要交叉研究领域。

三、动力学与控制学科的发展规律和发展态势

（一）发展规律

动力学与控制是研究系统动态特性、动态行为与激励之间的关系及其调节的力学分支学科。该学科的基本特征是基于动态观点研究系统的运动形式、随时间变化规律及其控制策略，揭示系统输入与输出之间的关系，有目标地调节系统的动态特性和输出。该学科的研究涉及高维状态空间中的非线性、非光

滑、不确定、多场耦合和复杂网络等系统，其主要发展规律如下：

（1）学科前沿和学科自身发展需求是促进动力学与控制学科发展的源动力之一。动力学与控制是具有明显基础性特征的力学分支学科，对早期自然科学体系的形成，特别是对微积分的创立起到了重要作用，其理论的形成和发展与数学、物理学科密不可分，许多数学家和物理学家也是动力学理论的奠基者。相对而言，由于基础性强、研究难度大，往往需要较长时间的研究积累，方可取得研究工作的重大突破。

（2）面临来自实际的复杂问题需要不断发展和完善动力学与控制学科的内涵和外延。该学科一直是具有重要应用背景的力学分支学科，与其密切相关的应用领域包括航空、航天、船舶、机械、土木、车辆、信息、生命和天文等。当前该学科与多个国家科技重大专项密切相关，其发展体现出国家重大战略需求驱动的特点。

（3）动力学与控制学科辐射面广，不断涌现新的前沿和热点。近半个世纪以来，新问题不断涌现，催生出分岔与混沌理论、多柔体系统动力学、神经系统动力学、时滞系统动力学等一些新兴研究领域，使其发展充满了活力。同时近年来该学科的新理论、新方法促进了其他学科的发展，如工程科学、生命科学、经济学等应用非线性动力学理论处理动态问题。

（4）动力学与控制学科正孕育着新的重大进展和突破。近年来，随着自然科学与工程技术的快速发展，该学科呈现多学科交叉与融合的发展趋势，与力学其他分支学科的深度融合、与工程科学的进一步广泛交叉、与数学和物理学等基础学科的相互借鉴，使其在理论和应用研究方面不断发生变革和创新，酝酿着新的理论突破。

（二）发展态势

动力学与控制问题广泛地存在于自然界和工程技术领域。展望 21 世纪的动力学与控制学科，其主要研究包括：分析力学、运动稳定性等经典基础分支，瞄准国际学术前沿的非线性动力学、随机动力学和神经动力学等活跃基础分支，以及面向国家重大需求的多体系统动力学、航天器动力学和转子动力学等应用基础分支。

分析力学是该学科的经典基础分支。它源于牛顿力学，但其基本原理和方法不仅极大地丰富和发展了牛顿力学，而且在力学、物理学和工程科技中都有极其重要的应用。经过 200 多年的发展，其理论体系不断完善和创新，经历了拉格朗日力学、哈密顿力学、非完整力学和伯克霍夫力学，实现了从保守系统到非保守系统，从完整系统到非完整系统，从哈密顿力学到伯克霍夫力学的跨越。随着微分几何的进步、流形上大范围分析的发展和数值计算方法的运用，分析力学实现了从局部描述向全局分析，从定性研究到定量分析的飞跃。分析力学研究愈发体现出与多体动力学、非线性动力学、计算力学、随机动力学和控制理论等学科的交叉研究趋势。

运动稳定性也是该学科的经典基础分支。稳定性是一切系统平稳运行的基础，其理论研究已有超百年的历史。目前，线性定常系统的稳定性和鲁棒稳定性理论已基本成熟，光滑非线性系统的稳定性理论取得了重要进展，并在镇定控制器设计、控制系统品质分析与综合方面形成了丰富的理论和方法，如 Lure 型系统的绝对稳定性判据、微分几何反馈线性化方法、滑模控制和自适应控制方法等。稳定性研究方法已从标量李亚普诺夫函数法发展到矢量李亚普诺夫函数法，降低了 V 函数的构造难度，为解决实际问题提供了基础。针对非光滑、时变、时滞、随机、模糊和无限维关联等系统的稳定性研究将成为今后研究的重点。

非线性动力学是该学科当前发展最活跃的前沿基础分支。其发展态势从早期的定性理论到定量方法，从研究平衡态和周期运动向研究混沌等复杂运动发展，关注的热点是分岔、混沌、分形和复杂性等。非线性动力学的思想、理论和方法已进入到多学科的研究，并开始大范围地处理和解决来自工程技术和经济社会的实际问题。当前，其发展正在从低维状态走向高维和无限维空间，从只考虑光滑因素到考虑非光滑因素效应，从只考虑确定性系统走向考虑不确定性系统。考虑力、声、电、磁和热等多场耦合的影响，加强理论、计算和实验的相互促进与融合，提高对动力学演化机理的认识，重视基于非线性动力学理论的工程应用是今后的发展趋势。

随机动力学是该学科的重要基础分支之一。它源于 20 世纪初爱因斯坦关于布朗运动的研究。20 世纪 50 年代起，由于航空、航天、土木和机械等工程领域的普遍需求，特别是研究风、地震和波浪等随机载荷作用下系统响应等问题的需要，形成了随机振动学科，发展了许多至今仍在振动工程测试中使用的理论和方法。随着研究的深入，随机动力学的内涵逐渐扩展，线性理论日趋成熟。随后人们的主要研究兴趣转向非线性随机动力学，提出和发展了扩散过程理论、随机平均法、等效非线性等理论与方法，成果主要集中在随机激励下非线性系统的响应、稳定性、分岔、混沌、首次穿越和控制等方面，并且将随机动力学与控制的理论和方法进一步拓展应用于物理、生物、经济和金融等领域。

神经动力学是该学科的新交叉基础分支，主要研究神经系统功能活动过程的动力学特征及其产生机制。自刻画神经动作电位的理论模型提出以来，神经动力学理论和实验研究已取得了突破性进展，基于动力学观点对一些典型神经电活动和神经功能区集群行为产生和转迁的机制有了深入理解。近年来，神经动力学研究已从少量神经元向大规模复杂神经网络发展，神经动力学研究呈现出通过理论分析和实验验证复杂动力学行为的发展态势，宇航员失重环境下神经系统活动的动力学行为研究成为热点，与生命科学、信息科学和生物医学工程的交叉成为有发展潜力的前沿研究领域。

多体系统动力学是该学科的应用基础分支，已经历了半个世纪的发展历程。其初期研究聚焦于多刚体系统动力学，极大地促进了航天器、车辆和机器人等工程领域动力学的发展。随着工程科技需求的提高，其内涵日益丰富，考虑部件变形的柔性多体系统动力学，以及考虑关节间隙、碰撞和摩擦等多尺度效应的多体动力学已引起广泛关注。目前，发展高效的大规模数值算法、复杂系统的模型降阶技术、刚－柔－液－热等多场耦合分析和非光滑因素激发的多尺度关联效应等问题已成为多体系统动力学研究最活跃的领域，与生物力学、仿生机器人等新兴研究领域的融合日趋紧密。

航天器动力学与控制也是该学科的应用基础分支，主要研究航天器发射、在轨飞行、返回和着陆等过程中所受环境载荷、控制力矩与其运动之间的相互作用。第一颗人造卫星的成功发射既得益于轨道、姿态动力学与控制的研究成果，又促进了航天器动力学与控制学科的快速发展。此后，载人登月、大型空间站、深空探测和近空间飞行器等复杂航天任务的规划和实施，不断向航天器动力学与控制学科提出新挑战，促进了航天器交会对接、复杂构型航天器结构、航天器姿态－轨道－结构耦合动力学与协同控制的研究，也加快了超精密载荷平台主/被动隔振与减振、深空探测轨道优化设计、小行星探测着陆与返回控制、高速飞行器热/声/气/固耦合动力学与振动控制等研究的发展与应用。

转子动力学是该学科的又一个应用基础分支，主要研究机械转子及旋转部件的动力学特性，包括动态响应、稳定性、可靠性、振动控制、状态监测与故障诊断等，对涡轮机、压缩机、航空发动机和燃气轮机等旋转机械的发展具有重要作用。目前，旋转机械的工作条件日益苛刻，转子动力学的任务是为提高旋转机械的效能、安全可靠性和寿命提供技术支持。转子动力学研究引入现代非线性动力学、计算和实验手段后，呈现出从简单转子动力学建模、转子系统故障机理、监测方法和诊断技术向复杂转子动力学建模与分析计算、高速转子振动响应测试和非线性设计技术等方面发展的态势。

四、固体力学学科的发展规律和发展态势

（一）发展规律

固体力学是研究固体介质及其结构系统的受力、变形、破坏以及相关变化和效应的力学分支学科。固态物质和结构的多样性，使其研究对象从简单的均匀连续体，到复杂的非均匀多相体，甚至非连续体，揭示自然现象和解决关键工程问题导致的研究条件从简单的受力到超常和多场耦合条件。多尺度、多场耦合、非均质、复杂性、超常性特征凸显。在模型化、定量化的基础上，研究手段以跨学科、交叉性和系统性为特色，不断突破传统模式。其主要发展规律如下：

（1）固体力学分支学科中基础科学与技术科学双重属性突出，重大工程需求和新兴材料带来的新问题将在一段时期内是促进其发展的主要驱动力。固体力学在力学学科中形成较早、理论性强、应用范围广。固体力学创立了一系列重要概念和方法，如连续介质、应力、应变、断裂力学、塑性力学和有限元法等，不仅造就了近代土木、建筑、机械、制造、航空和航天等工业的快速发展，而且为数学、材料科学、非线性科学、地球物理学等诸多自然科学提供了范例或基本理论基础。目前，虽然宏观固体力学已经形成一个初步框架，工程分析方法广泛普及，微细观力学受到重视，但强度理论、非平衡或远离平衡态、跨尺度力学行为等问题依然突出，突破连续介质力学体系，发展与热力学统一的理论和模型等基础研究面临艰巨的挑战，仍需较长时间的积累。

（2）固体力学分支学科的理论和方法直接服务于国民经济、国防建设和人类生活各工程领域。近年来，诸多固体力学数值模拟软件的开发，使得工程领域的科研和设计人员能够解决大部分常规的工程力学问题。在国家重大战略

需求的驱动下，国防、航空、航天、新能源、现代交通、信息与光/电子、海洋工程和基础设施建设等产业领域对工程材料和结构的性能提出了新的需求和挑战，要求固体力学学科在经典理论和方法的基础上，不断向纵深发展，建立新的理论、方法和技术，解决更为复杂的问题，提高预报精度，给出更优化的方案。

（3）固体力学分支学科的发展更加重视宏微观的结合，更加依赖于数值模拟和先进实验技术。探索物质跨层次、多尺度的力学现象和非线性并远离热力学平衡态的力学行为，是力学基础研究的重要发展趋势。用全新的微结构力学和跨尺度的关联跨越理论上的鸿沟，是力学家、物理学家和材料科学家长期渴求实现的共同目标。高性能计算与仿真技术的发展日新月异，集高精准度建模、高性能计算、可视化与虚拟仿真技术、数据库和知识库为一体的研究手段为解决复杂问题提供了强大的工具。集力、光、电、声、磁、热、图像和信息等多学科成果的先进实验技术，提供越来越多的极端、全场、实时、原位、微观的材料响应和服役环境信息，为机理、建模、表征和预报的精准度提升提供了有力的支撑。

（4）固体力学的学科交叉性愈发广泛，不断涌现出新的学科生长点。固体力学一方面与现代数学、物理、化学、生物和材料等基础学科的新概念和新方法不断融合，拓展了其发展的多场耦合、多尺度分析的基本理论；另一方面，固体力学和各个工程科技领域进一步交叉与相互渗透，提升其解决复杂问题的能力。随着新兴科技，尤其是新材料技术的快速发展，与之相互交叉，产生了多个新的学科生长点或前沿热点问题，如与纳米科技和信息材料密切相关的微纳米力学、与生命科学和生物技术密切相关的生物材料力学、强各向异性/非均匀性的复合材料力学和多孔材料力学、微结构高度有序化的超材料力学、集传感/诊断/修复/作动等功能于一体的智能材料力学，以及基于熵力驱动的软物质力学等，不仅让固体力学的发展继续保持强大的活力，而且极大地促进了相关领域基础科学发展和技术创新的进程。

（二）发展态势

固体变形与破坏几乎涉及人类生活的各个方面，生活质量的提高、国民经济的发展和国家安全高度依赖于固体力学的进步。展望21世纪的固体力学学科，其主要研究内容包括：弹塑性力学与本构理论、断裂/损伤力学与强度

理论、计算固体力学和实验固体力学等经典基础分支；瞄准国际学术前沿的微 /
纳与跨尺度力学、智能材料与结构力学、新兴材料力学行为等活跃基础分支；
面向国家重大需求的结构力学与可靠性、复合材料力学、超常条件下材料与结
构力学、制造工艺力学、岩体和土力学、接触 / 摩擦力学等应用基础分支。弹
塑性力学与本构理论是该学科最为经典的基础分支。弹性力学、塑性力学及黏
性效应的考虑是固体力学研究的核心内容，也是现代工程材料和结构设计的重
要基础，非线性本构理论、超弹性、弹塑性与黏性效应的耦合行为成为目前研
究的重点。新型材料和结构体系开拓了这一分支的研究范畴，弹性问题向更小
尺度发展，重点考虑在小尺度上表现明显的尺寸效应；材料塑性行为的微观机
理和基于微观机理的理论模型研究受到广泛关注，应变梯度理论仍然是塑性力
学的活跃方向之一；针对弹塑性、黏塑性耦合等情形，发展既可预测非均质材料
整体响应特性，也能够给出局部场变量统计特性的方法；与材料科学、生命科学
发展密切相关的非线性问题得到了更多关注。除非均匀介质矢量波、固体非线性
波和波动反问题等经典难题外，弹性波动理论已趋成熟，考虑非线性效应、复
杂本构关系、微 / 纳米尺寸效应和多物理场耦合效应等成为研究重点。虽然理
性力学在本构理论方面提出了一组框架性原理，并形成了较为完整的体系，但
对于非平衡或远离平衡态力学行为的描述，则遇到了巨大困难，亟须基于微细
观力学、张量理论和热力学等发展新的本构理论和建模方法，以更为准确地描
述非线性、大变形和大应变率等行为及包括热效应在内的多种物理效应。

断裂 / 损伤力学与强度理论也是该学科的经典基础分支。固体材料和结构
的破坏问题是力学研究的经典难题，它跨越了从原子到宏观高达 10^7 倍的尺度
差异。断裂力学是 20 世纪固体力学重大成就之一，其发展极大地减少了由于
结构破坏而导致的灾难性事故，是工程材料与结构强度估算和寿命预测的重要
理论基础。此领域的研究依旧相当活跃，在理论、实验和计算方法等方面取得
了很好的进展，结合现代检测手段，发现了许多新的破坏现象和规律，提出了
各种改进的裂纹扩展速率和寿命预测模型，动态载荷、多场耦合作用下非均质
材料的断裂问题成为研究热点。损伤力学在传统的连续介质力学框架下得到了
进一步的发展，在刻画各种复杂载荷条件下不同材料的损伤破坏行为、损伤微
细观机制与损伤本构的多尺度研究方面取得了一些新进展，但工程材料实际强
度和理论预报强度相差 1～2 个数量级的根本矛盾依然存在。发展了各种不同
的力学模型和数值方法用于模拟固体材料与结构的渐进损伤至破坏的过程，为

揭示损伤失效机理，建立新的强度理论奠定了基础，但在微缺陷演化、宏观裂纹萌生、扩展以及裂纹间相互作用等方面一直存在着模型的完整度、计算精度和效率等方面的挑战。固体中的各种缺陷（如空穴、杂质、位错和晶界等）成为量子化学、原子物理和连续介质力学之间的有效纽带，这也要求在宏观尺度上考虑量子力学效应。

计算固体力学是该学科的一个重要基础分支，也是其与其他学科交叉最为活跃的分支之一。在巨大的应用需求推动下，计算固体力学研究已由单一尺度扩展为多尺度；由均匀经典连续介质拓广至带有微结构、内部自由度、非局部相互作用显著甚至离散/连续混合的非均匀复杂介质；由准静态、线弹性、小变形和单一机械力场问题转变为强瞬态、多重非线性、超大变形以及多场耦合问题；从假定参数精确可测的确定性模型提升至需要计及多源不确定性的概率模型；从单纯对固体材料或结构的行为进行预测，发展为对其设计、优化甚至控制。计算固体力学不断向多尺度、多场耦合和多物态混合方向深化，考虑多重强非线性、不确定性以及动力学效应将成为主流，基于大规模数值模拟的复杂结构优化设计与控制研究将占据重要地位，将进一步与凝聚态物理学、材料、数学、计算科学和相关工程科技领域进行深度交叉。

实验固体力学是该学科最早形成的分支之一，对于力学学科体系的建立起到了重要的推动作用，也是与现代科技交叉最为紧密的学科之一。实验固体力学在其发展过程中建立了力、电、光、热、声等众多的测量方法和技术，近年来与其他基础学科的深度融合、与工程科技的进一步交叉，在理论和应用研究方面产生了重大的变革和创新，发展了诸如微/纳米、拉曼与同步辐射、极端环境（超高温、低温、强辐射、高压等）、计算机视觉与图像、波导和太赫兹等一大批实验力学新方法、新技术与相关仪器设备。未来的发展将更加重视与现代测控、数字图像和大数据处理等技术的结合，注重基于新物理效应的测量原理研究，加强实验仪器的研制和开发，发展实验数据的识别分析与反演方法，应对微小尺度、极端条件、多场耦合、生命活动等研究带来的巨大挑战，在新材料力学性能表征、多尺度、极端环境变形测试及材料和结构力学实验参数反演识别等多个方面得到应用。

微纳与跨尺度力学是随着微纳米技术迅猛发展而形成的一个新兴学科分支。固体力学领域的科学家针对微纳米技术中遇到的新问题和发现的诸多有趣现象，不断在理论模型、计算方法和实验技术方面进行探索，以期揭示微纳米尺度的奥秘,进而推动微纳米力学的发展。研究主要集中在固体材料性质的尺寸效应及其力学建模,微纳米尺度上的多场耦合问题,变形体力学材料行为的多尺度模拟,微纳力电系统的力学问题以及微纳米尺度的生物力学及纳米材料力学。石墨烯、碳纳米管等低维材料的力学行为和器件原理仍然是固体力学中的研究热点。目前最具有挑战性的问题包括如何实现长时间稳定模拟、解决"维数烦恼"以及保证计算结果的可信性。利用第一性原理、分子动力学模拟材料微纳观力学行为和某些性能转变机制,强调多尺度计算中演化的间断面和非机械效应的重要性,发展多尺度模拟方法中不同子域间高效和精确耦合的方法。

智能材料与结构力学是针对材料和结构多功能化、智能化需求而发展起来的新兴学科分支。智能材料力学主要研究对象包括压电、铁电、光敏、形状记忆合金/聚合物、磁致伸缩、电磁流变体和介电弹性体等材料,这些材料大都会在热、电、磁和光等外场条件下产生响应,基于其环境响应行为建立相关的多场耦合本构模型。利用智能材料机械能向热、电、磁和光能的可逆转化,实现其在能量收集方面的应用,针对新型智能"软"材料,由于其"小力产生大变形"等熵力驱动行为特征,成为目前研究的新热点和难点。智能结构力学主要包含结构健康监测和无损检测,即通过光、声和电等信号对工程结构的损伤行为和模式进行判定和表征,已在航空航天和土木工程等应用中具备了较好的研究基础,目前研究工作主要集中在精确化、定量化、小型化和多功能化等方向。

结构力学与可靠性是固体力学服务于重大工程需求非常重要的一个学科分支,它涵盖了工程结构在各种效应和动态载荷下的响应、结构可靠性和优化,为工程设计提供方法与工具。杆、梁、板、壳和体等各种结构单元及其振动、稳定性分析理论已经基本成熟,计算机和有限元的发展使得大型复杂结构计算成为可能,并引入了疲劳、断裂等问题。新材料/结构概念和新需求给结构力学带来许多新的问题,如梯度及非均质材料、柔性电子等新型器件的动态稳定性、结构稳定性的分岔现象、超弹性薄膜的褶皱现象以及复杂结构非线性振动、复杂材料疲劳寿命等,需要发展新的方法。结构优化成为固体力学和相关工程科学领域中的一个攻关热点,多尺度框架下的结构优化目前已开始受到越来越多的关注,并与多物理场相关,结合可制造性的结构优化设计方法、考虑多场耦合条件和不确定性的结构动力学建模与寿命预报成为更好地为工程服务的关键。

复合材料力学是固体力学学科的一个新兴分支，也是一个有着重大工程需求的应用基础分支。复合材料具有明显的非均匀性和各向异性性质，基于这个特点，在材料力学和弹性力学的基础上，发展了宏观力学分析方法，直接应用于工程复合材料及其结构的分析和设计；考虑复合材料各相之间的作用机制及对整体性能的贡献，促进了细观力学的发展，基于均匀化思想的等效分析方法实现了多类复合材料宏观弹性及其他性能的估算，为材料设计提供了良好的工具。随着应用领域越来越广泛和要求越来越高，各种新型复合材料纷纷涌现，现有理论和方法远不能满足基础研究和实际工程需求，结合现代测试和数值模拟方法的一些新理论、新方法正在成为目前的研发热点和未来发展方向，如考虑损伤演化和非弹性的非线性本构关系、细微观材料响应全场/原位信息的测试方法、考虑微结构统计特征的参数化建模方法、多尺度渐进损伤分析方法、基于失效机制的强度理论以及多目标材料设计优化理论与方法等，这些方面的进步将为先进复合材料扩大应用，并为充分发挥其性能潜力起到巨大的推动作用。

超常条件下材料与结构力学行为是应国防、航空航天及现代工程技术快速发展而形成的一个新兴学科分支。该分支主要研究超高温、低温、高压和强辐射等超常服役条件下材料或结构的响应、损伤演化及失效机制，进而发展满足特殊使用要求的材料或结构优化设计方法。由于服役条件超常，使得某些原有理论和方法超出其适用范围，而且带来难认知、难测试和难验证等诸多问题，除力学响应外，还会伴随着复杂的物理化学反应，需要发展新的理论和方法。建立超常服役环境与材料耦合作用的等效模拟方法和在线信息获取技术，揭示材料响应机理，研究基于主要控制因素的材料性能演化及失效模拟方法，发展关于特殊性能和使用性能的科学表征与评价方法，在此基础上给出的高效能或新效应的特种材料优化设计等问题成为目前的研究热点和主要方向。

制造工艺力学是针对先进工业制造中的重大力学问题而发展起来的一个学科分支。主要研究材料制造和加工过程中所涉及问题的力学分析方法，为提高性能和效率，减少盲目性和成本，改进质量、节约能耗提供直接指导。目前的研究重点和主要发展方向包括：材料、加工和结构间的敏感耦合效应及多尺度建模与模拟，刻画真实材料制备加工过程的高效数值模拟方法，最优化和反问题的参数化求解方法，不确定性分析方法。

岩体和土力学是以天然岩体和土体为主要研究对象的固体力学学科分支。该分支以分析预测岩土体的力学特性，满足各类工程结构基础在复杂环境下的变形、强度和稳定性要求为主要任务。重大工程设施建设不断挑战极端环境载荷和复杂地质条件，这为岩土力学的分析理论和工程设计方法提出了新要求。当前的研究热点和主要方向包括：岩土材料的动本构理论及数值模拟方法、深部岩体力学及工程探测技术、海洋和陆上复杂环境载荷作用下的土体动态响应及岩土灾害预测理论、大空间跨度结构地基的变形控制与结构稳定性分析方法、环境岩土力学及大型岩土工程的环境效应评估等。岩体和土力学日益呈现出与地学、物理学、化学以及其他力学分支学科，如水动力学、渗流力学、结构力学，交叉融合的发展态势。

接触／摩擦力学一直以来都是固体力学解决工程实际问题的重要学科分支，也是目前固体力学研究的热点之一。在宏观尺度范畴内重点关注不同本构材料的黏着接触问题，提高复杂三维接触力学问题的数值模拟效率；研究不同摩擦系统的热弹性接触问题，分析材料属性、热载荷和表面热传导等因素对表面温度和热应力分布的影响，发展接触载荷作用下近表面裂纹与损伤问题的求解方法。近年来，微纳米尺度的接触与摩擦问题也受到广泛关注，研究接触力、相对位移和接触区尺寸之间的联系，移动边界条件下系统黏着接触问题的分析方法，发展分子动力学等模拟方法，建立纳米尺度接触的磨损法则和摩擦法则。

五、流体力学学科的发展规律和发展态势

（一）发展规律

流体力学是研究流体介质的特性、状态和在各种力的驱动下发生的流动以及质量、动量和能量输运规律的力学分支学科。流体力学问题呈现出非定常、非线性、非平衡、多尺度和多场耦合等基本特征。其主要发展规律如下：

（1）流体力学分支学科既经典又现代，介入面广，渗透力强，不仅带动自身发展，而且在相关领域发挥着强大的牵引作用。流体力学学科的发展对数学学科的推动作用非常显著，历史上许多著名数学家也是流体力学家，现代计算机科学的发展也受到了计算流体力学的直接推动。与流体力学密切相关的学

科和领域还包括天体物理、地球物理、核物理、大气物理、海洋科学、航空航天、能源、车辆、船舶、机械、化工、材料、生命科学和仿生科技等，广泛渗透于这些领域的原理、机理、设计、制备到评价等各个环节，牵引或主导作用显著。

（2）流体力学分支学科针对具体物质，通过高度抽象思维建立、发展和深化其理论，并紧密结合实验和数值模拟开展研究。流体结构的变形从拓扑结构层次上可以是无限的变形，流体力学中最重要的气体流动是肉眼不可见的，需要采用间接方式描述或测量。在高温、高速等特殊条件下，还需要认识流体的物质特性及其对流动的影响。湍流、流动稳定性和旋涡动力学等问题一直是流体力学经久不衰的前沿研究课题。空气动力学、水动力学向高速、多相和非平衡等方向发展，不断涌现出新的问题。微尺度流体力学、界面流体力学、环境流体力学和生物流体力学等新兴前沿与多学科交叉领域使得现代流体力学充满了活力。

（3）流体力学分支学科既蕴含着重大基础科学问题，又要应对与国家重大需求紧密相关的艰巨挑战，两方面共同推动了学科的发展。湍流几乎无处不在，而目前对于湍流机理的认识还停留在经验、半经验的层次上，尤其是可压缩湍流的研究。同时在国家重大需求的牵引下，如航空航天、海洋工程、高速列车、环境保护与治理等科技工程领域的发展，为流体力学研究提出了一系列新的课题，如流动的非定常和非线性物理过程、复杂流动现象的演化机理等。

（二）发展态势

流体广泛地存在于自然界和工程技术领域，随处可见与流体运动相关的现象。流体力学分支学科是与解决人类生活和技术发展难题联系最为紧密的学科之一。随着理论分析、实验技术和计算机科技的不断发展，流体力学在"复杂流动"和"复杂流体"的研究中，将面临新的挑战和发展机遇。展望21世纪的流体力学，存在若干热点研究领域，主要包括湍流、旋涡动力学、高超声速空气动力学、稀薄气体动力学、高速水动力学、多相流体力学、渗流力学和非牛顿流体力学等。

湍流是自然科学中的经典难题，在21世纪仍将是科学界最具挑战性的问题之一。目前受到特别关注的是：湍流的产生与发展过程中所蕴含的物理机制、湍流的预测及控制、湍流的拟序结构和动力学特性、湍流的统计理论以及数值模拟等。基于雷诺平均 N-S 方程的模拟仍然是湍流模拟的主要方法，但湍流模型的普适性存在很大的不确定性，在模型的复杂性与预测精度方面如何折中考虑仍然是需要认真研究的课题。随着大涡模拟方法的发展，人们更关注大涡模拟中引入物理约束模拟流动物理过程以及更注重研究雷诺平均和大涡模拟的混合模式。由于统计力学和计算机模拟方法的引入，湍流在统计理论和数值模拟等方面取得了较大的进展，特别是湍流的理论研究从经典的解析模型走向计算模型，从实验研究走向数值模拟和实验研究相结合，从而将能够处理越来越复杂的工程问题。

旋涡动力学是该学科的重要分支。它以研究涡量和旋涡的产生、演化及其与物体和其他流动结构的相互作用，以及在湍流发生、发展和流动控制中的作用为主要研究内容。许多著名流体力学家都曾经对旋涡在流体力学中的重要作用有过精辟论述，如 Kuchemann 认为"旋涡是流体运动的肌腱"。旋涡动力学的两个主要突破方向为：一是动边界（如柔性壁面、运动物体和自由边界等）处的旋涡动力学特性及其控制的研究；二是高速流动中的激波、旋涡、声波相互作用、稳定性和共振的研究。这些研究不但可将旋涡动力学拓展到可压缩流动领域，而且将对航天航空中的一些关键技术问题的解决发挥重要作用。国际上在这方面的研究已受到关注，抓住有利时机，可望在该方向上取得突破性进展。

空气动力学是研究空气和其他气体的运动规律以及运动物体与空气相互作用的学科，是航空航天最重要的科学技术基础之一。为满足 21 世纪航空运输发展的需求，在民用飞机方面主要体现为更具竞争力的超大型运输机、更加快速的高效超声速运输机；在军用飞机方面，在发展新一代战斗机的同时，加快了满足不同需求无人机研制的步伐，包括高机动、高隐身要求的无人作战飞机，高隐身、长航时等要求的高空侦察、攻击无人机以及微小型无人机等。这些需求对空气动力学提出了一系列需要解决的新问题。高超声速空气动力学是现代空气动力学的前沿学科，其宏观流动规律的改变显著影响了飞行器绕流的物理特征，对于该学科的基础理论和研究方法提出了新的挑战。

稀薄气体动力学是原子分子物理、统计力学、分子运动理论和宏观气体动力学等交叉产生的分支学科。当气体流动介质的密度小到一定程度时，稀薄气体效应变得显著，需要研究微尺度流动和稀薄等离子体模拟，考虑化学反应、等离子体效应、辐射影响和壁面效应等问题。如何利用稀薄气体理论指导微系统的设计是当今国际上的研究热点之一。随着近空间、亚轨道飞行与深空探测的发展，稀薄气体动力学在航天领域的作用日益凸现，将变得越来越重要。

水动力学是该学科的一个重要分支。近年来，以群泡动力学行为与空化机理、自然空泡和通气超空泡的内部结构与稳定性、水动力噪声与减阻降噪为研究重点的高速水动力学成为国际学术界关注的前沿领域；海洋内波、畸形波和海啸波等极端海洋动力因素及其对海洋结构物的作用研究十分活跃；台风浪与风暴潮的模拟与预报、近海波浪数学模型与数值水池、河口海岸泥沙运动和海啸等海洋灾害研究得到关注。针对大变形自由表面流动、强非线性波浪与结构的相互作用等水动力学机理研究，发展先进的实验测试方法和数值模拟方法已成为推动本学科发展的共性关键技术。进入 21 世纪以来，海洋资源开发、海洋环境保护、海洋权益维护已成为世界各国普遍关注的战略问题。先进舰船技术研发、深海资源开发、沿海经济带资源利用和环境保护等对水动力学研究提出了新的迫切需求。

多相流广泛应用于各工程领域，其普遍性、重要性和复杂性决定了其在流体力学中的重要地位。多相流研究从本质上将继续关注受连续相流场制约的离散相动力学特性以及离散相对连续相的影响、离散相之间的相互作用。在基础研究上将侧重多相湍流场及稳定性、非线性多相流相界面动力学、数值模拟和测量方法、超常规离散相多相流、多尺度和多场作用下的多相流、多相流场的非牛顿效应、分层稠密多相流动及微重力气液两相流等。在工程应用上将着眼于多相流过程的理论预测精度、多相流模拟方法的改进和完善及与多相形成和分离相关的环保问题等。

渗流与非牛顿流体力学也是涉及多学科交叉的分支学科，在环境和工程技术领域有广泛应用。渗流力学的基础研究将着重关注多相多组分渗流中相间和组分间的相互作用机理、物理化学渗流中的物理过程和化学反应复合条件下的渗流运动、非线性渗流中的非达西渗流等。在实际应用方面则侧重于能源的开发利用和相关环境问题的治理，如石油的开采、水渗流引起的山体滑坡、过度开发地下水引起的地面沉降、岩浆运动和地幔对流等。非牛顿流体力学的主要研究对象是各种复杂流体及其本构关系的建立等。为适应经济和社会发展的需求，渗流力学和非牛顿流体力学的研究内容将不断丰富，并为能源的开发利用和相关环境问题的治理提供更为科学的决策依据。

国际上，对流体力学学科的发展态势也进行过分析。2000 年英国剑桥大学贝切勒尔、莫法特和沃斯特等编辑出版了《流体动力学展望》一书，对流体力学 11 个重要的研究方向做了精辟的述评，分别为界面流体动力学、构形增长原形的黏性指进、动静脉中的血液流动、剪切流的不稳定性、湍流、环境对流、磁流体动力学、流体的凝固、地质流体力学、海洋动力学和全球尺度的大气环流。这里除剪切流的不稳定性、湍流和海洋动力学外，大都是脱颖而出的全新问题，不但涉及基础研究，也具有重要的应用背景。2006 年由美国国家理论与应用力学委员会起草，美国物理学会流体力学分会执委会批准的一个报告中，列举了 5 个研究领域来阐述 21 世纪流体力学研究的重要性，其中除湍流这个经典难题及其产生的噪声之外，其他 4 个都是新兴的多学科交叉前沿领域：纳、微米尺度流体力学，环境流动（从地球尺度的大气海洋到空气和水污染等涉及经济可持续发展的课题），流动控制，生物流体力学（包括生物内流和外流问题）。上述《流体动力学展望》和美国物理学会流体力学分会的报告，也清晰地刻画了国际上流体力学学科的发展状况与趋势。

六、生物力学学科的发展规律和发展态势

（一）发展规律

生物力学是力学与医学、生物学等学科交叉形成的新兴分支学科，解释生命的力学机制，研究生命体运动和变形规律及其对生命的影响。生物力学通过生物学与力学原理方法的有机结合，认识生命过程的规律，探索、解决生命与健康领域的科学问题。主要包括血流动力学、骨肌力学、细胞力学与力生物学、口腔生物力学、运动生物力学、康复工程中的生物力学、生物材料力学和仿生力学等。如今，生物力学已发展成为从生物个体、器官、组织到细胞乃至分子等不同层次研究生命中应力与运动、变形、流动乃至生长关系的重要学科。其主要发展规律如下：

（1）生物力学源于探索生命现象，对医学的发展发挥着重要作用，是医学工程中的重要支撑学科。早在 17 世纪 Borelli 的《论动物运动》，18 世纪 Hales 和 19 世纪 Frank 的关于动脉系统动力学的成果，19 世纪 Wolff 通过骨力学研究提出的关于骨重建和生长的 Wolff 定律等，直到今天都在指导着肌骨、心血管系统等领域的医学实践。

（2）现代生物力学经过50多年的发展，已经从生物的整体和器官水平深入到细胞和分子水平，并不断衍生出如力生物学等新的研究领域。现代生物力学是由美籍华裔力学家冯元桢先生在20世纪60年代创立的。生物力学与力生物学是密不可分且又各有侧重的，是生物医学工程的重要基础，是应用基础性学科，为生物医学工程提供重要的概念、方法和手段。由于生物力学及力生物学有助于解决生物医学工程特别是医疗器械、人工器官领域的基本科学和关键技术问题，医疗器械产业（人工器官、康复工程和生物医学仪器等）的迅速崛起与其贡献息息相关。此外力生物学还有助于认识超重及微重力对人体生理的影响，对探寻宇航员、飞行员的生命保障技术，有着重要的国防、科学意义和社会价值。

（3）生物力学和力生物学研究进一步关注人类健康和重大疾病的防治。随着临床影像技术、基因组、蛋白质组和代谢组学等生物医学技术的发展，生物力学研究在人体发育、生长和疾病发病机制以及个体化防治中发挥了越来越重要的作用。将生物医学基础研究与力学数值模拟的定量化研究有机结合，深化生物力学学科前沿和力生物学研究的内涵。明确力学因素在人类健康和疾病发生发展中的作用的同时，致力于发展相关的新技术方法，紧密联系临床防治，提出具有生物力学特色的新思路，为人类健康事业做出贡献。

（二）发展态势

生物力学作为一门力学与生物、医学、物理及工程科学等广泛且深入交叉的学科，它的发展为改善和提高人类生活质量发挥着关键作用，此外也有助于航空航天、交通运输和国防等领域的人体防护相关问题的解决。其研究对象涵盖整体、系统、器官组织、细胞和分子等各个层次，主要研究领域包括骨肌与口腔生物力学、运动与康复生物力学、血液循环与呼吸系统生物力学、分子细胞生物力学与力生物学、生物组织材料力学和仿生力学等。

骨肌与口腔生物力学主要包括宏观基础研究（骨与软骨力学、肌肉力学、关节力学、肌腱与韧带力学）和应用研究（骨科手术、人工关节、人体运动学建模与分析，口腔正畸、颌面外科等领域的生物力学等），同时也深入到细观领域（肌丝收缩理论、骨细胞力学）。骨肌与口腔生物力学最终要通过建模、分析诸如人体整体或局部运动与受力的特点，优化骨折固定方法，设计骨及口腔领域的医疗器械，为临床医学服务。其发展趋势是基于不断更新、完善的研究工具，从更深入、更精细的层面去分析骨骼－肌肉系统和组织，建立更完善的模型，为提高生活质量、维持健康、提升创伤护理质量、指导骨与关节畸形和退行性病变的重建提供服务。

运动与康复生物力学分支贯穿于生物力学学科发展的整个历程。随着运动学／动力学测量技术、建模仿真技术和计算能力的快速发展，对生理、病理现象进行更加接近真实状况的描述和模拟是运动与康复生物力学研究的重点。从细胞、分子等层次阐释生理、病理现象的机理成为研究热点，且注重学科间的交叉、融合以及理论研究与实际应用的衔接。运动与康复生物力学对于设计康复医疗器械、基于人体运动学特点的更舒适更安全的日用品和交通工具（如鞋、鞋垫、座椅、笔和气囊等）、优化运动训练方法等具有重要的意义。近年来相关研究和应用所覆盖的范围更加广泛，已经涉及临床医学和运动康复工程中的各个领域和人体的各个系统。

血液循环与呼吸系统生物力学是重点研究循环及呼吸系统的生物力学特征和规律，进而考察生物力学因素对血液循环系统及呼吸系统的生物学过程的影响的分支学科。该学科对诸如人工心脏瓣膜、血管支架、人工心脏的研发，探索动脉斑块的衍变、血管狭窄的机理，以及心血管系统力学特性变化的诊测方法具有重要意义，并随着医学图像技术、计算机数值模拟等方法和技术的广泛应用，而逐步深化。新方法、新技术不仅直接推动了血流动力学的研究，而且使得所获重要成果应用于临床医学成为可能（如心血管介入治疗）。近年来，血液循环系统、呼吸系统等各方面的生物力学研究与应用增长十分迅速，充分利用多学科的交叉融合，综合考虑多层次、多系统的相互影响，已经成为该领域的重要方向。

分子细胞生物力学与力生物学分支，主要研究生物体的力学信号感受机制，细胞、分子对力学载荷的响应，阐明机体的力学过程与生物学过程，如生长、重建、适应性变化和修复之间的相互关系，进而研究力学环境对生物体健康、疾病或损伤的影响，从而发展有疗效的或有诊断意义的新技术。力生物学与许多重要的临床现象和应用的机理直接相关，如正畸牙移动的力生物学机理、牵张成骨、骨质疏松、骨修复与重建、动脉血管重建、骨折愈合、植入体与宿主组织细胞间相互作用中的力生物学机制、不同应力环境与组织再生的关系、超重或微重力环境下的细胞生物学响应等，已成为生命科学的重要前沿。

生物材料与仿生力学是力学与生物、物理、化学和材料等学科交叉而形成的新兴分支。它基于对生物体系在宏、细、微观尺度上力学行为、结构特征的系统测量和观察，通过不同尺度上生物材料的结构、成分、功能与性能之间的力学建模，以及跨层次、多尺度关联的理论分析与计算模拟，揭示各类生物材料、组织和器官的力学行为与生物功能的基本规律和内在机理。近年来，各种精细的微纳米显微观测与表征手段、大规模计算能力等的迅速发展，推动了天然生物材料力学研究的日渐深入和拓展。基于对天然生物材料的研究，获取仿生学的启示和灵感，开展先进材料、器件和系统的多功能、多层次及智能化优化设计，是该领域发展的一个重要趋势。此外，利用微加工、微流控和微模式化等新技术，可在微纳米尺度上发展表面性质可控的新概念、新方法和新技术，在生物传感、生物芯片、医用生物材料和药物（缓）控释等领域有着广阔的应用前景。

七、力学交叉领域的发展规律和发展态势

（一）发展规律

力学交叉领域主要以力学分支学科间的交叉，以及力学与其他学科的交叉为主要研究内容，以国家安全、国民经济和社会发展中的重大科学问题为发展牵引力，重点关注极端环境、多过程/多场耦合下复杂介质系统的运动规律，在为国家战略需求提供系统解决方案和完整设计工具的同时，以新的理论和方法来丰富力学学科的内涵。

力学交叉领域发展具有强烈的应用牵引属性，同时也随着对国家战略需求中重大科学问题持续深入的研究，逐步形成了完整、独立的学科内涵和方法论，发展成为力学新的分支学科。其中：

环境力学以多相、多组分、多过程和多物理场的介质运动规律为对象，已形成丰富的模型理论和分析方法，构建了多分支学科融合的计算和实验技术等。

爆炸力学以强动载及其效应为研究对象，以流体弹塑性模型为理论核心，在半个世纪的发展中，形成了独特的实验、理论解析和数值模拟研究范式，并在实践中不断得以丰富和完善。

物理力学注重建立物质微观结构与宏观性能间的关联，在不同尺度的建

模与分析、统计平均方法等方面构建了严整的理论和方法体系。

力学交叉领域的发展规律主要体现在：

（1）解决战略性的重大科技难题是力学交叉领域发展的源动力。例如，环境力学的发端与发展是为了应对人类面临的日益加剧的环境和灾害问题；爆炸力学更是成为了常规武器和核武器设计与毁伤效能研究的主要学科基础之一；同样，物理力学提出的背景是为了解决当时航天中最为紧迫的高温气体性质问题，后又在材料变形与强度机理、材料设计等问题的驱动下快速发展。

（2）力学交叉领域强调系统性，以直接解决介质系统、介质与环境的相互作用为目的，是力学学科最为活跃和重要的元素。这也是力学学科的主要发展趋势之一。20世纪以前的经典力学构建了力学的基本理论框架，以普朗克边界层理论为代表的应用力学，将考虑了介质真实属性和效应的力学理论应用于工程实际，促进了工程技术的飞跃。力学交叉学科往往以不同规模和属性的系统为对象，有望再次提升力学理论体系和解决实际问题的能力。

（3）力学交叉领域与固体力学、流体力学等经典分支学科间存在共生、共荣的关系，其他学科的进步也极大丰富了力学交叉领域的内容。例如，计算技术的进步，使得环境力学和物理力学等在认知自然和解决实际问题的能力上有了本质性的突破。同样的，高温气体动力学、化学反应动力学等学科的进展，使得爆炸力学中复杂爆轰现象的认识与掌握提到了新的高度。而固体力学，特别是强度与本构理论的进步，为爆炸效应的分析提供了坚实的基础。

力学交叉领域研究以系统性、复杂性为重要特点，这会成为更多学者进入这个领域的障碍。同时，力学交叉领域强调解决重大实际问题，在现行的体制下，往往会低估其在基础研究上的显示度，力学交叉研究任重道远。

（二）发展态势

力学交叉领域随着重大需求的变化以及力学主要分支学科的进展而不断丰富自身的研究体系。目前，力学交叉领域研究的主体由环境力学、爆炸力学、物理力学等构成。

环境力学主要研究自然界与工业中的复杂介质流动和变形、物质和能量输运及伴随的物理、化学、生物过程等关键科学问题。早期的环境力学以大气和水体中污染物的对流、扩散为其主要研究对象，现在环境的含义已经扩展到人类的整个生存环境。现代力学理论的发展推动着环境力学由宏观向细观深入，并且强调宏 - 细观的结合。当今的环境力学以复杂介质流动和多过程耦合为主要研究对象，以水环境、大气环境、工业环境和灾害与工程安全中的重大问题为发展牵引。在前沿和基础研究层面，着重探究复杂介质的力学特性及其描述方法，自然与工业环境流动和输运规律及其伴随的物理、化学、生物等过程的相互作用机理和耦合动力学，环境力学的基本理论、实验观测及数值模拟方法；在重大应用层面，瞄准两个经济发展地区（西部和沿海）、4 个方面（水环境、大气环境、工业环境、灾害与安全），重点开展西部干旱 / 半干旱环境治理的动力学过程、以水体或大气为载体的物质输运过程、能源与资源利用中的有害物质生成与迁移机理，以及重大环境灾害发生机理及预报等研究。

爆炸力学是研究爆炸的发生和发展规律以及爆炸的力学效应利用和防护的学科。含能介质的爆轰 / 高速运动物体的碰撞、介质中的冲击波 / 应力波传播、材料的动态变形、损伤与失效等问题构成了爆炸力学的经典内容。爆炸力学的发展，始终以国防建设和国民经济的重大问题为牵引力，以爆轰过程、高速和超高速碰撞与侵彻、介质的动态力学行为等为核心，不断拓展其应用的领域，用新的科学原理和关键技术引领相关产业的进步。我国爆炸力学研究，一方面独立地与国外同时建立了流体弹塑性模型，形成了爆炸力学的学科基础；另一方面为适应国防建设和国民经济发展的需要，在核武器研制、核爆防护、常规兵器发展和水利铁路工程基础设施建设等方面均做出了巨大贡献。近年来，在爆轰研究方面，重点关注爆轰的新物理模型、爆轰波结构及其演化、新型大威力装药的爆轰 / 混合 / 燃烧过程等；在侵彻研究方面，持续支撑新型穿甲和破甲武器的发展、超高速碰撞与防护、复杂介质的高速侵彻过程与稳定性等问题也引起越来越多的关注；在材料的动态力学行为方面，其研究对象从传统的宏观均匀、各向同性的结构材料，向岩土、混凝土、冰、先进复合材料、单晶和非晶金属材料、生物材料，以及沙体等离散体系拓展；实验与数值模拟方面，主要集中在超高速和超高压的环境模拟、高时空分辨率的多物理场同步诊断技术、多物理场耦合的高精度高效率计算方法、多尺度模拟技术等。此外，强激光与物质的相互作用、地质灾害与灾变、高速列车等先进载运工具的碰撞防护、高速成形与加工等先进制造技术、水中结构物的爆炸与碰撞响应研究等构成爆炸力学新兴的研究领域。

物理力学是从物质的微观结构及其运动规律出发研究介质的宏观力学性质的力学分支学科。钱学森提出和建立了这门新兴交叉学科，将力学原理与量子力学、统计力学和原子分子物理相结合是其基本特征。平衡态和非平衡态统计力学的发展为物理力学提供了新概念、新理论。不同尺度计算理论和方法的突破，计算机技术的飞速发展，不断提升着物理力学解决问题的能力，为研究介质及材料的平衡或非平衡乃至瞬态力学性质，提供了有力的手段。与此同时，不同尺度的先进观察与测量技术，为物理力学提供了重要且直接的发现与实验验证。目前主要关注高温气体、稠密流体、等离子体与固体材料性质，研究热点包括高温、高压下介质的状态方程与结构转化、高能束流与物质的相互作用、真实气体效应的物理机制、复杂流体与软物质等宏微观性质与跨尺度特征、材料强度的多尺度力学理论、电磁流体的稳定性及微纳系统相关的表面与界面力学等问题。同时，物理力学也正在探索解决一些更加复杂和困难的实际问题，如真实物质的平衡相变、高度非平衡、偏离局域热力学平衡和考虑稀薄气体效应的等离子体等。

应该注意的是，由于非传统能源开采、近空间进入与控制、先进大型交通工具设计与安全性、深海空间站与新概念航行器等领域的强烈需求，有望催生出一些新的、重要的力学交叉领域。力学工作者也许应该从更加开放的角度，跳出自然现象和工程问题的限制，开展诸如社会及其子系统的建模和演化动力学等研究，促进社会科学更加精确和定量化的同时，继续保持力学学科的生命力。

第三节　我国力学学科的发展现状与发展布局

一、力学学科的总体情况

（一）力学学科的发展现状

我国力学学科是伴随新中国成长而成长，伴随国家的经济和国防建设发展而发展的。总体上说，当前我国是一个力学大国，学科体系完整、队伍阵容强大、研究设施良好、学术交流活跃。

在学科体系方面，我国已形成了以动力学与控制、固体力学、流体力学和生物力学为主要分支学科，以环境力学、爆炸力学和物理力学等为主要学科交叉领域的力学学科体系。

在研究和教育体系方面，由于历史和国情的原因，我国与欧洲、美国、日本等工业发达国家和地区明显不同，除中国科学院力学研究所和若干行业拥有与力学相关的研究院所外，高等院校中还设有 100 多个力学系（所）。

在学术队伍方面，我国有 30 余名从事与力学相关研究的两院院士，有 89 名在力学学科获得国家杰出青年科学基金的中青年学者，约有 8000 人的力学基础研究队伍，中国力学学会的会员总数超过 2 万人。

在研究条件方面，我国设有 11 个以力学学科为主、10 个与力学学科相关的国家重点实验室（表 2-1-1）及若干与力学学科密切相关的国防科技重点实验室，拥有自主设计研制的大型风洞群等一批位居世界先进水平的研发设备。

在学术交流方面，我国的力学期刊数达 20 余种，已有 3 份期刊被 SCI 检索。

表 2-1-1 力学学科相关国家重点实验室情况

序号	实验室名称及依托单位
	力学学科为主的国家重点实验室
1	湍流与复杂系统国家重点实验室（北京大学）
2	工业装备结构分析国家重点实验室（大连理工大学）
3	机械系统与振动国家重点实验室（上海交通大学）
4	爆炸科学与技术国家重点实验室（北京理工大学）
5	非线性力学国家重点实验室（中国科学院力学研究所）
6	岩土力学与工程国家重点实验室（中国科学院武汉岩土力学所）
7	机械结构强度与振动国家重点实验室（西安交通大学）
8	机械结构力学及控制国家重点实验室（南京航空航天大学）
9	高温气体动力学国家重点实验室（中国科学院力学研究所）
10	空气动力学国家重点实验室（中国空气动力研究与发展中心）
11	宇航动力学国家重点实验室（中国西安卫星测控中心）
	与力学学科相关的国家重点实验室
1	海岸和近海工程国家重点实验室（大连理工大学）
2	牵引动力国家重点实验室（西南交通大学）
3	汽车车身先进设计制造国家重点实验室（湖南大学）
4	激光推进及其应用国家重点实验室（解放军装备学院）
5	水沙科学与水利水电工程国家重点实验室（清华大学）
6	海洋工程国家重点实验室（上海交通大学）

续表

序号	实验室名称及依托单位
7	水力学与山区河流开发保护国家重点实验室（四川大学）
8	材料复合新技术国家重点实验室（武汉理工大学）
9	动力工程多相流国家重点实验室（西安交通大学）
10	深部岩土力学与地下工程国家重点实验室（中国矿业大学）

　　进入 21 世纪以来，我国力学研究取得了长足发展。我国爆炸力学的奠基人和开拓者之一、力学学科建设与发展的组织者和领导者之一的郑哲敏先生荣获了 2012 年年度国家最高科学技术奖，一批中青年学者活跃于国际力学的舞台上；力学学科资助的学者在非线性动力学、材料本构关系和强度理论、计算力学与结构拓扑优化、岩体断裂力学、非线性波动力学、压电/铁电功能材料力学、微纳尺度材料与系统的力学问题、超常环境下材料力学行为、多相流与湍流问题及仿生流体力学等方面的基础研究取得了重要进展，获得了国际同行的高度认可和广泛引用，先后获得 25 项国家自然科学奖二等奖（表 2-1-2）。

表 2-1-2　与力学学科相关的国家自然科学奖二等奖获奖情况

序号	年度	项目名称	主要完成人
1	2002	随机激励的耗散的哈密顿系统理论	朱位秋、黄志龙、雷鹰、应祖光、杨勇勤
2	2003	复杂非线性系统的某些动力学理论与应用	陈予恕、陆启韶、褚福磊、徐健学、吴志强
3	2004	张量函数表示理论与材料本构方程不变性研究	郑泉水、黄克智
4	2005	铁电陶瓷的力电耦合失效与本构关系	杨卫、方岱宁、方菲、朱廷、黄克智
5	2006	结构拓扑优化中奇异最优解的研究	程耿东、郭旭、顾元宪
6	2006	振动控制系统的非线性动力学	胡海岩、王在华、金栋平
7	2007	离散型多相湍流和湍流燃烧的基础研究和数值模拟	周力行
8	2007	压电材料的断裂	张统一、高存法、赵明皞、董平
9	2007	复杂约束条件气液两相与多相流及传热研究	郭烈锦、陈学俊、赵亮、郝小红、何银年
10	2007	破断岩体表面形貌与力学行为研究	谢和平、周宏伟、鞠杨、王金安、高峰
11	2008	电磁材料结构多场耦合非线性力学行为的理论研究	郑晓静、周又和
12	2008	固体的微尺度塑性及微尺度断裂研究	魏悦广、王自强、陈少华

续表

序号	年度	项目名称	主要完成人
13	2009	湍流热对流的实验研究	夏克青
14	2010	基于模拟关系的计算力学辛理论体系和数值方法	钟万勰、张洪武、姚伟岸
15	2010	电磁固体的变形与断裂	方岱宁、刘金喜、刘　彬、李法新、黄克智
16	2011	双剪统一强度理论及其应用	俞茂宏、李跃明、马国伟、张永强、范　文
17	2012	低维纳米功能材料与器件原理的物理力学研究	郭万林、胡海岩、张田忠、郭宇锋、王立峰
18	2012	压电和电磁机敏材料及结构力学行为的基础研究	沈亚鹏、陈常青、田晓耕、王子昆、王　旭
19	2012	非线性应力波传播理论进展及应用	王礼立、任辉启、虞吉林、周风华、吴祥云
20	2013	广义协调与新型自然坐标法主导的高性能有限元及结构分析系列研究	龙驭球、岑　松、龙志飞、傅向荣、陈晓明
21	2013	纳米结构金属力学行为尺度效应的微观机理研究	武晓雷、魏悦广、洪友士
22	2013	功能材料与结构的多场效应与破坏理论	王铁军、申胜平、匡震邦、邵珠山、马连生
23	2013	昆虫飞行的空气动力学和飞行力学	孙茂、吴江浩、杜　刚、兰世隆
24	2014	超高温条件下复合材料的热致损伤机理和失效行为	韩杰才、杜善义、张幸红、王保林、孟松鹤
25	2014	纳微系统中表面效应的物理力学研究	赵亚溥、袁泉子、林文惠、张　吟、郭建刚

与此同时，我国力学工作者为国家重大、重点工程做出了重要贡献。例如，在塑性成形理论及工艺、复杂装备数字化设计技术、工程结构的振动控制、故障诊断与维修、高温装备结构完整性、岩石与采矿相关的动力学与灾害预测、车辆/轨道耦合动力学、车身结构及部件设计与制造、水驱油藏注入水技术，以及飞行器中的非线性隔振技术、新型烧蚀材料的模拟表征方法、大尺寸光电薄膜与晶体材料、三维精确光学测量技术等方面，先后获得1项国家科学技术进步奖一等奖和19项国家科学技术进步奖二等奖（表2-1-3）。

表 2-1-3　与力学学科相关的国家科学技术进步奖获奖情况

序号	年度	项目名称	主要完成人	等级
1	2002	等壁厚弯管塑性成形理论及工艺工装设备	鹿晓阳、路立平、鹿晓力、李　奎	二等奖

序号	年度	项目名称	主要完成人	等级
2	2003	工程结构的振动控制与故障诊断研究及应用	杨绍普、陈恩利、张志宏、李桂明、袁向荣、刘献栋、郭文武、邢海军、潘存治、申永军	二等奖
3	2004	化工设备预测性维修规划关键技术的研究	涂善东、巩建鸣、凌祥、张礼敬、周昌玉、王正东、耿鲁阳、陈嘉南、柳雪华、喻红梅	二等奖
4	2004	特大型施工机械运行安全、诊断与优化研究	王乘、周建中、常黎、李振环、曹广晶、杨文兵、肖崇乾、张世保、王毅华、张贤志	二等奖
5	2004	金属矿床开采矿岩致裂与控制技术研究及应用	李夕兵、古德生、赵国彦、徐国元、孙宗颀、刘国富、王襲明、刘德顺、曹平、陶波	二等奖
6	2004	大型岩体工程稳定性和优化的分析方法及应用	冯夏庭、李术才、陈卫忠、朱维申、刘建、王渭明、孙豁然、戴会超、宫永军、盛谦	二等奖
7	2004	岩石破裂过程失稳理论及其工程应用	唐春安、朱万成、杨天鸿、于广明、马云东、王述红、徐小荷、潘立友、李元辉、宋力	二等奖
8	2005	铁道机车车辆—轨道耦合动力学理论体系、关键技术及工程应用	翟婉明、蔡成标、王开云、杨永林、王斌、王其昌、孟宏、赵春发、封全保、林建辉、陈果、张志宏、黄为、曾京、丁国富	一等奖
9	2005	大型旋转机械和振动机械重大振动故障治理与非线性动力学设计技术	陈予恕、黄文虎、闻邦椿、朱均、武际可、薛禹胜、张文、曹树谦、吕和祥、丁千	二等奖
10	2005	飞行器中的非线性隔振技术	胡海岩、金栋平、王珂、李岳锋、陈卫东、朱德懋、王福新、韩维	二等奖
11	2006	塑料动态成型加工技术与装备	瞿金平、何和智、吴宏武、周南桥、晋刚、曹贤武、文生平、彭响方、宋建、李保银	二等奖
12	2006	车身结构及部件快速精细设计、制造分析KMAS软件系统	胡平、申国哲、张向奎、郭威、李运兴、胡斯博、靳春宁、侯文彬、刘海鹏、高歌	二等奖
13	2007	特种材料的模拟表征与评价技术	杜善义、韩杰才、孟松鹤、梁军、张博明、王俊山、杨红亮、姜贵庆、易法军、白光辉	二等奖
14	2007	隐患金属矿产资源安全开采与灾害控制技术研究	李夕兵、古德生、周平、李发本、赵国彦、周子龙、苏家红、秦豫辉、马远传、段玉贤	二等奖
15	2008	水驱油藏注入水低效循环识别与治理技术	宋考平、计秉玉、万新德、卢祥国、张继成、何鲜、魏金辉、武毅、宋书君、李宜强	二等奖
16	2008	振动利用与控制工程的若干关键理论、技术及应用	闻邦椿、张义民、李以农、纪盛青、刘树英、韩清凯、赵春雨、宫照民、任朝晖、李鹤	二等奖

续表

序号	年度	项目名称	主要完成人	等级
17	2010	岩石力学智能反馈分析方法及其工程应用	冯夏庭、周 辉、樊启祥、李邵军、刘 建、盛 谦、江 权、胡 颖、潘罗生、蔡建辉	二等奖
18	2013	高温过程装备结构完整性关键技术及应用	涂善东、轩福贞、陈学东、阳 虹、沈红卫、范志超、梅林波、贾九红、胡明东、周帼彦	二等奖
19	2013	复杂装备数字化设计中的关键共性技术及其应用	韩 旭、文桂林、姜 潮、刘桂萍、牟全臣、吴长德、刘 杰、周长江、雷 飞、杨旭静	二等奖
20	2013	硬岩高应力灾害孕育过程的机制、预警与动态调控关键技术	冯夏庭、吴世勇、陈炳瑞、张春生、张传庆、李元辉、李邵军、王立君、董金奎、石长岩	二等奖

应该说，我国力学工作者除了在我国载人航天、月球探测、空间应用、大型飞机和先进推进等航空航天领域一直发挥着不可替代的作用外，还在结构安全、先进制造、大型装备、化工冶炼、材料设计、油气开采、海洋工程、轨道交通、风能利用、极端环境、自然灾害的规律与防治、节能减排及人类健康与疾病研究等方面起到了重要的支撑作用。

今后一个时期，建设创新型国家对我国力学学科提出了许多新要求和新挑战。例如，在航空、航天、海洋、动力、能源、材料、化工、交通运输、资源开发、环境保护、污染治理、沙漠化防治、水资源利用和生物医学工程等方面，力学学科面临着许多需求迫切的重要科学和技术问题；在学科发展方面，物理、数学、信息、地球和生命等基础学科，提出了大量复杂且颇具挑战性的力学相关基础性问题，已被纳入国家科技中长期发展规划。

（二）国际地位分析

对学科所处国际地位进行分析是一项非常复杂且难以把控的工作。鉴于学术论文是国家自然科学基金基础研究成果的主要体现，也是最容易获得系统的数据并能够进行国际比较的一个评价依据，力学学科发展战略研究专家组开展了基于国际学术论文发表和引用情况的学科国际地位分析。依据各二级分支学科专家的建议和文献计量统计专家的建议，确定了 36 种世界力学界的主流期刊。通过 2009 ～ 2013 年 Web of Science 扩展数据库，对上述期刊论文的数量和引用数量进行了分析，考察了我国力学学科在世界力学界所处的地位。

在 5 年间，36 种力学期刊的载文量呈现逐年增长的趋势，从 2009 年的

7058 篇增长到 2013 年的 8721 篇，年度增长率为 5.8%。图 2-1-1 和表 2-1-4 给出了美国、中国和法国等 20 个在世界力学界有影响的国家（以下称 20 个国家）在 5 年间参与发表（以下简称发表）论文的数量及被引频次的分布情况。

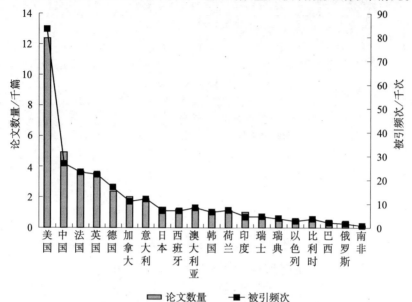

图 2-1-1　2009～2013 年 20 个国家发表论文数量及被引频次的分布

表 2-1-4　2009～2013 年 20 个国家发表论文数量及被引频次情况

国　别	论文数	被引频次
美　国	12 384	83 264
中　国	4 923	26 793
法　国	3 702	23 139
英　国	3 634	22 123
德　国	2 377	16 829
加拿大	1 972	10 930
意大利	1 899	12 184
日　本	1 361	7 020
西班牙	1 256	7 072
澳大利亚	1 217	8 239
韩　国	1 107	6 516
荷　兰	1 076	7 468
印　度	1 046	4 577
瑞　士	690	4 672
瑞　典	581	4 031

续表

国　别	论文数	被引频次
以色列	577	2 715
比利时	568	3 861
巴　西	500	2 288
俄罗斯	422	1 670
南　非	149	723

从表2-1-4可见，5年间，20个国家共发表论文41 441篇；20个国家发表的论文共被引用256 114次。5年间，美国共发表论文12 384篇，占20国家发表论文总数的30%；其数量遥遥领先于位居第二的中国（4923篇），是中国发表论文数量的2.5倍；其后依次为法国（3702篇）、英国（3634篇）和德国（2377篇）。同期，美国发表论文共被引83 264次，占20国家被引数的32.5%，是位居第二的中国被引数（26 793次）的3.1倍；被引数位列其后的依次为法国（23 139次）、英国（22 123次）、德国（16 829次）和意大利（12 184次）。

5年间，中国力学界占世界力学界论文的份额增长了5.5个百分点，从2009年的10.2%，增长到2013年的15.7%，是20个国家中唯一呈现增长趋势的国家。中国和意大利是论文被引份额呈增长趋势的国家，中国的论文被引份额从2009年的10.0%增加到2013年的16.7%，意大利则从5.4%增加到6.6%。

从20个国家相对引文的比较看，相对引文增加的国家有中国、法国、英国、意大利、韩国、瑞典、以色列、俄罗斯和南非9个国家。中国从2009年的略低于世界平均水平，到2013年高于世界平均水平，论文影响力有了明显提升。

在动力学和控制方面，中国和美国在论文数量和被引频次上均处于领先地位。5年间，中国发表论文2063篇，位居第一；紧随其后的美国发表论文1721篇。同期，中国发表论文共被引9429次，位居第一；位居第二的美国则被引8017次。5年中，中国论文的份额呈现阶跃式提高，增长了13.6个百分点，是20个国家中唯一表现增长态势的国家；论文数量从2012年起超越美国，位居第一。此外，中国是引文份额增长的唯一国家，增长了17.3个百分点；被引数从2011年起超越美国，位居第一。中国在2009年和2013年的相对引文均为1.1，略高于世界平均水平。

在固体力学方面，美国在论文数量和被引频次上表现突出，远领先于排名第二的中国。5 年间，美国发表 2362 篇论文，中国发表论文 1189 篇；同期美国发表论文共被引 21 942 次，而中国被引 9172 次。与 2009 年相比，5 年中论文份额增长的国家只有中国和意大利，中国增长了 4.3 个百分点，意大利增长了 1 个百分点。中国、英国、意大利、韩国和加拿大等国的引文份额分别增加了 4.5 个百分点、1.5 个百分点、3.2 个百分点、2.6 个百分点和 1.4 个百分点。中国在 2009 年和 2013 年的相对引文均接近 1.1，略高于世界平均水平。

在流体力学方面，美国在论文数量和被引频次上表现突出，远领先于排名第二的法国。5 年间，美国发表论文 4616 篇，中国发表论文 989 篇，继美国、法国和英国之后位居第四；同期，美国发表论文共被引 29 710 次，中国发表论文共被引 5175 次，继美国、法国、英国、德国之后排在第五名。5 年间，中国论文的份额增长了 3.8 个百分点，增幅最大，论文数量从 2010 年起超过德国提升到第四名；同期中国的引文份额增长了 3.8 个百分点，增幅也最大，被引频次排名从第六名提升至第四名。此外，中国的相对引文从 1.1 提高到接近 1.2，高于世界平均水平。

在生物力学方面，美国的论文数量和被引频次一家独大，与其他国家拉开较大差距。在 5 年中，美国发表论文 2723 篇，中国发表论文 469 篇，继美国、加拿大、英国之后位居第四名；同期美国发表论文共被引 20 485 次，中国发表论文共被引 2564 次，继美国、英国、加拿大和德国之后位居第五名。5 年中，中国论文份额增长了 2 个百分点，从 2009 年位居第五名，到 2013 年已经和加拿大并列第二；被引频次增加了 2 个百分点，从 2009 年的第八名提升到 2013 年的第五名。中国的相对引文虽有所提高，但只有 0.85，低于世界平均水平。

此外，我国力学界的国际地位正日益彰显。目前，我国在国际理论与应用力学联合会（IUTAM）中有 4 名理事、2 名大会委员会委员和 4 名工作委员会委员。近 10 年来，我国力学界举办国际会议 100 余次。2012 年，我国成功举办了第 23 届国际理论和应用力学大会，这是世界力学界每 4 年一届的最高学术盛会。2013 年，我国还成功举办了第 13 届国际断裂大会。这反映了我国力学学科在世界力学界的影响力大幅度提升。鉴于我国力学学科的持续发展，加之综合国力的快速提高，其蕴含着巨大的背景需求，对国际力学同行的吸引力正逐渐增大。目前，清华大学、西安交通大学和浙江大学已成立国际力学研究中心。

　　虽然近年来我国力学学科进步较快，对国家的贡献和国际影响力不断增强，尤其是发表论文数量和被引数量已经位居世界第二，但在世界级力学家、原创性科学研究、高水平力学教育、重要计算软件和实验设施、高水平学术期刊及系列国际会议等体现学科综合实力的要素上，与美国的差距还很大，与英国、法国和德国等发达国家相比也处于劣势。此外，俄罗斯的力学研究具有雄厚基础和悠久传统，虽然在国际期刊论文发表方面不够活跃，但其整体学术水平仍强于我国。

　　综合上述分析，我国力学学科的综合实力在世界上位居第 5~6 名。

二、动力学与控制学科的发展现状与发展布局

（一）发展现状

　　动力学与控制是最为经典的力学分支学科之一。人类对动力学现象的理解、把握和控制是认识和改造自然的必然需求。从国内外研究发展趋势看，自然界和工程领域中的动力学系统建模、分析、设计与控制的理论和方法是该学科的主要研究范畴。其发展方向是研究精细化非线性动力学建模和降阶方法，提出新的理论、近似分析方法和高效数值方法，构造新型控制策略，设计和构建大型综合性实验平台。

　　近年来，我国学者在动力学与控制的理论、方法和应用研究中取得了一系列重要成果，不仅在国际学术界产生了影响，而且在国家重大工程中得以成功应用。目前，该学科在非线性动力学等前沿研究领域形成了一支稳定、高水平的研究队伍，在神经动力学等交叉研究领域形成了由多学科学者组成的研究队伍，在面向国家科技重大需求方面，特别是在航天、土木和机械等领域，拥有一支具有国际先进水平的研究队伍。在科学前沿重要基础性问题和国家重大需求的双重驱动下，该学科在非线性动力学、随机动力学、分析力学、多体系统动力学、航天器动力学与控制、转子动力学、神经动力学等研究领域，形成了良好的发展态势。

1. 非线性动力学

　　非线性动力学是我国动力学与控制学科中最活跃的研究领域，是该学科

具有优势的研究方向，学术队伍阵容强大、研究成果丰富、在前沿研究领域
与国际并驾齐驱。近年来，我国学者在高维非线性动力学问题的基本理论和方
法、C-L方法、时滞非线性系统的稳定性和分岔分析、具有摩擦的斜碰撞振
动分析以及基于非线性动力学理论的控制策略和运动稳定性判据等方面取得了
重要进展。但是，我国的非线性动力学研究目前还存在发展不均衡问题。一方
面，理论和方法研究尚不能满足解决实际问题的需求，缺乏实用的运动稳定性
充分必要性判据；另一方面，在揭示非线性动力学新现象、新机理的实验研究
以及实验技术等方面有待于进一步加强。

2. 随机动力学

我国学者在随机动力学理论与应用方面有很好的研究基础，取得了若干
有国际影响的成果。提出并发展了随机激励的耗散哈密顿系统动力学与控制的
理论体系、适用于多自由度拟线性随机系统的虚拟激励法、随机结构系统响应
的概率密度演化方法，在随机响应、随机稳定性、随机分岔、可靠性与随机最
优控制等方面也取得了若干研究成果。但是，已有研究尚缺少对自然和工程中
大量存在的非高斯、非平稳、非马尔可夫随机激励的定量表征与建模，缺乏对
随机激励下具有碰撞、摩擦和单边约束等非光滑系统动力学的研究，对力/电/
磁/热/声等多场耦合下的随机动力学研究不足，关于随机动力学与控制的实
验研究也亟待加强。

3. 分析力学

我国学者在分析力学理论体系的发展与完善、研究方法的改进与创新等
方面取得了显著进展。在非完整力学、伯克霍夫力学、对称性与守恒量、几何
力学和积分理论等领域做出重要贡献，伯克霍夫力学、对称性与守恒量等方面
的研究处于国际领先水平。但是，在几何力学与控制等领域的研究仍落后于欧
洲、美国等发达国家和地区，在队伍建设上虽已初步形成了老中青相结合的研
究队伍，但领军人才、年轻学术骨干亟待培养和充实，与现代数学、理论物理
等学科的交叉需要推进，对力学其他分支学科的促进作用尚待加强。

4. 多体系统动力学

我国学者曾在多刚体系统动力学建模理论、递推算法等方面取得了重要

研究成果。21 世纪以来，我国航天工程的快速发展推动了多柔体系统动力学研究水平的提升，在柔性部件碰撞动力学描述、弹性部件动力刚化、刚 - 柔 - 液 - 热耦合系统动力学分析、非光滑数值算法、约束性质与奇异性分析和传递矩阵计算方法等方面取得了显著进展，对解决大型空间结构展开、空间飞行器对接、飞行器着陆和多管火箭炮发射等多体系统动力学模拟问题，发挥了重要的作用。与国际同行相比，我国多体动力学需要加强解决海洋、车辆等工业领域涉及的重大问题，鼓励向生物力学、仿生机器人等新兴领域拓展，重视实验研究工作及计算方法的系统集成和软件开发。

5. 航天器动力学与控制

该学科的发展与航天器技术的进步与任务实施密切联系、相互促进。近年来，伴随着我国空间站、编队飞行航天器和深空探测器相关项目的实施，在大型柔性结构振动及其抑制、航天器轨道与姿态控制方面得到了快速发展。航天科技的未来发展趋势之一是研制适应多任务需求的新型空天飞行器，这类飞行器具有飞行时间长、空间跨度大、飞行环境变化剧烈、对精度和稳定性要求更高等特点，急需开展小推力深空探测器轨道动力学与运动控制、基于限制性三体和四体问题的非开普勒轨道问题、大型航天器姿态 - 轨道 - 结构耦合动力学与协同控制、航天器结构主 / 被动隔振与减振、高超声速飞行器的热 / 声 / 气 / 固耦合动力学与振动抑制等研究。

6. 转子动力学

转子系统是航空发动机、燃气轮机等现代旋转机械的核心部件，包括单转子、套装同心转子及拉杆转子等复杂结构，其服役环境涉及多场耦合、多频激励与动态载荷等复杂工况，既存在结构和材料的非线性，又存在碰撞与摩擦等非光滑动力学过程。此外，转子系统的振动突跳、双稳态振动等疑难故障，严重影响其使用的可靠性。因此，转子动力学研究亟待解决复杂转子的实验、建模方法及复杂非线性动力学分析、复杂转子系统的计算方法、软件开发与振动故障的发展演化机理分析，复杂转子的非线性敏感参数优化与设计方法、微弱信号的特征提取及状态监测和故障诊断等问题。

7. 神经动力学

我国在神经动力学理论和实验研究方面进展迅速,在单神经元放电的分岔与混沌、神经元网络动力学行为实验和理论及神经能量原理等方面取得了重要成果,特别是在若干典型神经系统与精神疾病关联脑区的网络动力学建模、分析与控制方面也有显著进展。但是,已有研究尚未能真实反映现实神经系统的动力学过程并揭示其工作机制。因此,神经动力学研究应重视与生物学、医学实验相结合,构建合理的神经动力学模型,寻求新理论方法和控制策略,以揭示神经信息活动的机制,服务于疾病的辅助诊断。另外,我国神经动力学研究起步较晚,还需加强青年人才队伍和实验平台建设。

(二)发展布局

1. 学科前沿与基础层面

重点研究高维/非光滑系统的非线性动力学理论和方法、时滞系统动力学与控制、随机稳定性、随机分岔和随机控制、非线性动力学实验方法和参数辨识、神经系统动力学行为的识别和分析方法、分析力学和多体系统动力学的多尺度层次化建模理论等问题。

2. 学科面向国家需求层面

研究高超声速飞行器的热结构动力学、可变体飞行器的变拓扑结构动力学、大型空间机构展开动力学与残余振动综合控制、深空探测器动力学与控制、深海管道流致振动及其抑制、高速载运工具的动态响应及其抑制等问题。

3. 学科交叉与拓展层面

研究神经系统疾病相关网络动力学、多场耦合系统非线性和随机动力学、振动驱动的仿生建模与实现和认知系统动力学等问题。

三、固体力学学科的发展现状与发展布局

(一)发展现状

固体力学是力学最经典的力学分支学科,也是涉及领域最广、研究规模

最大的一个分支学科。现代固体力学研究对象的复杂性越来越突出，由此带来了一系列处于科学前沿的新问题和新领域。同时，国防、航空、航天、能源、新材料、重大装备、海洋工程、灾变和生命等诸多领域的重大需求，也为固体力学不断带来新问题、新要求和新的用武之地。

固体力学对我国现代科学发展和国民经济建设做出了巨大贡献，我国固体力学家在板壳理论、广义变分原理和拓扑优化等方面做出了许多开创性工作，赢得了国际力学界的尊重，并为两弹一星、运载火箭和弹道导弹等研制成功提供了坚实的支撑。近年来，我国固体力学工作者在本构理论、断裂力学、细观力学、计算力学与结构优化、光测实验力学、岩石力学、工艺力学和超常条件下的材料力学等理论、方法和应用研究中取得了一系列重要成果，为国民经济和国家安全做出了重要贡献；在多功能材料、场耦合分析与失效机制、材料微纳米尺度力学行为、复合材料力学和智能材料力学等新兴或前沿方向上进展很大，在国际学术界产生了重要影响，形成了良好的发展态势。

1. 计算固体力学与结构优化理论

我国在计算固体力学的多个研究方向上处于国际领先水平，在变分法、辛力学体系和有限元方法等研究中做出了重要贡献，许多经典研究成果至今仍一直被国际上广泛引用。我国学者在结构拓扑优化奇异最优解问题的研究中，首次正确描述了奇异性拓扑优化问题可行域的形貌，揭示了奇异最优解的本质特点，提出了处理奇异最优解的系列算法，成功地将结构拓扑优化与尺寸优化统一在同一求解框架下，这一成果得到了国际同行的高度评价，产生了重要的学术影响。我国学者开发的若干计算力学软件在基础算法和软件功能上颇具特色，并已成功应用于工业和国防领域重要结构的选型优化。近年来，我国在跨尺度和微纳米计算固体力学方面也得到快速发展。

2. 实验固体力学

近年来，我国的实验力学工作者在光学测量、图像处理、无损检测、传感技术、工程电测、拉曼光谱、同步辐射光 CT 和微纳米等实验力学理论与检测技术上取得了可喜成果。开展了多场多尺度下材料和结构力学行为的实验研究，揭示了新材料和结构力学响应规律，发展了多种新型微 / 纳米材料和微电子器件的力学测量方法和技术；将光学图像和计算技术相结合，成功应用于靶场基地目标运动三维姿态、大型舰船变形、航天材料和结构的高温性能测量等领域；基于 MEMS 技术实现的非致冷红外成像技术、温度分辨率处于国际先进水平。

3. 微纳观固体力学与本构理论

我国学者在固体本构理论及张量函数表示理论研究方面取得了显著的成果。发现了一些重要的本构不变性性质，建立了一系列新的基本定理和连续统对称性原理。在纳米尺度材料和器件的力学行为研究方面，提出首个 G 赫兹纳机械振荡器的构想和理论预测，提出了纳米晶体的塑性变形模型；建立和发展了新的细观力学理论和多种高效跨尺度计算方法；在生物材料的微纳米力学与仿生、纳观尺度下的固体材料表 / 界面效应等方面获得了一些新发现。

4. 铁电 / 压电材料力学

我国学者系统且定量地探讨了铁电陶瓷在力电耦合加载下以断裂和疲劳裂纹扩展为代表形式的失效过程，发现了裂尖集中电场诱发的铁电畴变区，提出了电致断裂、电致疲劳裂纹控制和电致畴变增韧的模型，建立了测量铁电陶瓷耦合变形的本构试验系统，提出了一种基于铁电材料内部电畴分布的宏细观相结合的本构理论，相关铁电材料的本构关系成为国际上认可的三种代表性本构关系之一；发展了压电线性和非线性断裂力学，实验证明了导电裂纹的电断裂韧性为常数，构筑了电致断裂的理论框架；首次提出了基于能量密度理论和模态能量的压电断裂准则，建立了求解压电层状结构界面裂尖场和波散射问题、压电材料界面裂纹动态断裂问题的一般方法，建立了电致伸缩材料完整控制方程组，得到了层状压电结构有限变形和偏场情况下表面波的完整控制方程组。

5. 复合材料力学

我国学者在复合材料力学方面开展了广泛且系统的研究工作，有力支撑了先进复合材料在国防、航空航天等领域的应用，解决了轻量化、多功能化和国产纤维技术中的若干难题。改进了复合材料性能预报的细观模型，在国际复合材料强度预测竞赛中取得了佳绩，发展了多种基于均匀化思想的复合材料性能预报方法，通过仿生原理，极大地提高了复合材料的界面和表面性能。最近几年，在碳纳米管、石墨烯和 POSS 等纳米复合材料方面进行了积极探索，在国际上产生了显著的影响。

6. 岩石力学

我国学者根据深部岩体的赋存条件和自然性状，充分考虑了深部岩体高度节理化特征，建立了深部裂隙岩体的宏观损伤力学模型，考虑裂隙分布和大变形的影响，引入损伤力学系统，推导出岩石损伤的状态方程；在此基础上，提出了岩体蠕变非线性大变形损伤力学理论及有限元数值方法，成功预测了采动岩体的损伤大变形和蠕变稳定过程，为深部巷道支护设计提供了理论依据；提出了基于深部岩体力学特性的深部巷道支护设计方法，发展了相应的技术措施，并通过喷射钢纤维混凝土改善了喷层的整体力学行为，可更好地适应深部岩体大变形的特点，相关成果产生了重要的社会效益和经济效益。

7. 制造工艺力学

我国学者围绕冲压工艺中的具体问题，系统研究冲压工艺与模具设计理论、计算方法，以及薄板冲压工艺与模具设计的关键技术，为薄板冲压技术中的起皱、回弹和拉裂等瓶颈问题提供了一整套解决方案；对注塑成型模拟技术开展了系统和深入的研究，发展和完善了高聚物成型过程的物理和数学模型，开发了相关的分析软件和仿真系统，使高聚物成型加工及模具设计建立在科学定量的基础上，为优化模具设计和控制产品成型过程以获得高性能的高聚物制品提供了科学依据和设计分析手段；研发出汽车车身结构及部件快速精细设计、制造分析的软件系统，有数项关键创新技术具有国际领先水平，为我国汽车车身部件自主设计和制造，提供了具有完全自主知识产权的核心软件技术，并为我国在力学分析软件产品商业化技术运用方面积累了宝贵的经验。

8. 高温固体力学与热防护

为满足国防、航天等领域高速飞行热防护和发动机热端部件的要求，我国力学工作者通过学科交叉开展了深入的研究工作，并取得了重要研究成果，为关键装备和型号的研制提供了重要支撑。建立了耐高温复合材料在超高温和复杂应力条件下的力学性能测试方法，获取了关键的高温性能数据；发展了高速飞行服役环境与材料耦合的等效模拟方法和在线信息获取技术，揭示了新型材料烧蚀/侵蚀/剥蚀、超高温氧化机理；发展了细观热防护理论，显著提升了材料使用性能预报的精准度；获取了抗高温氧化与强韧化的协同机制，有效改善了超高温陶瓷材料的抗热震性能。初步构建了高温固体力学框架,为超常服役条件下材料自主创新能力的提升提供了有力的研究手段和技术储备。

9. 智能材料与结构力学

我国学者在力/电/磁/热耦合场下材料变形与断裂行为的实验与理论研究中取得了重要进展,研制出力-电耦合、力-磁耦合加载等多种实验设备;在智能形状记忆聚合物、介电弹性体、光纤传感器、结构健康监测及其解调分析等研究领域,取得了具有国际先进水平的基础研究成果;开展了特殊功能和智能复合材料在变体飞行器、空间展开结构等航空航天领域中的应用研究;发展了新型自适应机翼和智能旋翼结构、复合材料构件的健康监测和飞行器结构的减振降噪技术,实现了功能材料与元件的制备和集成;在结构灾害动力效应与振动控制、结构灾害演化行为与健康监测、抗灾减灾新型结构体系与性能设计、结构动力振动与控制、结构损伤可靠性与监测等土木工程领域和海洋平台结构研究方面进展显著。

(二)发展布局

1. 基本理论与基本规律层面

重点支持新型材料的本构理论、高温固体强度理论和复杂环境下结构的静/动态响应研究,继续加强非均匀介质、先进复合材料的力学行为研究,积极扶持新能源材料、环境友好材料、生物与仿生材料、软物质及多功能材料等的力学行为研究。

2. 基本方法与手段层面

重点支持超大和微纳两个尺度的实验与分析方法研究,包括多场、多尺度与跨尺度关联分析方法、新实验方法和技术、高效高精度大规模工程与科学计算方法等;积极扶持相关新型仪器和设备、通用和专业软件的研究与开发及大型结构在线检测与安全评价理论和方法等。

3. 重大应用基础研究层面

关注新能源、高效动力、大型飞机、新型空天飞行器、先进制造、高速轨道交通、海洋工程、核能设施和微电子/光电子器件等国家重大需求中的关键固体力学问题，包括装备与工程结构的设计理论与方法，材料与结构的强度、振动及可靠性分析与评价等。

4. 学科交叉与前沿层面

重视流－固耦合、多物理场耦合及多过程相关的理论与方法研究，促进与生物、化学、物理和医学等学科进一步融合，共同认识生命体的基本规律，加强医疗器械的基本力学规律研究与人工器械的设计与功能评价，支持新型纳米材料、多孔材料、超材料和软物质等相关力学行为研究。

四、流体力学学科的发展现状与发展布局

（一）发展现状

流体力学是一门经典的力学分支学科。当代社会和经济发展的需求，数学、实验手段和计算机技术的发展，一方面在不断丰富流体力学学科自身的内涵；另一方面在不断深化其各种理论体系。我国学者在流体力学的理论、计算、实验和跨学科研究以及在重大工程中的应用等方面都取得了一系列重要成果，部分达到国际领先水平。在学科前沿领域，已经奠定了坚实的工作基础，具备了高水平的试验条件，形成了一支处于国际前沿、可多学科交叉开展研究的科研队伍。同时在与国家重大战略需求相关的流体力学领域也取得了显著进展，为国民经济和国家安全做出了重要贡献。结合国内外流体力学的发展态势，以及我国未来经济和国防建设对流体力学的需求，流体力学的前沿和重点关注领域主要包括湍流与流动稳定性、旋涡动力学、空气动力学、水动力学、多相流与渗流、微重力流体力学、微纳流体力学、计算流体力学、实验流体力学以及流固耦合与气体弹性等。

1. 湍流与流动稳定性

湍流是自然科学的经典难题，在 21 世纪依旧是科学界最具挑战性的研究方向之一。数学家关心描述湍流的 N-S 方程解的存在唯一性，物理学家关心作为非平衡态典型案例的湍流，而流体力学家关心真实湍流的机理和预测湍流

的方法。流动稳定性理论是为了解释从层流到湍流的转捩机理而产生的,主要关注层流流动在什么条件下、如何变为湍流,以及如何控制转变过程。我国学者在该领域取得了丰富的研究成果,在边界层转捩、湍流模式理论和拟序结构等方面产生了重要的国际影响。提出并建立了限制型大涡模拟方法和模型,发展了非线性涡黏性湍流模式体系;探讨了压缩湍流的马赫数效应、壁面温度效应,揭示了可压缩湍流剪切和胀压过程的多尺度统计性质及相互耦合关系,探讨了可压缩湍流边界层在速度梯度张量不变量空间的流动拓扑及其演化特性。在结合航空航天应用研究方面也取得了重要进展,对高超声速边界层转捩进行研究,发现其存在第二模态,其稳定性特性和低速边界层有本质区别。根据我国在航空航天、国家安全方面的重大需求,与飞行器有关的高超声速边界层的流动稳定性、转捩与湍流将是当前及未来该领域的研究重点和发展方向。

2. 旋涡动力学

旋涡动力学主要研究涡量和旋涡的产生、演化,与物体和其他流动结构的相互作用,以及在湍流发生、发展和流动控制中的作用等。我国学者开展了复杂旋涡流动的诊断和控制基础及其应用研究,发展了动边界处旋涡动力学的基本过程分析方法,建立了依据变形体周围有限流场的运动学参量,定量确定变形体动力学特性的理论体系,提出了物体运动产生的尾迹涡环结构基本模型及其相关力与效率的预测方法;系统研究了激波与涡的多阶段相互作用以及超声速混合层的混合机理和涡结构特征,层流、转捩和湍流及分层流和旋转流中的涡量,各种旋涡的产生、相互作用、稳定性和破裂,以及工程应用中旋涡流动的诊断和控制问题。旋涡动力学始终受到国民经济和国防科技中强大需求的牵引,因此在边界涡量的生成和分离、动边界旋涡动力学的理论和方法、旋涡的稳定性和涡破裂机理、基于旋涡动力学的旋涡诊断和控制技术及其应用等问题将成为未来该领域的重要研究方向。

3. 空气动力学

空气动力学对航空航天飞行器设计和研发发挥着直接的支撑与推动作用。近年来,我国学者在复杂外形气动设计方法及其应用、新一代超临界翼型/机翼设计、非线性气动弹性问题研究等方面取得了重要进展,这些研究为发展各类航空飞行器设计提供了重要的支撑;在高超声速空气动力学相关问题方面,解决了再入弹头高超声速绕流的数值计算问题；开展了与可压缩湍流问题相关的超声速混合层和高超声速边界层稳定性、转捩和湍流问题，高超声速升力体和乘波体概念与设计原理，超燃冲压发动机气动问题的研究；以分子模拟方法为代表的稀薄气体动力学的研究，已经具备解决航天工业和 MEMS 等领域中相关实际问题的能力。针对未来各类新型空天飞行器发展的需求，新概念气动布局设计、大攻角非定常分离流动的准确预测、高效的流动控制技术、过渡稀薄气体区域求解和稀薄等离子体的模拟等均是空气动力学未来需要解决的关键问题。

4. 水动力学

我国学者在水动力学研究方面主要集中于水下发射技术、先进船舶技术及海岸与海洋工程等领域的水动力学基础研究。在高速与超高速水下航行体水动力学研究方面，建立了新的物理模型实验设施，发展了三维非定常多相流动数值模拟方法，在通气超空泡的内部结构与稳定性、船舶推进器及附体空化机理、复杂海况下航行体出水和带空泡出水载荷及其作用机理、运动物体入水理论等基础研究方面取得了显著进展。在极端海洋动力条件下流体与结构相互作用的研究方面，发展了内波、畸形波和海啸波等非线性水波动力学理论和模拟方法，数值波浪水池技术及其应用研究也取得了新的进展。未来的发展主要关注与先进舰船、海洋工程与海洋灾害有关的复杂流动机理与模拟方法，包括：群泡动力学与空化机理，空蚀的建模与预测、空泡流与通气超空泡的非定常特性和内部多物理场演化规律，水面与水下航行体的水动力噪声，非线性波浪与系泊浮式结构物的相互作用，高速航行体出入水、破碎波、液仓晃荡、甲板上浪以及大振幅海洋内波等强非线性自由表面流动，近海复杂地形条件下超大型浮式结构的水弹性分析理论，风暴潮、海啸等海岸 / 近海灾害的预警与防治等。

5. 多相流与渗流

随着重大工程的需求和研究方法的发展，对自然现象和工程应用中一些复杂环境和流动条件下多相流场的研究逐渐增多，同时渗流也涉及裂缝型介质渗流、饱和与非饱和渗流、多组分渗流、物理化学渗流、非线性渗流和微观渗流等。我国学者在多相流与渗流的数值模拟方法和实验方法，多相湍流相间耦合研究中的湍流对相间动量耦合的影响、湍流对颗粒的影响、颗粒对湍流的影响及其机理,以及超常情况下的多相热流体动力学、纳米颗粒两相流、沙粒起动跃移运动和雾化射流等方面都取得一些进展。多相流和渗流研究的未来发展主要关注环境、灾害、能源及化工等工程中的复杂介质流动,需要研究多相湍流场及稳定性,非线性多相流相界面动力学,超常规离散相多相流,多尺度和多场作用下的多相流,多相多组分渗流中相间和组分间的相互作用机理,物理化学渗流中物理过程和化学反应复合条件下的渗流运动,非线性渗流中的非达西渗流、微观渗流的数学建模等。

6. 微重力流体力学

主要研究微小重力环境中的流体运动规律,揭示重力对相关流动的影响机制。我国的微重力流体力学主要研究工作始于 20 世纪 90 年代初,在流体物理基础和空间流体实验技术方面取得了重要突破和进展,自行开发研制了空间实验设备,成功采用了多项专利技术,尤其 2002 年在"神舟 4 号"飞船上进行的液滴热毛细迁移空间实验获得了圆满成功,为我国今后空间流体实验积累了宝贵的微重力实验经验。微重力流体力学强调基础研究和应用研发并重,重视数值模拟和短时微重力落塔实验,支持先进微重力实验诊断技术的发展,凝练空间实验目标。未来重点研究方向包括:表面张力驱动对流的基本特征及其稳定性,流体界面现象和接触线(面)动力学,气液两相流相分布特征及先进表征方法,气泡、液滴动力学及传热特性,电化学反应两相流,蒸发 / 凝结两相系统稳定性,分散体系聚集过程,胶体(包括胶体晶体、液晶等)相变,颗粒物质动力学,电、磁流体的流变行为等。

7. 微纳流体力学

随着生化微纳流控芯片实验室和微纳机电系统的发展,微纳米流体力学正成为研究热点。从流体力学的角度看,一方面,这些器件使我们获得了操控微量流体以及流体中微纳颗粒输运的前所未有的能力;另一方面,微纳流体呈现出不同于宏观尺度下的流动特征及规律,深入探索与之相关的流动机理是实现微纳流动及输运控制的前提和基础。国内以流体力学为背景的研究工作包括:纳微尺度下的电控流动与物质输运、纳微通道壁面滑移速度测量、表面纳微结构流动减阻、纳微流动的多场多尺度耦合模拟理论以及微尺度通道中的多相流动等。未来需要重点研究的工作包括:纳微尺度下的非线性电动现象和界面问题，多场作用下的物质输运过程，多尺度多过程耦合理论与模拟，从微米到纳米、从多细胞到单细胞、从多分子到单分子、从单一通道到多通道的微纳流控技术。

8. 计算流体力学

我国计算流体力学研究已在数值模拟方法方面取得了一批具有影响力的研究成果。例如，高阶加权紧致非线性格式、航空 CFD 计算可信度分析以及再入弹头高超声速绕流的欧拉（Euler）方程和 N-S 方程的数值计算等。目前，无论是数值计算方法、网格生成技术，还是软件研制、工程应用等方面的研究工作都已基本处于国际先进水平。目前有待解决的主要科学问题有：适用于多尺度非线性问题计算的高精度、高分辨率的数值方法，多物理流体运动的数值模拟方法，特别是非定常多尺度多物理流体运动的高精度高分辨率计算方法的研究，混合方法和高效网格生成技术，流-固耦合、振动与声的耦合、高速冲压下的结构力学和热力学耦合的数值模拟方法，与流体运动相关的新兴或交叉学科的计算流体力学研究。

9. 实验流体力学

我国学者在该领域将学科发展和国家重大需求相结合，取得了显著的研究进展和有特色的成果。粒子图像测速技术的发展，有望在可压缩湍流的实验测量、边界层旁路转捩的实验研究等方面取得突破性进展，为保持湍流及旋涡动力学的研究优势提供支撑。未来发展趋势主要体现在如下几方面：定性观测和定量测量相结合、基于分子的测速技术以及速度、压力和温度等多种测试技术的综合运用、时间解析的三维 PIV 技术的完善及各种流场诊断技术等。同时现代科技的发展也给实验流体力学带来了极好的发展机遇，如微 / 纳米技术为新一代微型传感器的研制奠定了基础，由此发展了特殊环境下新的实验方法以及基于跨学科带来的新型实验流体力学技术等。

10. 流固耦合与气动弹性

流固耦合力学研究弹性体与流场相互作用的力学行为，相关的理论、计算方法和实验方法均有特殊性。国外近年来在跨声速非线性气动弹性理论和计算方法、大柔性结构气动弹性分析方法、超声速热气动弹性理论和计算方法、气动弹性主动控制方法与实验等方面的研究进展较快。国内在相关基础理论、高精度高效计算方法、实验验证新方法等方面有较大差距，现有的气动弹性理论和计算/实验方法已经远不能适应新一代飞行器发展的需求。目前需要进一步关注非定常、非线性和强耦合作用下的流固耦合与气动弹性的动力学新现象、新规律和新方法，从基础理论、计算方法和实验原理等层面系统深入地开展研究。

（二）发展布局

1. 学科前沿和基础研究层面

着重发展复杂湍流和可压缩湍流理论，复杂介质特性和流动理论，多场耦合下的复杂流动规律和描述方法，复杂流动的多尺度效应和非线性理论，稀薄气体和非平衡流动规律，极端环境下的真实气体效应，高速水动力学，流固耦合效应和动力学理论，多相多组分复杂流动机理和理论模型，气动热化学流动理论，复杂介质和非线性渗流理论，微纳尺度流动理论和描述方法等。

2. 重大应用研究层面

着重发展航空航天中的流体力学（包括高超声速流动、先进推进理论，超燃机理及其诊断方法，气动/飞行一体化设计理论和方法，气动热模拟理论和计算模型，先进航空器的 CFD 设计方法和软件，高速飞行中的非定常流动机理及飞行器动稳定特性），海洋工程中的流体力学（包括超空泡流动特性和水中高速航行体的超空泡减阻机理和技术，非线性波浪、船舶大幅运动以及自由面的强非线性力学问题，内潮和内波的发生机理、演化与传播规律，深海结构物的流体载荷和流固耦合理论，海洋波、浪、流与海床的相互作用和耦合动力学等），以及高速轨道交通中的流体力学（包括气动优化设计理论和减阻机理，高速列车的地面效应和隧道效应，高速列车的气动噪声评价方法和降噪机理等）。同时，关注微电子封装中的关键流体力学问题。

3. 交叉学科和新兴领域层面

积极开展与环境科学、灾害科学、生命科学等领域相关的交叉研究，包括复杂自然环境流动机理，流动和物质能量输运过程及其与物理、化学、生物学过程的耦合机理，复杂自然介质的流动、破坏机理和描述方法，环境和灾害发生突变及演化中的关键力学特征和规律，大气湍流和环流模式，复杂环境流动的实验模拟方法和大型计算软件，全球气候变化下节能减排中的关键流体力学问题，以及血流动力学、生物流变学和仿生流体动力学等。

五、生物力学学科的发展现状与发展布局

（一）发展现状

生物力学作为一门新兴交叉学科，自诞生以来在国外一直以较快的速度发展，2014 年 7 月在波士顿召开的第七届世界生物力学大会收到摘要 4000 余篇，参会人数 5000 余人，充分展示了国际生物力学研究队伍的迅速壮大和生物力学学科的蓬勃发展。我国生物力学发展态势与国际同步，研究领域和队伍规模日益扩大，在骨肌与口腔生物力学、运动与康复生物力学、血液循环与呼吸系统生物力学、分子细胞生物力学与力生物学、生物组织材料及仿生生物力学等领域的应用与交叉领域也取得了一批具有国际水平的成果，与临床应用和医疗器械相结合的生物力学研究发展迅速，在发展医学工程的新概念和新方法，提供新的临床诊治仪器和装备，促进新药设计、筛选与开发，空天及交通领域人体防护等方面做出了重要贡献。

1. 骨肌与口腔生物力学

目前，我国的骨骼-肌肉生物力学研究迅速崛起，并朝着专一化、精细化方向发展，接近国际先进水平。主要工作包括骨骼、肌肉系统的生物力学（包括口腔生物力学）及骨重建研究、肌骨系统三维建模与仿真技术、肌骨系统组织工程、骨骼与肌肉系统植入物优化设计与评价、肌骨系统手术优化及计算机辅助、骨骼与肌肉系统测试技术及信息处理、不同力学刺激对骨的影响、空间微重力环境下骨丢失机制及航空过载对骨肌系统影响等研究。与国际领先水平相比，尽管我国学者已在与骨肌生物力学相关的一流国际期刊发表了大量的学术论文，但具有突破性、引领性的研究较少，成果转化率偏低。

2. 运动与康复生物力学

在运动与康复工程中，生物力学研究和应用的重要性已经初步得到了行

业和产业界的普遍认同。我国运动与康复生物力学基础研究特别是在假肢及典型运动状态的生物力学方面有了较大发展，在相关国际期刊和重要国际会议（如 ISB）发表的论文数量大幅度上升，在指导康复辅具研发、体育运动训练和运动器械优化等方面发挥着越来越重要的作用。不足之处在于，虽然来自临床医学和运动康复领域的研究人数增加迅速，但相对于生物力学的其他研究方向，其研究基础和水平较低，对相关科学和工程问题提炼不够准确，运动康复生物力学的重要社会、经济价值还未能充分体现。

3. 血液循环与呼吸系统生物力学

目前，我国血流动力学研究在更加具体、精细化的体内血流流场及其生理病理意义等方面取得了很大进展，在血流动力学的部分领域（如动脉血流的旋动流理论及其临床应用等领域）取得了国际一流的成果，在个体化心血管介入治疗的手术规划和动脉粥样硬化斑块生长、破裂机制与高风险斑块的预测等方面的研究发展迅速。我国从事动脉系统血流流场的数值模拟方面研究的单位较多，但自主创新能力仍有待于进一步提高，相关研究和应用的覆盖面总体来看依然比较狭窄，循环系统生物力学研究力量多于呼吸系统，呼吸系统生物力学特别是呼吸－循环－神经等生物力学系统耦合研究有待加强。

4. 分子细胞生物力学与力生物学

细胞力学可阐明细胞如何感受和传导力学信号，并对细胞环境的物理特性做出响应。力学生物学则侧重于从基因－蛋白质－细胞－组织－器官－整体等不同尺度上探讨"应力－生长"关系，关注力学环境对生命体健康、疾病或损伤的影响，以利于发展有效的新诊治技术。分子－细胞生物力学与力生物学是我国生物力学的相对优势领域，其研究工作与国际研究水平相当。在血管力学生物学、蛋白质相互作用动力学、生物大分子力学－化学耦合、细胞力学信号转导、细胞力学－生物学耦合、干细胞力生物学和骨关节力学生物学等方面取得了一些令人瞩目的新进展，部分工作处于国际领先水平。该方向的不足之处在于有关生命科学最前沿的相关引领性工作不足，在国际顶级期刊发文较少，原创性研究方法及研究手段较少。此外，该领域研究与医学及医疗器械、药物研发的结合及深度融合交叉存在不足。

5.生物组织材料及仿生生物力学

我国在生物组织材料与仿生生物力学方面虽然起步较晚，但进展非常迅速，近年来已经在不同尺度生物材料的结构、组分、性能和功能的优化适应性与物理机理、结构‐材料相互作用、物理和力学性能实验测量与表征、生物体表面多级结构及其物理机理、生物材料基本生物功能和性能及多尺度模拟方法和实验技术等方面得到了一些令人鼓舞的结果；在拍动飞行的空气动力学、能耗和拍动运动节能机制、稳定性与控制以及昆虫‐小鸟和蝙蝠机动飞行控制，鱼类游动力学、力能学及机动运动控制等方面取得了显著进展。从生物学与力学的耦合角度开展研究，并与生物活性材料、组织工程支架研发、仿生智能结构器件和飞行器的优化交叉研究等已成为该领域新的方向。

除上述几个方面的基础研究外，我国生物力学工作者还在开拓微重力生物学及航空航天生物力学工程、生物力学在医疗器械中的应用，发展力生物学与生物力学的实验技术新概念和新方法，提供新的临床诊治仪器和装备，促进新药设计、筛选与开发等方面，开展了大量研究工作。

（二）发展布局

1.学科前沿和基础层面

重点研究从分子、细胞到组织、器官和系统的跨层次生物力学和力生物学，跨尺度生物力学定量化实验方法、建模和仿真理论，血液循环、呼吸、神经和骨肌等多生理系统耦合的生物力学，探索活性生物材料和仿生生物材料的力学行为及其机制，揭示材料与细胞、组织相互作用的生物力学与力生物学机制。

2.学科面向国家需求层面

面向医疗器械新兴战略性产业，开展人工器官、医用植介入体、康复辅具和心脑血管参数辨识与疾病诊断、血液透析与净化等领域的生物力学与力生物学研究，探索该领域优化设计、性能评测等方面的关键核心科技问题；面向航空航天及国防事业发展的需要，研究航空航天生命保障、损伤机制与防护等领域的生物力学与力生物学问题。

3. 学科交叉方向层面

研究先进材料、微纳器件与系统、新型药物及递送系统、导航与机器人技术等的生物力学问题；研究生理系统的力反馈虚拟现实仿真理论与方法、人-机-环境相互作用的人体行为工程的生物力学。

六、力学交叉领域的发展现状与发展布局

（一）发展现状

我国力学交叉领域的发展，得益于钱学森等老一辈力学家的大力倡导和亲自示范，相关学科从理论体系、方法论到重大实践都处于国际发展的前列。总体而言，力学交叉领域的研究工作一方面在国际上有重要影响；另一方面为国家安全和社会发展不断做出关键性的贡献。郑哲敏先生获得 2012 年年度国家最高科学技术奖是最好的例证。

1. 环境力学

我国环境力学与国际研究同步发展，自 20 世纪 80 年代以来，力学工作者积极参与环境问题研究，逐步形成了环境力学的理论框架，凝聚了环境力学的研究队伍，并取得了可喜的成果，为我国可持续发展做出了贡献。

（1）大气与水体环境。大气环境方面主要研究边界层、自由大气中的流体运动和物质、能量输运理论，解释各种大气环境现象。发展了大气动力学，实现了数值天气预报；研究了各种复杂下垫面上的大气边界层，不仅可以模拟微气象和大气污染，而且对气候研究有重要意义；从野外测量、风洞实验、理论建模和计算模拟等方面对风沙运动及其影响进行了微观至宏观的系统研究，实现了从单颗沙粒运动到沙漠形成演化过程的跨尺度定量模拟；研究了风沙起动临界风速，得到了风沙输沙率公式，发现了风沙带电现象，分析了它对风沙运动的影响。在水体环境方面，发现了因旋转引起的风生环流的西部强化、中尺度涡和由于温盐作用竞争产生的双扩散现象。建立了全非线性、全频散的水波模型，对于随机风浪，发展了第三代海浪谱预报模式。逐步认识到泥沙输运主要以非恒定形式输送，在河口海岸工程中发挥了重要作用。建立了有特色的土壤侵蚀动力学模型，探讨了水土流失的预报、防治措施，为西部治理提供科

学依据。

（2）岩土体与地球深部环境。在岩土体环境方面，发展了渗流的不同学科分支，如多相渗流、非牛顿渗流、物理化学渗流、微观渗流、多重介质渗流和随机介质渗流等。在地球深部环境方面，除了地幔对流外，主要研究小尺度岩浆库流动，考虑了热传导、对流、挥发和熔化等过程的影响，特别是由于冷却和结晶导致的组分差异对流。

（3）全球环境。开展了大规模的联合野外和现场观测，积累了陆面过程的丰富资料，建立了中纬度干旱地区通量的参数化方案，标定了卫星遥感数据，改进了当地的水资源利用。提出了海洋表层和大气下层研究计划（SOLAS）和海岸带陆地、海洋相互作用计划（LOICZ）。

（4）工业与城市环境。实验研究大气或水体中的污染物对流扩散问题，为核电厂设计、城市 CBD 规划提供了重要依据；针对工业节能减排和城市空气污染问题，重点开展了含化学反应的多相复杂流动以及大气动力学模式研究。

2. 爆炸力学

在武器装备等需求的牵引下，爆炸与冲击动力学理论、数值模拟和实验技术得到了快速发展，具体体现在以下几个方面：

（1）爆轰。采用理论、实验、数值分析和工程应用紧密结合，宏观、细观和微观紧密结合的方法，研究爆轰的重大基础问题，如多维爆轰波结构、爆轰的能量输出控制、热和撞击加载下炸药的损伤和点火等问题。目前，爆轰研究已从连续介质模型逐步走向包含分子动力学、量子化学等方法在内的多尺度、多物理场模型；研究对象从传统炸药的爆轰，拓展到各类新型、非均质炸药的复杂爆轰、气相爆轰以及激光维持的爆轰波等；爆轰的应用研究也从单一服务于高毁伤效能开始向新型、高效的推进技术和驱动技术等发展。

（2）材料动态力学行为。进一步从理论、实验和数值模拟等方面研究强动载荷条件下的动力学行为，并建立相应的宏细观动态本构方程。研究重点包括强动载荷作用下材料变形与破坏的微观机制，应变率和温度效应等对动态变形、破坏过程的影响，材料在更高压力条件下的状态方程，先进材料和复杂介质的动态力学行为，强动载荷条件下材料与结构响应的精细测量技术与仪器等。

（3）侵彻与冲击动力学。侵彻动力学近似解析理论、碎裂理论、包含不同尺度构型/结构的复杂侵彻模型、非晶复合材料等新弹体的侵彻性能及其机理以及新侵彻模式与毁伤机制等得到了较为系统和深入的发展。目前研究主要服务于新型装甲与复杂靶体的侵彻与防护、深钻地武器与防护技术、航天器空间碎片防护、单兵防护及交通设施与运载工具的碰撞安全设计等。

（4）实验与计算爆炸力学。始终瞄准"更高压力、更高应变率、更高时空分辨率"等挑战性问题，充分吸收激光物理、等离子体物理和光电子技术等其他学科的最新进展，建立了以准等熵压缩、爆轰驱动气炮等为代表的高水平实验装备，并与国际上同步发展了 PDV 测速、高速 DIC 等测试技术。在材料的宏细微观多尺度计算、多场耦合/多物质/多过程/复杂界面问题计算及高精度/高效计算方法等方面取得了重要进展。

3. 物理力学

历经半个多世纪的发展，物理力学的研究条件得到了极大改善。随着非平衡态统计力学、凝聚态物理和现代化学的不断发展以及计算机软件和硬件的飞速进步，计算的规模、速度和精度大幅度提高。与此同时，物理力学在核能利用、航天技术和微纳米科技等方面取得了突出成就。物理力学的研究内容和应用领域呈现不断扩大的趋势，主要包括以下几个方面：

（1）高温、高压物理力学。从原子与分子的结构理论出发，建立了高温高压条件下材料结构转化的理论框架，开展了高温、高压下辐射不透明度和物态方程的研究，强激光束、电子束等高能束流与物质相互作用的研究，相关理论、方法、装置和系统，已经在国防和先进制造等领域得到实际应用。

（2）复杂流体的物理力学。在离子化气体和高温气体的化学反应及其动力学、碳氢燃料点火特性、气体化学反应速率常数的微观理论、气流介质与激光相互作用的理论和数值方法等研究领域取得了重要进展；在非单一相、包含介观尺度的微粒及可形成内部结构的复杂流体行为的研究中揭示了丰富的非线性效应；结合国家重大工程需求，在有关磁流体不稳定性、激光与等离子体相互作用和内爆动力学等方面取得了系列进展。

（3）固体材料的物理力学。这是物理力学最活跃的方向之一，主要目标是建立从量子力学到连续介质力学的桥梁，通过深入理解微尺度结构对宏观强度和变形的影响，为材料的强度与变形机理提供坚实的理论基础，同时也期望能通过微尺度结构的控制来实现特定的宏观性能。近年来，多尺度/跨尺度计算方法成为其主要的研究手段，微纳米尺度的实验表征技术也获得了长足发展。目前的热点在于各类新兴材料体系（如低维材料、纳米材料和非晶材料）变形、损伤和失效的模拟，以揭示先进材料高性能的物理机制，先进功能和智能材料的多物理场性能表征与机理研究也是一个重要的研究方向。

（4）表面/界面物理力学。主要研究进展集中在多物理、化学场下，表面/界面效应导致的跨尺度力学行为，包括表面与界面平衡和非平衡性质两大类。未来发展需要结合微纳材料、微纳机电系统和能源领域等具体问题，从"固－气""固－液""固－固""固－生物"等界面的微观结构、物化性质及运动规律出发，探索表面与界面现象的物理力学机制，研究表面与界面弹性变形、流动与表面其他物理和化学耦合作用的规律，促进其在能源、材料、生物医药和微纳系统等领域的应用研究。

（二）发展布局

1. 环境力学

针对我国生态环境脆弱，且经济高速、不均衡发展的特点，重点加强如下几方面的研究：风沙迁移、土壤侵蚀、河口环境和海岸防护的建模与动力学演化规律研究；台风、风暴潮、洪水、滑坡和泥石流灾害的预警、预测与防治研究；大气和水体重大污染，如 $PM_{2.5}$ 等社会发展诱发的环境问题的机制、控制与治理研究；各类飞行器、航行器的噪声预测、控制方法与优化设计。这些都将成为环境力学为转变生产方式和加强环境治理做出重大贡献的主战场。

2. 爆炸力学

以高毁伤效能新型装药的发展为牵引开展爆轰相关的重大基础研究，重点关注先进材料动态力学行为和新的实验与测试技术；关注复杂侵彻模型、碎裂理论和失效波等学科前沿；积极扶持大型工程仿真软件和跨尺度计算软件的开发。此外，大型基础设施和工程结构的安全性、先进制造中的爆炸力学问题、自然界中的各类爆炸和冲击现象也都应该引起足够的重视。

3. 物理力学

坚持先进武器和能源技术、航空航天和基础材料领域等国家重大需求的牵引，进一步丰富和规范物理力学的内涵和方法论，重点开展各种极端条件下材料和复杂流体的动力学行为及其机理研究，以先进能源和材料为背景的表面和界面平衡与非平衡特性研究，高能束流与物质的相互作用规律研究，长时微重力科学研究，各种先进的高压/高温加载与测试技术。

第四节　力学学科的发展目标及其实现途径

"十三五"是《国家中长期科学和技术发展规划纲要（2006—2020年）》实施的最后一个5年计划。为了实现"自主创新、重点跨越、支撑发展、引领未来"这一战略任务，在综合分析力学学科发展规律和态势的基础上，认真总结我国力学学科的发展现状、布局情况，在现代化建设和国家安全中的贡献，分析与发达国家相比的优势与不足及所面临的机遇和挑战，提出了未来5年力学学科规划战略的发展目标。

一、指导思想

充分利用我国国力不断增强、经济高速发展、产业结构转型等带来的发展契机，肩负起建设创新型国家的使命。要充分发挥学科发展的"双力"驱动作用，继续鼓励原创性及引发学科理论体系创新的自由探索研究，重点支持面向国家重大需求的新概念、新理论、新方法和新技术研究；要加强大规模计算和高水平实验条件建设，不断提升模型的描述和预测能力；要积极促进力学与其他学科的交叉，培育新的学科生长点，并加大影响学科布局的薄弱方向的扶植力度；要大力培养青年力学人才，特别是在国际上有影响力的力学家和研究团队，争取产生具有国际引领性的研究方向，取得具有里程碑意义的力学研究成果。

二、发展目标

"十三五"期间，争取使我国力学学科的综合实力进入世界前四强，部分二级学科的综合实力进入世界前两强。具体体现在以下几个方面：

（1）瞄准世界科技发展前沿，保持非线性动力学、航空航天动力学与控制、计算固体力学与优化、多尺度和跨尺度力学、多场耦合理论、超常条件下固体介质的力学行为及高超声速空气动力学等基础研究的优势和特色，继续鼓励原创性及引发力学理论体系创新的自由探索研究，注重学科交叉和新生长点，鼓励物理力学、力学－化学－生命科学、环境力学、纳米力学、等离子体力学和空间生物力学等的交叉研究。在新型材料的本构关系与强度理论、超常环境下材料与结构的力学行为、湍流理论及机理、高超声速空气动力学模拟与实验、航空航天动力学与控制及生物组织与仿生材料的多尺度力学行为等方面，争取形成具有国际引领性的研究方向。在多场多过程下的固体本构理论及极端力学行为、高速流动中的可压缩湍流问题以及非线性系统的跨时空尺度动力学耦合机理及其应用等方面，争取获得具有里程碑意义的研究成果。

（2）瞄准国家重大需求，重点加强航空、航天、能源、海洋、环境、先进制造、交通运输和人类健康等国家重大需求领域中的新概念、新理论、新方法和新技术研究，提出新模型、新算法和新实验方法，在发展新软件、新仪器上占据优势，形成对国家重大需求的重要支撑能力，同时促进形成力学学科的新生长点。

（3）着力培养高级力学人才，特别是在国际上有影响力的科学家和研究团队。到2020年，争取产生20名左右具有国际影响力的力学家，形成6个左右在国际上有吸引力的力学研究中心。

三、实现途径

一是要深刻洞察国际力学研究前沿的变化、我国力学学科的现状及面临的使命，明确主攻方向；二是要营造宁静致远、潜心治学的学术氛围，使杰出青年力学家脱颖而出；三是要加强大规模科学计算和高水平实验条件建设，为原始创新提供必要条件；四是要进一步改善评审和管理机制，改善学术评价体系，使优势学科更强、薄弱学科得到较大提升、学科交叉与融合更加深入。

按照力学学科的特点及发展规律，拟从以下几个方面考虑"十三五"期间的资助布局。

（1）需加强的优势方向。非线性动力学与控制、航空航天动力学与控制、材料变形和破坏的多尺度与跨尺度力学、结构优化设计方法、固体光测实验力学、复合材料力学、多场耦合作用下固体的破坏和强度、极端环境下的材料/结构的关键力学问题、可压缩湍流与稳定性、高超声速空气动力学以及力生物学与细胞力学实验方法等。

（2）需促进的前沿方向。神经系统动力学行为的识别和分析方法、认知系统动力学、纳米/多孔/超材料/软物质等新材料力学、多物理场耦合及多过程相关的理论与方法、材料力-化学耦合力学、极端条件下材料与结构响应的测试方法、微纳尺度流动和界面效应，生命过程的力学生物学耦合以及细胞组织再生的生物力学与力生物学等。

（3）需扶持的薄弱方向。分析力学、非均质固体材料的强度理论、非平衡或远离平衡态的本构理论、结构动力学响应建模与寿命预测、不确定性定量化表征与可靠性评价方法、先进制造相关的工艺力学、大型先进力学实验科研仪器、海洋工程中的力学问题和高速水动力学、分析模拟软件确认/验证与工程化以及呼吸系统生物力学等。

（4）需鼓励的交叉方向。刚柔耦合多体系统动力学、复杂网络系统动力学、可变体结构动力学、复杂问题高性能计算方法、计算材料科学与多尺度协同优化方法、新型热防护理论和方法、多功能材料/结构力学、流/固耦合动力学、生物运动力学、生物组织及仿生材料的多尺度力学、生物力学建模与力反馈虚拟现实仿真的交叉、物理力学以及其他与先进制造、新型能源、环境治理与灾害预防、空天飞行器、舰船和海洋工程、现代交通及生物工程与信息产业等相关的关键力学问题。

为更好地确定"十三五"发展目标，战略研究专家组在力学界进行了两轮调查问卷征求意见。第一轮在 160 位院士、杰出青年和重点项目负责人中征集意见，收回问卷 78 份；经统计聚焦后形成第二轮调查问卷，在战略研究专家组中征集意见。在此基础上，战略研究专家组全体成员进行讨论，提出如下预测：到 2020 年，我国力学学科有可能在多场多过程下的固体本构理论及极端力学行为等方面取得具有里程碑意义的研究成果；有可能在新型材料的本构关系与强度理论等 6 个方向形成具有引领性的研究，在全球研究热点中占有一席之地；有可能在北京大学、清华大学、中国科学院力学研究所、中国科学技术大学、北京理工大学、大连理工大学、西安交通大学、哈尔滨工业大学、浙江大学和兰州大学等高等院校和研究院所产生 20 位左右具有国际影响力的力学家；有可能以中国科学院力学研究所、清华大学、北京大学、西安交通大学、中国空气动力研究与发展中心和哈尔滨工业大学等为依托，形成 6 个左右在国际上有吸引力的研究中心。

第二章

力学学科优先发展领域

在对力学学科特点、国际发展态势和国内发展趋势分析的基础上，根据《国家中长期科学和技术发展规划纲要（2006—2020 年）》提出的 2020 年我国科学技术发展的总体目标和未来中国科学技术发展的总体部署，结合力学学科适应国家经济、社会中长期发展的重大需求，综合考虑力学学科未来 5 年的总体发展战略布局和发展目标、交叉学科发展布局与重点发展方向，提出如下力学学科优先发展领域。

第一节　动力学与控制学科

一、高维 / 非光滑系统的非线性动力学

自然界和工程系统往往体现出复杂性，其状态空间一般是高维甚至是无限维的，并经常含有非线性和非光滑因素、快变和慢变耦合响应、子系统之间动态耦合的时滞、能量传递以及需要辨识的物理参数。这类问题的动力学研究难度比低维非线性动力学问题要大许多，已成为非线性动力学理论走向应用的瓶颈。因此，迫切需要发展包含这些复杂因素的非线性动力学理论和方法，这

也是目前世界范围内动力学与控制学科的重要基础问题，是最具挑战的前沿研究领域。

主要研究内容包括：① 高维多场耦合非线性动力学全局动态行为的分析方法和计算方法。② 非线性时滞系统的时滞辨识方法和时滞效应。③ 非光滑因素的表征以及分析诱发的运动或动态行为的解析方法。④ 快变和慢变子结构耦合的动力学行为的分析方法。⑤ 非线性动力学实验技术研究。⑥ 神经系统动力学行为的描述和分析方法。

二、非线性耦合系统的随机动力学与控制

随机动力学研究所涵盖的对象日益复杂，包括各种非高斯、非平稳以及非马尔可夫噪声激励的研究，各种形式的非线性因素，力/电/磁/热/声等的多场耦合。因此，需要深入研究上述诸多因素对动力学行为的影响机制。

主要研究内容包括：① 非高斯、非平稳以及非马尔可夫噪声激励下，随机稳定性、随机分岔、可靠性和随机控制的关键科学问题。② 机械、土木、航空、航天与海洋等工程中存在的各种随机不确定激励的定量表征与建模。③ 随机激励下力/电/磁/热/声等耦合系统的动力学及控制。④ 随机激励下具有碰撞、摩擦和单边约束等的非光滑系统。⑤ 随机动力学及其控制的实验研究。

三、复杂多体系统动力学建模、分析和实验

多体系统动力学研究面向各类工程对象，要求结合学科发展现状和我国重大工程装备发展需求，不断凝练具有共性的动力学问题，发展新的动力学建模和计算分析技术，为工程学科的发展提供重要的理论支撑并发挥引领作用。

主要研究内容包括：① 多体系统动力学多尺度层次化建模理论、高效计算方法及实验研究。② 非光滑激发的尺度效应分析及模型表征。③ 刚-柔-液-热耦合系统动力学分析与控制。④ 针对航天、航空、海洋和车辆等工程中的复杂系统，以及生物力学、仿生机器人和运动医学等新兴领域中的多体动力学共性问题，提出新概念、新理论和新算法。⑤ 多体系统动力学与控制理论、人工智能和信息传感等一体化集成研究。

四、约束系统动力学的分析与计算

现代分析力学的发展与约束系统的研究相辅相成。约束系统的建模、分析与计算是动力学与控制学科的热点问题，而分析力学是研究约束系统最有力的工具，因此需要深入开展利用分析力学方法研究约束系统的动力学与控制问题。

主要研究内容：① 构造约束系统的伯克霍夫表示，实现非保守约束系统的自伴随化。② 用度量－辛双几何结构实现约束系统在莱布尼兹流形上的建模与分析。③ 基于流形和纤维丛上的动量映射理论，研究约束系统的对称性约化问题。④ 基于几何力学方法，研究非完整系统的非线性控制和约束系统的运动规划与控制问题。⑤ 构造非完整系统的纤维丛结构，研究非完整约束系统的几何力学与保结构算法。

第二节　固体力学学科

一、新型材料的本构理论与实验方法

新型结构材料、功能材料、软物质、先进能源材料和环境友好材料不断涌现。例如，未来软机器领域的水凝胶、离子凝胶、介电弹性体和形状记忆聚合物等为代表的高分子材料，可控核聚变反应堆、磁悬浮等大型电磁装置等领域的新型电磁材料，航空航天结构智能控制、大型结构健康监/检测等众多领域的感应器件与致动器件所涉及的压电、铁电、多铁、挠曲电、形状记忆合金、超磁致伸缩材料，超高温、超高速、超高压和超低温等极端条件下的特殊材料等。这些新型固态介质的本构关系涉及多场耦合、多过程耦合、多尺度和大变形等问题，对相关结构设计、功能设计、失效分析和可靠性评价至关重要。

主要研究内容包括：① 水凝胶、离子凝胶、介电高分子和电化学储能材料的力－电－化学耦合大变形本构理论。② 力、热、光、电、磁和溶剂场下形状记忆高分子的本构理论。③ 新型电磁材料的多场耦合本构理论。④ 高温多孔材料的力－化学耦合本构理论。⑤ 极端条件下材料的多尺度多场耦合本构理论。⑥ 新型材料相关的实验方法、技术与仪器。

二、超常服役条件下固体力学行为与强度理论

随着现代科技的快速发展，拓展服役条件的需求愈发强烈，对材料和结构的要求也越来越高，许多新技术和创新思想的实现受限于材料技术的突破，超常环境下材料服役行为的研究成为热点。这些典型的超常服役条件包括超高/低温、热冲击、高热流、强辐照、极高真空、超高压、强磁场、强化学环境、高过载和高应变速率等及其组合，对已有的固体力学理论和方法产生了极大的挑战，需要弄清超常服役条件与材料耦合作用机制，充分认识材料性能的演化规律和关键控制要素，科学表征和评价所关注的使用性能，才能从纳观到宏观层次，弄清和逐渐优化材料组分及界面效应，为设计和研发高性能、高效能新材料奠定基础。

主要研究内容包括：① 基于等效原理、可实现超常环境要素耦合和解耦的模拟理论与方法。② 苛刻条件下环境与材料响应的在线信息监测方法与技术。③ 材料力学性能演化规律与失效机理。④ 与环境参量相关的材料本构关系和宏细观强度理论。⑤ 材料服役行为的多尺度、多物理场耦合模拟方法。⑥ 面向特殊需求的特种材料优化方法。

三、柔性结构与器件力学

自然界各式各样的柔性结构与器件具有智能、灵活和高效等特点，如心脏跳动，眼睛对目标的快速、精确捕捉，鸟儿灵活自如地飞翔、急停和转弯，动物的变色伪装等。软机器是未来的重要发展方向之一，在许多领域具有广阔的应用前景，如柔性智能飞行器、潮汐发电装置、关节健康恢复、智能伪装和智能柔性照相装备等。柔性结构与器件的设计、制备与控制，涉及材料的多场大变形本构理论、功能－材料－结构一体化设计原理及结构多场响应与振动控制等问题，对固体力学的理论、方法和分析手段等提出了新挑战。

主要研究内容包括：① 新型柔性智能与结构材料的制备及性能表征。② 柔性结构与器件的力、热、电和化学多场多过程的连续介质力学框架、耦合响应

与振动控制。③ 柔性结构与器件的多场多过程耦合的大变形高效算法与稳定性理论。④ 柔性结构与器件的性能评价、可靠性分析及寿命预测理论与方法。⑤ 新概念软机器的功能－材料－结构一体化设计原理。

四、非均匀结构材料的弹性波调控

通过被动或主动的方式调节非均匀复合材料（如声子晶体、声波／弹性波超材料）的内部几何拓扑结构和组分材料的物性，对弹性波传播进行控制，从而实现某些特有的声学功能，甚至一些反常功能，如负折射、聚焦、成像、隐身、定向传播、单向传播、隔振降噪、滤波、延迟和隧穿等。上述这些问题的研究将涉及非线性波动理论、多场耦合介质波动理论、动态均匀化理论、微纳米波动力学理论、散体介质波动理论和多目标优化设计方法等。

主要研究内容包括：① 压电、铁磁、光敏和形状记忆（合金或聚合物）等多功能材料的多物理场耦合作用机理，及电、磁、光和热对波（包括体波、表面波、Lamb 波等模态）传播的主动调控方法。② 软物质、颗粒介质等的非线性大变形与失稳机制、力控几何拓扑结构理论及波传播的主动调控方法。③ 非线性波传播的调控理论与方法。④ 弹性波与光波的相互作用机理、声波和光波的相互调控方法、及声光器件的设计原理。⑤ 特定声学功能的拓扑结构优化算法及功能－材料－结构多目标的一体化优化设计。⑥ 非均匀复合材料中波传播的全场可视化实验技术。⑦ 新型声学功能器件的设计原理。

五、轻质材料／结构力学和多功能轻量化优化

结构轻量化既是飞行器设计所追求的永恒主题，同时也是实现节能减排、降耗增效的一项关键技术。随着复合材料、点阵材料和多孔材料等先进材料的发展，结构轻量化设计已经在航空航天、交通运载和海洋船舶等行业中获得了越来越多的应用。轻质材料与结构设计一般需考虑多场耦合服役环境下兼顾传力、传热、透波和隔振等多功能需求，同时其力学响应和破坏行为亦对微结构形式随机微观缺陷异常敏感，由此导致结构效率与可靠性之间

的矛盾十分突出。因此，迫切需要发展轻质材料／结构力学以及轻量化设计的基本理论与方法。

主要研究内容包括：① 轻质材料内部微结构信息的无损全场观测与典型微结构统计特征的定量化表征方法。② 轻质材料基本组元原位性能的精细化测试技术及失效机理分析。③ 基于多尺度渐进损伤分析和实验验证的轻质材料虚拟实验技术。④ 面向多功能的（如传力、传热、透波和抗冲击等）轻质材料等效性质预测及轻质结构响应的高效数值分析方法。⑤ 面向多功能的多尺度、多目标轻质材料－结构协同优化设计的理论与方法。⑥ 考虑多源不确定性的多功能轻质材料／结构优化设计。

六、复杂结构的动态响应与可靠性评估方法

实际工程最为关注工程结构或装备在真实服役条件下的响应和可靠性问题，而这些真实服役环境主要是动态的组合载荷条件，结构复杂性也极大地提高。基于传统的静载荷附加安全系数的设计方法，或基于简化模型的结构动力学分析方法，难以满足复杂动态载荷下复杂结构的设计需求，也难以给出准确的寿命预报。同时实际存在的大量不确定性因素给分析、设计和评价工作带来巨大挑战，如何科学地表征各种不确定性因素，如何将定量化表征后的不确定性引入到可靠性评价中，也对现有理论和方法提出了挑战。

主要研究内容包括：① 复杂载荷条件下复杂结构的动力学建模方法和载荷谱辨识。② 力／热／振动／宽频噪声载荷耦合作用下复杂结构的动响应分析方法。③ 随机性和不确定性的定量化分析与数学描述方法。④ 结构响应影响因素的灵敏度与影响机制研究。⑤ 复杂动载荷作用下材料与典型结构单元级的失效机理与寿命预报方法。⑥ 关键响应参量的测试和表征方法。⑦ 基于可靠性分析的评价和优化方法。

七、大规模多尺度／多场耦合力学问题的数值模拟

当前固体力学领域众多的前沿问题在本质上都具有鲜明的多重尺度特征，

同时大型复杂结构与装备在服役状态下的变形、损伤和破坏行为也与多尺度、多场耦合过程密切关联。多场耦合条件下涉及多重物质形态、多重时空尺度的数值模拟，多尺度非匀质材料与结构的优化设计，时空多尺度条件下考虑多源不确定性及其传播的复杂系统可靠性分析等仍是现代计算力学颇具挑战性的问题，急需发展新的理论与高效算法，这不仅有助于加深对多尺度、多场耦合力学行为本质规律的理解，而且还可以直接为我国重大需求提供先进的数字化工具。

主要研究内容有：① 多尺度、多场耦合、多物质形态混合及具有极端特征（如超大、超柔、刚柔体并存、快慢时间尺度并存等）力学问题的理论建模、计算框架及数值分析方法。② 结构多尺度破坏行为分析的计算力学理论与方法。③ 材料－结构的多尺度、多目标和多约束优化设计的理论与方法。④ 时空多尺度以及多场耦合条件下考虑不确定性因素的计算力学理论与方法。⑤ 与先进计算工具、计算平台和软硬件架构相适应的可扩展的高效数值算法。

八、复杂条件与极端环境下的力学测量方法、技术与设备

复杂条件与极端环境是目前基础研究和工程应用中材料或结构常面对的状态或所处的空间环境。材料在这些超常条件下的力学性能成为各领域关注的核心问题，使得人们意识到深刻理解这一情况下的材料力学性能，不仅是探索材料在复杂和极端环境中的响应及失效机理的基础研究，也是关乎国家战略安全与重大灾害预防的迫切需求。因此，研究复杂条件和极端环境中可靠的力学性能检测方法、技术和设备成为实验固体力学在新时期的优先发展方向。

主要研究内容有：① 复杂环境与多场耦合下的在线测量方法。② 超高温与氧化环境下的跨尺度材料测量与表征方法。③ 微纳米尺度材料与结构测量方法、技术与平台。④ 服役结构的健康监测和诊断。⑤ 海洋工程、大型舰船，以及大型土木工程中的力学测试与监测。⑥ 生物环境、化学过程等作用下的材料、结构和器件的力学性能测量方法与分析等。

第三节 流体力学学科

一、可压缩湍流的生成及演化机理

高超声速技术已经成为 21 世纪航空航天领域的制高点，高速飞行器气动特性预测的关键问题之一是可压缩湍流的生成及演化机理，与飞行器性能的精确预测以及飞行安全和控制紧密相关。可压缩湍流广泛存在于超声速和高超声速飞行器的外流、内流和部件绕流中，发展新型高速飞行器必须开展与高超声速飞行相关的可压缩湍流、流动稳定性与转捩机理研究。

主要研究内容包括：① 充分认识超声速 / 高超声速条件下的湍流现象，研究湍流的影响因素和产生机理。② 研究高超声速流动转捩机理、各种不稳定扰动模态的相互作用机理、转捩位置的预测，建立和发展普适性更广的湍流和转捩模型，包括化学反应的燃烧模型，建立有效的转捩预测方法。③ 建立基于湍流机理的流动控制方法，进行湍流抑制或增强，达到对流动分离和非定常现象进行控制的目的。④ 研究与高超声速飞行器构型相关的流动稳定性特性，以及高温引起的气体物性变化对流动稳定性的影响，发展基于流动稳定性理论的转捩预测方法。⑤ 开展可压缩湍流模式的试验验证及数值模拟研究，准确预测高速飞行器的摩擦阻力和气动热环境。

二、非定常流动的机理及控制

非定常流所要研究的是流动特性随时间变化的物理过程，运动学和动力学特性依赖于各种限制条件和流动的整个历史过程，与工程问题密切相关。物体的非定常运动，经常伴随着流动分离、剪切层和旋涡的产生、演化及相互作用，具有强的非线性特性，出现了一系列重要的流动现象，如动边界及流固耦合、涡与边界层的相互作用机理及演化、流体界面演化与失稳及激波和旋涡共存的复杂流动等。多种因素的相互影响和制约，以及流动控制技术的发展，为实施流动控制和改善流动特性提供了多种可能的方法和途径。

主要研究内容包括：① 动边界及流固耦合的非定常流动特性及其控制，包括运动固体或柔性体边界、主动或被动变形的物体表面等。② 复杂多介质间界面的演化与失稳，以及介观三相接触线与宏观流动、界面运动间相互作用机理的高精度实验、数值模拟和理论分析。③ 以激波、转捩、湍流和旋涡分离流为主要特征的复杂非定常流动，边界层分离形成的剪切层不稳定性及其发展、尾流剪切层的相互诱导以及射流剪切层的混掺效应等。④ 非定常流动的控制方法，通过外加能量形成非定常扰动进行控制，包括与边界层/剪切层不稳定性匹配的扰动尺度与频率的选取，可以进行优化或次优化的闭环主动流动控制。⑤ 高机动条件下的非定常流动机理、气动/运动的非线性耦合作用机理、气动/飞行力学一体化分析与模拟理论。

三、复杂相间作用的多相流

自然界中很多现象都与多相流相关，多相流同样也普遍存在于化工、能源、水利、石油、制造、航空航天、环境保护和生命科学等领域所涉及的问题中。多相流动具有现象与过程复杂、涉及面广和交叉性强等特点。多相流问题归根结底是相间作用问题，主要体现在离散相之间以及离散相与连续相之间的作用。

主要研究内容包括：① 多相湍流场及稳定性，连续相脉动流动特性的确定，考虑复杂相间作用的湍流封闭模式的研究，离散相对于连续相的作用包括对湍流的抑制、增强和减阻以及稠密情况下的非牛顿效应等。② 超声速气流与固相颗粒之间的动量、热量传递特性，气固两相流流动特性参数敏感性和对撞的流动特性，典型材料超声速气、固反应中瞬态中间相时空分布和演化机理。③ 沙尘和污染物颗粒与大气表面层高雷诺数壁湍流的相互作用影响规律和机理研究，污染物在大气与水环境中的输运、沉积与控制等。④ 受连续相流场特性制约的离散相动力学特性，离散相对连续相特性的影响以及离散相之间的相互作用。⑤ 连续流体相作用于小于微米尺度的刚性离散相，连续流体相作用于常规尺度下的变形离散相，以及小于微米尺度的离散相间的相互作用。⑥ 相界面动力学的本质属性，离散相之间的碰撞规律及其对连续相的影响，超常颗粒的动力学模型。

四、空化与强非线性自由表面流动

海洋内航行器的高速化是发展的必然趋势，它已成为水动力学的前沿研究课题。与空中和陆上相比，提速最慢的是水中运载工具，主要受阻力太高的牵制，因此高速水动力学及其相关的科学问题受到高度关注。高速水动力学主要研究涉及多相流、湍流、相变、可压缩性和非定常等物理机制的自然空泡和通气超空泡以及强非线性自由表面效应。

主要研究内容包括：① 建立计及微观群泡动力学特性的宏观空化新模型，获得空化流动内部流体介质的物理特征、空泡形态特征、流动结构、尾部流动特性以及作用在航行体上的流体动力特性。② 建立超空泡稳定性的分析方法和判据，发展超空泡流动研究的实验技术和数值模拟方法，建立机动运动状态下超空泡航行体的动力学模型。③ 建立考虑表面波与发射平台运动等复杂因素的航行体高速带空泡出水过程的水动力学模型，发展流固耦合模型，把握复杂条件下航行体出水的流体动力特性、出水空泡溃灭和冲击载荷的变化规律。④ 发展航行体高速入水冲击和带空泡航行的流体动力特性与姿态控制的实验技术和精细数值模拟方法，突破入水冲击载荷预示技术，建立航行体高速入水空泡演化模型和作用于航行体的水动力载荷模型，把握航行体高速入水非控段航行的水动力学特征和运动姿态。⑤ 建立破碎波、液舱晃荡、甲板上浪和入水砰击等强非线性自由表面水动力学机理及流固耦合分析方法。

五、非牛顿流体的流动与传热传质

在自然界和工程技术界，存在着许多非牛顿流体，它们种类繁多，形态各异，也常被称为复杂流体。同时，随着现代科学技术的发展，如今某些原本被认为是牛顿流体的介质在精细观测或特殊情况下也被发现存在非牛顿流体的特性。非牛顿流体的力学问题普遍存在于与国民经济发展和日常生活密切相关的各个领域，不仅影响工业领域的生产过程、生产效率和产品质量，而且也影响生物医学领域的器械研制、疾病诊断和治疗。

主要发展方向和研究内容为：① 非牛顿流体的流动稳定性研究，探讨界面失稳、弹性湍流的物理机制以及泥石流和雪崩等重大自然灾害的触变性流体特征，研究航天发动机中非牛顿凝胶推进剂雾化过程中的关键科学问题。② 非牛顿流体新型本构关系模型的研究，深化分数阶微积分在黏弹性流体力学中的应用。③ 研究生理、病理以及临床治疗中的非牛顿流体力学问题，弄清非牛顿效应对生物流体的复杂流动和传热传质的影响。④ 研究纳米非牛顿流体、智能流体的流动和传热传质问题，以及微系统、3D 打印和聚合物材料加工过程中的非牛顿流体力学问题。⑤ 非牛顿流体的浸润、流动减阻和热对流的研究，进一步加强非牛顿流体力学在能源领域的应用研究。

六、流场测量新技术和先进分析方法

湍流的实验研究是验证理论和数值模拟结果、揭示新物理现象的重要手段。从实验研究发展现状和趋势来看，流场诊断新技术和先进分析方法是两个重要的发展方向。流场诊断新技术的不断创新，能实现非定常复杂流动测量、极端环境下流动实验测量和多物理量耦合测量，而先进分析方法则针对实验测量存在的特定问题进行数据处理和分析，以提高实验测量的精度和可靠性。

主要研究内容包括：① 高时空分辨率三维非定常复杂流动速度场测量技术。② 结合新型流场诊断技术，实现高超声速、高温高焓、超低温环境下以及微小尺度下流动的实验测量。③ 通过声、光、电、核和磁等多方面技术手段，实现受力、速度、温度、压强和密度等流场多物理量的测量及耦合测量，全方位获取流场的物理特性。④ 针对实验数据测量误差、随机噪声和时空分辨率等特有问题，结合流体力学理论分析和数值模拟，在提高实验数据精度和可靠性上发展先进的分析方法，并形成有效的三维实验数据的流场显示、旋涡识别和模态分解等技术。⑤ 建设实验标模湍流数据库，搭建湍流数据库交流平台。

第四节　生物力学学科

一、生理系统耦合及跨层次生物力学

在健康和医学领域中的生物力学研究及应用始终是生物力学研究者关注

的热点之一。除了在传统的心血管系统、肌骨系统等方面仍然有大量的研究在继续进行外，近年来，呼吸系统、神经系统、感知系统、消化系统和生殖系统等各方面的生物力学研究与应用增长十分迅速。同时，综合考虑多层次、多系统相互影响的多学科交叉研究，已经成为生物力学的重点。

主要研究内容包括：① 骨关节类疾病、心脑血管疾病发生的生物力学机理及相关诊断和治疗方法。② 与生理、健康信息相关的生物力学检测原理和技术，特别是运动负荷、跌倒、血压和血流等信息的穿戴式测试技术。③ 基于生物力学建模的虚拟医学、生理系统，康复工程、个体化医疗和手术规划、导航的生物力学新概念、新方法和新技术。④ 呼吸系统力学、肝胆及消化系统生物力学。⑤ 生理与病理过程的细胞－分子生物力学与力生物学机理。⑥ 骨骼－肌肉与神经系统生物力学及其在运动创伤和康复中的应用。⑦ 物理因素职业病（减压病等）对于心脑血管、骨肌系统和神经系统等的作用机理及其预防。

二、植介入体与宿主相互作用的生物力学与力生物学

医用植介入体（如人工关节和血管支架）用于修复或替换病变或损伤的人体组织，在医疗器械战略新兴产业中占重要地位。然而，这些产品主要依赖进口，且存在如人工关节无菌性脱落、血管支架血栓与再狭窄等亟待解决的设计优化及应用问题。目前国内外有关植介入体与宿主组织相互作用的机理、数值仿真和模拟实验技术还存在很大不足，难以有效支撑植介入体的优化设计和性能评价，已成为制约其临床应用和进一步创新的瓶颈。

主要研究内容包括：① 骨植入体与宿主相互作用的生物力学实验模拟与仿真，及细胞组织跨层次力生物学与生物力学。② 血管植介入体与血管／血液相互作用的生物力学实验模拟与多尺度仿真，及其诱导宿主血管重建的力生物学机制。③ 基于微环境仿生的植介入体与宿主组织细胞相互作用的力生物学实验技术。④3D 生物打印及个性化植介入体中的生物力学与力生物学。⑤ 仿生活性生物材料的生物力学与力生物学机制及其在植介入体中的应用。⑥ 生物组织材料和器官的优化、修复与功能性之间的多尺度力学模型及微纳机理。

第五节　力学交叉领域

一、自然环境流动与灾害演化动力学

环境流体力学的研究对象主要是自然环境和灾害问题。当今的环境和灾害问题都是综合性的，且涉及的范围和层次，往往跨越若干时空尺度，产生显著非线性作用和多尺度效应。同时，流动介质十分复杂，大多都是非均匀、非连续和多相多组分的自然介质，流动过程经常导致剧烈的物质、动量和能量输运，并伴随有各种物理、化学和生物子过程。这种显著的复杂介质和多过程耦合特征，也为流体力学的发展带来新的科学挑战。我国的环境流体力学研究，既要注重学科发展面临的科学挑战，又要紧密结合我国环境和灾害防治的实际需求，更加注重机理研究、规律分析与防治措施的有机结合。

主要研究内容包括：① 自然流动的基本理论，包括自然界非牛顿流、多相流和颗粒物质流动的力学特性，大气、水体和岩土体中的复杂流动机理，自然流动的非线性作用和多尺度效应，流动与物理、化学、生物过程的耦合机理。② 西部干旱环境，包括计及大气边界层高雷诺数效应的风沙流/沙尘暴形成和演化过程及其定量预测，沙漠化防治设施及其布局的优化设计和防治效果定量评估的方法，土壤侵蚀的力学机制及流域侵蚀的多尺度动力学模型等。③ 重大水环境，包括河流、河口海岸泥沙、污染物输运及其对生态环境的影响，湖泊/水库水质污染及富营养化动力学模型。④ 城市大气环境，包括大气污染及扩散输运过程，雾霾形成机理及治理措施，城市热岛效应等。⑤ 重大环境灾害，包括热带气旋、风暴潮、山洪、泥石流的发生机理及预报模型和全球气候变暖等。

二、强动载作用下材料与结构的力学行为

先进战斗部与防护结构的设计是强动载问题研究的重点，截至目前仍然是学科发展的主要牵引力。与此同时，强动载效应作为交通安全、空间碎片防

护、高速加工与制造技术等领域的重要科学基础，日益得到广泛的重视。自然界中许多现象的核心动力学过程，都可以通过爆炸力学给予最基本的理解，并能够得到新颖、定量的解释。如"激光爆炸""力学爆炸"等一切新的现象和概念，也为这一领域的研究开辟了新领地和新方向。强动载效应研究应集中突破极端条件下材料力学性能表征、相变 / 失效 / 碎裂 / 灾变等强非线性过程、多相 / 多场 / 多尺度耦合动力学数值模拟技术以及瞬态高分辨率测试技术等关键科学和技术问题。

主要研究内容包括：① 新型和先进材料体系的动态力学行为研究，其中重点关注非晶与高熵合金材料、复合材料、岩土、散体体系材料和生物材料等，构建相应的状态方程、本构方程和失效准则。② 新型超高能装药爆轰研究，重点关注多相非均质爆轰、驱动与抛洒机理、复杂多相混合、湍流燃烧以及反应产物与复杂结构的相互作用等问题。③ 复杂侵彻动力学研究，重点关注超高速 / 大型侵彻体与岩土介质的相互作用机制、大侵彻深度下弹道稳定性与相关控制因素以及侵彻体的形状与质量损耗演化及内部装药和器件的可靠性等。④ 结构的爆炸与冲击响应研究，重点关注大型水坝等基础设施，以及高速列车等代表性运载工具的安全性，突破结构的大型化、介质的复杂性、载荷与初变条件的不确定性以及尺度律等问题。⑤ 制造、加工中的爆炸力学问题研究，以高速、高压、高效和高能加工技术为对象，重点关注加工过程的定量化和工艺参数优化，并发展新的加工原理。⑥ 爆炸力学计算方法与实验技术研究，研发大型爆炸力学工程计算软件和满足爆炸力学基本问题研究需要的科学软件，同时发展更加极端和更加复杂的加载条件、更高时空分辨率的多物理场综合测试手段。

三、材料设计与复杂流动的物理力学

物理力学以量子力学、统计力学、分子动力学、位错动力学和连续介质力学等为代表性手段，开展跨尺度研究，建立介质宏观力学特性与微观结构演化之间的关联。一方面可以弥补极端加载手段和精细观察条件的不足，从理论上获得极端条件下介质的宏观力学性能；另一方面在材料设计、材料高压状态方程、表界面的基本物理特性、非平衡流动、复杂流体及高能束流与物质的相互作用等多个应用领域，对揭示非平衡现象、多场耦合机制、不同尺度结构与性能的关联，具有独特的优势。

主要研究内容有：① 以高强、高韧、轻质结构材料和满足各种极端服役条件的先进材料为背景，开展材料跨尺度力学行为与材料设计研究，探讨跨越不同尺度的描述方法及突变出现的规律。② 表面 / 界面物理力学，重点关注多场耦合下"固－液"界面移动接触线问题，"固－固"界面纳微米接触、摩擦、润滑、吸合和黏附等问题，"固－生物"界面的生物组织与固体材料表面接触和黏附相互作用。③ 稀薄气体动力学，重点关注近空间飞行环境预报与分子涨落特性、过渡稀薄气体区域的求解等研究。④ 微重力流体物理与空间生命科学，重点关注长期微重力环境下的流动、传热、燃烧及空间生命科学问题研究。⑤ 高能束流与物质的相互作用，重点关注强激光辐照下材料和结构中的能量耦合、瞬态热传导、热应力与热冲击、相变与化学反应及失效行为等复杂多场耦合问题。⑥ 纳微尺度流动与输运规律、复杂流动与输运现象中的电磁及化学反应耦合等。

四、新型空天飞行器中的关键力学问题

空间成为继陆、海、空之后人类新的活动疆域，深刻地改变着人类的生活方式和观念。近空间（20～100km）在近 10 年里受到了国际上的广泛关注，提出和发展了一系列打破传统的新型飞行器概念和技术，有可能引发新的军事、民用和技术上的革命。这些新型空天飞行器所面临的服役环境更为苛刻，需要更为高效的气动、控制、能源和动力技术，要求结构效率、耐久性和可靠性更高、抗极端能力更强。这给力学学科带来了新的挑战，主要体现在高超声速空气动力学与材料耦合响应机制、强臭氧 / 紫外辐射 / 高低温 / 环境下材料性能演变机制、新型能源与推进技术、新型热防护和热结构概念、能源 / 结构 / 有效载荷一体化技术、大型复合材料结构气动弹性与主动控制等一系列关键科学问题上，要求流体力学、固体力学、动力学与控制等深入融合，并与材料、工程热物理等进一步交叉，才可能获得创新的概念、方法或技术。

主要研究内容有：① 近空间高超声速飞行和持久驻留服役环境与机体材料的耦合作用机制。② 新概念机体 / 推进热防护原理和方法。③ 新概念轻质结构与可变机构设计与实现方法。④ 结构 / 能源 / 有效载荷一体化分析与设计方法。⑤ 结构健康监测、诊断与自修复方法。⑥ 飞行器结构的气动弹性分析与主动控制。⑦ 刚柔组合体动力学分析与控制方法及新型飞行原理。

第三章

力学与数学物理科学部内部学科交叉的优先领域

第一节　复杂力学问题的高性能科学计算
——与数学交叉

　　目前基于计算力学发展起来的数值仿真技术及相关软件已成为重大工程、高端工业装备、武器装备设计的核心工具，许多重大基础力学问题的解决也高度依赖于高性能数值计算的能力和水平。当前，计算力学的研究对象越来越复杂，对计算精度、分辨率以及效率的要求也越来越高，除了自身的理论需要进一步发展之外，与计算数学学科的深度交叉并从中获取营养是一个重要途径。通过力学学科与计算数学之间的交叉研究，夯实具有多重时空尺度、多场耦合、超高维度和不确定性等特征的复杂力学问题的高性能科学计算的数学基础，发展高精度、高效率和高鲁棒性的计算算法。

　　主要研究内容为：① 具有坚实数学基础的高精度、低耗散的复杂力学问题数值计算方法。例如，流体力学中的高精度激波捕捉、界面追踪算法；固体力学中的多尺度问题、波动问题的数值分析方法等。② 适用于复杂外形、复杂运动/流动模式的固定网格类计算方法（如浸没边界法、扩展有限元方法等）及其误差分析。③ 计算力学共性基础算法。例如，收敛性态良好的大规模线性代数方程组高效求解方法、特征值求解算法、兼顾效率和精度的大规模动力时程积分高效算法等。④ 适用于新型计算体系的高效并行、大规模可扩展计算方法。⑤ 高效快捷的网格生成算法以及先进的可视化技术。

第二节　结构多尺度拓扑优化与材料设计
——与数学交叉

拓扑优化目前已在航空航天、汽车工业等领域中得到了广泛应用，并被推广至材料微结构设计以及涉及多种物理场的其他领域。结构拓扑优化中蕴含着大量深刻的数学问题，涉及现代数学中变分学、非线性泛函分析、偏微分方程和凸分析等各个层面，结构拓扑优化问题的进一步发展特别需要借助先进的数学工具。对于仅考虑线性力学行为的结构拓扑优化问题，目前虽然研究工作较多，但对优化问题适定性、设计空间封闭性和最优微结构形式等深层次理论问题，尚缺乏认识。对于涉及非线性力学行为的拓扑优化问题，无论是基本理论还是求解算法方面都远未成熟。同时，多变量、多约束大规模拓扑优化问题的可计算性目前仍是限制结构拓扑优化工程应用的重大障碍，迫切需要发展高效的计算框架。

主要研究内容为：① 拓扑优化（特别是多尺度拓扑优化）问题的适定性及正则化列式。② 若干典型非线性问题的均匀化方法。③ 针对特定问题的材料最佳微结构形式及相应 G-closure 的构造。④ 非凸拓扑优化及材料设计问题的放松处理。⑤ 多变量、多约束大规模拓扑优化问题的高性能计算方法。

第三节　新型核电装备结构的设计、
运行监/检测与可靠性评价
——与物理学交叉

受控核聚变是国内外正在研发的未来先进核能技术，有望彻底解决人类的能源危机。核电结构的失效机理、定量无损监/检测、可靠性评价、寿命评估、维护策略和维修技术等,是确保核电安全与维护的关键。聚变等离子体研究涉及物理、力学等多学科交叉,是一个充满新物理现象和重要应用前景的领域,涉及高温辐射流体力学、内爆动力学和流体不稳定性;磁约束则涉及湍流和输运物理、磁流体稳定性等。液态锂铅包层及液态锂第一壁是托克马克聚变堆的关键,涉及极低温–强磁场–强载流多场耦合作用下的流动传热传质、超导结构的变形及其诱发的性能退化等。新型核电装备的设计、运行监/检测与可靠性评价相关的新概念、新方法或新技术,有赖于力学、物理学、工程热物理、材料学和控制等多学科交叉研究。

主要研究内容包括:① 低温环境下液态金属的磁流动特性、高精度测试方法及高效精确模拟算法。② 磁流体力学效应下锂与中子反应的传热传质以及等离子体与液态金属的相互作用机制。③ 磁流体力学效应下的多相流、湍流及流动稳定性的物理机理及控制方法。④ 超导材料及其复合结构的参数表征、超导磁体的力学建模、高性能计算与实验方法。⑤ 超导结构的交变损伤及破坏机理。⑥ 核结构残余应力和缺陷的高效高精度无损检测新理论、新方法和新技术。⑦ 基于风险情报的核电结构完整性理论与方法。

第四节　凝聚态固体力学
——与物理学交叉

各种新型的凝聚态材料不断涌现,并在现代工业中起到越来越重要的作用。充分认识各类凝聚态材料的力学行为及其与材料组分、微纳结构之间的定量联系,构成了固体力学的一个重要课题。凝聚态固体材料跨尺度力学行为的机理认识和有效表征,既是固体力学的前沿研究方向,又是解决新型材料和微纳系统的设计和制造难题的重大基础。与传统的固体力学研究范畴相比,当今的固体力学研究范畴也极大地拓宽,涵盖了准晶体、电解质、磁铁和超导体等新型凝聚态固体材料,需要进一步加强与凝聚态物理学的融合,丰富其研究内涵与方法。

主要研究内容包括:① 研究各类凝聚态固体材料的力学行为及其与材料组分、微纳结构之间的物理机制,揭示其宏观力学行为与微纳米特征结构之间的内在联系，深入考察表面效应、界面效应和微纳缺陷等因素对材料性能的物理机制和定量化影响。② 研究凝聚态固体材料的本构理论与破坏行为，深入认识这些性质在纳观、微观、介观直至宏观尺度之间的关联。③ 发展微观离散体系与宏观连续介质体系相关联的跨尺度力学计算方法，实现从原子尺度到宏观尺度的大规模数值模拟。④ 发展和完善跨尺度力学行为的测量原理和测量技术，获取材料跨尺度问题的基本数据。⑤ 发展针对材料介观尺度上所呈现出的一些特殊属性的计算和表征手段，深化对材料性质所表现出的尺度效应的认识。

第四章

力学与其他科学部学科交叉的优先领域

第一节 神经系统疾病相关网络的识别、动力学建模与分析
——与生命科学部交叉

神经系统疾病严重影响着人类健康生活。大量神经生物学实验和医学临床实验表明：与正常受试者相比，无论在静息态还是任务态，神经系统疾病患者的脑区功能网络结构有显著改变，在某些脑区内会出现典型的非线性动力学行为，神经元间的突触可塑性、神经元的电活动水平会有改变。由此带来的脑区网络结构识别、脑区时空行为的识别与分析，突触传递的动力学和神经元复杂活动的识别是典型的动力学问题。把神经科学和动力学与控制结合起来，才能深入理解神经系统疾病产生的本质机理，这也带来一些挑战性科学问题，如神经功能区网络结构和动力学行为的识别、多种因素作用下神经系统动力学建模、功能区时空动力学和网络拓扑结构等关键因素与正常态和疾病的关系以及设计可行的控制方法来探索预防或控制精神疾病发作的可能途径等。

主要研究内容包括：① 典型神经系统疾病对应功能区网络连接结构的识别。② 包含多种因素作用下的多层次神经元网络建模。③ 神经系统动力学行为表征和网络拓扑结构等与正常态和疾病的关系。④ 设计可行的策略控制神经疾病表征的动力学行为，并进行生物学实验验证，提出合理的临床控制方法。⑤ 提出并建立神经动力学学科的一些创新概念、理论方法和模型等。

第二节　先进舰船与深海工程领域的关键力学问题
——与工程和材料科学部交叉

基于国家建设海洋强国的国家战略部署，必须在海洋工程科学相关领域开展多学科协同的前沿基础研究和系统集成的技术创新研究，发展海洋工程科学领域的新概念、新思想、新方法和新技术，建设综合研究实验技术平台，解决制约我国先进舰船和深海工程装备自主研发、近海资源开发与环境保护中的关键科学问题和共性技术，为提升我国海洋工程装备设计与制造能力提供理论基础储备和技术支撑。

主要研究内容包括：① 台风、畸形波、内波和海啸波等极端海洋动力环境特性与表征。② 自然空泡与通气超空泡的非定常特性及空化新模型。③ 航行体水下发射与高速入水的流体动力特性及流固耦合分析。④ 极区船舶与海工装备设计、实验技术及冰、水、结构物的相互作用分析理论。⑤ 海上超大型浮式结构的水动力载荷、运动响应和水弹性分析理论。⑥ 深海空间站的水动力布局、结构强度设计及运动姿态与控制。

第三节　力学-化学耦合理论及先进能源材料力学行为
——与化学、工程和材料科学部交叉

在航天航空、能源和生物等诸多领域中，很多过程呈现出力学-化学耦合

突出的特点。例如，飞行器热防护结构的氧化烧蚀与剥离失效、发动机和燃气轮机热端部件的氧化 / 氢化及其疲劳交互作用、海洋结构的腐蚀破坏、生物材料和组织的生理与病理过程、油气开采中的力学－化学－渗流耦合以及电化学储能材料和系统的电化学反应与应力耦合作用等。这些涉及力学－化学交互作用与耦合的问题具有新物质产生、复杂环境、非平衡态和多场多过程耦合等特征，蕴含着许多与传统力学领域不同的一些新问题，对固体力学的理论、方法和分析手段等提出了新挑战。以先进能源材料中存在的问题为主要对象，通过多学科交叉，发展力学－化学耦合理论，有望对相关行业进步起到重要的推动作用。

主要研究内容包括：① 针对非平衡态力－热－电－化学耦合行为的连续介质力学理论。② 力－热－电－化学耦合实验方法与测试技术。③ 多场多过程耦合的高效高精度数值方法。④ 计及力学－化学－生物学耦合的生物力学理论和分析方法。⑤ 电化学储能材料和系统的力－热－电－化学耦合力学机理与可靠性分析。

第四节　大型工程结构的多场耦合、多尺度损伤演化分析
——与工程和材料科学部交叉

大型工程结构的安全性评估涉及结构设计、建造和服役全过程。结构建造过程中产生的各种微细观缺陷在漫长服役期内，在环境激励、侵蚀和材料老化等因素的综合作用下不断累积、演化，导致结构承载力下降，乃至丧失完整性，上述损伤演化过程，在本质上具有多尺度特征，涉及从微观、细观直至宏观尺度上不同物理机制的耦合和关联。同时海洋工程结构、核防护结构、耐高温结构等工作在多场耦合环境下，高低温变化、化学腐蚀和粒子辐照等因素进一步加剧了损伤演化过程的复杂性。目前，针对大型工程结构在多场耦合服役环境下的损伤演化机理和破坏过程分析的研究尚不够深入，无法解决大型工程结构服役安全性评估这一重大问题。因此，迫切需要发展多学科交叉的理论与方法。

主要研究内容包括：① 基于多尺度框架的多场耦合结构变形局部化分析

理论。②化学腐蚀环境下综合考虑化学反应、渗流过程和物质相变的材料本构模型以及强度准则。③粒子辐照环境下典型核防护材料的微结构演化及损伤破坏机理。④工程结构多场耦合、多尺度损伤演化分析的物理建模及高效数值计算与软件。⑤多场耦合环境下结构微损伤演化的测量技术与设备研制。⑥多场耦合作用下工程结构多尺度缺陷容忍及失效－安全优化设计方法。

第五节 结构内部应力分析和材料本构参数测量理论与方法
——与工程和材料、信息科学部交叉

结构和材料内部的微结构演化、缺陷分布和残余应力评估等是重大工程领域的关键课题之一。内部应力测量及相关力学参数确定是传统实验力学的一个薄弱环节，对于工程中广泛使用的光学非透明材料，依然缺乏有效的内部测量力学理论、方法、技术和仪器设备。基于多种射线、同步辐射光和超声波等技术的三维内部测量方法还难以实现结构内部复杂应力状态的分析，微器件与微系统中的残余应力、膜基界面应力、复合材料中界面相结构及应力的演化等依然是制约相关结构或材料服役寿命的瓶颈问题。因此，迫切需要借助于先进技术与手段，发展结构内部应力分析和材料本构参数测量力学的新理论、技术方法与科学仪器，为重大装备与高精尖微系统的优化设计、安全可靠运行及其服役功能发挥提供关键支撑。

主要研究内容包括：①针对光学不透明介质，发展基于体积和三维结构的光、电、磁和超声等测量新方法和新技术，对内部微结构和残余应力演化、缺陷特征参数进行定量表征。②依托国家大型装置，发展基于同步辐射光和中子散射等的材料和结构内部微结构及应力分布测量方法和技术，建立材料本构参数测量的力学理论。③三维与体积材料测量中实验数据的反演与重建方法、大数据的快速处理与力学参数可视化测量。④复杂应力状态下材料内部、界面等的变形测量与应力分析。⑤发展缺陷定量无损探测和评估方法，形成具有自主知识产权的三维内部测量技术、实验力学科学仪器与测量分析软件。

第六节 柔性电子器件与健康医疗中的重大力学问题
——与信息、医学科学部交叉

　　老龄化是当前社会面临的全球性难题，在中国显得更加严重。解决这一问题的一个有效途径是发展可与人体组织生物集成的可延展柔性新型器件，能够适应人体及其组织的非可展曲面，动态、实时监测传输生理信息。自2006年提出这一器件设计理念以来，传统信息器件的制备和使用方式发生了革命性的改变。通过力学原理实现器件结构可延展柔性，设计元器件的微纳结构并与柔性衬底集成，是可延展柔性集成器件的核心，为传统信息器件开辟了一个新的维度。其应用在信息、健康医疗、脑科学与脑机融合等领域会产生巨大影响，其蕴含的力学、信息和生物医学多学科深度交叉促进了新学科与新学术前沿的形成。

　　主要研究内容包括：① 微纳无机集成器件的可延展柔性力学设计方法与可靠性理论。② 可延展柔性无机集成器件中功能单元构筑、转印制备与表征。③ 柔性电子器件的性能退化机理与界面力学调控。④ 大形变下异质界面对载流子输运及器件电子学性能的调控机理。⑤ 器件与人体组织的黏附力学机制、生物兼容性及力学交互作用。

第七节 生物材料的多尺度力学与仿生研究
——与生命、医学科学部交叉

　　生物材料多尺度力学与仿生学研究的核心任务是揭示生物材料的力学性能/微纳结构/化学成分/生物功能之间的关系，为材料科学、微纳系统等的发展提供创新源泉。生物材料与人工材料具有多方面的显著差异，如大多数生物材料具有多层次的精巧结构、自适应性的多尺度结构演化和损伤修复特性、对外界环境因素的主动感知与响应机制等。材料制备、结构优化和性能改进等多方面面临的难题在生命世界中已有现成答案，关键是如何寻求这些答案，解读自然界的奥妙，并将之应用于先进材料、微纳器件与结构的设计和制备等领域。

主要研究内容包括：① 生物材料性能与功能之间关系的多尺度力学模型与计算方法。② 生物材料表面的微纳结构、功能化及其生物学效应。③ 生物材料、组织和器官的优化、损伤修复与功能性适应的生物学机理及其力学建模。④ 生理和病理条件下生物软材料和软组织的形貌生成与演化。⑤ 生物材料与细胞、组织交互作用中的力学问题。⑥ 动物运动（如爬行、飞行、游动、跳跃、奔跑）的生物力学。⑦ 生物医用材料在临床应用中所遇到的力学问题。

第八节　空天环境下人体防护的生物力学
与力学生物学研究
——与生命、医学科学部交叉

在航空航天领域存在大量具有挑战性的生物力学与力生物学问题。例如，航空领域中的加速度突变、翻滚、旋转、超重、跳伞或意外事故等工况，会对飞行员的肌骨系统带来复杂的高强度载荷，对血液循环系统、运动感知系统和其他生理系统产生多方面的影响，是导致飞行员损伤的最危险因素；航天领域中较长期的空间飞行可导致心血管功能障碍、骨质丢失、肌肉萎缩、免疫功能下降、内分泌功能紊乱和空间运动病等多种生理及病理变化，存在许多待解决的难题。

主要研究内容包括：① 航空飞行中非惯性力环境下飞行员血液循环系统响应及其对抗措施。② 航空飞行及跳伞工况下肌骨系统的生物力学响应和防护机理。③ 空间微重力环境下血液循环系统改建及其对抗的血流动力学及力生物学研究。④ 空间微重力环境下骨丢失机制及其对抗措施。⑤ 空天环境下的人体行为工程研究。⑥ 空间微重力环境下的分子生物学和细胞生物学。

第五章

实现"十三五"发展战略的政策措施

第一节　"十二五"期间所取得的经验和存在的不足

一、取得的经验

在"十二五"期间，我国力学水平有了显著提升，在力学学科前沿研究、与其他学科交叉融合、解决国家重大工程问题等方面，均取得了令人鼓舞的进展。从对学科的资助角度看，主要经验如下：

（1）在确定优先研究方向方面，切实遵循"双力驱动""不断提升模型的描述和预测能力""积极谋求与其他学科进行交叉创新"等力学学科的发展规律，统筹兼顾了传统领域与新兴/交叉领域、理论/计算/实验之间的关系。

（2）在推进学科内涵建设方面，重视各二级学科的均衡发展，重视优秀中青年力学家、创新研究群体的培养。

（3）在国际交流与合作方面，积极资助在我国举办的第23届世界力学家大会、第 6 届国际断裂大会等重大学术活动，大幅度提升我国力学家在国际力学界的影响力。

二、存在的不足

与此同时，力学学科的发展尚有如下不足：

（1）近年来，我国科技体制与科技发展要求已呈现明显的不相适应，力学学科的发展也受到来自现行科技评价体系等方面的若干不利影响，如过于追求在高影响因子期刊上发表论文等。一方面，优秀中青年学者难以凝聚为团队，开展重大的、原创性研究，导致这类研究成果稀缺。另一方面，不少中青年学者放弃对力学核心科学问题的研究，转向能在高影响因子期刊上发表论文的热门领域，导致研究中存在不同程度的学科特征不明、低水平重复和同质化竞争等问题。

（2）近年来，我国力学学科涌现出一批优秀的青年学者，但与数理科学部的物理、数学学科相比，力学学科的后备青年人才质量尚不容乐观。目前，青年学者大多缺少系统性研究成果，不少青年学者为追求论文数量而产出碎片化成果，青年学者之间呈现出同质化竞争。力学学科亟待建立学科内部评价标准，鼓励青年学者潜心治学、厚积薄发，开展"十年磨一剑"的系统性、原创性研究。

（3）力学研究具有建模、分析、计算和实验四位一体的特点。其中，实验研究是发现新现象、获得新结果的源泉，也是验证理论和计算结果的重要手段，但通常具有耗时长、耗资多的特点。近年来，力学学科在实验技术创新方面不足，研究项目和成果皆呈现"碎片化"，迄今尚未获得经费 3000 万元及以上量级的重大科研仪器项目。

（4）近年来，数理科学部高度重视力学的各分支学科均衡发展，对一些弱势学科给予了倾斜性资助。然而，各分支学科尚存在发展不均衡的现象。在近几年的基金资助率方面，除了实验力学从弱势方向中脱颖而出外，其他弱势分支学科依然处于弱势地位。

第二节 "十三五"期间科学部的资助格局考虑

力学是数理科学部中与国家重大工程需求联系最密切的学科。"十一五"和"十二五"期间，数理科学部瞄准我国航空航天科技的未来发展设立了两个重大研究计划，吸引了一批优秀力学工作者和航空航天科技工作者共同开展基础研究，其研究成果为我国航空航天科技发展提供了重要的理论基础和技术支撑，获得了航空航天行业的认可和好评。因此，建议数理科学部在"十三五"期间，针对"海洋工程""能源与资源""环境与灾害""航空航天"等国家重大工程领域，对力学在重大研究计划、重大项目、重大科研仪器方面资助布局和立项。例如，在海洋结构与装备的流固耦合力学、页岩气开采的断裂力学、能源材料力-化学耦合力学、超高温材料力学、大型空天结构动力学、高效毁伤与防护力学、环境保护与环境流体力学及灾害力学与防护控制等领域给予重点支持。

在面向国家重大需求的同时，建议数理科学部继续重视力学的基础学科特点，遵循力学学科发展规律，加大对力学核心科学问题和学科方法论研究的资助力度和持续资助，使力学的各个二级学科皆有学者能够长期坚持对力学基本理论和传统核心科学问题的研究工作，力争取得厚积薄发的重大成果。

第三节 "十三五"期间在申请代码调整、评审机制完善、资助举措创新等方面的考虑

（1）建议在力学学科代码中增加"航空航天力学""流固耦合响应与控制""神经网络动力学及其应用""仿生与生物材料力学"和"微纳尺度流动"等学科代码。

（2）建议针对力学实验研究的特点，建立这类项目的评审标准、结题标

准。一方面，应鼓励以重大问题、核心问题为牵引研究的实验技术及科学仪器；另一方面，鼓励实验力学研究者更加注重交叉，将其他学科的新技术与力学测试技术相结合，自行设计和研制重大科学仪器。

（3）建议针对力学学科深度服务国防科技、国防科技需要高度保密等特点，积极探索对国防科技领域重大基础研究项目的资助模式、评审和评价标准，出台相关的特殊政策。

第四节 "十三五"期间在依托国家重大基础设施开展重要领域基础研究模式方面的考虑

力学是国防科技发展，特别是航空航天科技发展的主要支撑学科。我国的国防科技和工业领域拥有一大批重大科研设施，可为爆炸力学、冲击力学、空气动力学、船舶流体力学和飞行器力学与控制等方面的基础研究提供重要的研究手段和技术支撑。然而，国防科技和工业部门的特殊性、重大科研设施使用费昂贵等原因，使得重大科研设施的开放度和使用率还不高。建议制定专门的"一揽子"政策，解决如何依托重大科研设施申请研究项目、联合开展研究、优惠实验费用和项目质量评估等方面存在的问题。

第五节 "十三五"期间新的资助类型及可行性

建议选择若干个学术水平高、国际合作好的研究群体，资助其建设国际力学研究中心；经过若干年建设，成为卓越的研究中心。

在本书撰写过程中，经过两轮问卷调查，专家组认为我国力学学科已具有5～6个具备上述条件的研究群体，已与国际著名力学家建立了良好的合作关系，经过资助，可望实现上述目标。

[1] 国家自然科学基金委员会，中国科学院.未来10年中国学科发展战略——力学.北京：科学出版社，2012.

[2] 国家自然科学基金委员会数学物理科学部.力学学科发展研究报告.北京：科学出版社，2006.

[3] 国家自然科学基金委员会.力学——自然科学学科发展战略调研报告.北京：科学出版社，1997.

[4] 中国力学学会.力学学科发展报告2006-2007.北京：中国科学技术出版社，2007.

[5] 白以龙，周恒.迎接新世纪挑战的力学——力学学科21世纪初发展战略的建议.力学与实践，1999，21（1）：6-10.

[6] 胡海岩.对力学教育的若干思考.力学与实践，2009，31（1）：70-72.

[7] 陈伟球，季葆华，陶建军，等.第23届世界力学家大会简介.http://www.imech.ac.cn.

[8] 冯西桥，符松，陈立群，等.第21届国际理论与应用力学大会评述.力学进展，2005，35（1）：128-140.

[9] 宦荣华，黄志龙，朱位秋.国际理论与应用力学联合会关于非线性随机动力学与控制研讨会简介.力学进展，2010，40（4）：000428.

[10] 陈伟球，郭旭，赵建福，等，中国力学大会——2013简介.http://www.cstam.org.cn.

[11] 王正道，季葆华，周济福，等，中国力学大会——2011暨钱学森诞辰100周年纪念大会简介.力学进展，2011，41（6）：760-775.

[12] 杨亚政，冯西桥，詹世革，等，中国力学学会学术大会——2009会议介绍.力学进展，2009，39（6）：786-793.

[13] 周济福，颜开，詹世革，等.海洋结构与装备的关键基础科学问题研讨会学术综述.力学学报，2014，46（2）：323-328.

[14] 李家春.2020年中国力学科学和技术发展研究.2020年中国科学和技术发展研究暨科学家讨论会,2004.

[15] 王晓春.从三足鼎立到力学十强——中国力学教育发展五十年回顾.第二届全国力学史与方法论学术研讨会,2005.

[16] 鲍亦兴.科学与工程中的应用力学.力学与实践,1999,21(4):1-16.

第三篇 天 文 学

第一章

天文学学科发展战略

第一节　天文学学科战略地位

　　天文学研究宇宙中各种不同尺度的天体，包括太阳和太阳系内天体、恒星及其行星系统、星系和星系团，整个宇宙的起源、结构和演化。太阳和太阳活动对于地球环境和人类活动有决定性的影响。对其他行星的研究和地外生命的探索有助于理解生命的起源和演化，认知人类在宇宙中的地位。宇宙和生命的起源与演化是全人类共同关心的重大问题，不但具有重要的科学意义，而且对于人类的世界观也具有深刻的影响。因此天文学的成就是自然科学和人类文明的重要组成部分。先进的天文探测技术、天文仪器发展带来的技术进步以及天文学的研究成果，广泛应用于导航、定位、航天、深空探测等领域，因此天文学研究对于国家经济建设和国家安全都有重要的意义。

　　天文学是《国家中长期科学和技术发展规划》重点发展的六大基础学科之一，涉及作为八大科学前沿问题之一的"物质深层次结构和宇宙大尺度物理学规律"。宇宙中空间和时间尺度跨度达 60 个量级，能量尺度超过 30 个量级。宇宙中存在着地面实验室无法达到的超大尺度、超大质量、超高速、超高（低）密度、超高（低）温、超高压、超真空、超强引力和超强磁场等极端物理条件。对宇宙的研究必将极大地丰富和深化人类对自然规律的认识，推动人类认识论和世界观的发展。天文学研究中发展的高灵敏度、高分辨探测技术为高分辨率对地观测系统、载人航天与探月工程等重大专项的实施提供了技术支撑，是国家空天技术发展的组成部分。

天文学可以分为星系和宇宙学、恒星与银河系、太阳系与太阳系外行星系统、太阳物理、基本天文学 5 个研究领域；作为支撑天文学发展的技术基础，天文技术方法是天文学研究的组成部分。本书将对这 6 个领域的发展分别进行研究和讨论。在天文技术方法领域，由于探测技术与观测波段密切相关，这一领域又按射电天文、光学红外、空间天文学 3 个方向分别进行讨论。国家自然科学基金针对不同尺度的各类天体的起源、结构和演化的科学研究进行资助。

未来 5 年是中国天文学发展的一个关键时期。我们将第一次有自己的高能天体物理和暗物质探测卫星遨游太空，形成我国自己的空基天体物理观测能力；世界最大口径的射电望远镜（FAST）将投入运行，与大天区面积多目标光纤光谱望远镜（LAMOST）一起，形成强大的地基观测能力，确保我国天文学和天体物理学的战略地位。

第二节　天文学学科发展规律与发展态势

一、天文学的发展规律

宇宙作为自然界天然的实验室，由于其时空的广延、对象的多样、条件的极端、系统的复杂和过程的激烈，从而使天文学成为新现象、新思想和新概念不竭的知识源泉。随着探测能力的进步，新发现不断涌现。近年来，暗能量和太阳系外行星等的发现，有力地刺激并推动了天文学自身及相关学科的发展。

20 世纪天文学研究取得了辉煌的成就，建立了两大理论框架——恒星的内部结构与演化理论和宇宙大爆炸标准模型。这两大理论框架描述了作为自然界最大物质系统的宇宙的创生、演化和未来的命运，为一切物质（包括基本粒子和恒星、星系等天体）的形成提供了统一的科学图像，并在宇宙尺度上验证和极大地支持了作为其基础的广义相对论。

天文学的这两方面成就是相互补充的：理论框架的建立不是认识的终结，相反，它为新的科学发现提供向导，为更深刻地了解新发现确立了新的高度，推动了新一代设备的研制，观测更多、更远、更暗的天体和天体中更精细的结构，以了解宇宙和天体的发生和发展规律。在各国政府和民间的支持下，人类不断建造的新的天文仪器全面拓展了人类的视野，使人类能够在全电磁波波段，包括射电、红外、可见光、紫外、X射线和伽马射线的所有波段，具有更高灵敏度、更高角分辨率、全天巡天和全时间观测的能力。近几年，中微子和宇宙射线天文学更是打开了观测宇宙的新窗口；引力波望远镜也在建造之中，将使人类能够全面观测宇宙。这些新的天文望远镜和天文观测仪器所带来的新的观测能力，使天文学家不断发现新类型的天体和新的天文现象。在天文观测的基础上，天文学家利用大规模数值模拟计算、数据分析和理论研究，进一步理解发现的天文现象，探索新的天文学、天体物理和基本物理规律；而新的理论又向天文观测提出了更深层次的观测要求，由此推进新一代观测设备和方法的发展。因此，近代天文学的发展主要是由一系列新的天文发现和对天文发现的定量理解组成的。

二、天文学的发展态势

当代天文学发展的最显著特点是观测手段的迅速发展和全波段研究的开拓。10多年来，一系列大型的先进设备相继投入使用，包括口径10m级的光学望远镜、口径2.4m的哈勃空间望远镜、高灵敏和高空间分辨率的空间紫外、红外、X射线和γ射线望远镜、地面和空间长基线射电望远镜等。这些设备的使用使各波段的空间分辨率和探测能力都有量级的提高，从而使各波段的观测资料第一次得到匹配，开创了天文学全波段研究的崭新纪元。

在探测分析手段和能力方面，当前国际上天文学的发展重点是：

（1）追求更高的空间、时间和光谱分辨率。新一代地基和空间观测设备［如光干涉阵（Gaia）］将使光学观测的空间分辨率达亚角秒级。空间甚长基线干涉仪（VLBI）设备将使射电波段的空间分辨率提高一个量级。月基天文台的建造将成为现实。

（2）追求更大的集光本领和更大的视场，以进行更深、更广的宇宙探测。10余架已完成或即将完成的10m新一代光学/红外望远镜，开始建设的1km² 接收面积为目标的巨型射电望远镜计划（SKA）以及正在计划建造的20～50m巨型光学/红外望远镜计划都是这方面的重要努力。实现宽视场、多波段的照相巡天和宽视场多目标光谱巡天，建立天体的大统计样本，追求对宇宙的规律性认识，斯隆数字化巡天（SDSS）、大天区面积多目标光纤光谱望远镜（LAMOST）、全景巡天望远镜和快速反应系统（Pan-STARRS）、大尺度快速照相巡天望远镜（LSST）等都是这方面的重要设备。

（3）实现全波段的探测和研究。除了10m光学/红外望远镜和新的VLBI射电阵以外，已发射的各类天文卫星克服了在毫米波、亚毫米波、中远红外以及高能 X 射线和 γ 射线的地球大气观测窗口的限制，实现了天文观测的全波段覆盖，并已取得了许多令人振奋的成果。正在建造或计划中的新一代卫星，如先进高能天体物理望远镜（advanced telescope for high energy astrophysics，ATHENA）、红外波段的韦布空间望远镜（JWST）、空间甚长基线干涉仪（VLBI）等，在性能上都将有很大的提高。所有这些将使天文学的研究跨上一个新的台阶。

（4）开辟电磁波外新的观测窗口。中微子和宇宙射线天文学打开了观测宇宙的新窗口，地面引力波望远镜开始运行，空间引力波望远镜也在建造之中。太阳中微子探测和日震学为构造太阳（和恒星）内部模型，包括探测暗物质粒子，提供了新的观测手段。

（5）大天区时变和运动天体的观测。Pan-STARRS、Gaia、LSST 望远镜等将开展快速重复、大视场的照相巡天，从而获得大量变星、超新星、伽马暴、活动星系核等剧烈活动天体的资料，以便对这些重要天体进行空前大样本和规律性研究；结合光谱数据，高精度视差的测量将提供大量银河系内恒星的六维相空间信息，为探索银河系的形成、结构和演化提供重要的线索。

（6）国际合作研制大型天文设备已成必要。下一代天文设备，如阿塔卡玛大型毫米波天线阵（ALMA）、SKA 射电望远镜、20～50m巨型光学/红外望远镜、IXO空间 X 射线望远镜等需要巨大的技术、经费和研究人力的投入，同时地面大型设备对望远镜台址又有着极高的要求，使得多国合作建造、维护和使用大型设备成为必要。

（7）海量数据处理和计算天体物理学的发展。高精度、宽视场的观测特点使得观测数据急剧增加，海量数据的储存和处理成为研制下一代天文设备所必须考虑的技术问题。为了达到与观测精度匹配的理论模型预言精度，有必要采用超大型的计算机模拟研究各个层次天体的物理过程。

（8）建立资料更完善、使用更方便的数据库。观测数据在获取后的较短时间（一般 1 ～ 2 年后）向全世界开放，以使大量的天文实测资料得到更有效的利用。美国斯隆巡天释放和共享观测数据的巨大成功，使得天文学家释放数据更为主动。美国国家航空航天局（NASA）正在建立和完善的空间科学资料系统（SSDS）就是这方面的一个最新的努力。虚拟天文台的建设正在取得巨大的成功。

在研究内容方面，当前天文学的主流是天体物理学，研究的重点是天体和天体系统的活动和演化。2011 年美国国家研究院组织的天文学和天体物理学调研委员会在《天文学与天体物理学十年规划》学科发展报告里，列出了 3 个今后 10 年天文研究的主要领域：①搜寻第一代恒星、星系和黑洞——宇宙的黎明；②发现邻近可居住行星——新的世界；③理解宇宙的基本规律，代表和引领天文学今后 10 年发展的主要研究方向。随后，美国科学院发布了 2013 ～ 2022 年《太阳和空间物理——技术时代的科学》的学科发展报告，对太阳物理提出了战略思考。下面就天文学各领域的发展状况进行分析。

（一）星系和宇宙学

星系形成的研究已从单一星系系统的经验型研究转入冷暗物质主导的结构形成模型中的统一研究，而星系经验型研究的重要成果，如星系的化学演化模型、星族合成模型、星系尘埃模型等，已被有效地移植到冷暗物质主导的星系形成理论，使得星系形成成为宇宙结构形成理论的组成部分，并且能够将不同环境和不同宇宙年代的星系性质联系在一起。20 世纪末到 21 世纪初，哈勃空间望远镜的深场观测、凯克（Keck）等 10m 光学红外望远镜、斯皮策（Spitzer）红外望远镜、其他多波段地面及空间望远镜（从伽马波段到射电波段）的使用，将星系演化的研究追溯到宇宙年龄仅为当前年龄 1/10 的宇宙早期；而以斯隆巡天为代表的广角大型红移巡天描绘了星系性质与宇宙环境之间的对应关系，这些都成为检验星系理论的重要观测结果；而星系形成理论则是理解不同环境和不同时期星系性质的理论工具。

经过几十年的努力，人们已经找到大质量黑洞存在于银河系以及几十个邻近星系中心的可靠证据，并且发现黑洞与星系核球的质量和速度弥散之间存在密切关系。在此基础上人们推测，几乎每个大星系中心都可能存在一个（超）大质量黑洞，并且与星系在形成和演化上可能存在着某种关联。产生这种关联的很可能的途径是黑洞通过向星系反馈由吸积所产生的能量和物质（如辐射、喷流、外流等）抑制了星系中气体的进一步冷却，从而起到调节星系演化的作用。当今的研究趋势是将大质量黑洞和星系的活动纳入冷暗物质主导的星系形成理论框架中去研究，丰富活动星系核统一模型的建立和发展，探索星系与黑洞的共同形成和演化。

对遥远或暗弱天体的探测需要大的望远镜聚光面积以及灵敏的探测器。对于星系和活动星系核，高分辨成像观测可以获得其形态和结构的直观信息。星系和活动星系核在红外、光学、紫外和 X 射线波段可以产生非常丰富的吸收线和发射线，对这些谱线高信噪比的精细观测同样需要大的望远镜聚光面积和高的探测器光谱分辨率。而大面积的巡天观测则要求建造视场更大、灵敏度更高望远镜和探测器。从学科的发展历史来看，任何一个波段观测技术手段的进步，包括新的观测波段的开辟，灵敏度、空间和光谱分辨率、视场和巡天效率的提高，都会带来对星系、宇宙学和活动星系核研究的促进甚至飞跃。另外，星系和宇宙学研究的需求又促进了望远镜技术和探测器技术的发展。对多波段观测的需求和天文大型设备走国际化道路的大趋势，使得该领域成为合作性、国际性很强的一个天文研究领域。

最近二三十年，星系和宇宙学取得了令人瞩目的成就：高红移超新星观测、宇宙微波背景观测和宇宙大规模巡天观测发现宇宙在加速膨胀，大规模的红移巡天大大改进了对星系与宇宙结构之间关系的认识，而随着哈勃（Hubble）深场等极深度星系巡天的开展，星系和黑洞的系统研究已经拓展到宇宙年龄还不到 10 亿年的宇宙早期（红移 $z=10$）。

如美国《天文学与天体物理学十年规划》学科发展报告指出：①搜寻第一代恒星、星系和黑洞——宇宙的黎明；②理解宇宙的基本规律。这将是今后 10 年天文研究的三个最重要领域的两个。在上述两个领域取得突破，无疑将代表星系和宇宙学的国际发展趋势。

第一代恒星、星系和黑洞所发射（或周围发生）的可见光和红外波段的光子，由于宇宙的膨胀和引力红移，在到达观测望远镜时已被红移到了红外甚至亚毫米波段。随着 ALMA 亚毫米波射电阵、韦布空间望远镜（JWST）、平方千米（射电望远镜）阵（SKA）、30～50m 光学红外望远镜的投入使用，将有望观测到黑暗时代结束后的真正意义的第一代天体，大大提高对天体起源的认识。

大规模宇宙学巡天是理解宇宙基本规律的主要工具，有望在今后 10 年取得重大宇宙学和物理学的发现和突破，因此成为国际天文和物理学界激烈竞争的舞台。目前正在开展的项目，如斯隆的 BOSS 和 eBOSS 巡天，为第三代暗能量项目。预计在 2020 年前后开始工作、性能更高的下一代宇宙学巡天项目，包括国际上的 MS-DESI、LSST、Euclid、SKA 等和我国提出的南极 KDUST、空间 2m 巡天望远镜等，为第四代暗能量项目。此类项目采用了多种宇宙学探针来探索宇宙，包括 Ia 型超新星（此前的开创性工作已经获得 2011 年诺贝尔物理学奖）、重子声波振荡（2005 年首次成功测量）、弱引力透镜（2001 年首次成功测量）、红移畸变（21 世纪初成功测量）等。不同宇宙学探针探索宇宙的不同性质，因此第四代项目之间存在着高度互补，将更加深入回答宇宙加速膨胀机制、宇宙起源机制、暗物质、中微子质量等宇宙学基础问题。

今后 5～10 年内有望取得进展的关键问题包括：

1. 暗能量和暗物质的本质

理解宇宙的基本规律，包括宇宙的膨胀历史、暗能量的状态方程及随时间的演化、暗物质的物理性质等。

宇宙暗物质由什么样的基本粒子构成是暗物质研究的主要科学问题。研究这个问题的方式可以分为两类：粒子物理探测方法和天体物理探测方法。粒子物理探测方法通过对银河系中（或邻近星系）暗物质湮灭产生的信号（如正电子、反质子、伽马射线光子等）测量，或者通过暗物质与地球上探测器的直接相互作用测量，或者利用加速器产生相应的暗物质粒子，以探测并研究暗物质的基本粒子性质。天体物理探测方法是通过暗物质的引力所产生的动力学和引力效应，测量暗物质的空间分布，寻求暗物质的物理性质，因为暗物质在小于星系尺度上的分布携带着暗物质的重要物理性质。相关的问题还有：冷暗物质理论是否精确？是否需要超越广义相对论的新物理来替代暗物质？

目前对暗能量的本质认识非常有限。暗能量具有负压，在宇宙空间中几乎均匀分布或完全不成团，所以宇宙学常数仍是暗能量的最广为接受的候选者。但目前能够解释相关观测的暗能量物理模型很多，其中最著名的当属 Quintessence。也有科学家提出用修改引力理论的办法来解释宇宙加速膨胀，如 brane world、Cardassian 模型。还有关于暗物质暗能量的联合模型，如 Chaplygin 气体。检验这些模型的主要手段是测量暗能量的物态方程随时间的演化以及 Robert-Walker 度规中牛顿势与经度势之间的关系。目前被普遍认为最有效的探测暗能量的天体物理探针（如超新星、重子声波振荡、弱引力透镜、星系团等）均（整体或部分）依赖于大规模的巡天项目。

2. 宇宙结构和星系的演化

星系如何从红移为几十的宇宙早期演化而来，宇宙结构（包括星系际介质）是如何演化的。

星系形成的观测研究将向观测宇宙第一代天体推进，第一代天体的大小、初始质量函数、宇宙的增丰和再电离等是主要的科学问题；高红移大质量星系、类星体和超大质量黑洞的形成机制仍是研究的重点；星系际介质和环星系介质的观测将提供星系形成过程中星系外流和能量反馈的重要信息；星系演化的研究将集中在不同时期、不同物理性质的星系之间是如何演化的，高精度处理星系形成复杂物理过程的理论框架是联系各种看似相互独立的观测现象的必要工具。

3. 大质量黑洞及其周围的环境

黑洞附近发生了什么；大质量黑洞是如何形成和演化的；相对论性喷流是如何产生和加速的，其物质组成是什么；外流的产生、性质及其对环境的影响；黑洞在宇宙剧烈活动天体中所起的作用。

活动星系核研究的趋势主要集中在三大方面。在星系核尺度上，利用高空间分辨和大聚光本领的望远镜直接探测邻近活动星系核的内部结构和物理过程，并运用光谱、光变等手段探索黑洞视界附近的物理状态，研究吸积和喷流产生的过程及发射线区物理，早期宇宙（$z > 6$）中超大质量黑洞的形成和演化，附近气体的金属丰度等。在星系及星系团尺度上，研究活动星系核的触发机制和与星系恒星形成爆发的关系；通过研究活动星系核对周围环境的反馈作用，来了解黑洞对星系形成和演化的制约以及如何随星系共同演化等。在宇宙学尺度上，人们正在积极探索活动星系核与类星体的各种宇宙学效应，特别是处于极端活动状态的类星体，其中大质量吸积黑洞是很有希望的深场宇宙动力学新探针，并通过对低红移极端活动类星体的研究理解高红移类星体。

（二）恒星与银河系

恒星及银河系的研究是国际天体物理的主要研究活动之一。据统计，国际上前 5 年该领域的论文数量占天文学论文总数的比例为 35.8%。今后的一段时期，恒星与银河系的研究将主要体现在：①星际介质与恒星形成；②恒星结构与演化；③恒星级致密天体；④银河系的结构与组分。

1. 星际介质与恒星形成

由于星际介质分布的广泛性及其组分和物理状态的多样性，多波段、大天区观测依然是主要研究手段。近年来由于观测技术的进步，星际介质研究得到进一步发展。多波束技术的使用和接收机灵敏度的提高使新一代氢原子巡天，如帕克斯（Parkes）望远镜对南天进行的 GASS 巡天、埃费尔斯贝格射电望远镜（Effelsberg Radio Telescope）对北天进行的 EBHIS 巡天以及 VLA 对银道面的巡天，比以往巡天天区覆盖更大、空间分辨率和灵敏度更高。牛顿望远镜（Isaac Newton Telescope）对银道面进行的 Hα 窄带巡天（IPHAS）比以往观测更加细致地揭示了银道面电离气体的分布。利用光学 DSS 资料和红外 2MASS 数据分别获得了全天光学和近红外波段尘埃消光图，斯皮策（Spitzer）和赫歇尔（Herschel）卫星在中远红外波段揭示了致密区域的尘埃消光以及暗气体的存在；多波段数据也使研究星际尘埃消光规律成为可能。与恒星形成密切相关的恒星形成区研究更为迅猛，APEX 望远镜完成了银河系中心 400 平方度在 870 μm 波段的连续谱成图观测，揭示了致密气体的分布和结构；JCMT 传世观测计划使用 SCUBA-2 对全天 18000 平方度进行巡测，期望取得所有红外暗云（IRDC）样本，对银道面的观测则期望取得所有质量大于 40 个太阳质量的云核样本。亚毫米波（射电望远镜）阵（SMA）以其高空间分辨率揭示了恒星形成区细致的密度和磁场结构，赫歇尔望远镜（William Herschel Telescope）以其前所未有的分辨率、灵敏度以及独特观测窗口，揭示了恒星形成区纤维状结构的普遍性。星际介质研究中，不同组分之间的相互作用和转化，特别是氢原子到氢分子的转化、暗气体在银河系中的分布和含量、尘埃的性质和演化、以星际介质为工具研究银河系结构和动力学，将成为新的研究焦点。

恒星形成研究随着红外和毫米/亚毫米波段观测技术的进步，近年来取得了巨大进展，是天文学的热点研究课题。在理论上，对分子云的形成、演化和瓦解进行大规模的数值模拟，取得了一系列新认识；湍动在恒星形成中的作用越来越受重视，传统的准静态恒星形成模型受到多方面挑战。Herschel 望远镜观测表明，纤维状结构是恒星形成中的一个必经阶段。大质量恒星形成区的物理性质通过高分辨率观测得到了进一步了解，大质量恒星形成过程中的碎裂、辐射压、HII 区膨胀等问题得到进一步解决。斯皮策（Spitzer）和赫歇尔（Herschel）望远镜对特定恒星形成区的观测得到了这些区域原恒星的完备样本，从而比以往更准确地确定了恒星形成各个阶段的时标。斯皮策（Spitzer）和赫歇尔（Herschel）所提供的独特观测窗口，使我们对原行星盘的结构和演化有了全新认识，包括过渡盘的发现、尘埃生长和结晶等。毫米/亚毫米波段干涉阵观测揭示了原行星盘气体的分布和运动。ALMA 干涉阵以其前所未有的分辨率和灵敏度，为分子云和恒星形成研究的重大突破提供了机遇。预期 2018 年发射的韦布空间望远镜（JWST）将对分子云和恒星形成研究带来新的促进作用。分子云的形成、结构和动力学，湍动和磁场的作用，大质量恒星形成早期过程，双星/多重星/星团的形成，原行星盘的结构和演化等，将继续是恒星形成的研究焦点。

2. 恒星结构与演化

尽管恒星结构与演化理论已经取得了很大成功，但是对流、自转、磁场等复杂物理过程的存在长期成为恒星模型中最主要的不确定因素。同时，双星间的物质、角动量和能量的交流与损失也成为影响恒星演化进程的另一个重要因素。深入研究恒星内部的上述物理过程以及这些效应对恒星结构与演化的影响，是当前恒星结构与演化理论发展的主要目标。

进入 21 世纪以来，大规模的数字巡天观测（如 2MASS、SDSS、PAN-STARRS 等）以及超高精度的空间测光观测（如 MOST、CoRoT、Kepler 等），对恒星结构与演化理论提出了新的挑战，极大地促进了这一领域的快速发展，使之成为近年来天体物理学科中最具活力的研究领域之一。

近年来，星震学研究已经成为推动恒星结构与演化理论发展的最重要手段。随着大量的脉动模式在多种恒星（如主序星、红巨星、热亚矮星、白矮星等）上被观测到，利用星震学方法可以对这些恒星的内部结构直接进行独立的探测，因而成为检验恒星模型和研究恒星内部物理过程的一种独一无二的手段。未来，随着 Gaia、LAMOST、Kepler（K2）、SONG 计划的实施，必将进一步推动恒星结构与演化理论的发展。

3. 致密天体

致密天体的辐射以非热辐射和 X 射线热辐射为主，其中非热辐射可以覆盖从射电到高能伽马射线的几乎全部电磁波波段。各种天文望远镜在灵敏度、空间分辨率、时间分辨率和能谱分辨率的每一次显著进步都引发了致密天体物理研究的飞跃。多波段、多信使观测（和联测）成为研究致密天体性质的重要手段。从研究课题来看，作为恒星演化的归宿和恒星层次最剧烈的活动起源，超新星及其前身星、伽马射线暴、白矮星、中子星、脉冲星和黑洞等天体的研究是天体物理研究最活跃的前沿领域之一，同时致密天体对于研究星系形成和结构的演化、利用致密天体作为探针研究星际介质、宇宙的演化和基础物理规律、利用脉冲星探测引力波等也变得日益重要。

4. 银河系

欧洲空间局新一代高精度天体测量卫星 Gaia 已于 2013 年 12 月成功发射。在未来 5 年里，通过对全天恒星的重复扫描测量，Gaia 将提供银河系数以千万计恒星的高精度视差（距离）及自行（恒星在天球面上的切向运动速度）数据。Gaia 还将提供数以百万计亮星的视向速度和元素丰度信息。正在开展中的 PAN-SRTARRS 以及未来的大口径全天巡视望远镜（LSST）等多历元时域大规模多色测光巡天计划也将对银河系的研究产生重大的影响。

"十一五"期间启动的国家重大科学工程项目 LAMOST 是我国自主建成的第一台具有一定国际竞争力的大型天文观测设备。它突破了国际上大口径望远镜不能兼顾大视场的瓶颈，不仅是目前世界上最大的大口径兼大视场的望远镜，也是世界上第一架在一块大镜面上同时应用主动变形镜面和拼接镜面技术，并且有两块大拼接镜面的望远镜。LAMOST 可一次同时获取最多 4000 个天体的光谱，是目前世界上光谱获取率最高的望远镜。诚如国际著名天文学家、LAMOST 巡天计划国际评估委员会主席 R. Ellis 指出的，在未来 10 年，LAMOST 将与 Gaia 一起，成为银河系研究的最主要设备。

利用高精度 VLBI 手段对银河系进行系统测量是今后一段时期的主要方向之一。VLBA、VERA 等大型设备将投入更多的力量，预计将提供银河系尺度、旋臂距离和分布等方面的高精度的系统测量结果。

（三）太阳系和系外行星系统

行星科学研究的发展水平是与空间测量技术方法的进步紧密相连和相互促进的。1957 年，苏联发射了第一颗人造地球卫星，为人类从地面天文学观测进入空间天文学观测提供了基础，人类开启了天文空间探测时代。随着国际深空探测计划的不断实施和系外行星的不断发现，行星科学研究进入了新时期，已成为当今国际天文学研究的热点之一。

到目前为止，人类相继发射了 250 多个空间探测器，分别对月球、大行星及其卫星、小行星和彗星进行探测，获得了众多科学新发现。在已进行的深空探测计划中，大多数是针对月球、火星与金星的（约占所有深空探测计划的 80% 以上），其中典型代表是："火星环球勘测者号"（Mars Global Surveyor）（NASA，1996）、"火星探路者号"（Mars Pathfinder）（NASA，1996）、"火星快车号"（Mars Express）（ESA，2003）、"伽利略号"（Galileo）（NASA，1989）、"旅行者 1 号"（Voyager-1）（NASA，1977）和"卡西尼 - 惠更斯号"（Cassini-Huygens）（NASA & ESA，1997）等。

1995 年，Mayor 和 Queloz 在主序恒星 51 Peg 附近发现了一颗木星质量量级的行星，由此揭开了人类搜索太阳系以外行星系统（以下简称系外行星系统）的序幕。截至 2016 年 9 月 6 日，已经被确认的系外行星有 2951 个，其中绝大多数是在近 10 年发现的。探测系外行星的方法主要有视向速度方法、凌星法、直接观测法、微引力透镜法、脉冲星法以及天体测量法等，其中视向速度法和凌星法是目前效率最高、最流行的方法。视向速度法以地面巡天观测为主，目前视向速度精度可以达到 1 m/s。在地面使用凌星法观测主要以全球联网大视场巡天为主；因受到大气影响，一般测光精度很难达到毫星等以下，只有在极地地区才可达到亚空间的观测条件。

系外行星的探测和发现需要精度更高、更稳定的空间望远镜。欧洲的 CoRoT 是第一架以探测系外行星为主要科学目标的空间望远镜，在 2006 年年底发射，有效工作 6 年多，共发现了 600 多个系外行星的候选天体，其中 20 多颗已经被确认；第二架系外行星探测器是美国国家航空航天局（NASA）的 Kepler，于 2009 年 3 月发射，到 2016 年 9 月 6 日已经发现了 4706 个系外行星候选天体，其中 2330 颗已被确认。

当今行星科学研究主要集中在两大主题：一是行星的形成与演化，二是类地行星的搜寻。所涉及的热点科学问题有：对太阳系内行星，主要集中在行星磁场产生与维持、行星内部物理、行星表面水或其他流体和气体输运过程、行星磁层时空结构等。未来一段时间内，月球、火星、小行星和木星将是国际深空探测的主要对象；对太阳系外行星，主要集中在行星系统拥有率（occurrence rate）、系外行星系统的轨道动力学构型及其形成演化、系外行星的内部结构组成及大气成分、行星系统中宿主恒星的赤道面倾斜度、宿主恒星基本属性的精确化诊断、双星或者多恒星系统中的行星形成和演化、类地行星和宜居行星的搜寻和刻画等。

目前，国际行星科学研究发展趋势有如下特征：

（1）行星探测从地面发展到空间。太阳系内行星的新发现将主要依赖于深空探测；太阳系外行星的深入开展将基于地面大设备与空间望远镜的联合使用。目前国际上正在实施针对木星、火星、矮行星的多个深空探测计划，如美国国家航空航天局（NASA）的 JUNO、MAVEN、New Horizons 等；同时也有多个系外行星探测卫星项目正在实施中，如美国国家航空航天局（NASA）的 TESS 和欧洲空间局（ESA）的 CHEOPS，均计划于 2017 年发射；此外欧洲空间局（ESA）的 PLATO 也将于 2024 年发射。

（2）宜居类地行星的搜寻是目前系外行星探测的首要目标。Kepler 探测到了 48 个位于宜居区的行星候选体，但由于其对应的主星较暗，不适宜视向速度方法的证认；利用视向速度方法搜寻到的几个位于宜居区的行星，如 HD 40307 g，与母恒星的距离接近一个天文单位，可能存在液态水，但还没有被完全认可或者经过其他独立方法证实。

（3）比较行星学研究将有新突破。系外行星的不断发现，为"比较行星学"研究提供了更大的研究样本，人们可以通过不同行星的比较研究，更全面地了解它们的形成和演化过程。

（四）太阳

太阳是唯——颗可以同时进行高空间分辨率、高时间分辨率、高光谱分辨率和高偏振精度观测的恒星，太阳提供了对天体基本物理过程一个被详尽观测的范例。因此，对于磁流体力学、等离子体物理、粒子物理等领域的研究而言，太阳是一个很好的天然实验室。有关太阳物理的研究，特别是电磁相互作用的研究，又可以推广到其他天体物理对象中。

对于太阳的观测，相比夜天文来说，有其鲜明的特点。首先，由于太阳辐射很强，对望远镜聚光本领的需求不如暗弱天体那样高。然而，由于太阳的偏振信号是太阳连续辐射的 10^{-4} 量级，加之太阳磁场的观测向红外波段的扩展，4～5m 口径的太阳望远镜已成为未来太阳物理研究的必要工具。另外，由于太阳是在白天观测，大气视宁度的影响相对较大，因此现在的地面大望远镜都配备了自适应光学系统。目前国际上运行的 1m 以上的望远镜包括：美国大熊湖天文台 1.6m 太阳望远镜（NST）、德国 1.5m 太阳望远镜（GREGOR）、瑞典 1m 太阳望远镜（SST）、我国抚仙湖观测基地的 1m 新真空太阳望远镜（NVST）。建设和规划中的大望远镜包括：美国国立天文台 4m 太阳望远镜（ATST）、欧洲的 4m 太阳望远镜（EST）、印度的 2m 太阳望远镜（NLST）、我国 4～8m 巨型太阳望远镜（CGST）和大型日冕仪（COMTEC）。我国的 1m 中红外太阳望远镜已立项。射电方面，我国在明安图观测站已建设新一代日像仪（CSRH），美国变频太阳射电望远镜（FASR）也在预研中，它们将实现不同频段的高分辨率射电成像观测。

与此同时，大气层外的空间卫星观测提供了紫外、极紫外、X 射线等地面不能观测的图像。20 世纪 90 年代以来，空间卫星探测占据了主导地位，Yohkoh、Ulysses、SOHO、TRACE、RHESSI、Hinode、STEREO、SDO、IRIS 等太阳探测卫星相继发射，开始了多波段、全时域、高分辨率和高精度探测的时代，取得了一系列重要科学发现。未来几年，还将发射 Solar Orbiter、Solar Probe 等卫星。

在理论和方法研究方面，通过日震学探讨太阳内部结构和动力学取得了重要的进展。GONG 国际联测网、SOHO/MDI 和 SDO/HMI 等卫星都提供了优质的观测资料。局部日震学首次得到了黑子和活动区在光球以下的动力学结构，为揭开太阳活动之谜提供了新的研究手段。特别是，最近发现了新的子午面环流特征：在不同高度处存在两个环流元胞，区别于以往的单个环流元胞。这对太阳发电机理论提出了新的挑战。与此同时，通过发电机理论来进行太阳活动周的预测，在第 23 太阳周取得了重要进展。

美国 2013 ～ 2022 年太阳和空间物理十年规划设定的最重要的科学目标，包括确定太阳活动的来源并预报空间环境的变化，确定太阳与太阳系及星际介质的相互作用，发现并定量描述发生在日球乃至整个宇宙的基本过程，基本代表了我国太阳物理学研究的主要努力方向。

太阳大气的磁场、结构和动力学是太阳物理的最基本课题之一。随着磁像仪性能的提高，对小尺度磁场研究的重要性越来越突出。观测显示网络内磁场比已知的网络磁场和活动区磁场贡献了更多的磁通量。色球磁场的测量相对比较困难，其中主要的原因是色球谱线形成于非常复杂的非局部热动平衡大气。近十年来，随着原子物理和观测手段的同步发展，色球磁场的测量有了很大的进步。日冕的极低亮度和视向积分效应等因素导致日冕磁场的测量极端困难。通常人们都依赖于磁场外推的方法对日冕磁场进行理论推算，也有人尝试用射电辐射和日冕波动的观测来反演日冕磁场。最近，利用日冕禁线来直接测量日冕磁场的工作取得了良好的进展。下一代超大型设备 ATST 有望在日冕磁场测量上取得更为显著的成就。

日冕加热一直是太阳物理的重点课题之一。近年来，得益于高分辨率的观测，在这方面取得了重要的进展。除了以往的钠耀斑加热机制以外，最近两种新的可能性引起学术界的重视。第一是发现 II 类针状体抛射可能提供加热能量，第二是发现龙卷风状的磁结构可能提供由对流区能量一直向上传输到日冕的通道。除此以外，阿尔芬波传播和耗散加热日冕的可能性也不能排除。日冕中存在大量的波动现象。自 1997 年日冕 EIT 波被发现以来，其物理本质成为一个研究和争论的焦点。目前的高分辨率观测有望使各种观点趋于统一。

空间太阳观测卫星的相继发射，对太阳活动的研究起到了极大的推动作用。特别是 2006 年发射的 Hinode 卫星和 2010 年发射的 SDO 卫星，展示了耀斑区域的精细结构。最新的 IRIS 卫星有望对耀斑动力学做出新的探索。近年来，在耀斑磁重联的观测证据、与耀斑相关的磁场变化、耀斑大气的加热和辐射机制等方面的研究取得了重要进展。需要指出的是，传统的二维耀斑图像已不适合解释一些新的观测现象，三维空间的复杂磁拓扑结构和磁重联理论成为新的研究热点。日冕物质抛射是影响空间天气的最主要因素。理论分析和三维 MHD 模拟显示，磁绳灾变和扭曲（kink）及环面（torus）不稳定性可能是驱动太阳爆发的核心因素。另一个重点关注的现象是暗条（日珥）的形成和爆发。尽管对暗条形成的三维模拟难度较大，但是目前在这一研究领域已取得了进展。

太阳活动的准确预报对航空航天、通信导航等方面都具有极其重要的意义。太阳活动预报可分为中长期和短期两种预报模式。中长期预报主要依赖于长期积累的观测数据，也已形成数 10 种统计类模式。最近一个研究热点是基于发电机理论的太阳活动周预报。短期预报则主要依赖于太阳活动的实时监测数据。由于短时间内太阳爆发的随机性，短期预报一直是相关研究的热点和难点。另一个有意义的研究是超长期太阳活动规律。其方法是构造太阳活动的代参数，一般是使用受到太阳磁活动的影响而存储于自然界中且目前能测量的地质学参量。目前已有 11000 年长的太阳活动代参数，发现在过去发生了一些巨极大活动时期和巨极小活动时期，对恒星的磁活动周期研究有重要启发作用。

基于目前国际太阳物理的研究特点，未来几年该领域的研究将重点关注以下几个方面。

（1）太阳发电机和太阳磁场的起源。通过发电机理论预测太阳活动周，理解调制活动周强度的主要因素，对最近出现的太阳活动周异常行为取得部分规律性认识。研究太阳表面磁场的精细结构，诊断小尺度磁元，探究是否存在量子化的基本磁元或元磁流管，研究它们的分布、结构、集体行为和动力学以及对日冕加热的贡献。

（2）太阳活动的观测和机理研究。详细诊断太阳爆发过程的磁流体动力学特征、辐射特征和物理机制，探讨与此相关的能量储存、初发、电流片形成和磁重联触发等关键科学问题。

（3）三维辐射磁流体动力学模拟。由于对太阳活动的观测越来越精细，这就要求对太阳基本物理过程的研究方法也要考虑尽可能多的物理因素。三维辐射磁流体力学模拟在黑子形成、冕环形成等方面已取得了重要进展，未来在耀斑和日冕物质抛射、暗条的形成和爆发等领域有望成为研究热点。

（五）基本天文学

20 世纪 90 年代以来，随着众多系列太阳系深空探测计划的不断实施、大量柯依伯（Kuiper）带天体（1992 年）和太阳系外行星（1995 年）的相继发现、欧洲空间局（ESA）Gaia 空间天体测量卫星的成功发射（2013 年）、基础研究和国家战略对时间频率精度需求的日益提高，基本天文学研究领域得到了快速发展。

1. 天体测量

近年来，银河系结构高精度甚长基线干涉测量技术（VLBI）的发展、依巴谷卫星（Hipparcos）星表的发表、Gaia 空间天体测量卫星成功发射和新参考系的引入、时间尺度的完善和 CCD 技术的应用，使天体测量进入一个新时代（天测，含相对论天体测量与天文地球动力学）。

随着 Gaia 卫星的发射，微角秒天文参考系将是未来若干年内天体测量的重要研究方向，它直接涉及参考系应用规范等实用天文学问题。天文参考系的改进必定带来参考系理论及其与之相应的理论和方法上的重大变化，同时对参考系的应用规范也会产生一系列重大变革。

Gaia 空间卫星观测从参考系概念上将再次突破现有的一系列方法。目前国际上正在讨论的 ICRF3 准备引入一些新的概念，如银河系光行差问题等。在 Gaia 参考系建立的过程中和建立之后，将有很多重大问题需要解决，包括 Gaia 天球参考系问题、Gaia 恒星参考架、Gaia 天球参考系和 VLBI 参考系的关系及其各自的作用、未来天球参考系和地球参考系之间的新关系等，这些问题都将可能引起一系列参考系理论的新变革，包括岁差章动理论和相关天文常数的变化等。

当前天体测量学研究的重点集中在：天文参考系理论研究，微角秒精度多波段参考架的建立和参考架连接，天体测量精确资料和新技术（如长焦距望远镜 CCD 观测、红外多波段天体测量巡天、激光测距辅助测角观测等）在天文学研究中的应用，特别在大行星及其卫星的探测、大尺度银河系空间结构、运动学和动力学及演化等方面研究中的应用。

2. 天体力学

20 世纪 90 年代大量海王星轨道外的柯依伯（Kuiper）带天体和太阳系外行星系统的发现，给天体力学带来许多崭新的研究对象，也促进了天体力学的理论研究和方法的快速发展。

经典摄动理论在柯依伯（Kuiper）带和太阳系外行星系统的发现后有了重

要进展，其目标是发展适用于高偏心率和高轨道倾角系统的分析方法。太阳系稳定性问题是天体力学经典问题之一，近年来人们对太阳系天体混沌运动的产生机制有了进一步的了解。目前认为太阳系全局混沌主要产生于共振重叠，并影响太阳系天体的稳定性。

柯依伯（Kuiper）带天体结构的形成与动力学是近年来天体力学的热点前沿领域之一。为了解释太阳系行星形成后约 6 亿 5000 万年左右内行星经历的一场小行星轰炸，法国尼斯（Nice）小组的研究者提出了大行星迁移的 NICE 模型，较为成功地解释了太阳系 4 个大行星目前的轨道构形、内太阳系的晚期大型轰炸、木星和海王星的特洛伊小行星形成、巨行星的一些不规则卫星的形成，以及相当多的柯依伯（Kuiper）带天体分布特征。

随着 20 世纪 60 年代非线性科学的发展，人们对 N 体系统运动复杂性的认识有了更深刻的认识。以天体系统中有序与混沌运动为主要内容的非线性天体力学迅速发展起来，并应用到太阳系天体的运动研究，同时为非线性动力系统中保守系统的研究提供了重要的范例。

当前天体力学研究的重点集中在：非线性天体力学及轨道稳定性理论，太阳系柯依伯（Kuiper）带天体动力学，月球、行星及其卫星历表及运动理论等。

3. 时间频率

时间频率领域原是天体测量的一个研究领域，主要研究时间系统的产生、保持以及传递等。时间和频率主要解决两个问题：第一是高精度的时间标准产生，当前其主要来自于原子钟和光钟。第二是时间标准传递，也称为授时，目前分为陆基和星基授时两类。授时方法的发展与人们的需求密切相关，目前从秒级到 10ns 级授时精度的用户都能找到相应的授时方法。对于要求授时精度为纳秒级的用户来说，这些用户只能使用如共视、卫星双向时间频率传递等高精度时间比对系统。这些高精度时间传递系统的成本高且用户容量有限，因此，迫切需要研究更高精度的授时方法。

美国的授时系统由空基全球定位星系统（GPS）和陆基罗兰 C 系统组成；俄罗斯的 GLONASS 卫星导航系统在进行授时的同时，也保留着多台站、多体制的陆基授时系统；欧洲陆基低频连续波系统的开发最为成功，目前正在积极建设卫星导航系统 Galileo。

当前时间频率研究的重点集中在：时间频率参考架的精化与传递、跨地域多类型原子钟联合守时方法、时间尺度精密标校方法、高精密远程时间比对和恢复方法、精密时间频率测量方法、脉冲星观测计时和 UT1 高精度测量等。

4. 相对论基本天文学

20 世纪 90 年代以来，随着观测精度的不断提高，天体的运动已无法用牛顿框架下的基本天文学加以解释。相对论基本天文学应运而生，它是相对论性引力理论在天体测量与天体力学上的应用，逐渐成为基本天文学中的新兴学科。时间的定义和同步、参考系的定义和维持、太阳系天体历表的编制、雷达和激光测距、VLBI 观测、全球导航系统等任务的数据处理都必须采纳相对论性的引力理论作为理论框架。

相对论基本天文学一般采用后牛顿的方法来计算天体的运动和电磁波的传播。由于有大量的高精度观测资料做基础，它的研究主要是定量而不是定性的。当前，即使在 1 阶后牛顿的精度要求下，像天体形状和自转引起的相对论效应也没有得到完美的解决，有待在数学方法上有所创新。

当前相对论基本天文学研究的重点集中在：天文参考系的相对论理论、天体测量的相对论归算、天体在相对论框架下的平动和转动理论、相对论框架下时空尺度问题和时间同步问题、引力理论的天体测量检验、相对论框架下天文常数和天文概念（如黄道、分点）的定义等。

5. 基本天文学应用

基本天文学应用主要涉及的领域有：

（1）国民经济和国防建设。这包括航空、航海以及空间飞行器（导弹、卫星）导航、城市交通管理（如 GPS、北斗卫星的城市交通管理系统）、高精度时频系统建立以及空间飞行器（如海洋卫星、登月探测器、深空探测）任务规划、轨道设计、测轨和定轨。

（2）空间环境监测。快速移动天体（即空间碎片和近地小行星）的监测及动力演化研究、日地空间环境（如地磁场）的监测。

（3）天文地球动力学。地球整体（自转和地极）和局部（大气、海洋、地壳和地球内部）运动的监测；地球参考系的建立与维持，地球引力场的建立，地球自转与地球各圈层运动的相互作用与机理以及自然灾害预测的天文学方法的研究。

当前应用研究的重点集中在：卫星导航中高精度星历的建立，深空探测计划中任务规划、轨道设计和测定轨，快速移动天体监测、动力学及应用，地球整体和局部物质运动空间监测数据分析等。

（六）天文技术方法与仪器设备

400年来望远镜及其仪器的发展和进步，都在促进人类对宇宙新的认识，甚至产生新的天文学分支学科，如分光术的发明及其天文应用催生了现代天体物理学。光学、红外、射电和空间天文技术的发展规律和态势可概括如下：

1. 光学、红外技术

从伽利略发明望远镜至今，望远镜的口径从4cm增大到10m，国际上已经成功研制了14架地面8~10m光学/红外望远镜，正在研制地面30m光学/红外望远镜。现代光学/红外望远镜关键技术主要包括拼接镜面主动光学、薄镜面主动光学、快焦比大口径镜面和大批量非圆形离轴非球面研制、巨型精密光机结构优化、超大惯量高精度跟踪、自适应光学以及恒星光干涉技术。自适应光学技术校正了大气扰动对成像质量的影响，使得地面大望远镜能够获得衍射极限成像。当前，自适应光学重点发展多层共轭自适应光学技术及大口径自适应副镜技术等。拼接镜面主动光学技术目前实现了近红外波段的共相，今后重点发展可见光共相技术。巨型超大惯量高精度跟踪将发展机电一体化直接驱动技术。恒星光干涉方面主要发展多基线干涉成像技术。

光学/红外波段的科学仪器在天文观测中发挥着举足轻重的作用。在科学需求的驱动下，科学仪器的规模不断扩大，精度不断提高。光谱成像类科学仪器主要包括：红外成像光谱仪，宽视场光谱仪器，行星形成成像仪、高分辨率光学光谱仪及大视场红外相机。

高对比度成像技术在可见光、红外天文领域有着重要的应用：

（1）地基观测趋势是发展"极端"自适应光学技术（简称Ex-AO），高对比度星冕仪技术和后端图像处理技术。现有大口径及未来极大口径望远镜都将配备Ex-AO星冕仪开展系外行星科学研究，并有望直接获取行星的光谱。而地面中小口径望远镜尚未配备高质量的Ex-AO，难以开展系外行星成像等重要科学。

（2）未来空间计划将对类地行星进行成像和光谱研究，需要精确控制系统的波相差和振幅误差，将成像对比度提高至 10^{-10}。目前，仍处在实验室关键技术攻关阶段，主要包括 JPL 发展的光瞳调制技术，亚利桑那大学发展的相位调制技术以及普林斯顿大学发展的光瞳形状调制技术。

（3）后端图像处理技术主要有近几年发展的短时间曝光视场旋转观测模式（angular differential imaging，ADI）和散斑噪声分区域优化算法（locally optimized combination of images，LOCI）。目前，直接探测到的行星主要采用 ADI 和 LOCI 技术，该技术对 1as 以外的暗弱目标有效。

综合中、大型望远镜和极大望远镜的仪器配置需求，宽视场光谱仪技术、多目标光谱仪技术、三维光谱仪技术和高分辨率光谱仪技术得到大量应用和持续发展，其中多目标光纤光谱观测设备比较倾向于装置在大视场望远镜上，主要仪器有 2dF、SDSS、6dF、AAomega、LAMOST 等。三维光谱技术（积分视场光谱）得到迅猛发展，相继研制出多种不同类型的三维光谱成像技术仪器设备，如光纤系统、小透镜阵系统、光纤 - 小透镜阵系统、像切分器系统等。高分辨率光谱仪技术主要追求高稳定性和极高视向速度测量精度。采用激光频率梳对高分辨率光谱仪进行光谱定标，可望将视向速度测量精度提高至 cm/s。ESO 3.6m 望远镜配备的 HARPS 高分辨率光谱仪在系外行星搜索方面具有重大的科学产出，现有视向速度测量精度为 0.97m/s，下一步引入激光频率梳定标，有望将精度提高至厘米 / 秒，以搜寻类地行星。恒星干涉仪技术近年来也有重要发展，如 VLT 上配备了 PRIMA、GRAVITY、MATISSE 等新式仪器，对暗星成像观测精度好于 10mas，对行星天体观测精度好于 $10\,\mu as$，这在地面上用其他技术是难以实现的。

2. 射电天文技术

射电天文基于无线电相关的技术方法，从单天线发展到综合孔径乃至甚长基线，观测的场所也从地基到空间。在过去的 10 年间，射电天文技术的发展使得探测灵敏度及带宽、空间分辨本领、谱分辨率等基本探测能力指标显著提高，在偏振接收、实时性等能力指标方面也大幅度改善。射电天文观测为天体物理、基本天体测量等各个分支领域提供了新的手段。射电天文的技术方法也为航天、通信等其他领域提供了高技术的应用。从不同频段以及单天线、综合孔径、VLBI 等不同探测原理来看，射电天文的发展体现出显著的技术方法特点，而总体而言，ALMA、SKA 等重大设备的建设需求牵引着射电天文核心技术方法的发展。

在长波射电领域，新一代数字技术，包括数字相控阵和多目标的波束合成技术、宽带光纤数字传输及高性能计算等，使得射电天文在"软件望远镜"概念与方法上取得了重大的突破，是射电天文观测能力的重大变革。在荷兰的 LOFAR、澳大利亚的 ASKAP 和 MWA、南非的 MeerKAT、美国的 LWA 和 PAPER 等中低频射电先导望远镜阵列上，这些技术得以实现与验证，最终使得作为新一代超级低频射电望远镜的 SKA 建设成为可能。新一代技术射电数字技术在 GBT、Allan 望远镜、eVLA 中也同样起到了核心支撑作用，同时具备高灵敏度、高时间分辨的探测能力，为射电瞬变天体的发现和监测提供了条件。

在毫米波和亚毫米波段，高精度天线技术、达到量子极限的低噪声探测技术、高稳定相位传输与控制、高速数字相关等发展使得人们能够在毫米波段实现超高灵敏度（几十 Jy）及超高的空间分辨本领（5mas），使得分辨本领与未来的 ELT、SKA 相匹配。这些技术集中体现在国际联合项目 ALMA 这一当今最大规模的地基天文观测设施上，保障了 ALMA 的顺利建成并开始产出重要的科学结果。基于低温超导薄膜的 TES 和 KID 探测技术的出现使得人们能够在太赫兹波段实现达到光子噪声极限的超导成像探测器，这些突破将毫米波、亚毫米波连续谱及其偏振的探测推向了灵敏度的极限。Herschel 卫星、JCMT/SCUBA 2 以及 SPT、BICEP2 等设备采用的极限探测器都运用了这些全新的技术。

过去的 10 年，甚长基线射电天文产生了一批新的技术与方法。高精度相位参考技术显著提高了 VLBI 观测中的相位精度，从而直接提高了测量的精度。在日本新建成的 VERA 中运用了（同时）双波束方法提高相位校准精度，使得该阵列成为首个实现实时相位校准的 VLBI 观测阵列。在韩国 KVN 中首次运用了多频相位参考方法，为高频（毫米波段）VLBI 观测提供了高精度的保障。Gbit 宽带数字滤波和数字相关技术使得接收波段和灵敏度得以成倍增加，已经运用在包括 VERA 在内的新 VLBI 阵列上，也应用到现有 VLBI 的升级中。宽带数字传输及实时相关处理（软件相关）技术使得 e-VLBI 概念进入实际应用。

值得一提的是，应用大型射电天文设备时，人们更为关注射电台址条件。ALMA 选址于安第斯山脉海拔 5000m 的 Atacama 高原，极低的水汽条件使得

ALMA 在亚毫米波的干涉成像成为可能。SKA 定址在西澳大利亚及南非射电最宁静的地区。探测微弱微波背景的 SPT 和 BICEP 望远镜放置在南极站，那里的低温、高海拔、低水汽含量以及稳定的大气使得这些极限观测成为可能。在更高的频率以及部分 VLBI 应用中，国际上则更关注在空间进行射电天文观测，其目的是突破地球（大气、基线尺度）对射电观测的局限。在现有与工业及人居区域接近的台址，则更注重发展包括数字滤波以及实时干扰剔除等有助于减缓射频干扰的技术和方法。

3. 空间天文技术

Giacconi 等于 20 世纪六七十年代开创的空间 X 射线天文观测，突破了地球大气对来自宇宙的 X 射线的吸收，开辟了在可见光和射电波段之外的探索宇宙的第三个窗口。半个多世纪以来，空间天文的发展从 X 射线波段扩展到了几乎所有的电磁波波段，大大拓展了人类对于宇宙和宇宙中的天体的认识，目前仍然有约 20 个空间天文卫星或者设备在运行之中，其中大约一半是从事高能天体物理研究的 X 射线和伽马射线天文卫星。空间天文技术发展的一个主要规律就是在重大科学问题的牵引下，先进的天文望远镜和探测器技术与先进的空间和航天技术的紧密结合、互相促进，在不断拓展观测波段的同时，每一个波段的新的空间天文项目在实现的能谱测量或者时变测量或者空间测量等都比以前的项目有数量级的提升，确保了重大科学成果持续不断的产生。

第三节　天文学学科发展现状与发展布局

一、人才队伍

截至 2012 年年底，我国有一支由 1980 名固定职位人员和 1492 名流动人员（博士后、博士生、硕士生）组成的天文研究队伍，其中具有正高级职称的 353 人，副高级职称的 374 人，博士后 332 人，博士生 570 人，硕士生 590 人。这些人员主要分布在中国科学院国家天文台（包括总部、云南天文台、南京天文光学技术研究所、新疆天文台、长春人造卫星观测站）、中国科学院紫金山天文台、中国科学院上海天文台、中国科学院高能物理研究所、中国科学院国家授时中心、南京大学、北京大学、中国科学技术大学、北京师范大学、厦门大学、上海交通大学、清华大学等单位，其他高校的天文队伍在"十二五"期间也得到显著发展。在上述天文工作者中，参与课题研究的固定人员占40%，参与天文技术（方法）研究的占26%，参与技术支撑的占24%，其余为行政管理人员；课题研究人员主要集中在星系和宇宙学（28%）、恒星物理（23%）、太阳物理（12%）、天体测量和天体力学（36%）等前沿领域。经过多年的科研实践、人才培养和国际合作研究，形成了一批在国内外有影响的学术带头人和优秀创新研究群体，研究队伍的年龄结构趋于合理。但这支队伍的单位分布很不均衡，固定职位人员的88.5%集中在中国科学院天文系统的9个单位，其余11.5%分布在高校，中国科学院和高校这两大科教系统人才队伍体量相差悬殊的情况可能是天文学独有的。

我们根据国际天文学联合会（IAU）会员的国家分布情况，与国际天文队伍做了比较。国际天文学联合会（IAU）组织目前有10506位个人会员，分布在全球92个国家，其中美国的国际天文学联合会（IAU）会员有2588位，居于首位。中国有461位国际天文学联合会（IAU）会员，占总数的4.4%，位居第7位。队伍的体量与美国有很大的差距，与日本、德国、英国等发达国家有一定的差距。如果以国家的人口作为参考，我国的人均天文学家数远低于发达国家的水平。

二、研究水平和影响力

我们对2009～2013年间国际上发表的天文领域的论文进行了统计。天文学科领域共计产出研究论文59513篇，从2009年的11114篇增长到2013年的12352篇，5年累计论文量增幅11.14%，年均论文量增幅2.13%。中国在这一期间发表3274篇第一作者论文，占国际论文总数的5.5%，世界排名第四位。按照国际天文联合会（IAU）会员数作为参考，中国天文学家的人均论文产出好于世界平均水平。中国也是天文论文数量增长最快的国家，这5年的论文量累计增幅44.68%，年均增幅7.67%，远高于世界平均水平。中国的论文产出已经超过日本，成为亚洲国家中在天文学科领域论文数量位居第一的国家。

从学科指数这一指标看，我国天文学研究在整个国家科研队伍所占比重相对较少。学科指数是指对于某国而言，特定学科的论文数量占本国全部论文数量的相对比例，是利用研究规模测定特定学科在某国相对地位的指标。如国际平均取为 1，则我国天文学的学科指数是 0.68，说明相对我国其他学科来说，天文学的论文比重偏低，天文学研究的队伍偏小。而在美国、欧洲、日本等发达国家和地区，这一指数不但大于 1 这一临界值，而且都大于 1.3，说明在这些发达国家，天文学研究较其他学科更受重视，天文学研究的产出量更高。

我国学者在各子领域的研究力量分布基本接近国际平均分布，星系和宇宙学、恒星与银河系、天文技术与方法、基本天文学的学科指数均接近于 1，太阳物理的学科指数为 1.5，说明太阳物理在中国天文的比例大于国际平均水平；而太阳系与系外行星系统的学科指数仅为 0.34，系外行星系统研究是国际上近 20 年迅速发展的学科，我国在该学科方向的研究远远滞后。

从第一作者论文的引用情况来看，我国天文学科的影响力指数为 0.51，即天文学科的篇均被引频次是该学科世界篇均被引频次的一半。在被引频次最高的 10% 的论文里，中国学者发表了 99 篇，占中国论文的 3%，也低于均值 10%。中国学者发表高引用频次的顶尖论文更少。2009～2013 年每年被引频次最高 0.1% 共 59 篇论文，其中 48 篇（81%）是基于天文大观测设备的第一手数据的科学论文和技术方法论文（如 WMAP、SDSS、ACT、Kepler、Hubble 等），3 篇是综述论文，2 篇是恒星演化模型的数据库论文（Library），2 篇是基于收集观测数据的科学论文，4 篇是理论和数值模拟为主的科学论文。中国学者无缘这 59 篇顶级论文，与我国观测设备的落后有密切的关系。中国学者主导的 2 篇被引频次最高为 1% 的论文还都是理论和数值模拟为主的科学论文。

我国天文论文影响力相对偏低主要有以下几个原因：①国际上高端论文主要是由大设备产出的，目前我国非常有限的观测设备影响高端论文的产出；②我国学者人均产出高于国际水平，说明论文良莠不齐，与我国一些单位的论文政策有关系；③中国学者之间相互不常引用、对外国学者宣传不主动也是不可忽略的因素。

在过去的 5 年里，天文学的观测技术和研究方法在满足我国重大战略需求中发挥了重要作用。为我国月球探测工程以及未来的火星和小行星深空探测制定了科学目标并建立了 VLBI 精密测轨系统，在精密轨道快速测定和探测数据的科学应用方面取得了系列创新性成果；在空间快速移动目标监测方面，建成了以光学天文技术为主的监测体系，圆满完成了多项国家重要任务；自主建成了中国区域卫星定位系统（CAPS），同时在我国北斗卫星导航信息处理系统建设中发挥了关键核心作用；在精密原子频标产生和维持方面打破欧美技术垄断并取得突破，在原子频标的多样性、小型化、高精度、高可靠、空间化等方面取得显著进展；基于国际空间卫星和我国地面望远镜的观测，结合理论模型计算，提供了重要时间窗口的太阳活动预报信息，为我国深空探测、载人航天、空间站建设等重大航天工程做出了贡献。在过去 5 年，获得国家自然科学二等奖三项（表 3-1-1）。

表 3-1-1　过去 5 年天文学的观测技术和研究方法获得国家自然科学二等奖项目

项目名称	获奖人	主要成就
太阳磁场结构和演化研究	汪景琇	系统提出了太阳向量磁场分析研究方法、概念和表征量，定量描述了太阳活动区磁能积累的物理过程；首次给出了太阳低层大气磁重联存在的证据，提出两阶段磁重联太阳耀斑唯象模型；提出太阳网络内磁场是内禀弱磁场，对太阳总磁通量有重要贡献。
宇宙高能电子能谱超出的观测	常　进	提出了利用高能量分辨探测器来探测高能电子和伽马射线的新方法，创新了高能电子数据分析方法，采用该方法利用国际设备进行宇宙高能电子探测并获得了突破性成果。发现"高能电子流量与宇宙线模型预言相比存在超出"这一现象，该结果目前已得到 PAMELA、Fermi、AMS-02 等空间观测数据的证认，获得世界广泛关注
大样本恒星演化与特殊恒星的形成	韩占文陈雪飞孟祥存王　博	该项目率先提出并系统发展了大样本恒星演化理论，成功解决了传统恒星演化理论难以解释现代观测结果的难题，对恒星演化框架进行了重要拓展。利用该理论方法，对特殊恒星的形成做出了一系列奠基性的工作，并最终将特殊恒星形成模型应用到星系研究之中，开拓了星系研究的新思路、新方法

三、观测设备

天文学是实验科学，我国的天文观测设备与世界发达国家确实还存在相当大的差距，发展观测设备是我国天文界较长一个时期内面临的最主要、最迫切的任务。我国"十五"以来在天文学领域先后安排了一系列大科学研究计划，正在努力缩短这个差距。LAMOST 大视场多目标光纤光谱望远镜于 2009 年建成，是目前国际上光谱获取率最高的巡天望远镜，每年可获取约 100 万条银河系恒星光谱；LAMOST 的国际影响力已逐步显现，在 2009 ～ 2013 年被引最高为 10% 的中国学者主导的 99 篇论文里，LAMOST 的论文有 6 篇，且都是 2012 年发表于我国天文学刊物 RAA 的；暗物质探测卫星于 2015 年年底发射升空，500m 射电望远镜 FAST 于 2016 年 9 月竣工，我国空间实验室天宫二号上的伽马射线暴偏振仪 POLAR 在 2016 年 9 月发射，HXMT 硬 X 调制望远镜将于 2016 年年底发射升空等，标志着我国在"十三五"的天文实测能力将有大幅度提高。我国已经决定参加 SKA 射电望远镜的国际合作，使得我国天文学家有望在 2020 年后作为主要参加国成员使用国际领先的射电望远镜。

在"十二五"期间，我国还建成了 65m 全自动射电望远镜、0.4～15 GHz 的新一代厘米 - 分米波射电日像仪（CSRH）、毫米波多波束接收机 - 超导成像频谱仪等中小型设备和专项仪器。上海天文台 65m"天马"望远镜是一台全可动通用型大型射电望远镜，它运用了主动反射面技术，工作波长从最长 21cm 到最短 7mm（L、S、C、X、Ku、K、Ka 和 Q 波段）共 8 个频段，涵盖了开展射电天文研究的全部厘米波波段和部分长毫米波波段，配备高灵敏度制冷接收机及 VLBI、脉冲星以及谱线观测等终端设备。内蒙古明安图观测站的新一代厘米 - 分米波射电日像仪（CSRH），工作目标为 0.4～15 GHz，能同时实现高频谱分辨率、高空间分辨率和高时间分辨率的射电观测，旨在研究太阳耀斑和日冕物质抛射的源区特征、日冕瞬变现象、高能粒子流、诊断日冕磁场；抚仙湖 1m 新真空太阳望远镜，目前可获得最高分辨率达到 0.3as 的多波段图像，还将开展多波段光谱和偏振光谱的测量，为研究太阳大气的精细结构和测量磁场提供重要的观测资料。

四、经费投入

目前我国天文单位的经费总量大约每年为 20 亿元，其中约一半用于国家战略需求的项目，而另一半用于天文学研究的设备建设和常规研究经费支出。虽然我国天文研究经费在近年呈稳定快速增长趋势（年增长率约 20%），但年经费总量与发达国家的天文研究投入相比仍有巨大的差距，特别与第二大经济体的大国形象很不相称。例如，美国用于天文学研究的经费投入在 2014 年和 2015 年分别为 17.3 亿美元和 16.8 亿美元，是我国目前天文经费的 10 倍。我们估计英国、日本、德国等国家现在每年的经费投入大概是中国的 2 倍。中国在天文研究上的投入与西方发达国家存在巨大差距，特别是长期历史的积累，严重制约了大型前沿设备的研制。随着我国经济的持续发展，我们有理由预期 5～10 年后我国在天文研究的投入将赶上欧洲发达国家，我国的天文观测大设备也将进入发达行列。

五、继续推进的地基和空间项目

我国天文界开展了"2011～2020年我国天文学科发展战略研究",建议大力推进地面望远镜项目和空间项目的预研和建设,包括:

(1)地面项目。南极天文台、南天 LAMOST、大型地面太阳天文台、以我国为主的 20～50m 光学红外望远镜、110m 全可动射电望远镜、TMT 国际合作。

(2)空间项目。空间太阳望远镜、X 射线时变与偏振探测卫星、先进空基太阳天文台。中国空间站的大型天文项目已经立项启动,预计在 2023 年左右发射运行。

天文学各分支学科的发展现状与发展布局分述如下:

(一)星系和宇宙学

星系和宇宙学是近 20 年国际天文学研究最活跃、成果最突出、竞争最激烈的领域。我国的星系和宇宙学研究起步较晚,但最近几年研究队伍得到了令人瞩目的发展,一批优秀的学术带头人脱颖而出,同时从国外引进了一批高水平的中青年学者,他们成为我国在国际上做出高显示度研究工作的主力军。现有研究人员 230 人,主要分布在中国科学院国家天文台(包括总部、云南天文台和新疆天文台)、中国科学院上海天文台、中国科学院紫金山天文台、中国科学院高能物理研究所、中国科学技术大学、上海交通大学、北京大学、南京大学等单位,其中有国家杰出青年获得者 20 余人,占天文界总数的 1/3,主要研究方向为早期宇宙、宇宙大尺度结构、星系的形成和演化、活动星系核等。研究力量在天文学的比重与国际平均水平相当,说明学科的发展比较健康。

在"十二五"期间,我国在该领域取得了一批重要的成果,包括暗物质的天文观测限制、宇宙大尺度结构和星系盘的数值模拟、星系暗晕占有数模型和星系演化、星系演化与大尺度结构的关系、星系原子气体和分子气体的观测、黑洞质量与核球质量关系在暗小星系的表现、公开红移巡天星表的利用等。

我国在该领域的优势方向是理论模型研究和计算机模拟。该研究方向在我国最近 15 年得到迅速发展,现有研究人员约 30 人,主要分布在中国科学院国家天文台、中国科学院上海天文台、中国科学院紫金山天文台和上海交通大学、中国科学技术大学、北京大学、厦门大学等高等院校。近 5 年来的重要研究成果包括：暗物质晕质量增长和结构演化的统一模型、子暗晕的数量和结构、暗晕星系占有数模型、银河系棒状（核球）结构的形成理论、暗物质性质的天文观测限制、星系形成半解析模型等方面的工作。在 2009 ~ 2013 年发表的进入国际天文高引用 10% 的论文中，我国科研单位署名第一的论文有 99 篇，其中这一方向的论文有 14 篇（占 14%）；两篇进入 1% 高引用、我国科研单位署名第一的论文也都在这一方向。

迄今为止，我国在该领域的观测研究仍然比较薄弱。国际上，最近 5 年星系和宇宙学产生了大量高影响的论文，如进入 2009 ~ 2013 年的 59 篇 0.1% 的高引用论文中，32 篇是星系和宇宙学方向，而其中 27 篇星系和宇宙学方向的论文是 WMAP、SDSS、Hubble、Herschel 等国际大设备的观测结果论文。相比之下，我国能够用于星系和宇宙学研究且有国际竞争力的设备很少。我国学者克服困难，努力通过国际合作和研究生联合培养等途径，获得了一些重要的成果，如高红移星系的分子气体、星系的恒星形成率、类星体的全波段光谱表、小质量活动星系的黑洞质量 – 核球速度弥散关系、近邻星系的冷气体和结构等。在 99 篇我国进入国际天文高引用 10% 的论文中，星系和宇宙学的观测论文有 8 篇，但这些论文都是通过国外的望远镜观测得到的。

在"十一五"期间，我国建造了以观测星系和类星体大样本为主要目标的 LAMOST 望远镜，它的作用已经在银河系的观测研究中逐渐得到体现，观测性能还在进一步提高，目前在开展 SDSS 遗漏星系的观测；我国还建造了低频射电阵列 21CMA，灵敏度、校准精度等在不断提高，正在向探测宇宙再电离时期宇宙第一代天体的目标迈进。在"十二五"期间，我国开始建造探测星系和宇宙中中性氢的 FAST 射电望远镜，在 2016 年 9 月竣工。硬 X 射线调制望远镜 HXMT 将在 2016 年年底发射运行。这些项目的完成无疑将会提升我国在星系和宇宙学研究的观测能力。

使用国际公开数据是我国当前克服观测设备非常有限这一困难的主要途径。我国天文学家在使用国际公开巡天数据方面取得了一定的成绩，如近 5 年来，利用斯隆巡天建立有特色的星系群和星系团星表、测量条件光度函数和条件质量函数、利用镁 2800 埃改进测量黑洞质量、研究使用光学红外观测数据改进选类星体候选者的方法等重要成果。在 99 篇我国进入国际天文高引用 10% 的论文中，利用国外公开巡天数据的星系和宇宙学研究论文有 5 篇，这也说明利用公开数据对我国该领域的观测研究起到了重要的补充作用。

（二）恒星与银河系

我国的恒星与银河系研究领域前 5 年论文产出数量占整个天文学科的 34.7%，总体分布与国际上大体接近。所研究的范围包括了星际介质、恒星形成、恒星结构与演化、致密星以及银河系结构的主要方面，人才队伍得到持续加强。

1. 星际介质与恒星形成

星际介质与恒星形成研究在国内有坚实的研究基础和突出的竞争力，在国际上有相当显示度。中国科学院紫金山天文台、中国科学院国家天文台（北京、新疆、云南）、中国科学院上海天文台、北京大学、南京大学、北京师范大学、广州大学、云南大学等都有研究队伍。中国科学院紫金山天文台德令哈 13.7m 望远镜及其毫米波段多波束超导成像频谱仪为国内分子云与恒星形成研究提供了观测保障。基于其独特的观测能力，"银河画卷计划"——北银道面 2600 平方度 CO/^{13}CO/C^{18}O J=1-0 谱线巡天，已于 2011 年启动。该计划将为银河系分子云分布、结构和物理性质、动力学以及恒星形成研究提供基础性数据。目前该计划进展顺利，完成了 1240 平方度的观测和数据处理归档，基于该数据的科学论文陆续发表。同时，基于该望远镜还完成了对 PLANCK 冷分子云核物理性质、大质量云核性质以及银河系甲醇搜寻的研究。使用新疆 25m 射电望远镜对银道面进行的氨分子巡天进展顺利。银河系暗气体、尘埃消光规律以及银心区域氧同位素丰度等方向的研究取得了系列成果。

对红外暗云性质和演化阶段的系列研究，给出了大质量恒星形成的初始条件。对一系列大质量云核探测到质量下落，即大质量恒星形成的初始特征。探测到大质量原恒星驱动的高准直外流，在一批年轻大质量星周围探测到偏振盘。以甲醇脉泽为探针，精确测定了大质量恒星形成区距离。这些国际工作亮点涵盖了大质量恒星形成的全过程，促进了对大质量恒星形成过程的理解。高分辨率谱线观测揭示了双星 / 多重星形成的最初阶段。大样本系统性地研究了小质量恒星吸积、外流性质以及原行星盘结构和演化，取得了国际一流的研究成果。

2. 恒星结构与演化

我国在恒星结构与演化领域有较深厚的积累。长期以来，我国天文学家利用国内的中、小望远镜，并积极使用国外望远镜时间，对包括变星、食双星、超新星在内的大量恒星进行监测，积累了丰富的观测资料，并取得了丰硕成果。同时，我国在恒星对流理论、双星演化理论、大样本恒星演化等方面也做出了独具特色的研究工作。

近年来，观测设备和人才建设的快速发展给我国的恒星结构与演化研究带来了新的活力。LAMOST 巡天观测已经得到了超过 300 万颗恒星的光谱，发现了一批特殊恒星和具有特殊意义的恒星（如极端贫金属星、超高速星等）。兴隆 2.16m 望远镜和丽江 2.4m 望远镜对脉动白矮星和恒星磁活动的监测取得了丰硕的成果。对食双星的监测研究发现了一大批处于特殊演化阶段的双星系统以及双星系统中可能存在的亚恒星天体。对星团的研究、对 Ia 型超新星前身星的研究和对双星系统中特殊恒星的形成与演化研究也取得了国际一流的成果。

3. 致密天体

目前国内从事致密天体物理研究的专职人员约 70 人，主要分布在中国科学院高能物理研究所、中国科学院国家天文台、中国科学院上海天文台、中国科学院紫金山天文台、中国科学院云南天文台、中国科学院新疆天文台、南京大学、北京大学、清华大学、中国科学技术大学、厦门大学、云南大学、广西大学等单位，其中在中国科学院高能物理研究所、南京大学、中国科学院国家天文台和中国科学院上海天文台形成了有一定规模的研究团队。在 X 射线双星的观测和数据分析、伽马射线暴余辉和能源机制、吸积盘理论、致密星双星的形成和演化、脉冲星辐射和演化机制、致密天体基本参数测量等研究方面取得了一批有国际显示度的成果。但与欧洲、美国和日本相比，在人才队伍、经费规模、观测设备和研究水平上仍然有较大的差距。特别是我国还没有高能波段的空间望远镜，无法开展自主空间观测；射电观测能力非常有限，不能满足科学前沿研究的需求。尽管通过观测提案能够得到少量第一手资料，更多的中国学者主要还是利用公开释放的数据进行研究，或从事理论分析和数值计算方面的研究，因而取得真正意义上的原创成果困难重重。

4. 银河系

LAMOST 于 2009 年 6 月通过国家验收，随后开展了为期两年的试运行和性能调试，解决了 4000 根光纤的高精度自动定位问题，为开展大规模光谱巡天铺平了道路。经过为期一年的先导巡天，LAMOST 巡天计划进一步优化。考虑到国际上发展态势及兴隆台址特点，LAMOST 巡天计划将以银河系大规模恒星光谱巡天为主，同时开展一些富有特色的多波段天体证认和性质研究。LAMOST 正式巡天计划已于 2013 年 9 月正式启动，目前已获得超过 300 万条恒星光谱。预计 5 年正式巡天将获得不少于 700 万条恒星光谱。2013 年 9 月释放的 LAMOST DR1 包括了 180 万条恒星光谱及 100 万颗恒星的基本参数（视向速度、有效温度、表面重力和金属丰度），这已是目前国际上规模最大的恒星光谱及参数数据库。

LAMOST 光谱数据分析也取得了阶段性进展，独立开发了 LASP、LSP3 等恒星基本参数测量流水线等，测量结果可靠甚至优于 SDSS 恒星基本参数流水线 SSPP 的结果，基于 LAMOST 光谱数据的科学成果开始陆续发表并呈现快速增长的势头。在科学研究队伍的组织方面，国家重点基础研究发展计划（973 计划）项目"基于 LAMSOT 大科学装置的银河系研究及多波段天体证认"获得立项，已于 2014 年启动，项目凝聚了北京大学、中国科学院国家天文台等国内多家天文科研院所、大学 30 名研究人员。此外，国家自然科学基金委重大项目"LAMOST 银河系研究"也获得立项，并于 2014 年启动，项目凝聚了中国科学院国家天文台、北京大学等国内多家天文科研院所、大学 24 名研究人员。

我国学者参与了国际 BeSSeL 计划，利用 VLBA 和其他高分辨射电设备，在本地旋臂、英仙臂的距离与分布、银心距离测量等方面做出了系列的工作。

（三）太阳系和系外行星系统

国际天文学联合会（IAU）专门为行星科学设立了行星系统与生物天文科学部（Division F：Planetary Systems and Bioastronomy），2014 年 9 月有注册会员 1713 名，其中中国会员 42 名。其下设 6 个科学专业委员会（Participating Commissions）、4 个工作组（Division working groups）和 2 个联合工作组（Interdivision working groups）。

在国内，有关行星科学研究活动在过去不是很全面，其原因是中国行星探测技术特别是深空探测技术与西方发达国家相比相对落后,从事行星科学研究的人员主要集中在行星地质和行星化学以及地球星际磁场监测方面。近年来,随着我国太阳系深空探测计划的开展和国内外系外行星探测技术的进步,我国行星科学研究也进入了新阶段,特别是在太阳系内小行星探测、行星系统形成和演化动力学、行星内部物理以及行星表面物理化学特性方面已取得了显著进展。

以"嫦娥工程"为标志,我国开启了深空探测计划。该探测计划不仅推动了我国运载火箭、卫星有效载荷、卫星空间测控和探测器在行星表面软着陆等技术的发展,而且利用"嫦娥工程"探测数据在月球科学研究方面也取得了显著成果,如发现了月球表面新的物质分布结构。特别是在"嫦娥二号"实现了奔赴"日地"第二拉格朗日点环绕运行和对图塔蒂斯小行星千米级飞越探测,并且通过对其探测资料分析,首次揭示了图塔蒂斯小行星表面物理特性。我国小行星深空探测也已启动,目前已完成了小行星探测的科学目标和有效载荷配置方案的制定,对小行星探测轨道设计、小行星空间环境、小行星岩壤、小行星表层热环境、小行星形貌和内部结构及小行星形成与演化等方面的研究也已逐步深入开展。

我国在太阳系外行星探测方面起步于 2004 年,中国科学院国家天文台与日本国立天文台研究人员利用视向速度方法在 400 颗中等质量的红巨星周围搜寻系外行星系统,于 2008 年和 2009 年发现第一颗褐矮星和第一颗行星。中国科学院云南天文台自 2008 年丽江 2.4m 望远镜建成后,开始了系外行星的观测研究工作,在国际上率先开启了共双星系外行星的搜寻,发现首例绕白矮星红矮星双星和磁激变双星转动的共双星系外行星等亚恒星天体,并发现了首例绕不同类型双星(快速脉动的 B 型亚矮星双星、磁激变双星和白矮星双星等)转动的系外行星系统,被称为宇宙中拥有两个"太阳"的太阳系等。

2008 年,我国首架南极望远镜 CSTAR 也开始运行,通过对其数据分析处理,南京大学天文与空间科学学院行星组找到了 10 颗太阳系外行星候选体和 45 颗掩食双星系统。新的 AST3 项目计划在南极安装 3 台 50cm 大视场巡天望远镜,主要用于搜寻太阳系外行星和超新星。2011 年,第一架 AST3 望远镜已经成功安装在昆仑站,预计 2017 年之前全部 3 台 AST3 望远镜都将投入工作。

目前,南京大学、中国科学院紫金山天文台、南京天文光学技术研究所、中国科学院国家天文台等单位正在联合推动一个我国自主卫星巡天项目 Next Earth,拟对全天 40000 平方度的天区(为 Kepler 视场的 380 倍)邻近类太阳恒星（光谱型为 F、G、K）的行星系统进行凌星探测，旨在发现位于可居住区内的类地行星。

进入 21 世纪以来，国际深空探测和系外行星探测不断有新的科学发现，有力地推动了我国行星科学基础研究的发展。行星系统形成的理论研究取得了显著进展，类地行星和双星系统形成机制方面的研究已处于国际前沿；在行星内部动力学研究方面，发现了旋转球形流体动力学中百年来一直没有解决的著名的庞加莱（Poincaré）方程完整分析解，并由此开展了系列研究工作；小行星观测和研究跻身国际前列，陨石化学相关研究得到了国际学术界的高度重视。但与国际上相比，我国的"太阳系和系外行星系统"研究领域，在论文产出和被引用次数方面都低于全球平均水平，目前迫切需要加强人才队伍建设。

（四）太阳

我国太阳物理学的研究在国际上具有一定的地位，无论在观测和理论研究方面都有自己的特色。例如，近 10 年来，中国学者在 *Solar Physics* 杂志上发表论文的比例超过 10%，与英国相当，仅次于美国。按照中国科学院文献情报中心对过去 5 年的文献统计研究，我国太阳物理的学科指数为 1.503，较大幅度领先于其他二级学科；而太阳物理的影响力指数达到 0.794，超过了我国天文学的平均影响力指数。我国太阳物理的研究队伍体量仅占整个天文学的12%，但是近 5 年内贡献了 19% 的引用位于前 10% 的论文。这些数据说明，我国太阳物理研究对我国天文学的发展做出了比较重要的贡献，也说明了中国学者在国际太阳物理界的活跃程度。但是，与发达国家相比，论文的总体影响力仍有不小的差距。

我国拥有一批有特色的太阳观测基地，主要包括：怀柔太阳观测基地、抚仙湖观测基地、明安图观测基地等。最近建成的射电日像仪成为目前国际上太阳射电领域最先进的设备，可望产生新的科学发现。另外，还有一批总体性能优良的观测设备，包括：太阳塔望远镜、ONSET 望远镜、全日面矢量磁场望远镜、太阳射电宽带动态频谱仪、Hα 精细结构望远镜、多通道近红外太阳光谱仪等。

中国科学院国家天文台怀柔太阳观测基地是国际知名的太阳磁场观测和研究群体。近年来，在太阳偏振光学仪器的发展、太阳活动区磁场结构、电流与螺度分布、与耀斑相关的磁场变化、太阳磁活动周期和太阳发电机理论等方面的研究取得了长足的发展。我国学者由向量磁场观测最早给出了光球磁重联存在的证据，提出了三维磁场外推的边界元方法，并由此首次得出耀斑的磁绳结构。我国学者最早建议网络内磁场的内禀弱性质，在宁静区小尺度磁场、冕洞磁场结构与演化和黑子精细结构等方面取得了原创性的成果。另外，抚仙湖 1m 太阳望远镜正在开展红外波段的偏振观测。

我国学者在 CME 爆发的大尺度源区、磁绳灾变模型、CME 爆发的数值模拟、日冕螺度积累和 CME 的发生、磁重联电流片的观测特征、磁绳的观测特征和形成机制等方面做了一系列有深度的研究工作，在国际上有较大的影响。

在日冕磁场方面，中国科学院紫金山天文台已经开始利用等离子体理论和射电辐射观测来反演日冕局部磁场。我国学者对日冕波动现象的研究在国际上占有一席之地。南京大学自 2002 年便开始了针对日冕 EIT 波的数值模拟和观测研究，所提出的模型也得到了国际同行的广泛认可。

南京大学和中国科学院紫金山天文台的光谱望远镜能得到多波段的耀斑光谱。中国学者通过光谱观测，结合半经验模型和动力学模型的计算，对耀斑大气的加热机制、白光耀斑的起源进行诊断，形成了很有特色的一个研究领域。中国科学院紫金山天文台的精细结构望远镜近年来在揭示脉冲相耀斑环收缩等动力学特征方面获得了有意义的观测结果，中国科学院紫金山天文台是国内最早开展耀斑高能辐射研究的团组之一，最近几年的重要工作包括：率先提出了耀斑高能电子的低端截止能量较预期值高，发现射电和 EUV 波段的耀斑环在脉冲相具有收缩现象等。

中国科学院国家天文台、中国科学院紫金山天文台和中国科学院云南天文台的射电频谱仪获得了丰富的观测资料，并由此产生了一系列的观测成果。近年来，在分米－厘米波段发现并证认了一系列频谱精细结构，如微波斑马纹结构及其条纹内部的超精细结构、毫秒级尖峰结构、快速准周期脉动结构、慢频漂纤维结构等。

我国关于太阳发电机理论的研究刚刚起步，但已有年轻学者在磁通量输运发电机、非轴对称发电机，特别是太阳活动周预报等方面发表了重要原创性工作，引起国际同行的关注。但总体而言，相关研究队伍不大。目前对一些新的研究动向，如异常的太阳活动周谷期行为等，正在给予足够的关注；与恒星物理学家的合作研究尚待展开。对于日震学的研究，只有个别学者在努力。

国内有少量人员开展了太阳活动周的统计研究，主要集中在对太阳活动周特征与规律的认识上。在太阳活动非线性动力学方面有零星的研究，尚无人员开展超长期太阳活动规律的研究，因此在太阳活动预报方面还需要进一步发展。

我国已有部分团组开展了三维磁流体力学和一维辐射动力学的模拟，在太阳活动的爆发机制、太阳活动的辐射机制及其动力学过程等方面取得了一些成果，但是在代表国际最先进的数值模拟方法——三维辐射磁流体力学模拟方面，尚无人员开展工作。鉴于对太阳活动的观测越来越精细，对其物理机制的理解越来越深入，开展这方面的工作势在必行。

（五）基本天文学

国际天文学联合会（IAU）的 Division A 为基本天文学，按最新的统计，有注册会员 1219 名（约占 IAU 注册会员的 7%），其中中国会员为 140 名，占总数的 11.5%，超过了国际平均比例。

改革开放以来，我国基本天文学研究有了长足的发展，逐步形成了从人才培养、仪器设备研制、观测和理论研究到应用服务的较完整体系。在国际核心杂志上发表的论文大幅度增加，国际上有较高显示度和影响的成果显著增加。以我为主的国际合作计划（如 APSG 国际合作计划）出现并得到发展，我国基本天文学家还担任了国际天文学联合会副主席和与基本天文学有关的专业委员会主席等重要职务。

我国在基本天文学相关领域从事研究的人员主要分布在中国科学院上海天文台、中国科学院紫金山天文台、中国科学院国家授时中心、中国科学院国家天文台、中国科学院大地测量与地球物理所、南京大学、武汉大学测绘学院、（郑州）中国人民解放军信息工程大学测绘学院、清华大学、中南大学、南昌大学、暨南大学、山东大学等单位。

20 世纪 70 年代以来，我国在基本天文学领域先后建设了一批重要的观测设备，有效地推动和促进了我国基本天文学的发展；投资建设了光电等高仪、60cm 人卫激光测距仪、1.2m 激光测月仪、1.56m 天体测量光学望远镜、佘山 25m 射电望远镜，南山 25m 射电望远镜、南极 AST3 巡天望远镜等。由于嫦娥工程的需要，建设了密云 50m 望远镜和凤凰山 40m 探月专用望远镜、上海天马 65m 射电望远镜。在快速移动天体研究方面，建成了通光口径为 1m 的盱眙近地天体探测望远镜、空间碎片监测望远镜系统等。

在课题研究方面，近年来，我国天文学家在基本天文学领域利用国际上发布的高质量观测数据，并发挥我国中小观测设备专用性强的优势，积极配合理论研究，在银河系的星团分布和动力学、银河系英仙臂与太阳系距离的VLBI技术精确测定、天球和地球参考架实现、地球自转理论研究、天文地球动力学研究、非线性天体力学研究、柯依伯带天体的探测与研究、太阳系小天体探测、行星动力学模拟、太阳系外行星探测以及高能数据处理方法等诸多研究方面都取得了重要进展，得到国际同行的重视和好评。

基本天文学研究所发展的技术、所建立的设备和取得的研究成果在满足我国战略需求中发挥了重要作用，具体表现在：

（1）VLBI技术成功应用于月球探测一期和二期工程，VLBI精密测轨体系、VLBI+USB综合精密测轨体系在"嫦娥一号""嫦娥二号"和"嫦娥三号"工程中得到验证，跟踪测量方法、相关处理机研制、精密定轨和数据处理方法取得系列成果，为国家未来的深空探测奠定了技术基础。

（2）在空间碎片监测方面，建成了以光学天文技术为主的空间目标监测体系，运行模式逐渐完善，效率明显提高，圆满完成了国家多项重要航天工程任务。有关的方法研究、设备研制、数据处理等都具有特色。

（3）我国自主发展的中国区域卫星定位系统（CAPS）是不同于经典卫星导航系统（如GPS、GLONASS、北斗和GALILEO）的一种转发式区域卫星定位系统，实现定位和授时功能。同时，在我国北斗卫星导航系统建设中发挥了关键作用。

（4）精密原子频标应用突破了星载关键技术，打破了欧美技术垄断，在我国卫星导航试验中取得成功。地面高精度原子钟和时统技术在我国卫星导航试验中发挥了关键作用，原子频标的多样性、小型化、高精度、高可靠的研究取得了系列重要成果。

近年来，我国对基本天文学经费的投入大幅增加，基本天文学研究和教育有了长足的发展，逐步形成了从人才培养、仪器设备研制、观测和理论研究到应用服务的较完整体系，形成了一批在国内外有影响的学术带头人和优秀创新研究群体，研究队伍的年龄结构趋于合理化。我国基本天文学及其应用研究已经取得一批在国际上有相当显示度的成果，总体水平在发展中国家中位居前茅，在论文产出和论文引用次数等指标方面高于全球平均水平，在国际上也成为一支不可忽视的力量。

（六）天文技术方法与仪器设备

1. 光学、红外天文技术

目前，我国地面天文光学 / 红外望远镜主要有：大天区面积多目标光纤光谱望远镜（LAMOST）、兴隆观测站的 2.16m 望远镜、云南丽江高美古观测站的 2.4m 望远镜、上海天文台佘山观测站 1.56m 望远镜（现已改为激光测距望远镜）；其他 10 多台 1m 口径望远镜。

从 20 世纪 60 年代起，我国天文仪器从无到有，从小到大，从仿制跟踪到自主创新，走出了一条具有自身特色的发展道路。到目前为止，我国已经自主研制了 60 多台套光学 / 红外天文望远镜与仪器，具备研制大型天文光学 / 红外望远镜与仪器的能力，其中 2.16m 天文望远镜和 LAMOST 的研制成功被称为中国光学工程界的里程碑性成果。特别是通过 LAMOST 的研制，我国掌握了大口径望远镜主动光学、大口径光学镜面磨制和检测以及精密跟踪等关键技术。结合国际天文光学技术的发展态势和我国实际，在望远镜技术方面应重点支持发展以下关键技术：极大口径望远镜子镜共相主动拼接与控制技术、批量非圆形离轴非球面子镜镜面磨制和检测技术、大口径自适应副镜技术以及大惯量系统的精密跟踪控制技术等。

在科学仪器技术方面，研制成功了 2.16m 望远镜高分辨率阶梯光栅光谱仪和 LAMOST 多目标光纤光谱仪。近期，还将为云南丽江 2.4m 望远镜和 LAMOST 望远镜研制通用型光纤高色散光谱仪。此外，我国在系外行星成像探测领域开展了大量前瞻性的工作。目前，相关研究团队发展了便携式 Ex-AO 技术、高对比度星冕仪技术和图像旋转相减处理技术（Image Rotation and Subtraction，IRS）。上述技术已经初步用于科学实测。例如，近期研发的 Ex-AO 系统成功用于 ESO 的 3.58m 新技术望远镜，并获得衍射极限成像，使得基于中小口径望远镜开展行星科学成为可能。空间类地行星成像计划进入关键技术攻关阶段，实验系统首次在大区域内的成像对比度达到 10^{-9}，该实验结果处于国际领先水平。

2. 射电天文技术

我国射电天文技术与方法在过去的 10 年间得到了快速的发展，部分技术方向进入了国际前沿。面向国际最大单口径望远镜 FAST 的需求，突破了包括主动索网反射面、材料制造、可靠性工艺及安装、高性能宽带馈源技术等一系列关键技术及工程难题。这些技术方法的实现保障了 FAST 的建设需求。通过长时间数据积累和先进的数据处理技术，21 厘米射电（望远镜）阵（21CMA）的动态范围和灵敏度得到极大提高。针对平方千米（射电望远镜）阵（SKA）的需要，在天线技术、数字信号处理和大数据运算等方面取得了新的发展，为我国参与国际平方千米（射电望远镜）阵（SKA）建设和取得科学发现积累了一定的基础。

在 VLBI 射电天文领域突破了若干关键技术与方法，包括数字 BBC、实时 VLBI 技术等。中国 VLBI 网（CVN）运用了实时 VLBI 观测技术，软件相关技术得到了应用，在深空探测中的分辨能力与实时性指标达到国际前沿。新建成的 65m 天马望远镜显著增强了 CVN 的灵敏度，同时配备了多个波段的高性能接收机，已经投入科学观测和深空探测应用。此外，我国学者提出了同波束 VLBI 的原理，为进一步提高 VLBI 深空探测中的相位校准精度提供了一个新的方法。

在毫米波及亚毫米波波段，我国突破了边带分离毫米波超导混频技术。基于该技术以及宽带数字频谱技术，研制成功了毫米波段的多波束接收机－超导成像频谱仪。新设备以及 OTF 扫描方法应用于银道面分子谱线的系统巡天及开放观测。面向南极 5m 太赫兹望远镜（DATE5）的需求，实现了太赫兹高能隙超导隧道结混频、超导热电子混频及量子级联激光器集成等关键技术，并开始研究超导宽带连续谱成像技术，研制关键器件。

与我国射电天文部分波段的设备进入国际前列的整体状况相对比，射电天文的人才队伍和设备科学应用的准备还不足。如何迅速提升科学目标、增强射电天文的人才队伍将是关系到今后否能有效利用射电天文资源、产出重大科学成果的一个重大的、挑战性的问题。

3. 空间天文技术

我国空间天文的发展依然处于起步的阶段，只在 2015 年年底发射了一颗专用的空间天文卫星（暗物质粒子探测卫星），另外在载人航天神舟 2 号上面进行过小规模的空间天文观测试验，目前立项研制的只有硬 X 射线调制望远镜等少数任务，和国际空间天文已经发射运行过几十个专用空间天文卫星的差距巨大。

由于长期以来我国空间天文经费的投入和国际空间天文发达国家相比有巨大的差距，空间天文的任务很少，直接导致研制空间天文发展所需的关键技术缺乏牵引和动力，以至于在最近空间天文任务突然到来的时候准备严重不足。目前仅在空间高能天文仪器的研制方面具有有限的能力，即使这些能力在空间天文任务全面得到实现，也只能在空间高能天文的观测研究方面实现少数点的突破，和国际空间天文已经全面进入多波段和多信使精确观测的局面不可同日而语。因此，为了保证我国空间天文的长期健康和全面发展，必须在各个波段的空间望远镜技术、空间探测器技术和空间干涉技术等方面加大投入，掌握其关键技术，为未来的空间天文任务奠定坚实的基础。

第四节　天文学学科发展目标及其实现途径

一、发展目标

根据上述对国内外天文学研究现状和发展趋势的分析，建议到 2020 年我国天文学领域的发展目标是：研制和运行 FAST、HXMT、DAMPE 等在国际上有重要影响的大型地面和空间天文观测设备；在揭示银河系的结构和集成历史、暗物质粒子的物理性质、致密天体周围的强场物理规律、伽马射线暴中心能源机制、宇宙加速膨胀机理、太阳活动的来源等重大课题方向取得突破性成果；涌现出约 20 名具有国际影响力的科学家，建成 5 个国际知名的研究中心，在重点大学再建设 3～5 个天文系（专业），使研究队伍规模得以扩大 5 成，并使学术水平显著提高；确保我国天文学在设备研制和理论、观测研究水平上与欧洲发达国家比肩。

二、实现途径

根据上述我国天文学研究到 2020 年的发展目标，我国应积极发展以我为主的大型地面观测设备和空间观测设备的研制和建设，包括天文技术和方法的发展；大力加强对观测设备（包括终端仪器）研制和关键技术的投入；加强理论研究，特别是计算天体物理的发展；积极参与国际重大观测设备的研制和使用；发展高校天文教育，扩大天文研究队伍；重视与物理学、力学、地球科学、计算科学等学科的交叉研究。具体实现途径如下：

（一）为地面望远镜项目和空间项目的预研和建设提供支撑

围绕"十三五"期间已投入使用和即将建成投入使用的大型地面望远镜和空间项目（如地面 LAMOST、FAST，空间 HMXT、POLAR、DAMPE）的核心科学目标，开展科学研究、预研究和研究队伍建设，为在建项目提供支撑；加强数据处理方法研究，扶持自主数据处理的软件开发，支持在国际上获取辅助波段或后续观测设备观测时间，力争实现项目科学产出最大化。具体包括支持开展银河系结构及化学动力学性质、银河系（暗）物质分布、21cm 中性氢巡天、脉冲星的搜寻和应用研究（如引力波探测、导航），银河系致密天体高能探测和多波段研究，暗物质性质、湮灭信号和直接探测研究，伽马暴爆发机制，高能粒子在星际介质中传播和探测的研究。

（二）加强终端科学仪器的研制和优化使用

为了实现望远镜的科学潜能，需要在建造望远镜前加强对科学仪器的研制和优化配置，经费预算都要考虑在内。国际大型天文设备的仪器配置通常分 3 个阶段，即建设"一代"、规划"二代"、前瞻"三代"。

望远镜的科学产出在很大程度上取决于终端仪器的配置，望远镜在观测"链"中只起到"集光器"的作用，使用寿命可达百年。而终端仪器与科学目标、观测方法紧密相关，需要不断更新和换代，新技术、新仪器的研究应该成为天文研究"链"中最重要和可持续的环节。

我国目前望远镜口径、数量都有限，应大力支持针对国际先进望远镜观测平台研制访问终端仪器（visiting instrument），使得中国天文学家有机会争取到更多国际望远镜的观测时间，实现中国天文学家自己的科学目标。

（三）加强计算天体物理学研究

计算机模拟（或数值实验）研究在理论研究和指导天文观测方面发挥着巨大的作用。很多复杂的天体物理过程发生在目前观测尚不可及的时空尺度，是高度非线性的，只能利用数值计算或模拟来研究；对许多观测结果的理解，也需要大量的计算机模拟实验。近年来大规模天体物理模拟计算发展迅猛，国际顶尖天文机构纷纷设立专门的计算天体物理部门，配备百万亿甚至千万亿次计算速度的超级计算机。天体数值模拟也是国际超级计算中心的重要客户。国内外已经或将投入运行一批大型的天文观测设备（包括我国的 LAMOST 等大设备），用于研究太阳物理、行星和星系物理、银河系结构、暗物质和暗能量的性质等，对计算天体物理有巨大的需求。我国在星系和宇宙学数值模拟、太阳物理磁流体数值模拟、行星流体数值模拟等领域有相当的基础，在"十三五"期间，应当积极与国内计算科学界合作，发展自主的模拟程序，充分发挥国内先进超算中心计算能力的优势，在一些天体物理领域取得国际领先的模拟和理论成果，并为国家天文大科学工程项目提供科学支撑。

（四）设立项目群和研究中心

长期以来，我国缺乏有竞争力的天文观测设备，我国天文学家一直以使用国外天文观测设备的存档数据或者少量利用国外观测设备开展研究为主，因此十分有必要引导和鼓励我国学者开始逐步利用中国刚刚投入运行或者即将投入运行的重大观测设备开展研究。国际上天文设施发达的国家普遍建立围绕本国重大天文设施的研究中心，并提供经费资助设立科学研究项目群，鼓励本国科学家使用本国建造或者参加的天文观测设施开展研究，尤其是重点资助围绕重大科学问题的核心研究课题（core projects）。美国国家航空航天局（NASA）的每一个空间天文观测设施都设有科学研究中心，如空间望远镜研究所就是哈勃空间望远镜的科学研究中心、钱德拉科学数据中心就是钱德拉 X 射线天文台的研究中心，这些研究中心在向用户提供高质量的科学数据产品和数据分析软件的同时，也肩负着组织围绕这些设施的科学研究、学术交流以及支持全世界该领域的优秀科学家到研究中心开展一流研究的任务。同时美国国家航空航天局（NASA）提供专项经费，通过一年或者多年执行期的项目群资助不同规模的客座观测研究项目，这对于每一个重大设施在投入运行之后，本国科学家高效率地使用这些设施开展观测和相关的理论研究起着至关重要的作用。我国的重大科学设施只有建设费，缺少运行费，在没有科学研究经费的客观情况下，更是十分有必要及时建立项目群和研究中心。

（五）支持国际观测合作项目

积极开展观测国际合作可以弥补我国设备类型、波段、探测能力等方面的不足，是实现学科发展目标的一个重要途径。随着一批新的国际地面和空间设备的出现，支持国际观测的合作项目是为我国学者提供前沿研究条件的一种必然需求。过去一段时期，我国学者利用国际地面和空间望远镜观测，取得了银河中心黑洞参数的测量等一批重要成果。过去 5 年间，我国学者更进一步地加入了重大国际合作观测项目，如测量银河系基本参数的国际 BeSSeL 计划以及 Sloan 巡天计划。"十三五"期间，应支持的国际观测合作：①参加专题性的国际联网观测；②分享国际望远镜时间；③支持参与（主持）大型国际地面和空间观测计划；④支持竞争国际开放设备的时间；⑤支持双边或多边的观测课题合作。

（六）引进人才，发展高校天文教育，扩大天文队伍

我国天文人才队伍的体量和质量近年来都在迅速上升，且更趋于年轻化。但在国际上，我国的研究队伍体量还小于法国、意大利等发达国家，与我国经济总量已居世界第二的地位还很不相称。与国内其他数理学科（尤其是物理学）相比，天文学的体量仍然太小。而在暗物质、暗能量、宇宙起源与演化、行星起源与演化、黑洞形成与物理作用等重大问题驱动下，国际天文研究蓬勃发展，我国也步入有史以来最好的发展时期，由中国科学院天文系统承担的各种大型天文观测设备层出不穷，或已经建成，或正在建造，或处于预研、论证、设计、酝酿的不同阶段。与建设和使用这些设备的需求相比，我国天文人才队伍急需在质量和数量上得到提升。在"十三五"期间，要继续呼吁科技界和教育界充分认识天文学作为自然科学 6 大基础学科之一的科学与社会作用，通过国家基础科学人才培养基金等专项基金的支持，发展高校天文科研和教育队伍，争取"十三五"期间在 985 和 211 高校再增加 3～5 个天文系（专业）。

（七）促进系外行星研究

系外行星的研究目前是国际天文学的前沿领域之一，寻找邻近宜居行星和探究行星形成是其主要科学目标。目前，国际上已经实施了多个系外行星空间探测计划，如欧洲的 CoRoT 和美国的 Kepler 计划。与 2009 年相比，

2013 年国际天文学科产出论文总数增加了 11%,而行星科学的论文总数增加了 40%。与国际上相比,我国行星科学的"学科指数"仅为 0.342,说明人才队伍严重不足,从而导致我国行星科学的"影响力指数"也相对较低,只有 0.490。我国目前从事系外行星的研究人员主要集中在行星形成及内部动力学方向上,已具有一定的国际影响,但在观测研究方面与国际存在较大差距。为此,我国必须积极促进系外行星观测技术的发展,加快推进系外行星空间探测项目,如我国自主卫星巡天项目 Next Earth,以期我国行星科学研究得以深入全面发展。

(八)促进交叉研究

天文学研究的主流是天体物理,美国的"2010 ~ 2020 天文学十年规划"将"理解宇宙基本规律"作为当今三大主要研究领域之一,天文学与物理学的交叉融合变得越来越重要。宇宙大尺度结构观测的进一步提高,使得天文学观测数据成为研究高能粒子物理、引力理论、中微子物理的珍贵实验数据;核物理实验获取核子性质和反应截面是预言天体的化学成分和物质结构的基本物理参数;磁场普遍存在于各类天体,是影响太阳和恒星的演化、黑洞的吸积和星系形成的关键物理过程。为此,我们要加强天文学与物理学、力学的交叉研究,特别是粒子物理与宇宙学、天体物理与原子核物理、天体物理与等离子体物理和磁流体力学、实验室等离子体与天体物理 4 个方向。天文观测向着高精度和大数据方向发展,需要利用现代计算科学的技术,发展天体物理的大规模数值模拟、天文数据的快速自动处理、数据库的建设和高效利用等方面的研究,天文学与计算科学交叉已产生新兴学科天文信息学。地球是太阳系内的一颗特殊行星,地球科学的研究成果广泛应用于对其他行星的研究,而天文观测手段和太阳物理研究有助于更全面地研究地球的演化;行星科学的发展促使深空探测技术的不断进步,而深空探测为行星物理研究提供了宝贵的实验数据。因此,在与其他学科的合作方面,需要促进与计算科学、地球科学的交叉。

三、发展预期

"十三五"是我国观测设备多年建设开始收获的时期,我们预期在 LAMOST 等重大设备进入观测后将产生一批突破性的科学成果和培养一批有国际影响的科学家。

（一）揭示银河系的集成历史

LAMOST 将首次在国际上实现天区覆盖连续、比欧洲空间局（ESA）计划的 Gaia 巡天深 2～3 个星等的大规模银河系光谱巡天计划。LAMOST 获取的海量恒星光谱（超过 700 万）及基本参数数据库为开展银河系结构、星族组成及其化学动力学演化提供了重要的机遇。基于此，可以期待，在未来 5～10 年期间，我国天文学家可望在以下银河系前沿研究领域和关键科学问题上取得国际一流的原创性研究成果：①取得覆盖银盘和银晕一个相当大体积、包含数百万颗恒星的光谱巡天样本，实现在天区覆盖、巡天体积和采样密度上的重大突破；②描绘银盘星族、星际介质三维空间结构、恒星运动及金属丰度分布，揭示银盘恒星形成和化学增丰历史及长期演化对银盘结构和性质的影响；③阐明吸积和并合对银晕星族的贡献率，厘清银晕在相空间是否存在更多、更复杂的结构；④构建银河系引力势和物质分布，澄清太阳附近是否存在暗物质空洞；⑤发现和研究一批具有特殊价值的多波段天体。到 2020 年，涌现 4～6 个在国际上有重要影响的科学家，形成一个有国际吸引力的银河系研究中心。

（二）揭示致密天体周围的强场物理规律

硬 X 射线调制望远镜（HXMT）计划于 2016 年年底发射运行，将是国际上第一个在 1～250 keV 的宽能区具有大有效面积和良好能谱测量能力的仪器，预期将在银河系高能致密天体的高精度宽波段定点观测、大天区监测和搜寻方面做出突出贡献，详细研究中子星和黑洞周围的强磁场和强引力场中物质的运动和辐射规律，揭示高能致密天体的各种时标的活动和爆发行为，将在高能致密天体物理领域产生 2～3 个国际上有影响力的科学家，有望形成国际上在该领域有影响力的研究中心，并吸引国际学者参加该领域的研究。

（三）揭示暗物质粒子性质

暗物质卫星通过高分辨观测高能电子和伽马射线能谱以及空间分布寻找和研究暗物质粒子。通过测量 TeV 以上的高能电子能谱和空间分布，研究宇宙线起源。通过测量宇宙线重离子能谱，研究宇宙线传播和加速机制。卫星观测能段覆盖 2GeV ～ 10TeV，能量分辨优于 1.5%，空间分辨优于 0.2°，关键技术指标超过国际上所有类似探测器，其优异的性能指标使得它成为不久的将来在暗物质、宇宙线、伽马射线天文方面取得突破的最有可能的设备。

（四）阐明伽马射线暴中心能源机制

中国天宫二号伽马射线偏振仪（POLAR）于 2016 年发射运行，是国际上第一个具有高灵敏度的伽马射线暴、伽马射线瞬时辐射偏振测量仪器，预期将首次获得具有统计意义的伽马暴偏振测量大样本，将揭示伽马射线暴的喷流磁场结构和中心能源机制产生，将在高能爆发天体物理领域产生 2 ～ 3 个在国际上有影响力的科学家，有望形成国际上在该领域有影响力的研究中心，并吸引国际学者参加该领域的研究。

四、天文学学科的优势发展领域

在"十三五"期间，我国科学家有望将下列优势领域发展成为引领研究方向：

（一）宇宙大尺度结构

通过宇宙大尺度结构的高精度观测，研究宇宙的基本物理规律是"十三五"期间国际天文界的主要研究领域。斯隆四期的 eBOSS 巡天、MS-DESI 巡天和 Euclid 巡天有望将宇宙大尺度结构的观测精度提高到一个新的水平，从而对宇宙大尺度结构的模型和统计分析水平提出新的要求。我国近几年在宇宙结构演化的理论研究和数值模拟以及大型红移巡天公开释放数据的统计研究方面取得了一系列国际公认的领先成果。目前我国学者已决定参加斯隆四期并有计划参加 MS-DESI 巡天和 Euclid 巡天，将有机会与国际同行同时使用第一手的观测数据。我国学者近年独立发展了一套重构宇宙大尺度结构的模拟程序和一套快速的 Nbody 模拟方法，与我国的超级计算机发展结合，我国有机会在宇宙结构的数值模拟方面做出国际领先的成果。预期到 2020 年，我国将在这一领域出现 4 ～ 6 位有国际重要影响的科学家，形成宇宙大尺度结构模拟的研究中心和大型红移巡天的统计分析研究中心。

（二）太阳活动的高分辨率射电研究

国家天文台明安图观测站的新一代厘米－分米波射电日像仪，能够在 0.4～15 GHz 频段同时进行高频谱分辨率、高空间分辨率和高时间分辨率的射电频谱和成像观测，届时将成为国际上功能最好的太阳射电望远镜。以此为依托，有望在太阳活动的高分辨率射电观测和研究方面形成一个引领性方向，在太阳活动的源区特征和爆发过程、日冕磁场诊断等方面有望取得重大观测发现和突破性成果。结合光学波段、磁场等方面的观测以及理论研究，在全国范围内形成 3～5 个在国际上有影响力的太阳物理领域的研究中心，出现 6～8 位在国际上有影响力的太阳物理学家。

五、天文学分支学科的发展目标及其实现途径

以下是天文学分支学科的发展目标及其实现途径：

（一）星系和宇宙学

1. 发展目标

基于暗物质卫星，在宇宙暗物质粒子研究方面取得突破性的成果；积极推进 SKA 国际合作，支持 21CMA 第一缕曙光、天籁中性氢项目的科学研究和 FAST 的星系和宇宙学科学预研究，建立以中性氢星系为主要研究对象的理论和观测队伍；发挥在数值模拟方面的优势，建立有自主研究特色的数值模拟程序和模拟；突破目前观测设备的制约，积极参加斯隆巡天、MS-DESI 暗能量巡天、Euclid 暗能量巡天等国际大项目，在探索宇宙基本规律方面取得领先成果；组织一些适合我国研究优势的利用国外先进设备的中型观测项目，积极扩大实测人才队伍。争取到 2020 年，我国在星系和宇宙学方面出现 6～8 个有国际影响力的科学家和 2～3 个有国际竞争力的研究中心。

2. 实现途径

宇宙大尺度结构的数值模拟是我国的优势方向，研究人员主要分布在上海交通大学、中国科学技术大学、中山大学、中国科学院国家天文台、中国

科学院上海天文台等单位。"十三五"期间的重点是开展重构宇宙大尺度结构的数值模拟，开发适合未来异构计算的自主程序，改进对恒星形成、黑洞形成和能量反馈等重要物理过程的建模，密切结合该领域的国内国际大观测项目，充分利用我国在超级计算方面的硬件资源，做出系列性的具有国际影响力的成果。

预期在"十三五"期间，我国在该领域具有国际竞争力的观测设备非常有限，但在过去十多年，通过培养和引进人才，已经逐步形成一支以利用国外公开（或合作团队内部）观测数据的观测研究队伍，并取得了一些有国际显示度的成果。由于数据的控制权不在我国，我国在这方面的研究实际上受到很大制约，如国外公开数据总是在他们使用该数据 1～2 年以后释放，合作团队内部数据往往只有在我国学者访问国外研究所时才有数据使用权等。为了克服这些困难，作为重点扶植和促进的项目，我国应当适当加大经费投入，支持参加适合我国研究特色的国际大观测项目和组织一些中型观测项目，建立一支能够支撑我国未来观测大设备的优秀观测研究队伍。

（二）恒星与银河系

1.发展目标

未来 5 年（2016～2020 年）将是我国恒星与银河系研究的一个黄金时间段。随着 LAMOST 恒星光谱巡天，结合毫米波、VLBA 以及 FAST HI 等多波段巡天，对银河系研究有望取得系统性的突破，做出系统的成果。随着"银河画卷"计划的顺利开展，对银道面谱线巡天期望可以在多个方向取得突破性进展。65m 望远镜已经可以用于星际介质、脉泽及恒星形成区的观测研究。FAST 大科学装置于 2016 年 9 月竣工，可以提供更细致的银河系氢原子分布。FAST 观测与 65m、25m 以及 13.7m 等现有望远镜相结合，可以更好地研究从原子氢到分子氢的转化以及分子云的形成，并为 SKA 积累今后的科学目标。国家规划的南极天文台大科学工程，特别是其中的 5m 太赫兹望远镜，提供星际介质和恒星形成研究的独特窗口，应争取早日立项建设。

2.实现途径

预计未来 10 年，我国在恒星结构与演化研究领域可望取得国际一流的原创性成果：①利用 LAMOST 数据搜寻有特殊意义的恒星和双星系统；②深入了解 Ia 型超新星的前身星及其演化，阐明不同前身星对随后的超新星爆发的影响；③食双星的监测以及双星系统中的亚恒星天体研究；④疏散星团的时序测光研究；⑤红巨星、白矮星等的星震学研究，探测恒星内部的对流运动。

致密天体物理发展布局的总体目标是围绕致密天体物理中的关键科学问题，倡导使用我国即将投入运行的地面和空间天文观测设备进行观测和研究，提升我国在致密天体物理领域设备研制、多波段观测、数据分析和理论研究水平，开展下一代观测设备的预研，力图在有限的目标上实现重点突破，形成一些优势研究群体与研究方向。硬 X 射线调制望远镜、天宫二号 POLAR 探测器、SVOM 伽马暴天文卫星这 3 个空间高能天文项目的相继投入运行，将使我国在高能天体物理领域部分课题的研究能迅速达到国际先进水平。上海 65m 和云南 40m 射电望远镜正在改进设备并投入脉冲星观测，逐步改善国内射电仪器口径偏小的现状。预计 FAST 投入运行后将为我国在致密天体的射电观测研究方面带来革命性的飞跃。

LAMOST 将首次在国际上实现天区覆盖连续、比欧洲空间局（ESA）计划的 Gaia 巡天深 2～3 个星等的大规模银河系光谱巡天计划。LAMOST 获取的海量恒星光谱及基本参数数据库为开展银河系结构、星族组成及其化学动力学演化提供了重要的机遇。继续参与国际 BeSSeL 合作，结合 LAMOST 恒星光谱巡天、银道面分子谱线巡天、恒星及星团样本研究等多波段的观测，提供对银河系的整体认识，为我国天文学在银河系结构研究领域取得系统性的科学成果提供机遇。

（三）太阳系与系外行星

1. 发展目标

积极发展系外行星探测技术，推动我国系外行星空间探测计划的实施；系统开展太阳系内行星深空探测的科学目标深化论证和科学研究，引领我国未来行星深空探测计划科学目标的制定；充分利用国内外行星探测数据，开展行星系统形成与演化动力学、行星内部与表面物理等方面的基础研究，增强我国在行星系统形成与演化、行星内部结构与动力学等研究方面的国际影响力；加强行星科学人才队伍建设，为我国未来行星科学的全面深入开展打下坚实基础。

2. 实现途径

行星系统动力学是我国目前的优势方向，经过国家自然科学基金委员会扶持和相关科研人员的努力，未来不仅可以引领我国行星深空探测计划科学目标的制定，而且有望在国际上形成有影响的研究中心。行星系统动力学是近年来国际天文学的重要研究领域之一，我国目前也具有较好的研究基础，在行星形成中轨道迁移、行星系统动力学稳定性、双星系统中行星吸积、行星内部结构与动力学等方面的研究已取得了创新性成果。目前相关研究人员分布在南京大学、中国科学院紫金山天文台、中国科学院上海天文台和中国科学院国家天文台等单位，中国科学院行星科学重点实验室是有效的合作研究平台，未来5年，国际上有学术影响力的学术带头人可达4～5个。

深空探测技术及其资料分析处理能力是我国目前的薄弱方向。具体体现在：探测器跟踪测量技术能力还达不到国际先进水平；探测器上科学测量设备精度和水平与国际同类设备仍有差距；深空探测资料的分析处理和科学应用研究水平还有待进一步提高。

系外行星探测是我国目前需要促进的前沿方向。系外行星探测，特别是系外类地行星的搜寻，是当今国际天文学的最重要的前沿科学问题之一。国际上于1995年开始系外行星探测，近5年随着开普勒空间望远镜新发现一批系外行星，关于系外行星的探测进入了高潮。因系外行星探测目前仍处于发现和搜寻阶段，所以我国应尽快加入和赶上这一发展步伐。

（四）太阳

1. 发展目标

完成新一代射电日像仪的研制，并取得扩展的观测和重要的发现性成果；充分发挥已有仪器的潜能，获得国际先进的太阳矢量磁场、高分辨率图像和光谱数据；完成地面大太阳望远镜的科学目标和方案设计，并完成西部台址遴选；争取空基太阳望远镜的立项；在太阳大气的磁场结构、内禀性质和动力学、太阳活动的多波段观测和爆发机制等主要方向取得突破性的研究成果，较大幅度提升中国太阳物理学研究在国际上的学术地位。

2. 实现途径

在太阳物理学科，太阳大气的磁场测量和研究，太阳活动的光谱观测和模型是我国传统的优势研究方向。怀柔磁场望远镜能开展国际先进的太阳大气光球矢量磁场和色球视向磁场观测，并由此在小尺度磁场分布、活动区磁场拓扑结构等方面产生了一批有影响力的研究成果。我国的太阳活动多波段光谱观测以及高分辨率射电频谱观测也很有特色，并由此在太阳大气模型和射电精细结构等方面取得了有显示度的成果。这两个方向需要继续保持优势，进一步加强经费投入和人才队伍培养，重点拓展研究深度。

日震学和发电机、三维辐射磁流体力学模拟是我国比较薄弱的研究方向。在发电机方面，我国已有年轻学者崭露头角，在磁通量输运发电机和基于发电机的太阳活动周预报等方面取得了重要研究进展，但是整体研究队伍很小。我国学者曾在二维磁流体力学模拟方面取得了重要成果，但是国际上已开始了三维辐射磁流体力学模拟，而我国尚无人涉足。这两个方向对现代太阳物理学发展非常重要，应该重点扶植，特别是需要加强该领域的人才引进和培养。

（五）基本天文学

1. 发展目标

保持和发展天文学在深空探测、卫星导航定位、时间精密产生和维持以及快速移动天体监测等国家重大战略需求中的重要地位；充分利用国际国内天文设备和数据开展高精度天文参考架、太阳系动力学等基本天文学方面的研究，积极培养优秀人才，进一步提升国际影响力。

2. 实现途径

基本天文学在国家战略需求中的应用研究是我国目前的优势方向。对空间飞行器轨道的高精度测定和预报，为深空探测、卫星导航定位等重要国家应用领域提供了核心技术支持；空间碎片和近地小行星等快速移动天体对地球空间环境和人类生活构成了直接威胁，有必要对其进行全面的监测研究，以给出科学的预警。在过去 10 年中，我国基本天文学已经在月球探测、空间碎片监测和北斗导航系统建设等国家重大战略需求中发挥了引领作用。

高精度天文参考架与时间是我国目前的薄弱方向。我国在国际高精度天文参考架建立及维持方面的贡献比重较小；尽管在不同历史阶段，我国时频体系满足了国家对时间频率的需求，但目前的服务能力仍显不足。

太阳系小天体起源是我国目前需要促进的前沿方向。柯依伯（Kuiper）带天体结构的形成与动力学是近年来天体力学的热点前沿领域之一。1992 年，Jewitt 和 Luu 观测到第一个柯依伯（Kuiper）带天体之后，到目前已经发现超过 1600 颗柯依伯（Kuiper）带天体。由于柯依伯（Kuiper）带天体是太阳系早期星云盘的残存物，研究其动力学对揭示太阳系演化有重要意义。目前，我国虽已对柯依伯（Kuiper）带分布结构动力学开展了很好的基础研究，但需要促进相应的观测研究。

第二章

天文学学科优先领域

天文学学科主要有以下优先领域：

（一）暗物质与暗能量的本质以及宇宙早期的物理过程

（1）暗物质和暗能量的天文观测和理论研究。

（2）宇宙早期极端物理过程与原初扰动性质。

（3）在星系和宇宙学尺度上的广义相对论检验。

（二）星系和宇宙大尺度结构的形成与演化

（1）宇宙大尺度结构的观测、统计、模拟和理论。

（2）星系的物理性质与周围暗物质、星系、星系际介质的关系。

（3）高红移天体的探测以及星系的形成和演化。

（三）大质量黑洞和活动星系核的结构、形成与演化

（1）星系大质量黑洞的观测证据和活动星系核的多波段观测研究，尤其是利用 LAMOST、HXMT、FAST 等国内外重大设备的研究。

（2）黑洞吸积与喷流以及活动星系核的结构与辐射的理论研究。

（3）大质量黑洞的形成和演化以及与星系的共同演化。

（四）恒星形成与演化

（1）星际物质循环、分子云的形成、性质及其演化。

（2）恒星的形成、内部结构与演化。

（3）双星、特殊恒星的演化、超新星及其前身星。

（4）恒星及星团的基本参数测量、恒星变源的时域观测和星震学。

（五）致密天体物理

（1）极端引力、密度、磁场等极端天体物理规律。

（2）致密天体的吸积与喷流/外流以及高能粒子加速和非热辐射等高能过程。

（3）SVOM 等未来空间和地面高能天文观测设备的科学和技术的预先研究。

（六）银河系的结构、组分及动力学

（1）银河系星族分布、动力学。

（2）测量银河系基本参数以及物质（包括暗物质）分布。

（3）银河系磁场、星际尘埃及星际消光。

（七）行星系统探测与动力学

（1）太阳系与太阳系外行星探测。

（2）行星系统形成动力学。

（3）行星内部结构与动力学。

（4）小行星物理化学特性。

（八）太阳大气的磁场结构、内禀性质和动力学

（1）太阳磁场的精细结构和基本磁元诊断。

（2）太阳活动区磁场的三维拓扑结构。

（3）太阳发电机理论与太阳活动周演化规律。

（九）太阳活动的多波段观测和爆发机制

（1）在物理相互作用尺度的太阳活动观测规律。

（2）基于日像仪的射电成像观测和日冕等离子体诊断。

（3）太阳爆发现象的三维辐射磁流体数值模拟。

（4）太阳活动预报的理论框架和物理基础。

（十）高精度天文参考架和时间频率

（1）微角秒天球参考架的建立和连接以及资料处理中的相对论模型。

（2）高精度地球参考系与天文地球动力学。

（3）精密时间产生与传递。

（十一）太阳系动力学与太阳系稳定性

（1）太阳系稳定性与轨道扩散。

（2）太阳系小天体观测以及起源动力学。

（3）多参考系的相对论多体问题。

（十二）快速移动天体的测量、精密轨道确定与动力学

（1）深空探测科学任务规划、轨道设计与测定轨。

（2）精密卫星导航定位。

（3）快速移动天体的监测、动力学及应用。

（十三）光学、红外天文

（1）地基极大口径光学/红外望远镜关键技术。

（2）太阳系外行星探测技术。

（3）高精度光谱探测及恒星光干涉技术。

（4）极端环境下的天文望远镜关键技术。

（十四）射电天文

（1）大口径望远镜及小口径天线的大规模集成的低频大视场干涉成像技术。

（2）主动反射面及高精度测量技术与方法。

（3）（制冷）低噪声和多波束接收技术。

（4）宽带数字信号接收与处理的软件无线电技术与方法。

（5）高精度相位校准、实时 VLBI 及相关处理的技术与方法。

（十五）空间天文

（1）X 射线、紫外和极紫外以及红外空间望远镜技术。

（2）空间高能宇宙线、X 射线量能器、高性能红外以及紫外极紫外探测器技术。

（3）近日探测、太阳极轨探测和太阳磁场三维探测以及各个波段空间干涉技术。

第三章

天文学与数学物理科学部内部学科交叉的优先领域

第一节 宇宙学与粒子物理学

宇宙的物质组分及其物理性质、宇宙的起源和演化是人类认识自然的永恒主题，一直处于国际基础科学研究的最前沿。自1998年暗能量发现以来，宇宙学研究发展迅猛，取得了一系列重大的成果。推动这一快速发展的主要动力有两个：一是天文观测和实验技术的突破和提升；二是学科间粒子物理与宇宙学的交叉驱动。

在过去10余年，微波背景辐射（CMB）、大尺度结构（LSS）、超新星（SN）等天文观测对宇宙学参数的精确测量，不仅使宇宙学的研究步入了精确的辉煌时代，同时对粒子物理学提出了一些重大的挑战。这些天文观测告诉我们，宇宙的基本组成中95%是暗能量和暗物质，而粒子物理的标准模型描述的普通物质只占5%。寻找暗物质粒子、研究暗能量的物理本质、探索宇宙起源及演化的奥秘，结合粒子物理和宇宙学这一极小与极大的研究已成为21世纪物理学和天文学的一个重要趋势。目前世界各国都在集中人力、物力和财力组织开展这一重大交叉学科的研究。

我国的粒子宇宙学研究在国家自然科学基金委员会、中国科学院、科技部、教育部等支持下，研究队伍不断壮大，在理论模型研究、结合国外天文观测以及加速器或非加速器物理实验的唯象分析、整体拟合研究等方面都取得了一些可喜的成绩。特别是在暗物质暗能量研究方面，我国科学家提出了在国际上很有影响力的理论模型，解决了宇宙学扰动理论的暗能量扰动发散疑难，提出了检验暗能量性质、引力模型、暗物质模型以及利用 CMB 极化检验物理学基本对称性 CPT 的新方法。2008 年我国科学家提出了在我国开展暗物质暗能量探测的"上天入地到南极"的路线图等。总之，过去十几年的研究积累，为加速我国宇宙学研究发展走到国际前列，实现基础研究从跟踪模仿向重大原始创新的转变并引领学科发展方向奠定了一定的基础。

粒子宇宙学研究内容包括暗物质、暗能量、暴涨模型、宇宙大反弹模型、中微子宇宙学、宇宙相变、反物质丢失之谜、宇宙微波背景辐射等。在"十三五"期间，建议重点支持方向的研究内容、目标如下：

（一）暗物质

在暗物质研究方面，结合天文观测和高精度 N 体模拟；结合 PandaX、CDMS、XENON 等最新的直接探测的结果；结合最新的间接探测，如 Fermi 卫星的伽马射线探测，PAMELA 及 AMS2 等对于宇宙线的测量，特别是反物质的探测，IceCube 对于中微子的探测，地面 HESS、VERITAS、MAGIC、ARGO 等实验对于高能伽马射线的探测等；结合高能对撞机 LHC 结果；研究暗物质的性质，检验暗物质模型。

（二）暗能量

暗能量研究的主要科学目标是认识它的物理本质，或证实爱因斯坦的宇宙学常数理论或发现超越爱因斯坦的新的暗能量模型或新的引力理论。天文观测是目前测量暗能量的唯一手段，比如欧洲的 Planck 微波背景辐射和 Euclid 宇宙大尺度结构卫星巡天、美国的 SDSS-Ⅲ、SDSS-Ⅳ、DES、LSST、DESI 等大尺度结构巡天以及平方千米射电巡天项目 SKA。我国除通过国际合作积极参与这些项目外，自主开发的南极大型光学 / 近红外望远镜、空间站大规模巡天、FAST 等巡天项目处于世界先进水平。

暗能量的研究需要理论、数据分析整体拟合、天文观测 3 方面的结合。在"十三五"期间，要综合考虑国内的优势和国际形势，加强暗能量研究。具体而言，由于在将来的 5 年内，我国自主观测难以提供数据，我们需要加强国际合作（BOSS、eBOSS、DESI 等），并结合我国暗能量理论、数值模拟、分析方法方面的优势，加强利用国外数据分析探索暗能量动力学性质和引力理论检验的研究，力争我国科学家在这一国际重大科学问题上做出应有的贡献。

（三）CMB 宇宙学

宇宙微波背景辐射（CMB）的观测是宇宙学研究的一种重要观测手段。近些年，以 WMAP、Planck 为代表的 CMB 实验关于温度 T、E 模极化的测量，对于精确宇宙学的建立起到了至关重要的作用。2014 年年初，南极 BICEP2 望远镜对于 CMB B 模的结果引起了整个天文和物理学界的轰动以及争议。在"十三五"期间，对于 CMB B 模的研究将是宇宙学的一个焦点。而相关的测量 BB、TB、EB 将对检验暴涨模型、反弹模型所产生的原初引力波以及检验自然界基本对称性 CPT 起到非常重要的作用。

我国的 CMB 及相关宇宙学的研究起步较晚，特别是与星系和宇宙学相比，研究队伍很薄弱，时常不受重视。但是，在过去十几年里，我国科学家克服困难，一直在做一些有特色的工作，在 CMB 领域做出了一些有影响力的研究成果。例如，基于 CMB 极化检验 CPT 对称性；精灵反弹暴涨模型等。

在"十三五"期间，建议要特别加强 CMB 及相关宇宙学的研究，加强国际合作，同时探讨在我国西藏阿里天文台开展 CMB 观测的可行性。

第二节　天体物理与核物理

原子核天体物理的目的是用构成物质的基本粒子属性和相互作用来解释宇宙和各种天体环境中发生的一些复杂现象。这些粒子的性质及其相互作用决定了宇宙和天体环境中各种释放或损耗能量以及改变粒子和原子核种类的微观过程，这些过程不仅直接影响初始宇宙中的大爆炸核合成和这以后恒星的形成、演化及核合成，而且还导致超新星、伽马暴等极端天体现象的发生。因此，核天体物理从宏观环境中的微观过程出发，对天体和星系的形成与演化以及元素的起源与宇宙的化学演化做细致深入的研究，从而在最小和最大的物质尺度之间架起奇妙的桥梁。这是一个典型的以天体为研究背景而融入各种现代微观物理手段的重大交叉学科。

欧美国家长期以来一直把核天体物理作为最重要的基础研究课题之一，投入巨资给予支持。例如，美国国家科学院设立的关于宇宙物理学的委员会在2003年总结了21世纪的11个重大科学问题，其中3个就与这项研究密切相关：

（1）中微子的质量是多少，它们是如何影响宇宙的演化的？

（2）超高温度和密度下有什么新的物质状态？

（3）从铁到铀这些重元素是怎样制造出来的？

核天体物理研究还极大地推动了放射性核束物理这一原子核科学前沿的高速发展。这是因为有许多天体过程涉及大量短寿命原子核，而这些核的关键反应截面及衰变性质构成了揭示了天体中的物理过程所不可缺少的基本数据。例如，美国的重大核物理装置FRIB，德国正在兴建的FAIR，日本也准备在其最大的综合研究机构理化研究所（RIKEN）升级同类装置RIBF。

近年来中国在基础科学研究方面有很大投入，并在一些重要研究领域取得了令国际瞩目的成就。核天体物理研究和中国现有的许多大型实验装置密切相关，其中包括中国科学院近代物理研究所的兰州重离子加速器HIRFL及其冷却储存环CSR和放射性束流线RIBLL，以及中国原子能研究院正在升级改造的HI-13串列加速器及以此为基础的北京放射性核束设施BRIF。此外，与核天体物理研究直接相关的国内大科学装置还有用于大型巡天的郭守敬望远镜（LAMOST）和其他天文观测设备，以及超级计算机天河1A号。这些国际一流的装置为积累天文观测数据以及进行大型天体物理数值模拟提供了坚实的平台。

为了在核天体物理实验方面尽快赶超国际水平，中国核物理学界建议发展锦屏山极深地下核天体物理实验室和上海同步辐射光源的核物理终端。前者对各种需要低本底的高灵敏度实验至关重要，而后者可以支持对极端天体环境中伽马光子与物质相互作用的研究。这两处实验室在硬件条件上都是国际领先的，因此最有希望在相关关键科学问题上取得重要突破。

在上述各个研究领域内，中国都有优秀的研究队伍，但是我们极其欠缺的是这些学科之间的交叉合作。特别是原子核物理界与天体物理和天文观测领域的交流很少，完全没有利用各自的优势组成一个强大的科研合作实体。与国际上在这方面的发展趋势相比，反差尤其明显。例如，美国的核天体物理联合研究所（Joint Institute for Nuclear Astrophysics，JINA）以圣母大学、密歇根州立大学和芝加哥大学为中心，在美国国家科学基金会的支持下已经运行10多年，为原子核理论和实验与天体物理和天文观测之间的国际交流与合作做出了重大贡献。德国于2008年成立了极端物质研究所EMMI，联合13个国际伙伴单位对宇宙中高温或高密度条件下的物理过程（尤其是核天体物理）开展合作研究。日本东京大学在20世纪末就成立了原子核科学研究中心CNS，进行核天体物理等方面的各种国际交流。

为此，我们建议在国家自然科学基金委员会的资助下，在我国建立一个类似美国的JINA和德国的EMMI的核天体物理联合研究所。联合研究所的职能大致为：①组织和促进国内各个不同领域的合作，共同研究发展中国的核天体物理研究；②培养跨学科的博士后，并积极吸引国际上的年轻人才；③邀请国际顶尖专家来访，定期组织高水平的国际研讨会。

依托我国大科学装置平台，以核天体物理联合研究所这种交叉中心作为基地，中国有望开展如下有特色的核天体物理研究并取得重要结果：

（1）天体演化及核合成需要大量原子核性质和反应的数据，以及高温高密度下核物质的性质，获取这些重要输入必须依靠核物理实验和理论。目前国际核物理界非常关注的是如何减小这些输入的误差，利用我国在核理论方面的优势，和中国科学院兰州近代物理所、中国原子能科学研究院以及将来的锦屏山地下实验室的密切合作发展这一研究。

（2）中微子不仅在天体演化和爆炸过程中起着重要作用，而且直接参与元素核合成。中微子振荡是迄今为止超出标准粒子物理模型的唯一重大发现，大爆炸和超新星核合成是检验各种中微子性质的独特途径。我们可以把大亚湾和锦屏山作为实验基地，研究中微子振荡在各种天体过程中的重要影响。

（3）充分利用我国超级计算机的优势，开展不同学科的结合，以发展大型天体物理计算和数值模拟来研究宇宙演化的重要途径。重要课题包括：天体演化和爆炸对气体动力学的影响、星系的形成及宇宙的化学演化以及超新星爆发模拟等。

第三节 天体辐射磁流体力学

宇宙中可见物质大部分处于等离子态。在天体离子体中观测到的大量现象和物理过程都涉及等离子体物理，如太阳发电机，太阳（恒星）耀发、物质抛射和外流，太阳风和星风，恒星和星系冕加热，天体物理吸积和喷流，恒星形成，脉冲星辐射，伽马射线暴等，都与等离子体过程有关。

等离子体的微观理论被称为等离子体动力论。它用统计方法描述含有大量带电粒子的多粒子体系，描述粒子分布函数随时间的演化过程，适用于对高温稀薄等离子体行为的研究。等离子体的宏观理论被称为磁流体力学，磁流体力学把等离子体当作导电的连续介质来处理，描述等离子体的宏观性质和运动等离子体中磁场的行为。等离子体物理和磁流体力学对理解磁对流、天体磁场的产生、磁重联、等离子体不稳定性、磁流体力学波与激波、波粒相互作用、粒子加速等物理过程有重要意义。

等离子体物理和磁流体力学一开始就为天体物理学观测研究所推动，成为理解天体物理过程的一个重要的科学分支。首先，天体物理中的动力学和活动现象都受磁场的控制。另外，所有天体的电磁辐射都是偏振的，需要完整的斯托克斯（Stokes）光谱（I、Q、U、V）来描述。近年来，磁场测量在太阳物理、恒星和行星层次、银河系、星系乃至宇宙学层次，都取得了迅速的进步，使得天体等离子体和磁流体力学的研究变得更为重要。

由于现有理论中的磁流体力学、符拉索夫方程和福克 - 普朗克方程都是非线性的，数值模拟研究（数值实验）成为一个主要的研究手段。为了使数值实验能直接和天体电磁辐射的观测进行对比，辐射转移过程在模拟中必须给予考虑，从而形成了三维辐射磁流体力学数值模拟研究的新需求。

在未来 5 年下列领域应得到重视：

（一）天体磁流体发电机研究

20 世纪 60 年代平均场发电机理论框架得以建立，太阳磁通量输运发电机模型得到发展。近年来发电机理论一个重要的进步是实现了基于发电机理论的太阳活动周水平的数值预报。目前天体发电机研究仍主要限于运动学发电机，磁场对大尺度流场的反作用还没有被充分考虑，各种非线性过程的影响需要进一步研究；发电机理论中磁扩散的物理本质和定量估计是一个未解决的问题；对磁流体发电机在不同天体对象中的规律性认识应当得到重视。

（二）磁重联研究

太阳（恒星）耀斑和伽马暴后相 X 射线耀发等天体激变现象，几乎都受磁场控制并与磁重联中自由磁能的爆发式释放相联系。磁重联的概念首先由太阳观测提出，已成功地运用于解释磁能爆发式释放。目前对部分电离等离子体和无碰撞等离子体中磁重联的理论、数值模拟和实验室研究应给予特别关注，对部分电离等离子体，霍尔电导率和垂直电导率都有作用。而对无碰撞等离子体（如日冕），由于不存在宏观电阻，磁拓扑的灾变和爆发式磁能释放如何实现，需要对等离子体微观不稳定性进行研究。总体而言，目前磁重联的模型仍主要限于二维、准静态和唯象（半唯象）模型，自恰的物理演化模型急待建立。

（三）磁流体力学波和激波

磁流体力学波与激波的天文学观测已取得前所未有的成就。例如，太阳爆发几乎总是伴有扩展传播的快磁声波（激波），慢磁声波（激波）也已被证认；两类磁声波有时同时在一个磁结构中被发现。原理上，被详细观测的磁声波为诊断太阳过渡区和日冕的性质、磁场强度和结构提供了独立的、被称为冕震学的检测手段，需要进一步取得定量的研究成果。在恒星大气和星系环境，等离子体波和激波的研究将从太阳物理的详尽观测中得到启发，为大气结构和动力学提供新的诊断。

（四）天体等离子体中粒子的加速

天体等离子体中粒子加速机理，是具有基本性的、困难的天体物理问题。粒子加速发生在从太阳耀斑 /CME 到超新星和活动星系核等广泛的天体环境，为宇宙线观测、天文学射电观测和伽马射线观测所揭示。天体等离子体中的粒子加速大多与波粒相互作用、扩散性激波加速相联系，需要对等离子体动力论进行深层次理解，并对系统的观测、理论和数值实验进行研究。

此外，与等离子体物理和磁流体力学的交叉学科研究，对最终解决日冕加热等天体物理学难题，理解太阳、恒星、星系高温稀薄动力学大气的形成都是必不可少的。

第四节 实验室天体物理学

实验室天体物理这一前沿交叉学科立足于等离子体物理实验研究，是除观测和数值模拟以外的另一条研究天体问题的创新、探索之路，可以极大地促进天体等离子体物理和实验室等离子体物理两个领域之间的融合。目前世界上大多数等离子体大科学装置都将实验室天体物理列为重要基础研究方向之一，它在解决一些共同的关键科学问题上，可以做到实验、观测、模拟相互参考、印证，具有重要的科学意义。例如，利用国际上最大的激光器可以产生与宇宙大爆炸相比拟的极端环境，这对人们了解宇宙起源具有重要的科学价值。同时实验室天体物理也为人类探索和应用自然规律所遇到的问题提供帮助，如新能源利用、粒子加速、国防武器储备等。

一、关键科学问题

关键科学问题包括：

（1）天体和实验室等离子体中的磁场问题，涉及磁场产生、放大、耗散和对等离子体的影响，如宇宙、星系种子磁场如何产生放大？太阳耀斑等磁爆发现象如何发生？

（2）天体等离子体剧烈释能问题，如天体高能粒子和宇宙射线如何产生？无碰撞冲击波如何实现并有效加速带电粒子？天体喷流如何产生、准直、传输等。

（3）强辐射场与物质的相互作用问题，如太阳风对行星大气的离化物理过程及弓形波的形成，双星系统中致密主星吸积伴星物质形成的强辐射场对吸积盘的作用等。

（4）极端条件下的天体等离子体性质和流体界面不稳定问题，如在白矮星、中子星强磁环境下等离子体状态如何？行星内部的物态方程和相变过程，超新星爆发过程中的瑞利－泰勒不稳定性等。

二、发展目标

实验室天体物理科学目标是：研究实验室和天体等离子体具有相同、相似和类似的科学问题，揭示天体物理环境中等离子体剧烈释能和加速现象的本质，在磁爆发、宇宙高能粒子加速、星系磁场产生、行星内部状态等关键科学问题上取得突破。

三、实现途径

为了达到上述目标，我们建议利用国内外与本领域相关的大科学装置、实验诊断系统和高性能科学计算平台，汇聚天体和空间等离子体物理、激光等离子体、磁驱动等离子体等领域具有国际先进水平和良好基础的团队，依托国家基金委重大项目，主要开展如下研究：

（1）磁重联物理研究，它是等离子体基本物理过程，是磁约束聚变和太阳物理研究最基本的物理问题，目前实验室利用多种设备开展不同参数区间的研究。

（2）非平衡等离子体光谱分析，包括黑洞等致密天体周围的物理环境和能量产生机制、星风的化学构成和运动特征等研究。

（3）强辐射场与物质相互作用，研究原子物理及量子力学的关键问题、天体物理中不透明度和磁场中的光谱学。

（4）无碰撞冲击波和粒子加速过程研究，涉及宇宙高能射线产生。

（5）行星内部结构，取决于向心重力作用下物质的性质，即物态方程。

（6）喷流和等离子体不稳定性研究，包括在实验室理解喷流产生和加速的本质，以及传输过程中涉及的不稳定性过程。

（7）尘埃等离子体研究，在天体等离子体环境中尘埃如何带电。

（8）超强磁场的产生，发电机原理和强磁化等离子体研究，种子磁场产生、放大。

（9）波和湍流现象的研究，加热无碰撞等离子体过程，耗散机制等。

第四章

天文学与其他科学部学科交叉的优先领域

第一节 天体物理与计算科学：计算天体物理

一、科学意义与战略价值

宇宙学数值模拟是当前理论宇宙学研究中一个不可或缺的主要研究手段。在当今精确宇宙学时代，数值模拟正扮演着越来越重要的地位。一方面，数值模拟成为在理论上理解宇宙多尺度、高度非线性和复杂性物理的唯一手段；另一方面，宇宙学数值模拟也为天文学观测和理论模型建立了一个直接验证的桥梁。正是由于其重要性，所以目前宇宙学研究领域已经衍生出计算宇宙学这一分支，并已经成为了和天文实测、理论研究并列的宇宙学研究第 3 个支柱。

宇宙学正处于蓬勃发展的黄金时期，过去 10 年已经两次获得诺贝尔物理学奖，而暗物质、暗能量、宇宙原初扰动等重大发现也已对基础物理产生了深远影响。目前国际天文领域正布局一些新一代重大宇宙学项目，将主要涉及探究宇宙中暗物质和暗能量性质、宇宙再电离历史、高红移宇宙、星系形成与演化，这些项目的顺利实施将使宇宙学研究进入一个新时代。这些新一代宇宙学重大项目对计算宇宙学提出了极大挑战。一方面更高精度、更大巡天面积的观测需要匹配超精确、超大规模的宇宙学数值模拟来解释；另一方面要充分实现这些项目的科学目标，则需要同步发展相应的新一代宇宙学数值模拟，以精确理解和修正各种观测效应、系统误差、统计误差。

计算宇宙学核心技术在于对宇宙学多尺度物理过程的精确建模以及对其计算机模拟的高效实现算法。宇宙学问题具有高度非线性或具有成团聚集的特点，表现出多尺度、大时空分辨率、变化激烈、演化时标长的计算特点，所以对其算法实现具有良好的可扩展性、容错性，IO 以及异构计算等。这些也都是高性能计算研究的重要问题。

二、关键科学问题

计算宇宙学研究范畴涉及宇宙学诸多重要问题，如星系形成和演化、宇宙暗物质分布、宇宙暗能量等。算法的核心计算问题分为 4 个主要部分：

（1）泊松方程求解。因为宇宙大部分物质成分由仅具有引力作用的暗物质组成，所以宇宙结构形成的主导物理机制为引力。在宇宙学模拟里面，我们往往将暗物质密度场离散化为粒子，所以如何快速求解泊松方程是宇宙学模拟的一个核心。

（2）流体力学方程求解。虽然重子只占宇宙物质成分的一小部分，但我们所观测的宇宙结构，如星系、恒星等均为重子物质。宇宙原初重子化学成分仅由氢、氦以及少量锂组成，所以其物理过程可视为理想气体，其演化遵从标准流体力学方程。

（3）天体物理过程。除了引力以及流体力学过程之外，宇宙可见结构的最终形成由天体物理过程导致，包括气体冷却机制、化学演化、恒星形成、超新星反馈、气体光致电离与复合等。

（4）并行算法实现。对上述物理高效数值的实现，因为计算规模大以及宇宙学自身特点，算法需要具有高度扩展性。

三、发展目标和实现途径

目前我国已经是研发世界超级计算机的领先者，从而为我国发展计算宇宙学创造了极好的硬性条件，有必要统筹规划，使得我国能在此重要科学领域取得引领地位。

计算宇宙学的核心技术在于宇宙学模拟软件平台，为此我们必须发展出一个世界领先、适合目前和未来世界超级计算机架构的宇宙学模拟软件平台。目前高性能计算正进入一个急剧变化的时代，异构计算已成为一个重要的发展趋势：一方面，由于能耗问题已成为主导超级计算机发展的首要因素，我们需要性能功耗比更好的异构计算硬件。另一方面，随着超级计算机体量剧增，即使全采用同构硬件，计算节点内也将表现出异构的特点。所以在不久的将来，异构计算将成为重要发展趋势，计算宇宙学异构算法的开发以及实现也将是未来一个必然的趋势。世界上现有成熟的计算宇宙学模拟软件却都是基于单计算核心、纯 CPU 的传统超级计算机架构上，所以并不适合于未来的超级计算机。目前对异构软件平台的开发，我国和世界处于同一起跑线，若能抓住这个历史难逢的机会，将会使我国的计算宇宙学在世界上继硬件优势之外具有更重要的软件优势。

从计算技术方面来讲，宇宙学模拟由于其涉及的物理过程之多、动力学范围之大、计算方法之复杂、计算规模之大，所以一直是世界上高性能计算的典型代表。在过去几年里，宇宙学模拟应用仅引力部分计算便 4 次获得国际超级计算最大奖戈登贝尔奖，充分显示其算法实现难度。所以要成功实现这个宇宙学模拟软件平台，需充分整合国内宇宙学有经验的专家以及超级计算领域的人力资源，进行学科交叉、协同创新，并抓住时间契机，在计算宇宙学以及高性能计算研究方面迅速提高中国科学家的影响力。另外，国内计算宇宙学领域的科研人员已有相当的规模，开展了一系列宇宙学模拟计算，并在暗物质分布、性质、暗能量测量和星系形成诸多方面做出了一批在世界上有影响力的工作。为长期稳定支持和扩大国内计算宇宙学的发展，战略上培育国内计算宇宙学以及高性能计算力量，在计算宇宙学的关键科学问题上取得突破，建议国家自然科学基金委员会将其作为重大项目进行资助。

第二节 天文学与地球科学的交叉
——空间天气学、天文地球动力学及行星深空探测

一、科学意义与战略价值

地球是太阳系内的一颗特殊行星，与其在物质性态和结构类似的大行星还有水星、金星和火星，通常将它们一起称为类地行星。研究其他类地行星的形成和演化过程，有助于人们从更宽的角度认识地球，通过比较研究方法深入了解地球的过去、现在和未来，比如行星外部磁场不仅可以反映出行星内部丰富的物理信息，而且它可以阻止太阳风中的高能粒子对行星的侵袭，对地球来说磁场保护了人类的生存；反之，地球是人类观测和研究最深入的类地行星，在地球科学研究中形成的理论和方法可以用于其他类地行星的研究，比如，当前先进的空间对地观测技术已在太阳系内深空探测活动中得到众多应用，以地球为对象而发展起来的研究行星内部结构的方法和理论已移植到其他类地行星的研究中去。天文学与地球科学交叉的两个典型代表是：空间天气学和天文地球动力学。

太阳活动是日地空间灾害性天气的扰动源，特别是一些发生在向地太阳表面的活动，它们的发生可以导致地磁层受到极大的干扰，对航空航天、通信导航等产生很大的影响，由此形成了空间天气学。

以空间测量技术为实验手段，从天文的角度，更精确地监测地球整体以及地球各圈层的物质运动，更全面地研究整个地球系统的动力学机理，由此形成了天文地球动力学。

行星是在宇宙演化到一定时间后形成的，它是人类全面认识宇宙演化过程不可缺少的环节，是国际天文学的重要分支学科；行星科学研究有着重要社会应用价值，人类在不远的将来一定面临资源严重短缺的问题，而行星可能是人类获取这些短缺资源的可行来源；太阳系小天体撞击行星事件无论在其他行星上还是在地球上均有发生，人类为了自身的安全，需要对行星撞击事件加以研究，提出减少灾害的办法。

　　行星科学研究除了基于地球上的观测设备，目前最有成效的观测手段是基于空间探测器直接飞临行星对其开展探测，即深空探测，由此可以获得更全面、更直接和更可靠的数据资料，可以说行星科学的发展离不开天文空间测量技术的发展，它们紧密相连和相互促进。1957年，苏联发射了第一颗人造地球卫星，为人类从地面天文学观测进入空间天文学观测提供了基础，人类开启了深空探测时代。随着众多深空探测计划的相继实施和系外行星的不断发现，人们获得了更全面的测量数据资料，有关行星科学的新发现和新的研究成果日益增多，将行星科学的研究推进到了一个新的发展时期。对行星的探测也推动了空间技术的发展，如火箭技术、卫星技术、测量技术、通信技术和高精度成像技术等。人类对行星科学中未知问题的探求，对天文空间测量技术不断提出新的需求，从而推动了天文空间测量技术的不断进步。

二、关键科学问题

（一）空间天气学

　　空间天气学要解决的关键科学问题是：通过高分辨率和高精度的观测，研究太阳活动的发生机制、太阳活动所产生的高能粒子和辐射输出、太阳爆发现象的动力学演化和在行星际空间的传播；通过统计分析和物理模拟，预测太阳爆发可能产生的地点、时间和传播方向以及可能产生的日地空间响应，提供准确的空间天气预报。

（二）天文地球动力学

　　天文地球动力学要解决的关键科学问题是：如何从技术和方法上提高空间对地观测的精度和时空分辨率；如何把地球整体和地球各圈层的运动作为一个完整的体系，全方位研究其相互激发、驱动和制约的动力学关系。

（三）探测器跟踪测量技术方法与位置和轨道确定

　　探测器跟踪测量技术方法与位置和轨道确定方面：高精度测距、测角和测速技术，高精度行星表面定位技术，无拖曳航天技术，行星际自主导航技术，编队飞行技术，高质量测量数据传输，卫星姿态变化与控制，探测器轨道设计等。

（四）深空探测科学载荷关键技术

深空探测科学载荷关键技术方面：光学及红外成像，光谱测量，雷达测量，干涉测量，星间链路无线电和激光测量，高能粒子探测，磁强度测量，掩星无线电测量等。

三、发展目标和实现途径

（一）发展目标

1. 空间天气学

空间天气学的发展目标是：基于太阳探测数据，分别对太阳活动建立中长期和短期预报模式，为宇宙航行、空间探测、国防、国民经济等各个方面提供支持。

2. 天文地球动力学

天文地球动力学的发展目标是：对地球物质运动构建高精度和高时空分辨率空间监测平台；评估和减轻严重危害人类健康和安全、国家安全、经济发展的自然灾害。

3. 行星深空探测

行星深空探测发展目标是：为我国行星深空探测器高精度位置测定提供方法支持；为行星深空探测科学数据的取得提供技术支持；为我国未来行星深空探测计划提供科学目标和方案支持。

（二）实现途径

为实现上述发展目标，需要完善天文监测手段，特别是要提升我国空间探测技术水平，建立具有独立知识产权的数据资料分析处理系统，加强人才队伍建设和培养。

　　与我国深空探测技术相比,目前我国从事行星科学研究的人数明显不足,研究力量较为薄弱,在基础研究方面急需大力加强人员培养和人才引进工作。未来 5 ~ 10 年,注重两支队伍的建设,一是若干个行星科学研究团队;二是深空探测关键技术攻关团队。

第五章

实现"十三五"发展战略的政策措施

实现"十三五"发展战略主要有以下政策措施：

（1）对天文学科已建成的大望远镜，加强重点核心科学目标的研究投入。建议通过专项经费，如天文联合基金，建立国际数据分析中心，设立专职研究人员（fellow）或冠名博士后资助项目，支持围绕国家大望远镜（如地面LAMOST）开展观测、数据分析及相关科学研究。每年支持约 10 个项目，每个项目资助 3 年（或 4 年），每年约 20 万，主要用于支付项目主持者的工资。

（2）对即将完成的重点设备，应重点加强其早期科学目标的准备，使得这些设备一旦建成投入使用就能够尽快发挥科学效用。对于已经明确立项的国家大科学装置、重大空间天文设备，有组织地加强科学目标和关键技术的预研究。

（3）加强天文重点实验室的建设。加强天文关键技术储备和特色终端的研究以及重点数据库系统的建设。对特色鲜明的中小天文设备和终端，积极支持利用它们开展特定科学问题的研究。应高度重视基金重大仪器专项在发展天文特色设备和终端中的作用。持续加强对优秀天文台址的选址工作。

（4）为了确保国内建设或者中国正式参加的地面和空间重大天文观测设施的科学产出，围绕设施的核心科学目标设立项目群。项目群由若干研究项目组成，设立项目群首席科学家和项目负责人，组织该设施的科学家团队以及相关研究方向的优势研究队伍，提出并实施观测计划，开展观测数据分析以及相关的数据分析方法、模拟计算和理论研究，在若干天文学前沿重大科学问题的研究上取得重大成果，形成优势研究方向和国际上有影响的团队及学术带头人。根据设施的运行情况和项目群研究任务的需求，实施周期一般为 1～5 年，视研究进展的情况可以在适当调整研究任务和团队的情况下延续 1～2 次。围绕这些设施的一般自由探索性科学研究可以通过面上项目或者重点项目的资助开展。

（5）应注重发挥天文学科的国际合作对我国天文学发展的促进作用。通过国际合作，组织或参与大型科学研究计划，取得重大成果，提升影响力。有选择地参与设备建设运行以及下一代设备的预研究，与我国的观测天文形成互补。

（6）加强天文学人才培养及队伍凝聚，支持高等院校扩大天文研究的队伍规模和天文人才的培养。

全称索引

CHEOPS   Characterising Exoplanets Satellite

CMB   Cosmic Microwave Background

CME   Coronal Mass Ejection

CNS   Center for Nuclear Study

COMTEC   Coronal Magnetism Telescopes of China

CoRoT   Convectionrotation and Planetary Transits

CPT   Charge, Parity, and Time Reversal

CSR   Cooler-Storage-Ring

CSRH   Chinese Spectral Radioheliograph

CSTAR   Chinese Small Telescope Array

CVN   Chinese VLBI Network

DAMPE   Dark Matter Particle Explorer

DATE5   The 5 meters Dome A Terahertz Explorer

DES   The Dark Energy Survey

DESI   Dark Energy Spectroscopic Instrument

DSS   Digitized Sky Survey

EBHIS   Effelsberg-Bonn HI Survey

eBOSS   Extended Baryon Oscillation Spectroscopic Survey

EIT   Extreme ultraviolet Imaging Telescope（SOHO）

EMMI   ExtreMe Matter Institute

ESA   European Space Agency

EST   European Solar Telescope

ESO   European Southern Observatory

Ex-AO   Extreme Adaptive Optics

FAIR   Facility for Antiproton and Ion Research

FASR   Frequency-Agile Solar Radiotelescope

FAST   Five-hundred-meter Aperture Spherical radio Telescope

FRIB   Facility for Rare Isotope Beams

GASS   Galactic All Sky Survey

GLONASS   Global Navigation Satellite System

GONG   Global Oscillations Network Group

GPS   Global Positioning System

GREGOR   GREGOR solar telescope

HARPS   High Accuracy Radial velocity Planet Searcher

HESS   High Energy Stereoscopic System

HIRFL   Heavy Ion Research Facility in Lanzhou

HMI   Helioseismic and Magnetic Imager（SDO）

HXMT   Hard X-ray Modulation Telescope

IAU   International Astronomical Union

IceCube   IceCube Neutrino Observatory

ICRF   International Celestial Reference Frame

INT   Isaac Newton Telescope

IPHAS   INT Photometric H-Alpha Survey

IRDC   Infrared Dark Cloud

IRIS   Interface Region Imaging Spectrograph

IRS   Image Rotation and Subtraction

IXO   International X-ray Observatory

JCMT   James Clerk Maxwell Telescope

JINA   Joint Institute for Nuclear Astrophysics

JWST   James Webb Space Telescope

JUNO   Jupiter Near-polar Orbiter

KID   Kinetic Inductance Detector

KDUST   Kunlun Dark Universe Survey Telescope

KVN   Korean VLBI Network

LAMOST   Large Sky Area Multi-Object Fiber Spectroscopic Telescope

LASP   LAMOST Stellar Parameter pipeline

LHC   Large Hadron Collider

LSP3   LAMOST Stellar Parameter Pipeline at Peking University

LOCI   Locally Optimized Combination of Images

LOFAR   Low-Frequency Array

LSS   Large-Scale Structure

LSST   Large Synoptic Survey Telescope

LWA Long Wavelength Array

MAGIC Major Atmospheric Gamma Imaging Cherenkov Telescopes

MATISSE Multi Aperture Mid-Infrared Spectroscopic Experiment（VLT）

MAVEN Mars Atmosphere and Volatile EvolutioN Mission

MDI Michelson Doppler Imager（SOHO）

MeerKAT Karoo Array Telescope

MOST Microvariability and Oscillations of Stars Telescope

MS-DESI Mid-Scale Dark Energy Spectroscopic Instrument

MWA Murchison Widefield Array

NASA National Aeronautics and Space Administration

NLST National Large Solar Telescope

NST New Solar Telescope

NVST New Vacuum Solar Telescope

ONSET Optical and Near-Infrared Solar Eruption Tracer

OTF On-The-Fly

PAMELA Payload for Antimatter Matter Exploration and Light-nuclei Astrophysics

PandaX Particle and Astrophysical Xenon Detector

Pan-STARRS Panoramic Survey Telescope and Rapid Response System

PAPER Precision Array for Probing the Epoch of Reionization

PLATO Planetary Transits and Oscillations of stars

POLAR Gamma-ray Burst Polarimeter

RHESSI Reuven Ramaty High Energy Solar Spectroscopic Imager

RIBF Radioactive Isotope Beam Factory

RIBLL Radioactive Ion Beam Line in Lanzhou

PRIMA Phase Referenced Imaging and Microarcsecond Astrometry（VLT）

RAA Research in Astronomy and Astrophysics

SCUBA-2 Submillimetre Common-User Bolometer Array 2

SDO Solar Dynamics Observatory

SDSS Sloan Digital Sky Survey

SKA Square Kilometre Array

SMA　Submillimeter Array

SN　Supernova

SOHO　Solar and Heliospheric Observatory

SONG　Stellar Observations Network Group

SPT　South Pole Telescope

SSPP　Segue Stellar Parameter Pipeline

SST　Swedish 1-m Solar Telescope

STEREO　Solar Terrestrial Relations Observatory

SVOM　Space Variable Objects Monitor

TES　Transition Edge Sensor

TESS　Transiting Exoplanet Survey Satellite

TMT　Thirty Meter Telescope

TRACE　Transition Region and Coronal Explorer

USB　Unified S-Band

VERA　VLBI Exploration of Radio Astrometry

VERITAS　Very Energetic Radiation Imaging Telescope Array System

VLA　Very Large Array

VLBA　Very Long Baseline Array

VLBI　Very-Long-Baseline Interferometry

VLT　Very Large Telescope

WMAP　Wilkinson Microwave Anisotropy Probe

第四篇　物　理　学

第一章

物理学学科的战略地位

物理学是研究物质结构及其运动规律的基础科学，其研究内容包括物质基本结构及其相互作用、物质运动形式及它们之间的转化等。物理学立足于科学实验建立了自己的科学体系，引导了技术革命和创新。技术的发展反过来也会促进物理学研究方式的变革。例如，基于半导体的计算机技术飞跃发展导致了计算物理研究模式的诞生。从研究特点看：一方面，物理学要在更高的能量标度、更小的微观尺度和更大的宇观时空上，探索物质世界的深层次结构及其相互作用；另一方面，要针对大量粒子构成的复杂体系，探索"演生"出来的各种凝聚现象和合作规律。国家自然科学基金委员会的物理Ⅱ和物理Ⅰ学科大致是针对上述两大类型物理研究及其相关实验方法和技术所设立的。

物理Ⅰ学科与当代应用科学技术的发展和人类的日常生活息息相关。量子力学与统计物理和电磁学的结合，极大地扩展了物理学的研究范畴，产生了物理Ⅰ学科的研究分支，包括半导体物理、超导物理、纳米科学与材料物理、磁学与表面界面研究、软物质物理、原子分子与光物理、声学、量子信息及其他交叉学科。物理Ⅱ学科不仅承载了人类探寻自然、追求统一的伟大梦想，而且涉及各个国家的重大战略部署（如核能）。其研究范围非常广，小到基本粒子，大到茫茫宇宙。它包含了非常基础的研究领域，如理论物理（或称基础物理，包括数学物理、量子物理、统计物理、相对论和宇宙学等）、高能物理

（粒子物理）、原子核物理、等离子体物理和能源物理等。这里有涉及大科学过程相关的技术，如加速器、同步辐射以及反应堆等核技术。

物理Ⅰ学科分支通常运用物理Ⅱ学科的基础部分（如量子力学和统计物理的理论）来解决不同物理体系中遇到的普遍问题。反过来，物理Ⅰ学科在研究具体物理系统时所形成的物理思想也会对物理Ⅱ学科的基础产生革命性的影响。例如，Anderson 等基于超导的 BCS 理论提出的对称性自发破缺的观念，应用到高能物理领域，导致了描述杨－米尔斯规范场的希格斯（Higgs）机制，由此建立了电弱相互作用的标准模型和量子色动力学。这是 20 世纪继量子力学和相对论之后，基础物理学中一个极其重大的进展。

物理学面向以上对象和目标进行研究，在整个科学发展中占有重要战略地位：深刻改变了人们的宇宙观，促进了人类思想的革命性飞跃；实验与理论相互促进，构成了现代物理学发展的主旋律；作为基础性引领学科，物理学在促进其他学科进步的同时，与其结合交融，形成生命力强、极有发展前途的交叉领域；物理学始终是高新技术发展的源泉和重要保障，不断推动产业变革，促进社会经济发展；技术进步和导向性需求反过来又为物理学的发展提供技术工具，并导引出重大科学问题新的研究方向。

第二章

物理学学科的发展规律与发展态势

从发展的历史看，在物理学发展初期，通过对自然界的被动观察，人们也可以发现一些初步的规律并形成相关概念，逐步产生描述它们的理论观念和思想方法，在一定程度上会产生相关的技术进步，是一个渐进和相对缓慢的过程。但是，精心设计的、主动的现代物理实验，能极大地加快科学发现和技术进步的发展过程。每当人们大幅度提高科学实验技术水平（如探测灵敏度和分辨率等），每当人们能够主动地调控、改变物质状态，制造出全新的材料体系和物质形态时，就会发现更多的新现象、新效应和新规律，推动重要乃至重大的物理学进展，推动跨越式的技术革新甚至科学革命。同时，物理学的进步还能为其他学科的发展提供了强大的研究工具和深刻的思想方法，实质性地推动其他学科的革命性发展。其他学科反过来也能给物理学的发展提供崭新的研究对象，注入新的生命力。

从学科属性看，物理学属于严谨的科学门类，它借助数学工具和逻辑推理并辅以哲学思考，在理论上对实验的发现及其规律进行概括和总结，发现新的规律，预言新的实验现象。理论与实验结合不断引领人类对更深层次物理规律进行探索和认知。一旦出现实验和理论的根本性冲突，物理学就要面临危机和科学挑战，就孕育了物理学发展的重大突破。当然，理论研究在物理学发展中所处的地位也随着人类对自然规律认识的不断深入而变化。人们探索更深层次和更复杂的物质结构会面临更大的困难和挑战。没有理论研究的支持，不管实验设计多么精心、不管实验技术多么高超，仅通过实验直接揭示物质运动规律都会有很大的局限性。只有通过理论物理的研究，才能正确地引导实验，减少盲目性，克服遇到的各种困难。

从发展态势讲，物理学当代发展的一个趋势是与强大的计算手段相结合。传统意义上讲，物理学分为实验和理论两部分。但是，随着物理学研究的深入，研究的对象越来越接近于原子和夸克尺度，量子涨落越来越强，以解析为主的理论研究面临越来越多的挑战。在这种情况下，计算物理应运而生，它架设了理论与实验间的桥梁。该领域在过去几十年中已经几乎发展成为一门独立的学科分支，在一定程度上已达到与理论和实验同等重要的地步，对当代科学技术的进步起到了越来越重要的作用。因此，现代物理学研究强调理论、数值模拟与实验三者并重，注重唯象探索与微观研究平行发展。当前技术快速发展使得研究手段大幅度提高，人们可以达到各种前所未有的极端条件，实现新的物质结构和形态。对它们进行深入而广泛的研究，使物理学的发展正在孕育着重大的科学突破。

从领域拓展情况看，在物理学探索物质运动规律不断走向深入的同时，不断扩展了研究内容和研究领域，越来越面向新技术的变革和进步。过去导致了核能、半导体和激光技术的划时代创新，近30年也为产业结构革命及国民经济发展做出了实质性的贡献，如射线医学成像（X射线成像、正电子成像等）和粒子治癌、万维网、基于巨磁电阻的存储技术和光纤发明（导致光信息技术和液晶物理引发的平面显示技术革命）等。今天，物理学与其他学科的结合更加紧密，相关性更强，形成了许多前沿交叉学科（如生物物理和量子信息等）。

总体看来，一方面，物理学研究的疆界不断拓展，研究对象更加广泛而深入。物理学已经形成相当完整的学科体系。可以说，在微观、宇观和复杂系统这3个基本方向上把人类对自然界的认识推进到前所未有的深度和广度；另一方面，物理学一直是从根本上推动技术进步，业已成为深刻改变身边生活的科学。物理学研究成果推动高新技术的发展越来越明显，走向应用开发和市场的周期也大大缩短。值得指出的是，物理学与其他学科的交叉更加深入、广泛，推动未来技术革命的特征更加明显。在未来的物理学发展中，许多重大物理问题的提出和突破性成果可能就是在交叉学科领域。物理学与生命、医学科学的结合将进一步对 21 世纪的科学技术产生革命性的影响。

需要强调的是，随着当代物理学研究向物质结构的更深层次发展，大规模的高新技术支持变得至关重要，需要建造大型计算机、先进探测仪器和极端条件制备装置等各种通用设备。同时，也需要建立同步辐射、反应堆、加速器、受控核聚变装置等大型专用科学装置，以增强物理学深入探究物质更深层次结构的能力。物理学是典型的大科学，需要巨大经费投入和大型国际合作。

下面我们分领域分析物理学各个学科的发展趋势。

第一节　量子物理与量子信息

量子物理是物理学、化学和分子生物学的奠基性科学分支。它的应用导致了以激光、半导体和核能为代表的新技术革命，深刻地影响了人类的物质与精神生活。今天，当量子力学正在进一步走向科学交叉，从被动观测现象解释阶段进入了主动调控的新时代。由于人们已经能够制备各种新的量子物质（如玻色爱因斯坦凝聚体）和人工量子结构（如量子微纳机械和超导量子电路），量子物理的基础研究将面临更加丰富的物理对象。随着人们探索量子世界的手段和技术（如突破标准量子极限的非破坏测量）的发展，人们会发现更多新的量子效应（如光子和声子量子阻塞）。这些发展使得人们能够基于精密实验，重新探索检验量子力学的基本问题（如量子力学诠释和量子退相干等），进而把这些观念直接应用于其他领域，如信息和能源科学的研究（如光合作用过程光能转换的量子相干效应）。

其实，量子力学的应用导致了晶体管、激光、光纤技术的发明，不断推动着信息技术朝超高速、超大容量方向突飞猛进地发展。按照摩尔定律，基于 CMOS 的集成电路技术朝着不断缩小特征尺寸的方向推进，终将面对逼近物理极限的挑战。这迫使人们不得不对传统的信息处理系统——计算机和网络体系构架寻求革命性的变革。基于量子力学原理的新一代信息技术——量子信息将很可能成为这一变革的重要途径。不同于经典信息，量子信息的基本工作单元是量子比特，它具有量子相干叠加衍生的各种量子特性。基于量子比特的信息处理过程能够用一种革命性的方式对信息进行编码、存储、传输和操纵，在增大信息传输容量、提高运算速度和确保信息安全等方面突破了经典信息技术的瓶颈。量子信息科学如量子通信、量子计算、量子模拟、量子计量学等，已经成为物理学交叉领域最活跃的研究前沿之一。

量子信息科技有望在支撑国民经济可持续发展和保障国家战略安全等重大需求方面做出实质性的贡献，很多国家和学术机构已经把量子信息的研究确立为优先发展的战略性领域。欧盟早在 2008 年就发布了《量子信息处理与通信战略报告》，集中上百个研究小组共同攻关，是继欧洲核子中心和国际空间站后又一大规模的国际科技合作。英国政府 2014 年 1 月正式通过了 5年资助总金额达 2.7 亿英镑（约合人民币 28 亿元）的量子技术研究专项。美国在量子信息科技的总体投入位列世界第一（根据欧盟战略报告），其各种项目和计划的资助方不乏美国国防部高级研究计划局（DARPA）、美国国家航空航天局（NASA），核心的研究机构包含几个涉猎战略武器的国家实验室（如森迪亚、利弗莫尔和洛斯阿拉莫斯）等，充分显示了量子信息科技与国家安全的紧密联系。量子信息科技潜在的商业价值也吸引了来自 AT&T、Bell 实验室、IBM、微软、惠普、西门子、日立、东芝等世界著名公司的大量资本投入。

可以预测，量子信息的研究成果必将反哺量子物理的基础研究，形成新的、有突破性可能的学科前沿。例如，量子信息物理实现、未来量子器件研究推动和启发人们去构造各种结构新奇的人工量子系统，它展示出的各种新奇量子效应已经成为量子物理新的研究对象。与固体器件（如硅基的量子点系统和基于超导约瑟夫森结等量子器件）发展相结合，量子态操纵的研究开辟了未来信息量子器件全新的技术方向。这些新型量子器件的特点是利用量子态的全部性质，把不同类型的量子系统耦合起来，形成优势互补的杂化系统，可以展示更加丰富的物理效应，实现特定的应用功能。例如，电路量子电动力学（Circuit QED）系统是把固体人工结构（如 NV 中心和超导人工原子）和量子光学系统结合起来，为实现可规模化量子计算系统奠定了基础；通过电磁诱导透明（EIT）机制实现人工非线性介质，产生光子的量子相变、实现光子控制光子的单光子开关和量子路由。

第二节 原子分子物理

原子分子物理学科发展在实验上主要依赖于谱学和碰撞两方面研究。近年来这一学科发展的规律和态势主要包括以下几个方面：

（一）各种新型的束源和谱学的技术发展促进了学科发展，学科的发展又为技术进步奠定了坚实基础

目前已经能够直接产生脉冲宽度 4 飞秒（fs）的激光，通过高次谐波超连续辐射可以获得最短达 67 阿秒（as）的光脉冲，利用超短脉冲激光在实验室已获得 $1022W/cm^2$ 的强光场，技术上已经可以达到在原子分子量子动力学过程时间尺度上的超快时间分辨和与原子分子内部相互作用强度可比拟的外场强度，为物质变化的时间分辨动力学研究和原子分子量子态演化过程的控制提供了崭新手段。目前正在成熟的阿秒光脉冲技术能够实现对量子态电子演变过程的实时观测，无疑将带来电子动力学研究的新突破。飞秒激光脉冲整形技术（pulse-shaping techniques）和飞秒超短光脉冲载波相位（CEP）可控改变技术等激光光场调控新方法提供了全新的研究改变量，极大地促进了精密物理操控和测量的发展。在强场条件下，外场与原子分子形成了一个强相互作用的体系，理解、认识这样的体系以及多次电离、解离电离、高次谐波产生等新现象的物理实质和规律，仍然是一个富有挑战性的任务。强激光场中自由原子分子产生的高次谐波过程是产生相干短波（真空紫外、软 X 射线）辐射的有效途径，由此产生的极端波段辐射正在开始应用到原子分子物理及其他领域的研究中。在国际上以自由电子激光为代表的新一代同步辐射光源正在物质科学研究中发挥强大的推进作用，使人们能够探索原子分子的高阶非线性相互作用、内壳层电子强关联过程等，由此发展出的短波强光场中的原子分子物理问题值得密切关注。

（二）国家重大需求为本学科提出了亟待解决的基础科学问题，使学科发展与许多高技术领域（如惯性约束核聚变、磁约束聚变等离子体物理、空间物理等）密切关联

高温稠密状态、强外场条件以及超冷等状态下碰撞过程的研究，极端条

件下的原子分子结构、动力学及其相互作用越来越受到重视并体现出其独特的魅力。超快、强激光、高温高压、极低温等条件带来了物质内部的复杂变化，所涉及许多关键且具有挑战性的科学问题，如复杂多体开放动力学系统特性等，对相关的国家重大需求有极其重要的意义，同时可以探索人类未知领域，带来物理学的飞跃。

（三）随着原子分子物理理论的发展及计算机技术和计算方法的进步，理论计算预测在原子分子物理学中起着重要作用，特别在现代科学技术对复杂原子分子体系的高精度数据需求方面

目前在多组态完全相对论方法及 R- 矩阵方法的原子体系高精度计算，分子及复杂体系（大分子、团簇、纳米、表面及材料等）的量子从头计算，极端条件（如高温稠密、超强外场、超高压、超低温度等）下原子分子状态的计算，超快过程的量子含时薛定谔方程求解等方面，都取得了显著进展。

第三节 光 学

光学研究的前沿涉及超快和超强光物理、激光相干控制、介观尺度光子学、高分辨和高精密光谱、光场精确操控、冷原子分子与量子光学等。光学在能源、信息、材料、生命和空间科学等不同交叉学科领域的研究中也发挥着越来越重要的作用。

一、超快和超强光物理

激光自问世以来，激光脉冲宽度通过光学调 Q、锁模、高次谐波产生等一系列技术发明和进步，已经被压缩了 10 多个数量级。如今，直接产生的激光脉冲宽度已经短达 4fs（10^{-15}s），通过高次谐波技术进一步压缩，脉冲最短已达 67as（10^{-18}s）。随着激光脉冲宽度不断压窄，激光峰值功率有了极大提升，激光聚焦光强已达到 $10^{21} \sim 10^{22}$W/cm^2（氢原子第一玻尔轨道处电子感受到的原子核电场的强度为 3.5×10^{16}W/cm^2）。超快和超强激光已作为一种新的实验手段应用于瞬态动力学、相干控制、非线性光学以及新近兴起的亚周期电子波包的控制等领域，并提供了一种新的超短时间测量尺度——阿秒。

二、光场的调控和激光相干控制

相干控制就是通过改变激光短脉冲的性质来研究体系沿特定通道向特定方向演化的控制技术。相干控制的过程已经从最早的改变激光脉冲的单个参数（如波长或啁啾等），发展到可以同时改变脉冲形状、初始位相、偏振等多个新参数来调制激光脉冲。基于脉冲整形的相干控制技术在基础研究和应用研究中已经得到广泛应用，光场的空域调控近年来也得到迅速发展。由于标量光场存在理论局限性，通过引入空间调控自由度，能对光场波阵面的偏振态、位相和振幅以及多参量联合进行有效的空域调控，创建具有空间结构和奇特性质的新型空间结构光场，将为操控光传播行为提供新的思路和途径。

三、新波段光源与光物理

太赫兹（THz），中、远红外，深紫外，X射线新波段相干光源的拓展和应用已成为光学学科新的研究热点。太赫兹科学与技术方面的主要研究内容包括信号源、探测器、时域谱技术、无源器件和太赫兹应用。我国在非线性光学晶体获得深紫外光源领域处于领先地位，复合材料和微结构材料等新型材料体系将是下一代新型光源的研究重点。中、远红外，深紫外，X射线新波段相干光源的出现开辟了光与物质相互作用的新前沿，推动了高分辨光电子能谱学、超快化学动力学和原子内壳层光电离等方面的重要科学发现。慢光也是近几年光学、材料科学领域的研究前沿和热点，值得重视。

四、介观尺度光子学

介观尺度光子学是光在空间尺度上的极限研究，主要研究光在衍射极限及突破衍射极限尺度下与物质相互作用的规律，包括产生、传输、转化、调控以及它在探测、传感等方面的应用。在介观尺度上结合近场光学、导波光学、非线性光学和量子光学等效应，减小结构和器件尺寸，解决经典材料的局限性，实现更好的约束光场（即光信号）传输是未来超快速率、超高带宽和超低功耗信息传输和处理的必然要求。从光与物质相互作用方面来看，介观尺度光学正越来越深入地向超强约束、低维和弱光非线性、光发射和吸收的量子调控以及介观尺度上的超快光学过程等方面拓展。

第四节 量子光学

量子光学和冷原子分子物理的发展充分体现了科学自由探索与人类对先进技术追求的相互交融、相互促进和完美结合。对光电效应和黑体辐射的理解导致量子物理的诞生，由此人们发现了光的量子特性。对雷达技术的需求导致了微波激射器的诞生，深化了人们对电磁波自发与受激辐射过程的理解，由此人们很快发明了激光。结合天文观测中偶然发现的光的强度关联干涉，引发了人们对光的相干性的进一步思考：怎样在量子物理的框架下统一对光的本质的认识。这些方面的探索导致了量子光学的诞生、壮大与不断发展。随着新的量子态光源不断被认识并在实验中实现，量子光学的研究领域被极大地拓广了。

冷原子分子物理的兴起则起源于对光与物质相互作用的量子效应的探索。量子物理为原子物理学的建立奠定了基础，为研究光与物质相互作用打开了全新的通道。为了通过测量原子跃迁频率实现更加精准的原子钟，要降低原子热运动，以减少多普勒效应引起的频率涨落，凸显量子效应。这方面研究直接导致了激光冷却原子领域的发展。在此基础上，原子玻色－爱因斯坦凝聚和简并费米气体的实现标志着冷原子分子物理的建立。近年来，实验技术上的进步，包括冷却、囚禁、内态及相互作用的操控和探测，又直接促进了冷原子分子物理的蓬勃发展。

量子光学与信息科学的结合，引发了量子信息科学的诞生。同时冷原子分子物理提供了量子物质的新形态。量子光学与冷原子分子物理在量子调控层次上的融合是学科发展中的必然趋势，它将会刷新光与物质相互作用的研究内容。克服量子噪声、对光量子进行精密探测的量子测量技术导致了近几年量子计量学的快速拓展。此外，对单个量子态体系的构造和操控、不同量子体系混合与集成的研究，导致了更多发人深思的基础科学问题和一些意想不到的新发现。这些将在未来相当长的时期内，为我们提供导致原始创新突破的机遇和挑战。

第五节 超强场物理

强场物理和聚变科学的研究具有很强的前瞻性和战略性。超强场下正负电子对产生的研究是具有探索性的，它将推动非微扰的量子电动力学、量子统计理论和反粒子源的研究，成为大量新研究方向的催化剂。脉冲功率技术的发展和丝阵负载技术的成熟，使得驱动器与 Z 箍缩负载能够达到很好的匹配，从而减弱磁流体力学的不稳定性，提高了 Z 箍缩等离子体的内爆品质，进而产生强 X 光辐射源。Z 箍缩研究与现代脉冲功率技术及磁化等离子体技术的发展密切相关，同时惯性磁约束聚变推动了对天体物理及热核聚变物理微观机制的研究，超强磁场的产生、与物质相互作用，以及高温磁化等离子体产生、诊断及应用，开拓了在实验室范围研究天体现象的新纪元。推动这个领域发展的动力主要来自以下几个方面：

（一）实验方法的创新和新的非微扰现象的发现

除了传统的多光子微扰现象和 Schwinger 隧穿非微扰现象，最近又发现了它们的混合效应，两种现象相互交叉与竞争，深入研究这一效应的物理机制将会推动该领域的发展。另外利用强的低频场与弱的高频场的叠加所产生的 Schwinger 动力学辅助机制将极大地降低正负电子对产生所需外场的阈值，同时也极大地提高了正负电子对的产额。

（二）基于强大数值模拟平台的新的理论方法和数值计算方法的建立

理论方法包括世界线瞬子、S 矩阵散射、WKB 近似方法以及最近发展的具有更广适用范围的 Dirac-Heisenberg-Wigner 等方法；数值计算方法则发展了可以求解狄拉克（Dirac）方程的计算量子场论的方法和求解量子 Vlasov 方程（QVE）的统计方法以及 Monte Carlo 方法等。这些新的理论和数值计算方法的发展增强了人们对超强场下正负电子对产生的认识。

（三）强激光源的建设

激光技术的快速发展，使得超强超短激光脉冲得以实现，为真空产生正负电子对提供了强场条件。目前的激光强度已经达到 10^{22}W/cm^2，而在建的欧洲 ELI 工程的激光强度将有望达到 10^{25}W/cm^2。这些强激光源的建设极大地推动了超强场下正负电子对产生的研究和发展。

（四）强 X 射线辐射源和 Z 箍缩内爆物理

利用高 Z 材料 Z 箍缩内爆，可以产生软 X 射线辐射源。美国 Sandia 实验室利用双层 W 丝阵，在 20MA 的 Z 装置上获得了峰值 290TW、总能 1.8MJ 的 X 射线辐射脉冲，从电储能到 X 射线辐射能的插头能量转换效率超过 15%。利用中低 Z 材料 Z 箍缩内爆，可以产生 1 ~ 10keV 的 K 壳层硬 X 射线辐射源。例如，在 Z 装置上利用 Ti 丝阵可以获得光子能量约 5keV 的硬 X 射线辐射超过 120kJ。

（五）Z 箍缩驱动惯性约束聚变

Z 箍缩可以用于驱动惯性约束聚变。一种可行的方案是利用黑腔辐射场压缩靶丸，通过设计黑腔构形，如动态黑腔或双 Z 箍缩驱动黑腔，利用 Z 箍缩过程获得强黑腔辐射源，用于压缩靶丸聚变点火。Z 装置上获得的动态黑腔辐射场温度超过 200eV，压缩 D_2 靶丸获得的聚变中子产额超过了 10^{11}。

（六）面向 Z 箍缩驱动惯性约束聚变的大型脉冲功率驱动器设计和物理研究

美国初步论证了在约 60MA 的装置上利用黑腔驱动靶丸内爆实现高增益聚变点火的可行性。俄罗斯计划建造 50MA 的贝加尔装置以研究聚变相关问题。我国已成功建成 8 ~ 10MA 的"聚龙一号"装置，并提出了 Z 箍缩驱动聚变－裂变混合能源堆的研究计划。此外，美国 Sandia 实验室基于 MagLIF 的概念，2016 年提出了建造 Z300（49MA）和 Z800（64MA）脉冲功率装置计划，以开展高增益聚变物理研究。这些基于大电流装置的研究规划为 Z 箍缩物理研究明确了主要方向。

（七）高温磁化等离子体技术的发展

对高温磁化等离子体的研究，有助于实现热核聚变以及深入了解高能量密度物理及物质的相互作用，推动实验方法和技术的创新和发展，为其他材料和物理问题的研究提供了强有力的研究手段。目前，美国洛斯阿拉莫斯国家实验室的磁化装置（MTF）取得的磁化等离子体温度达到几百电子伏特并且稳定在几十微秒的时间范围。

（八）超强磁场的产生及在高能量密度物理方面的应用

在实验室范围内产生超强磁场，模拟天体与微观世界的强场环境，研究强磁场背景下的尺度特性，促进高能量密度物理的研究；研究强场环境下物质特性，进一步增加人们对强磁场物理现象的认识，探索与超强磁场相关的新实验现象及新的理论机制。

第六节　半导体物理

近年来，国内在半导体物理理论和实验方面取得了很大进步，主要集中在半导体自旋电子学、二维半导体材料结构和物性及半导体纳米结构中电声和电光相互作用研究方面。

国内在半导体自旋电子学领域中，最重要的进展主要集中在自旋轨道耦合效应和磁性半导体研究方面。例如，生长制备出了 190K 高居里温度的铁磁半导体 GaMnAs 以及铁磁金属 / 半导体复合结构并实现了自旋极化注入；制备出了室温铁磁 Li（Zn、Mn）As 四元化合物半导体材料；对半导体量子结构中自旋轨道耦合效应和自旋退相干效应做了系统研究，发现了窄能隙半导体中自旋轨道耦合的非线性效应，建立了全能带的自旋霍尔效应的理论，发现杂质散射的顶角修正会显著地修正自旋霍尔电导，而且他们还发现在常见的硅和锗的半导体材料中，通过精确的界面设计也可能产生量子自旋霍尔效应；成功实现了自旋电子集体运动的激发，观测到了电磁波磁分量诱导的光伏效应，有望实现固态微波探测新技术。

在光电耦合方面，在 ZnO 纳米线中发现了激子与光场的强耦合现象，观察到了激子极化激元的相干凝聚及激射，并利用电学手段实现了对极化激元的调控；实现了等离激元光子和电子联合的调控，实现了半导体微结构光电耦合增强和高偏振极化的探测。在电声耦合方面，采用拉曼谱技术观察到了层状材料中低波数的切变声子模式，同时发现可以用一维链模型来描述切变声子模式的行为。在半导体纳米结构光电性质方面，实现了压力调谐的半导体量子点的单光子源；制作了量子点光致门效应的量子放大光子探测结构；在半导体量子点体系中实现了基于量子点脉冲共振荧光的确定性高品质单光子源，近来还实现了半导体量子点单电子量子比特的制备并且演示了全电学控制的普适超快单比特逻辑门操作。

与欧洲、美国、日本这些发达国家和地区相比，我国半导体物理在财力投入、人才储备方面还有较大差距，高水平原创成果仍显匮乏。

第七节 超导和强关联

超导和强关联物理研究具有很强的探索性，在过去 30 年取得了长足的发展，推动了多体量子理论、实验仪器和表征手段的发展和改进，加深了对微观世界的认识，研究领域也在不断扩大，产生了许多新学科方向。例如，对铜氧化物高温超导的研究推动了庞磁阻和多铁物理的研究，对量子霍尔效应的研究导致了拓扑绝缘体的研究。推动超导和强关联领域发展的动力主要来自 3 个方面：

（一）新的量子现象和量子材料的发现

该领域每一次的研究热潮通常都是从一种新的量子材料开始的。在过去 30 多年中，重费米子、高温超导、量子霍尔效应等量子现象的发现，以及近年来铁基超导、FeSe/STO 界面超导、铱氧化物等新材料的发现，有力地推动了本学科的发展。

（二）实验方法的创新和完善

高温超导和其他强关联体系的研究，对实验方法和精度提出了很高的要求，由此也推动了实验方法和技术的创新和发展，将 STM、ARPES 等一大批实验方法推向了一个新层次，同时也促进了许多新实验方法的发明，不仅极大加快了这个领域的研究，同时也为其他材料和物理问题的研究提供了强有力的研究手段。

（三）新的量子理论和计算方法的建立

强关联量子问题是量子理论研究中最具挑战性的问题之一。对未知量子世界的好奇和探索，促进了新的量子理论（如拓扑量子场论、量子相变理论等）和多体计算方法（如密度矩阵、张量重正化群、量子蒙特卡罗模拟、动力学平均场等）的建立和发展，同时这些新的理论和方法的发展也增强了我们对强关联量子现象的认识。

第八节 磁 学

磁学是一个历史悠久而又生机勃勃的学科，随着研究方法与实验技术的进步，人们对物质磁性的微观认识更加深入，现代磁学的内涵已经发生了明显变化。传统磁学主要关注磁矩间相互作用导致的集体激发、长程磁有序的演变规律以及宏观磁化行为。而现代磁学研究则更加关注作为磁性本原的自旋个体运动规律的探索，自旋流的产生、输运及自旋动力学问题，自旋态与磁性的多方式调控，自旋与轨道、电荷、晶格等物质基本属性间的关联及由此产生的新现象/新规律，进而表现出日益增强的与其他学科领域（如半导体物理、表面物理、超导与强关联领域、信息科学技术等）的交叉渗透融合的趋势。推动现代磁学发展的动力主要有：

（一）自旋调控及自旋相关新效应的发现

电荷与自旋是电子的两个内禀属性。19 世纪以来，人类开始调控电子的电荷属性并将其发展成为以半导体为基础的微电子学。但是，随着微电子学的进一步发展，除调控电子的电荷外，在量子尺度上实现电子自旋的调控将是人类的下一个目标。在过去的 20 多年，人们陆续发现了许多自旋相关新效应，如多种磁电阻效应、自旋转移力矩效应、自旋霍尔效应、自旋塞贝克效应、量子反常霍尔效应等，并由此衍生出自旋电子学、自旋轨道学、自旋热电学等新兴学科前沿方向。如何进一步增强对自旋调控的能力以及发现更多自旋相关的新物理效应，是现代磁学的一个重要驱动力。

（二）实验方法的创新和完善

随着对物质磁性的研究从宏观走向微观，现代磁学研究的发展需要具有更高的空间、时间、元素及能级分辨的磁性表征技术，包括各种磁性高分辨显微技术、超快自旋动力学探测技术、磁性元素分辨与能级分辨探测技术，以及在强磁场、极低温、超高压等极端条件下的磁性测量与表征新技术。这些先进技术的创新和发展将会极大地推动磁学领域的发展。

（三）磁学与其他学科的交叉与应用

由于电子具有本征的自旋属性，伴随着天然的磁矩，所以凝聚态物理的许多领域（如半导体物理、表面物理、超导与强关联领域等）都会涉及磁学相关问题。磁学与其他领域的交叉不断产生一些新的前沿方向和生长点，成为凝聚态物理发展的一个重要驱动力。同时，磁性材料在信息、生物医学、环境以及工业生产、航空航天、交通运输、国防安全等工程技术领域都具有广泛的应用，新型磁性功能材料与器件的探索及其性能的优化是磁学发展的一个重要驱动力。

第九节　表面、界面物理

当前和今后相当一段时间，表面界面物理的发展和科学突破主要由实验技术、新材料、新的由不同材料构成的异质结以及其他领域（如高温超导和低维磁学等领域）的重要科学问题所驱动。在实验技术方面，低温强磁场扫描隧道显微镜、自旋极化扫描隧道显微镜、非弹性扫描隧道谱、拉曼光谱/超快光谱与各种扫描隧道显微镜、低温强磁场原子力显微镜、时间分辨角分辨光电子能谱、自旋分辨角分辨光电子能谱和微区分辨角分辨光电子能谱等，这些年得到了迅猛发展，使我们对材料的原子结构、电子结构、自旋结构和非平衡结构的理解更加深入，不但使人们对表面界面物理的研究水平提升了新的高度，而且它们在很大程度上促进了高温超导、纳米/微磁学和光电转化规律的研究。而且，以上提到的实验技术与超高真空材料制备技术（如分子束外延系统）的联合，不但使人们对材料和性能的控制达到了前所未有的水平，而且还导致了一系列的重要科学发现，如氧化物界面超导、单层 FeSe 界面高温超导、界面场效应导致的界面电子态、莫特绝缘体、量子霍尔态、超导和金属态的系统调控等。在新材料相关的表面界面物理方面另一个杰出的例子是拓扑量子态的发现和迅猛发展。拓扑绝缘体、拓扑晶体绝缘体、拓扑超导体和Majorana 束缚态等一系列的拓扑量子态在实空间位于材料的表面和界面，这方面的研究先后导致了量子自旋霍尔效应和量子反常霍尔效应等近 10 年凝聚态物理领域的最重要进展。

本领域的发展态势主要包括以下几个方面：

（1）实验技术将会向更加成熟的方向发展，研究人员数量会有较大增长。

（2）实验技术与各种材料制备技术、量子输运和同步辐射等的融合会更加普遍和深入，集材料的制备、表征和量子现象/规律研究的实验手段会变得更加复杂，功能将更强大。球差矫正透射电子显微镜对各种固体界面的研究将大大提高人们对界面结构的理解和异质结界面材料体系的发展。

（3）各种各样的异质结界面将很可能逐渐发展成为凝聚态物理的核心研究对象。这些异质结由半导体、磁性材料、传统超导、高温超导、拓扑绝缘体、拓扑晶体绝缘体、维尔金属、量子反常霍尔体系、量子自旋霍尔体系、石墨烯、硅/锗/锡烯、二维硫族化合物、BN 和多铁材料等任意两个材料形成。这些异质结的研究将覆盖凝聚态物理的各个领域，将导致一系列的重要科学突破，如全新的 Tc 超过 77K 的高温超导体系的发现、高温超导机理的解决、Majorana 费米子的实验验证、拓扑超导态的实现、高阶量子反常霍尔效应的观测、新的高转化效率的太阳能材料和高热电系数的热电材料的发现等。至少从研究对象和材料的实现来看，界面物理将会成为今后 10 年凝聚态物理的主要交叉研究方向，会推动信息科学和清洁能源科学等领域的快速发展。

综上所述，异质结界面将是量子现象最丰富的体系之一，无论从学科的发展规律还是从发展态势来看，都应该是"十三五"规划的重点。

第十节 声 学

声学是研究声波的产生、传播、接收及其效应的科学，是经典物理学中历史最悠久，并且当前仍处于前沿地位的物理学分支学科。它与现代科学技术的大部分学科发生了交叉，形成了若干丰富多彩的分支学科：水声学和海洋声学、医学超声学、通信声学、心理和生理声学、生物声学、环境声学、地球声学、大气声学等。

近年来，声学的研究与材料、能源、医学、通信、电子、环境以及海洋等科学紧密结合，取得了巨大的进展。例如，声化学方法已成为制备具有特殊性能材料的一种有用技术；声空化所引发的特殊的物理、化学环境已为科学家制备纳米材料提供了重要的途径，可以制备多种形态的纳米结构；超声在医学诊断和治疗两方面都起着重要作用，高强聚焦超声（HIFU）无创治疗肿瘤技术与传统的手术治疗相比有独到的优势；超声微泡造影剂已广泛用于心肌声学造影，急性局灶性炎症、血栓、肿瘤的诊断，以及部分良、恶性肿瘤的鉴别诊断、治疗；水声学在国防军事领域、海洋资源的调查开发、海洋动力学过程和环境监测等方面不可替代；等等。总之，声学在现代科学技术中起着举足轻重的作用，对当代科学技术的发展、社会经济的进步、国防事业的现代化、人民物质与精神生活的改善及提高发挥着极其重要、不可替代的作用。因此，声学学科已经极大地超越了物理学的经典范畴，而成为包含信息、电子、机械、海洋、生命、能源等学科在内的充满活力的多学科交叉科学。

声学的核心是声物理学。作为一门应用性科学，其理论基础在连续介质力学（流体动力学和固体力学）的基本方程确立之后，已经得到了充分的发展。但随着声学应用的扩展，将声学的基本理论用于解决各种特定需求和条件下的声波产生、传播、接收及其调控，仍然存在大量的基础性挑战。例如，随机非均匀媒质中声波的传播、散射和接收规律的研究才刚刚起步。随机的不均匀结构在空间分布或时间演化上存在一定的无序性及不可预测性，故该概念包含的外延极广，可用于描述许多重要的物理现象。例如，大尺度地壳或海洋的内部结构、锅炉内部的燃烧反应过程等均可视为典型的随机非均匀媒质。因此，对随机非均匀媒质中波动问题的理论与实验研究有极其重要的意义，对声学成像、地层分析及海洋探测等研究领域具有重大的指导意义。

第十一节　软凝聚态物理及交叉领域

自从法国物理学家 P.G. de Gennes 在 1991 年诺贝尔奖授奖会上以"软物质（soft matter）"为演讲题目提出软物质概念以来，人们迅速深入和系统地开展了对软凝聚态生物物理相关的科学问题的研究，相应的科学内涵和覆盖领域得到了快速的扩展和充实，引起了科学家特别是物理学家、化学家、材料学家和生物学家的广泛关注。2011 年美国白宫的报告文件专门提到了软物质材料科学研究的重大意义。同年，美国能源部在宣布启动的关键材料创新中心的文件中也特别强调加强建立软凝聚态材料的计算科学，以进一步加快该学科的研究步伐。美国能源部所属的基础能源科学顾问委员会的报告指出，我们对物质性质的了解，应该从原先的原子和分子尺度，延伸到介观尺度上。在该尺度上，经典的微观科学（连续）与现代的纳观科学（量子）产生了碰撞。这将对后面几个 10 年的研究产生深远影响。2013 年以 John Hemminger 为首的美国基础能源科学顾问委员会在给美国能源部的一份报告中写到，"对物质宏观行为至关重要的功能的结构叠加，往往不是起源于原子或纳米量级，而是发生在介观尺度。……我们已做好准备，解开和控制决定在介观尺度功能的复杂性。"软凝聚态的结构特征，正好体现在该尺度上。因此，这将奠定软凝聚态领域在未来研究中的重要地位。《科学》期刊在 2005 年 7 月创刊 125 周年之际，提出了 125 个世界性科学前沿问题。其中有 13 个直接与软物质交叉学科有关。特别地，"自组织的发展程度"更是被列入前 25 个最重要的世界性课题中的第 18 位，玻璃化转变和玻璃的本质无疑是最具挑战性的基础物理问题，也是当今凝聚态物理的一个重大研究前沿。

随着现代科学研究的进展，物理学中新概念、新方法和新手段被越来越广泛地应用到软物质的研究中，极大地推进了软物质交叉学科的进展。从应用角度，目前高性能新材料、新器件（如高强度的碳纤维、复合材料、石墨烯、软性可穿戴太阳能电池、电子器件、软性显示器等）的发展，环保问题（如雾霾的控制、水资源的保护）和环保智能型建筑材料的开发，生物医药相关研究领域的创新，都是当前软物质研究发展的驱动力来源。

第十二节　基础物理（理论物理）

20 世纪爱因斯坦狭义和广义相对论的工作以及高能物理的发展标志着理论物理学地位革命性的提升。在实验 - 理论 - 实验的人类认知过程中，理论物理起到了越来越重要的引领作用。对于理论性强的引力、宇宙学、数学、物理等领域，其发展的驱动力主要在如下 3 个方面：

（一）新的物理现象的发现

粒子物理、引力或宇宙学领域的实验或观察结果，要么验证相应理论的预言（如 Higgs 粒子的发现），要么发现了一些未知的新物理现象（如暗物质、暗能量的发现）。而 Higgs 的发现暗示着粒子物理标准模型中汤川耦合这样一种未知相互作用的存在。这些新的发现和推论无疑会推动相关领域的进一步研究和发展。

（二）对现有物理理论的挑战

对现有物理理论的挑战主要有：CP 不守恒、夸克禁闭、中微子的非零质量、量子色动力学非微扰求解困难、能标等级问题、黑洞的奇点和宇宙学暴涨模型的奇点等。这些问题对现有的粒子物理标准模型和广义相对论提出了巨大的挑战，驱动着人们不断寻求新的量子统一理论。不仅如此，这种统一理论的建立（如超弦 /M- 理论），不仅加深了我们对一些基本物理问题（如时空本质）的理解，也会极大地推动相关数学、物理领域的研究和发展。

（三）基本物理及其概念深层次的理解和认识

我们的时空是四维的吗？其本质又如何？相互作用的本质是什么？引力相互作用与非引力相互作用（如电、弱、强）有关联吗？引力相互作用基本吗？经典和量子是否真的有区别，还是有深层次的联系？暗物质、暗能量的本质又如何？人类对探讨这些基本问题、寻求答案并获得深层次的认识与理解有着天然的好奇心。而这种好奇心是推动相关领域发展的最纯真的动力来源。

第十三节　基础物理（统计物理）

平衡态统计物理以系综概念为核心研究热力学极限下平衡系统的性质，基本理论框架是玻尔兹曼－吉布斯（Boltzmann-Gibbs）统计物理体系。经典系综统计理论和量子理论结合形成了量子统计物理。对相变、临界现象、热熔等的理解和刻画是平衡态统计物理的主要成果。相变理论包括以序参量刻画临界行为的朗道（Landau）平均场理论、以标度关系描述的重正化群理论、非温度参数改变导致的量子相变理论。

最近几十年来，平衡态统计物理基础研究的主要进展体现在研究手段的提升和计算方法的改进方面。然而，随着研究范围的拓展，人们对统计物理基础提出了更强的质疑，遍历性是否是必要的基本前提以及从可逆的确定论动力学过渡到不可逆的统计物理热力学等老问题被重新讨论。与此同时，建立突破玻尔兹曼－吉布斯（Boltzmann-Gibbs）统计物理框架的统计物理体系的各种尝试，特别是建立非正则统计的努力；与信息理论和量子信息的交叉，特别是信息与能量、熵的关系的研究，深化了统计物理体系的内涵。因此，发展统计物理基本理论和方法是平衡态统计物理研究今后的重要趋势。

非平衡统计物理是一门仍处在发展阶段的学科，主要研究偏离平衡态系统的宏观行为，包括近平衡系统向平衡态的弛豫和远离平衡系统的演化。近平衡统计物理理论包括玻尔兹曼（Boltzmann）方程体系、BBKGY 级联方程体系、朗之万（Langevin）方程、福克尔－普朗克（Fokker-Planck）方程体系、

Zwanzig 投影算符体系、线性响应理论体系、流体力学输运理论体系和闭路格林函数方法等。这些体系各有优势和侧重，但是在解决高密度、强关联、强非线性问题时都会遇到障碍。发展高效的算法，解决具体的应用问题，仍然是近平衡统计领域发展的主要趋势；同时，结合实验研究和数值模拟，一些典型的低维小系统趋向平衡的细节可能会被逐渐揭示，这将有助于一般统计物理理论的建立。

结构与进化是远离平衡非平衡统计物理研究的重点。从 20 世纪 70 年代开始，这个领域取得了一些重要进展。Prigogine 耗散结构理论表明，远离平衡态的系统在向平衡态弛豫的过程中，在一定条件下可以形成自组织耗散结构的亚稳态。描述自组织临界现象的沙堆模型是另一个重要进展，对雪崩、地震、经济危机等提供了唯象的理解。耗散结构和临界现象理论是研究结构形成和系统进化的理论基础，预计在生命科学等交叉领域会有进一步的发展。20 世纪 90 年代远离平衡的研究又经历了一次快速发展，一系列有关远离平衡过程的涨落理论被提出，包括 Evans-Searles、Gallavotti-Cohen、Crooks 涨落理论以及 Jarzynski 等式等，建立了远离平衡系统和平衡态之间的一般联系。随机过程的研究是这个领域的另一个热点，特别是连续时间行走、自回避行走、量子随机行走的理论研究和应用，取得了一定的进展。这项研究超越了玻尔兹曼 - 吉布斯（Boltzmann-Gibbs）统计物理框架，推动产生了经济物理学等新学科和新课题，进一步扩大了统计物理应用范围。与此同时，非平衡统计物理的新方向不断出现，包括非平衡量子相变、复杂网络、元胞自动机模型、生命游戏等。远离平衡系统的研究很活跃，但仍然支离破碎，今后的趋势应当是对已经提出的涨落理论的整合和检验。

第十四节　粒　子　物　理

在研究粒子间相互作用的规律过程中，发展了电弱统一理论和量子色动力学（QCD）理论。前者将电磁相互作用和弱相互作用统一了起来，后者建立了一种描述强相互作用的理论，两者在一起构成了标准模型。三代夸克 - 轻子模型以及电弱统一理论、量子色动力学理论非常成功，得到了大量实验的支持，在核物理、天体物理和宇宙学中得到了广泛应用。标准模型预期的最后一个与粒子质量来源相关的粒子——希格斯（Higgs）粒子的发现是人类对物质世界认识的一个里程碑。它打开了粒子物理研究的新篇章。希格斯（Higgs）粒子的发现使理论遇到了更大的挑战，因为希格斯（Higgs）粒子与费米子的耦合（即相互作用），是不同于已知的强相互作用、电弱相互作用或者引力相互作用的全新相互作用。此外，标准模型也不能为暗物质和宇宙正反物质不对称之谜提供任何信息。

粒子物理根据需要回答的重大科学问题和相应研究手段，分成了如下 3 个前沿，寻找暗物质、暗能量的实验通常也分布在这 3 个前沿。

（1）高能量前沿。通过研究未达到过的能量区域来发现新粒子、新现象。LHC 和正在计划的直线对撞机，几十至 100TeV 的环形对撞机属此前沿。

（2）高强/亮度前沿。借助能产生高通量粒子的装置，通过精密测量来深入研究粒子的特性，发现新粒子、新现象。北京正负电子对撞机（BEPC Ⅱ）、日本 B 介子工厂、大亚湾反应堆中微子实验及计划中的加速器长基线中微子实验和环形 Higgs 工厂属于这个前沿。

（3）宇宙线前沿。借助宇宙线来研究粒子的性质，宇宙线成分、起源及加速机制。我国羊八井高原宇宙线实验和以研究高能宇宙线、正负电子来间接寻找暗物质粒子的 DAMPE 实验属于这个前沿。

粒子物理学的理论与实验研究一直十分活跃。在理论方面，唯象研究、格点计算、新物理模型及弦理论等均发展迅速。在实验方面，大型强子对撞机将在今后约 20 年的时间内继续引领高能量前沿，北京谱仪（BES Ⅲ）和正在建造的超级 B 介子工厂上的 Belle Ⅱ 在 τ-粲和重味物理领域引领高精度前沿；中微子实验，如大亚湾核反应堆中微子实验，步入了精确测量时代。新一代暗物质，宇宙线实验正在建造和筹备。这些实验装置的运行为粒子物理研究提供了新的机遇与挑战。

第十五节　核　物　理

核物理学科有两个显著的特点。一是它的大科学性质，即与世界范围核物理大科学装置的发展密切相关、相互促进。二是与国家重大需求密切相关，特别是与国家安全和能源需求等关联密切,因此既需要广泛的国际合作,同时各科技强国又都相对独立的发展。

核物理研究的核心是强相互作用制约的量子复杂多体系统。相对于电弱相互作用,人类对于强相互作用的了解还远远不够。传统上,从能量和物质构成的层次来看,核物理一般分成原子核(核子)层次、强子层次和夸克–胶子层次。但是,在现代核物理研究中这些层次又密切关联。

第十六节 核技术及应用

安全、洁净、高效的核能利用是世界各大国竞相投入巨资进行研究发展的重大领域。过去20年中,世界核能技术发展的目标集中在以改进提高现有技术的安全性、经济性和发展新一代核能技术等两个方向上,并且在新型核电系统的研发和设计上都取得了重大进展。我国在这一领域基本上还处于跟踪国际技术发展的状态,按照热中子反应堆–快中子反应堆–受控核聚变堆"三步走"的步骤开展工作,目前正在发展百万千瓦级先进压水堆核电技术路线。与此同时,自主研究开发的高温气冷堆、固有安全压水堆和快中子增殖反应堆技术进展顺利,将根据各项技术研发的进展情况及时启动试验或示范工程建设。另外,以自主开发与国际合作相结合的方式,积极探索聚变反应堆、裂变聚变混合堆以及 ADS 技术等。

一、辐照物理和核能材料方面的研究

辐照物理和核能材料方面的研究包括极端条件下核能结构材料、模拟反应堆中子辐照实验的基础研究和核燃料问题等。在这方面科学家结合反应堆中子以及电子、离子辐照材料的实验结果,对辐射损伤相关过程和机制进行了大量的研究,但在研发、评价和检验适用于新一代核能系统的相关核能材料,特别是对极端条件下的核能材料中辐照损伤行为的研究面临着一系列难题。高通量中子辐照实验是检验核能材料性能优劣的最直接、有效的途径,目前国内研究仍面临缺乏产生强流、宽范围质子/中子混合谱的实验装置等一系列问题。

在核燃料方面，乏燃料熔盐电解处理过程中锕系元素及关键裂变产物元素在熔盐中的种态及行为和乏燃料水法处理过程中锕系元素及关键裂变产物元素在两相（水相、有机相）界面的种态与行为对于溶剂萃取分离非常关键，需要进一步深入研究。

二、辐射医学与核医学成像方面的研究

辐射医学与核医学成像方面的研究包括先进的放疗技术、放射性核素与肿瘤靶向治疗、辐射致 DNA 损伤与修复的动态过程研究、面向放疗的肿瘤干细胞研究、核医学成像技术等。放射治疗是核技术的主要应用方向之一，随着离子加速器技术的完善与成熟，国际上凡具备开展离子束放疗条件的国家，无不大力发展离子束先进放疗技术。我国在离子束先进放疗技术研发方面已经有了很好的基础，科研人员利用现有的大科学装置——兰州重离子研究装置（HIRFL），使我国成为继美国、日本和德国之后世界上第四个自主实现肿瘤重离子临床治疗的国家。与此同时，研发了具有自主知识产权的紧凑型重离子医用专用装置，首台装置已经进入市场推广阶段，有望在先进放疗技术方面做出重要贡献。辐射致 DNA 损伤与修复方面，最近国际上开展了活细胞状态下 DNA 损伤修复的实验研究，国内基于共聚焦显微镜，建立了可控制氧含量、pH 值及温度的细胞培养腔室并带有微小 α 粒子及 γ 射线放射源的在线辐照与实时检测系统，系统地开展了相关研究。在面向放疗的肿瘤干细胞研究方面，肿瘤干细胞耐辐照的原因是一项意义非常大的研究课题，急需实施系统的基础研究。核成像技术在医学诊断、辐射环境监测等领域具有重要应用前景，国内的中国科学院等研究机构和部分高校在核成像方法与技术方面进行了多年研究，积累了一些成果，自主研发了一些设备，但是基础研究不够深入，原创性成果不多，有待整合资源，加大对新方法、新材料、新器件和新系统的研究支持和投入，促进原创性成果的产生和研究水平的进一步提高。

三、空间辐照应用和辐照育种

空间辐射效应相关的应用基础研究对于发展航天事业具有深远的意义。

国际上，欧洲、美国、日本和俄罗斯等发达国家和地区一直都在利用重离子加速器模拟空间辐射环境，开展单粒子效应研究，并主要集中在电离辐射基本物理过程、新器件材料、新制备工艺和加速器离子参数对器件单粒子效应的影响等研究方面。在空间辐射生物学方面，各航天大国一直把基于重离子加速器开展的空间辐射环境的地基模拟实验列为空间生命科学与医学研究的重要内容。国内依托兰州重离子加速器于 2012 年建成了国内唯一的空间辐射环境地基模拟实验平台，开展了一系列研究。面对日益增长的科研需求，在"十三五"期间应大力加强相关平台建设，完善平台设施，补足该方面的短板。在辐照育种方面，离子束辐照育种因突变率高、突变谱广、突变体稳定、周期短等优势，在农业育种的研究中得到了越来越多的应用，并开辟了新的交叉学科。国际上，受大型加速器装置及国情所限，当前离子束辐照诱变育种主要分布在中国、日本和泰国等。国内，离子束辐照诱变育种主要集中在科研院所和高校，其创造了一定的经济效益及社会影响力，然而离子束辐射育种的历史很短，离子束与生物体相互作用的机理和潜在应用范围还有待进一步探索。

四、新型核探测器与核检测研究

新型核探测器与核检测研究包括脉冲射线束测量、先进辐射探测技术、逆康普顿散射源、核探测器与电子学、多能谱 CT 成像等。脉冲射线束测量和先进辐射探测需要发展特殊的射线探测方法、器件和系统技术。逆康普顿散射过程是获得高能、准单色伽马射线的最有效途径。在这方面，清华大学、中国科学院高能物理研究所、中国科学院上海应用物理研究所、北京大学等已经开展了多年的关键技术研究，搭建完成了一系列实验平台，并且实验获得了产额约 10^6 的 504keV 的散射 X 射线，为获得高能高通量伽马射线、开展逆康普顿散射实验等奠定了很好的基础。核探测器发展的趋势是具有更好的耐辐照能力、分辨率（包括能量分辨、时间分辨和位置分辨等），更高的探测效率以及更高的计数率。适用于中子测量的新型探测器技术和中子能谱探测方法的突破，必然会带动中子测量的兴起。

五、基于加速器的重大科技基础设施

基于加速器的重大科技基础设施不仅在重大基础前沿学科研究方面有不可替代的重要作用，而且在人类经济发展和社会进步方面发挥着越来越重要的作用。国际上，发达国家纷纷提出建造更先进指标的大型加速器，并大力支持新型加速器技术的发展，以期在加速器新概念、新技术方面取得突破。近年来，我国基于加速器的重大科技设施规模持续增长，理论与技术水平大大提升，成功建造并高效运行了一批加速器大科学装置，使我国相关领域的创新能力和国际竞争力得到极大增强，获得了一系列具有国际影响的科学成就。但是我国大科学装置的现状与世界发展水平和建立国家科技创新体系的需要相比，尚有较大差距。原创性的科学目标和科学成果较少，总体技术水平偏低，科学竞争能力较弱；总体规模和数量存在较大差距，学科布局与国家需求相关的许多重大科技问题形成"瓶颈"制约；实验探测系统和设施配套性较差，结构不够完善，部分战略性领域甚至仍为空白，建成后的后续发展乏力，开放共享不足，影响科学产出和科学效益的发挥；技术储备和科技队伍不足，长期持续发展的基础较薄弱。尽快缩小这一差距是我国大科学装置发展面临的艰巨任务。

六、在新兴前沿领域的应用研究的例子

纳米材料与纳米生物医学中的应用和雾霾颗粒物及其健康效应研究等是核技术在新兴前沿领域的应用研究的例子。发展核技术解决纳米颗粒物的精确表征和定量检测等研究方法上的瓶颈问题，为核技术解决新兴前沿科学的重大需求提供了新的机遇。在雾霾颗粒物及其健康效应研究等方面，借助先进的射线技术建立大气颗粒物的微纳尺度上的表征方法（如同步辐射 X 射线荧光、X 射线吸收谱、Nano-CT 等），实现单颗粒、单细胞原位无损、高灵敏度的分析检测，揭示雾霾超细颗粒物引起的生理和病理变化的生物学机制，对研究当前环境对健康的影响有重大意义。

第十七节 同 步 辐 射

同步辐射光源能提供的光子能量范围非常广阔：从 X 射线、紫外一直到红外波段，在一台同步辐射大科学装置上可以建设几十个线站和相应的研究方法，数百位科学家能够同时开展各种不同的实验研究工作，成为多学科交叉的重要研究平台和科研交流的场所。利用同步辐射光源在揭示高温超导体中的电子强关联相互作用本质、拓扑绝缘体表面态、光合作用和太阳能电池光电转化过程中的中间态和能量传递过程、腺苷三磷酸合酶 ATPase 和 RNA 聚合酶等重要的蛋白质大分子结构及作用机制等方面，取得了举世瞩目的成就。

国际上普遍认为同步辐射光源的发展有两个主要的方向：

（1）充分发挥第三代高亮度同步辐射光源束流发射度小和光能高度集中的优点，满足日益增长的多学科领域用户对高质量光源的需求，加强建设空间、时间和能量高分辨率等方面的实验新方法，用于高品质的衍射、成像和谱学研究。

（2）尽快开展具有光子亮度极高、脉冲极短、光束高度相干特征的新一代"第四代光源"的加速器物理和实验探索，以期提升科学研究的能力。

目前，第三代同步辐射光源成为国际上正在运行的主流光源，2009 年我国建成的第三代上海同步辐射光源的亮度高达 10^{20}Ph/$[$s·mm^2·mrad^2·(0.1% bandwidth)$]$，其发射度为 3.9nm·rad，电子束团脉冲时间结构为 50ps，具有开展微米高空间、皮秒快时间和毫电子伏特高能量分辨的科学研究工作条件。德国和美国分别于 2006 年和 2009 年建成了第四代软 X 射线自由电子激光光源和硬 X 射线自由电子激光光源，其亮度为 10^{30}Ph/$[$s·mm^2·mrad^2·(0.1% bandwidth)$]$，发射度为 0.10nm·rad、脉冲时间为 100fs，成为极高亮度的相干性同步辐射新光源。

同步辐射光源在未来的科学研究中将扮演越来越重要的角色，在更高的空间、能量和时间分辨等方面形成新的实验方法，进一步拓展同步辐射的应用能力，在观察、跟踪生命过程和功能材料的制备、服役过程等方面具有更好的研究条件，在促进解决人类生命健康、能源材料的有效利用和国防需求的特种材料探索研究等方面取得更大的突破。

第十八节 等离子体物理

50 年来，等离子体物理学的主要进展是由聚变能源目标驱动的，聚变实验的经验定标对学科的发展起了决定性作用。基于经验定标率的合理外推，实验规模越来越大，等离子体参数越来越高，现象越来越丰富，非线性和多尺度过程间耦合的问题也越来越复杂，反过来推动了等离子体物理科学和相应技术的发展，并形成了学科新的增长点。

磁约束聚变研究即将进入"燃烧"氘氚等离子体、开展自持加热等离子体研究的时代，这是国际热核实验堆（ITER）最重要的科学研究内容。ITER 最重要的科学挑战是燃烧等离子体的动力学问题，这一高度非线性的体系极可能导致许多新的发现，如高能氦粒子引发的各种非线性过程对加热、输运和稳定性的影响，多尺度宏观和微观稳定性模的耦合引发的输运问题等。围绕 ITER 的科学目标，国际聚变界致力于发展更好的诊断手段和理论模型，持续不断地加深对等离子体物理的理解，改善对等离子体特性的预测能力。

惯性约束聚变研究的发展促进了高能量密度物理学的诞生及新科学问题的不断出现。例如，惯性约束聚变的燃料在压缩过程中是一种介于凝聚态和等离子体之间的状态——温稠密物质状态对传统凝聚态物质或等离子体物理理论方法提出了挑战；利用准静态的强磁场控制高能量密度等离子体的演化成为惯性约束聚变研究中的一个重要调控手段。利用高功率驱动器能够产生与天体物理过程相似的参数条件，从而推动了实验室天体物理学的快速发展。

在低温等离子体物理应用技术方面，近些年在非平衡大气压等离子体放电（如介质阻挡放电、冷射流放电、射频大气压放电、微空心阴极放电等）机理的实验和模拟研究，极大地推动了这种等离子体在材料表面处理、灭菌、甲烷转化等方面的应用；对电弧等离子体产生及控制的研究，推动了其在材料表面喷吐处理、煤的裂解与汽化、有害废物的处理、离子推进器等方面的应用。

对一些基本和共性问题的研究极大地推动了基础等离子体物理的发展，

并延伸到对一些新现象、新问题的探索，反过来又推动了其他领域的研究。例如，基础等离子体物理微观不稳定性中的漂移波、带状流、流剪切等结果已应用到了对聚变等离子体反常输运和约束改善机理的研究中。等离子体丰富的波与不稳定性、非线性现象和纷繁多样的边界层物理至今仍是人们感兴趣的基本问题；尘埃等离子体中波与不稳定性、强耦合库仑晶体和相变相关性等新现象都逐步成为热点课题，并推动了与物理学其他领域的交叉和融合。

第三章

物理学学科的发展现状
与发展布局

当前，我国物理学研究有了很大的发展，研究水平达到了一定高度。物理研究的重要基础设施和实验条件等都有了极大改观，借助国家人才政策凝聚了一批优秀物理学家，形成了一支稳定、高研究素质的队伍。目前，物理学各分支学科已有较大的覆盖面，与其他学科的交叉更加深入、全面，在许多领域取得了国际同行广泛关注的研究成果，一些研究方向已处于学科发展的最前沿，甚至有些研究成果已成为学科发展的重要标志，一些学科分支已在国际上引领学科的发展。我国物理学发展已从过去跟踪学科前沿发展，逐渐进入到推动和引领学科前沿发展的新阶段。未来5年里，在若干重要方向上将引领学科的国际发展趋势。

我国物理科研人员主要分布在重点大学和中国科学院研究所，实验设备主要集中在国家实验室、国家重点实验室和一些部委重点实验室。过去几年，随着我国对基础科学研究投入的加大，国家实验室的研究设备不断更新和完善，国家重点实验室、部委重点实验室也购买了大量先进的科研仪器，使我国部分研究方向的实验条件、技术积累等已与国际先进实验室平齐。

我国物理学家在基础研究探索的同时，还对我国的高新技术、国民经济、国防事业、国际地位等的发展和提高都做出了重要贡献。由于我国在物理学基础研究方面的长期坚持和多年积累，近年来逐步形成了实质性参与国际竞争的强劲态势，形成了一支基础雄厚、思想活跃、机动性强的中青年研究队伍，对国际上的新兴研究领域不仅能够快速跟上，而且完成了一些有一定引领性的研究工作。在中微子振荡实验、量子信息、铁基超导和拓扑绝缘体等方面表现得相当突出。

第一节 量子物理与量子信息

认识到量子物理与量子信息科技发展的重要意义，我国政府高度重视该领域的发展，《国家中长期科学和技术发展规划纲要（2006—2020 年）》就将"量子调控研究"列入科技部 4 项"重大科学研究计划"之一，国家自然科学基金委员会专门设立了"单量子态"和"精密测量"重大研究计划。在这些项目的支持下，我国科学家通过前期的探索性研究，已具有很好的理论基础和实验技术储备，培育了优秀的研究队伍，在量子信息学的一些领域均取得了具有国际影响的创新成果。

一、量子物理基础的研究

无论是过去在激光、半导体和核能等方面成功的应用，还是当前量子信息方面的发展，都离不开量子物理基础方面的系列研究结果。然而，量子信息等诸多应用所依赖的量子力学诠释仍然存有争议。因此，量子物理及其应用今后要能够在正确的道路上走得更远，就必须加强量子物理基础研究。

其实，当前量子力学新的发展大多基于实验检验，量子信息也促使人们回过头来在可检验的层面上重新考察量子物理的基本问题。利用各种先进的现代科学技术，去制备、检测、调控量子体系，量子力学又进入了一个崭新的发展时期——从观测、解释阶段进入调控时代。我国在这方面开展了一些经过实验检验的理论工作，如量子临界性增强中心耦合系统的量子退相干和量子测量的动力性诠释；我国在量子互补性和量子测量方面也开始了一系列的实验工作，一个好的发展苗头是我们的量子物理基础研究理论和实验研究已经开始直接地结合起来。

在"十三五"期间，国家自然科学基金委员会要继续大力支持这方面的研究工作。支持我国科学家勇于基于实验在量子力学基础方面提出自己的假说和理论诠释，鼓励符合逻辑的不同学术观点并存，减少人云亦云的跟踪性为主的研究。要组织力量进行针对核心问题的长期攻关式研究，突破关键问题，形成自己的学术观点和风格。

二、量子通信

量子通信可以克服经典加密技术在量子算法攻击下的安全隐患。点对点量子通信是迄今为止可以严格证明是无条件安全的通信方式，可以从根本上解决国防、金融、政务、商业等领域的信息安全问题。我国科学家在发展可实用量子通信技术方面开展了系统性的深入研究，已在理论协议、系统实现方案、安全性分析、关键器件研制和实地网络建设等方面取得了世界瞩目的研究成果。

需要指出的是，为了保证量子网络通信绝对安全，必须避免使用经典中继器。基于冷原子气体和线性光学器件的量子中继器正在研究中，目前仍然存在亟待解决的问题。另外实用化的、绝对安全的量子通信不能使用波包衰减模拟的等效单光子源。因此，必须发展高效率的通信波段单光子源和各种波段单光子探测器。"十三五"期间量子通信的研究要面对这些重要科学问题。

实用化量子中继器的研究，要加强冷原子和量子光学的结合。例如，利用环形腔、原子光晶格或将冷原子导入一维光子晶体光纤，大幅度提高原子系综的光学厚度，增强集体效应，提高光子量子存储和读出效率。通过蓝失谐偶极光阱中的量子存储过程，提高量子存储的寿命；研制窄线宽的纠缠光源，实现与原子量子存储器的频率匹配。在量子通信基础理论方案方面，我们应当加强对网络通信和具体系统相关量子保密通信方案安全性的研究，针对特殊用途和各种约束条件，发展新的量子加密和解密方案，要强调重大需求驱动，而不是停留在原理性演示上。

三、量子计算

量子计算能有效处理经典计算科学中许多具有相当计算复杂度甚至无法完成的难题（如大数的质因数分解）。目前人们已经在各种实验体系中展示了量子计算的原理性功能，如普适量子逻辑门联合操作和少数量子比特的 Shor 算法等。但是，任何一种实验体系都还远未能达到实用化量子计算机的要求。因此要不断地寻找可扩展量子比特的量子计算物理实施方案，如超导量子电路和微纳机械、NV 色心系统。我国在量子计算领域已有较好的理论和实验研究积累。在基于自旋磁共振的量子计算研究等方面，我国科学家做出了具有世界先进水平的研究成果。例如，在国际上率先开展了自旋体系量子相干性保护的实验研究，在量子编码理论方面提出免退相干子空间的概念以及准自旋波量子存储等。但需要指出的是，我国量子计算研究的整体水平在国际上仍处在跟踪阶段。期望在"十三五"期间，通过切实加强理论与实验的结合，在量子计算领域做出引领性的研究成果。

目前制约量子计算发展的主要瓶颈问题有量子系统与环境耦合导致的退相干和多量子比特扩展及精确操控。因此，未来 5 年量子计算的主要研究方向和目标有：

（1）进一步研究量子系统的退相干问题，特别是多体系统退相干机制，实现避免退相干高精度的量子操控。

（2）探索向多量子比特扩展的途径和方法，探索通用可编程量子计算器件的原理设计并完成实验验证。

（3）研究能够体现量子优越性的新颖量子计算模式，如基于优势互补物理体系杂化的量子计算。

四、量子模拟

量子模拟是用一个可控的简单的量子系统去模拟复杂量子体系的时间演化或其他物理过程，从而完成实验上难以实现的量子现象研究。例如，通过基于光晶格冷原子的量子模拟，可以展示固态体系中无法实现的玻色子莫特绝缘体量子相变。通过量子模拟探索一些未知体系的微观物理机制，为先进材料制造、新能源、光合作用开发等奠定科学基础。

联系量子计算，人们从理论方面提出了一些以解决特定物理问题为目的的量子模拟算法。目前国内外已有一些针对特定量子物理和量子化学问题的量子模拟实验研究成果。例如，使用自旋磁共振量子模拟技术实现了首个压缩量子模拟算法。量子模拟被认为是短期内在特定问题上有希望超越经典计算能力的量子信息应用。为此，一方面要扩展量子比特的数目，建立具有中等量子比特资源规模（30 ～ 50 个）的量子模拟物理平台；另一方面还需从理论上积极探索能够有效降低问题维度的量子算法，真正实现经典计算机不能有效处理问题的量子模拟。

五、量子计量学

量子计量学是研究怎样通过量子效应提高对物理量测量的高灵敏度或分辨率，超越经典方法所能达到的测量极限，因为现有的经典理论和实验工作大多基于较为直观的经典统计误差分析方法，不能直接反映物理系统的量子特性。最近，伴随着量子信息研究的深入和人们对量子系统日益成熟的量子调控能力，量子计量学重新变成研究热点，人们期望利用量子资源得到超越经典统计误差规律的测量方法，即量子计量学。近年来该领域值得关注的尝试是基于金刚石氮－空位缺陷中心（NV 色心）单自旋探针的弱磁探测技术，我国在这方面已经开展了一些有意义的工作。

现有的量子计量学研究大多集中于抽象理论分析和光学干涉仪、原子分子等系统的研究。现在要把人工固态物理体系和量子计量学结合，探索量子计量理论的新应用。例如，基于 NV 单自旋的量子灵敏磁探测能够实现单分子水平的结构分析与成像，利用金刚石钟自旋量子比特的量子特性可以克服热噪声的影响，并得到与经典统计情况不同的标度规律，揭示了将量子计量学理论应用于人工固态系统进行超精密测量的可能性和前景。

六、未来量子器件

量子物理的一个重要应用是构建基于单粒子波函数位相效应的未来量子器件。它要求人们对各种复杂人工系统的量子态知识有更加深入的了解，在各种尺度上对微观、介观、宏观结构的形态与演化进行人工的相干操控。

（一）光子器件

光子器件的一个例子是通过电磁诱导透明（EIT）等机制实现光子控制光子的光子开关和量子路由。量子器件与纳米技术相结合的研究，在实验上进展得十分迅速。目前人们已经能够制作 G 赫兹振荡的纳米机械器件，它已接近标准量子极限，可以把高频振荡的纳米器件与单自旋或其他量子比特系统耦合起来，成为一种新型量子传感器。它可以把光、超导量子电路和微纳机械系统在量子层次上耦合起来，形成所谓的量子光力（opto-mechanics）系统。这是目前方兴未艾的研究前沿。在应用方面，它是构建测量单自旋的自旋共振力显微镜的物理基础。

（二）量子陀螺

另一类量子器件是量子陀螺。陀螺仪是对载体的角向运动进行测量的传感器，是自主导航以及武器制导的关键器件。陀螺仪的传感灵敏度、精度和稳定性等性能指标，直接决定了载体的导航或制导精度。因此，陀螺仪的研究水平关系到航空航天、物资运输、战略武器投放等诸多方面的国家重大战略需求。近几十年来人们逐渐意识到经典物理学可能对陀螺仪性能指标产生限制，而基于量子力学的角速度传感原理则有可能产生新的技术突破、孕育全新的量子陀螺仪。例如，对于 Sagnac 效应的传统激光陀螺仪，人们可以利用光的量子统计性质，得到更高精度的角速度测量；传统的基于 MEMS 的陀螺仪通过结合基于微纳机械振子的光力学，利用量子效应极大地提升了其性能。核磁共振陀螺仪本质上属于量子陀螺仪，可以进一步利用 NV 色心等物理体系实现其小型化。这方面的研究符合国家对基础研究双力驱动的要求，可以充分展示基础研究的重要作用。

第二节　原子与分子物理

原子分子物理及光物理是目前国际上非常活跃的物理学分支之一，近年来不断有新的突破出现。超冷原子分子的获得、物理性质及其应用，超强光场下原子分子动力学行为及其控制，新型高等光源（如 X 射线自由电子激光、阿秒脉冲等）的发展和应用等，均已成为当前学科前沿飞速发展的研究领域。在这种发展过程中，与国家科学技术快速发展相对应，我国原子与分子物理学科近年来有着很好的发展态势，不断做出在国际学术界产生较大影响的重要工作，如强场原子分子物理、光的操控和精密光谱、冷原子分子物理、原子分子动力学过程的量子调控、高电荷离子物理、电子－原子分子碰撞、团簇物理等。在原子分子结构、光谱、碰撞及动力学方面，不仅理论研究有较长期的积累和较好的基础，而且实验研究在近年来得到了快速发展，形成了一些研究特色，在强激光场原子分子行为研究方面展现了良好发展势头，在电子与原子分子碰撞及重离子碰撞物理研究方面有着很好的进展。总体来看，原子分子物理学科的学科规模仍然偏小，需要进一步推动学科发展政策；在学科布局上要在关注热点问题的同时，持续地支持基础原子分子物理学科问题的研究，特别是重点强调对新现象、新机理和新方法的探索；注重领军人才和创新基地建设，通过持续和重点支持形成一支在国际相关领域上有影响力的学科队伍，并以此为基础，带动我国整个原子分子物理学科的快速发展。

现阶段原子分子物理学科发展布局需要关注：

（1）基础原子分子物理问题。包括在原子分子结构和动力学过程中的电子关联、电子－核运动耦合、多体相互作用、非绝热相互作用、共振效应、相干效应、非线性和相对论效应，以及多体碰撞动力学等。

（2）新辐射源与原子分子相互作用问题。包括超快（飞秒、阿秒）激光、强激光、短波辐射（自由电子激光、极紫外光源）及长波辐射（太赫兹光源）场中的原子分子性质及动力学过程，特别是其中所涉及的强相干光源驱动下原子的相干激发和电离过程，高阶非线性过程，原子分子的飞秒、阿秒时间尺度下的光谱学及动力学等。

（3）国家安全重大需求（如惯性约束聚变、磁约束聚变、天体物理、超强和高能激光及物质相互作用等）涉及的原子分子物理问题。包括温、热稠密物质的新物质状态和物理过程，高离化原子态、洞原子态和中空原子态物理，环境强烈耦合的真实原子体系结构和动力学理论等。

（4）解决上述问题所需要的相关仪器与方法问题。例如，极端辐射源产生的物理及装置、超快测量技术、X 射线激光、超强相干太赫兹脉冲、相干高次谐波辐射和阿秒光脉冲、太赫兹脉冲、高次谐波、阿秒脉冲、X射线激光之间的同步技术及由此产生的新泵浦——探测实验技术等，发展含时、多体量子力学理论，高精度相对论量子理论及其数值计算方法。

第三节 光 学

在光学领域，我国已有较好的研究积累和人才储备。现有固定研究人员近2000人，在读博士生与博士后研究工作者超过2000人，每年获得博士学位的年轻人约400人。在光学领域，我国每年发表的学术论文数量仅次于美国，超过德国、日本、英国、法国等国家。突破空间衍射极限限制和电子器件时间分辨限制，发展超高强度激光等极端光学新技术和新方法，获得超冷原子分子，研究其物理性质及其应用，控制超强光场下原子分子动力学行为以及新型光源的发展和应用等，均已成为当前我国光学学科前沿的研究内容。我国光学学科研究的若干领域已在国际学术界产生了较大影响，如强场物理、超快光谱及应用、介观光学和纳米光子学、特异材料与应用、光的操控和精密光谱等。在不断地发展过程中，我国已初步建立了一支从事光物理研究和精密光学技术的队伍，但整体水平还有待进一步提高。在条件建设方面，我国在极端光物理等尖端实验条件的投入等方面与国外先进水平相比也还有明显差距。

第四节 量子光学

量子光学是国际上的新兴学科领域，我国量子光学的发展始于20世纪80年代初期。早期的研究基本局限在理论跟踪，随着国际交流与合作机会的增多，一批优秀骨干学者迅速成长，带动了这一领域的迅猛发展，涌现出许多具有国际竞争力的领军人物。20世纪90年代，我国原子分子与光物理学界迅速抓住冷原子分子物理这一机遇，使这一新兴学科分支很快成为原子分子物理领域最活跃的前沿研究方向，也为原子分子物理学注入了强有力的生命力。目前，我国量子光学与原子分子物理的主要研究队伍分布在中国科学技术大学、山西大学、华东师范大学、南京大学、清华大学、北京大学、浙江大学、国防科学技术大学、西安交通大学等高校，以及中国科学院上海光学精密机械研究所、中国科学院武汉物理与数学研究所、中国科学院物理研究所、中国科学院理论物理研究所、中国计量科学研究院、北京计算科学研究中心等研究单位。同时，有多个国家重点实验室、教育部重点实验室、中国科学院重点实验室分布在这个学科。量子光学和冷原子分子物理在学科布局方面应强调以新理论和新方法的探索为先导，以新技术和新实验的突破为牵引，理论与实验相互促进、交叉影响，从而带动整个学科的发展。

一、光量子态的构造、控制和测量

有关光的量子特性的研究是量子光学的主要研究内容之一。在这方面的布局主要包括：分离变量、连续变量等量子光场，光的非经典特性、量子关联与纠缠，光量子态控制及其技术应用，光量子态测量方法与技术（包括单光子探测、Homodyne 探测、Quantum Tomography、量子成像）等。

二、光子-物质相互作用与量子操控

在量子水平上，探索光子-原子相互作用的新机制，发展光子、原子（离子）的精密量子操控新方法与新技术。这些包括：腔量子电动力学（QED）及受限空间中的原子-光子相互作用、单量子水平控制；量子非线性光学，包括光子的非线性相互作用、量子转换、基于相干原子系综的光子-原子量子操控、量子干涉与量子关联等。

三、固态与人工量子结构中的量子光学

还可以研究特殊固态材料与人工结构对光子的操控。具体包括：固态量子系统与光的相互作用；在特殊加工或极端条件下的固体系统中可以出现像原子一样具有分立能级的量子体系，如量子点、超导约瑟夫森结、纳米振子等；

固体微腔中光与原子的强耦合相互作用；人工超材料（metamaterial）中光与物质相互作用的量子现象研究；光量子器件与集成量子光学等。

四、开放系统中的量子光学

实际量子系统都不可能是完全封闭的系统，总是受周围环境影响，而周围的环境是真空态，因而量子光学系统总是浸没在量子真空中，研究开放体系的问题对量子光学体系的研究有重要意义。由于量子光学体系具有很好的可控性和许多有效的测量手段，可以在量子光学体系里深入研究开放体系的演化过程。研究内容包括退相干性过程、相干过程的抑制、量子与经典界限的探索、量子测量与退相干过程关系和光场相干操纵量子系统的有效性研究。

五、原子气体的玻色 – 爱因斯坦凝聚和简并费米气体

超冷原子气体的物性研究一直是冷原子分子物理中的一个重要课题。我国在这方面的实验平台主要分布在山西大学、中国科学技术大学、北京大学和清华大学等高校，以及中国科学院上海光学精密机械研究所、中国科学院武汉物理与数学研究所、中国科学院物理研究所等科研单位。近年来，这些研究组在超冷原子气体的物性研究中做出了一些有特色的工作，特别是关于自旋轨道耦合的超冷原子气体的研究成果处于国际前列。在理论研究方面，已经形成了一批具有很强国际竞争力、以年富力强的青年人为主的研究队伍。

六、超冷分子气体的制备

分子气体的冷却、囚禁和操控是目前冷原子分子物理中的一个重要热点方向。我国在这个方向的研究力量相对比较薄弱，已有的实验平台主要分布在山西大学和华东师范大学等单位，分别开展分子的间接和直接冷却实验。目前正在搭建或准备搭建冷分子实验平台的单位包括中国科学技术大学和中国科学院物理研究所等。

七、超冷里德堡原子气体

里德堡原子具有尺寸大、辐射寿命长、电极化率强以及对外加电磁场反应极其敏感等特点。超冷里德堡原子气体在量子模拟、量子信息处理和计算中具有重要的潜在应用价值。我国在这方面的研究才刚刚起步，山西大学、华东师范大学已初步在实验与理论上开始研究，清华大学和中国科学院武汉物理与数学研究所等也已着手准备在实验上开展这方面的研究。

第五节 超强场物理

1951 年，施温格成功地从理论上描述了在静态均匀电场中的正负电子对的产生过程，给出了临界场强大小 $E_{cr}=1.3 \times 10^{16}\text{V/cm}$，相应的激光强度大约是 $2 \times 10^{29}\text{W/cm}^2$。目前的激光强度（约 10^{23}W/cm^2）还远达不到临界场强，但是在 1997 年 SLAC 实验上，通过加速器产生的 46.6GeV 的电子束与强度约 10^{18}W/cm^2 的激光碰撞，观测到了多光子机制诱发产生的正负电子对。随着欧洲 ELI 计划（有望达到 10^{25}W/cm^2）的进展，并考虑到量子隧道效应总会导致一定概率的正负电子对产生，利用激光来研究正负电子对的产生问题已成为理论和实验上都非常有趣且具有挑战性的课题。国内与正负电子对产生相关的研究才刚起步，最近几年越来越活跃，研究单位包括中国工程物理研究院、中国科学院物理研究所、北京师范大学、中国科学院上海光学精密机械研究所、中国科学技术大学、中国矿业大学以及上海交通大学等。此外更多的研究组，如中国科学院理论研究所、中国原子能科学研究院、北京大学、北京工业大学等，近年来也正在或积极准备进行这方面的研究。

超强场下正负电子对产生研究的布局，重点要强调对新现象和新机理的探索，并以此为基础带动整个领域的发展。研究范围将涵盖正负电子产生的物理机制的分析，产生的正负电子对动量谱与激光参数的关系，多光子过程和非微扰过程中的物理细节，非微扰与多光子过程相互交叉区的新物理现象等。特别是要深入研究在不同形式的强激光场作用下或者是激光场同高 Z 核的库仑场的联合作用下正负电子对的产生问题。

在 Z 箍缩聚变物理研究方面，国内已有多个研究所和高校建立了约 1MA 的脉冲功率装置，包括西北核技术研究所 "强光一号" 装置（约 1.5MA）、中国工程物理研究院流体物理研究所 "阳" 加速器（500～850kA）以及清华大学 PPG-1 装置（约 400kA）。同时有专门的理论研究组开展了广泛的 Z 箍缩理论和数值模拟研究。最近，我国建成了峰值电流为 8～10MA，上升时间约 90ns 的 "聚龙一号" 装置，为进一步开展 Z 箍缩内爆物理以及 Z 箍缩驱动惯性约束聚变基础问题研究提供了重要的实验平台。

近年来我国在惯性磁约束聚变领域的探索方面取得了一定进展。作为惯性磁约束聚变的反场构型磁化等离子体靶装置 "荧光 1 号" 在中国工程物理研究院落成。该院最近取得了超过 1000 特斯拉（T）的超强磁场，这对于减少过程中的热传导损失以及增加 α 粒子的能量沉积，实现惯性磁约束聚变点火颇具意义。但我国目前在此领域才处于起步阶段，公开发表的具有参考价值的研究非常有限，有必要加大此领域的投入。

第六节　半导体物理

一、半导体能带、声子态和掺杂的操控

决定半导体材料或器件基本物性的物理基础之一是半导体能带边电子特性，所以通过低维异质结构及其特定掺杂的构造可以调控由半导体能带、电-声子相互作用及其掺杂态所决定的电子统计性行为。主要研究内容有：

（1）能带调控。随着新型低维半导体材料的发现和成功制作，特别是硫化物、硅烯和石墨炔等新型二维材料展现出了特异的电子结构，如能谷与自旋锁定现象等。通过操控和探索具有全新功能的半导体，获得特殊的能带结构仍将是今后半导体能带调控的核心内容。

（2）声子态操控。半导体超晶格初步显示了对声子谱进行调控的可能性。利用声子态操控可以减小电子与声子耦合，提升光电转换器件的量子效率；可在量子阱中产生相干声子和压缩声子态；可实现对 0.1～1THz 频率超声波束的放大和受激声子发射；可实现用电子做远程传态的量子通信；可修复或部分

修复量子态的相干性。

（3）掺杂操控。将半导体中杂质行为的研究推进到对杂质有目的地进行操控的阶段可诱导出磁性离子之间的铁磁耦合，并引发晶体能带结构的变化；杂质原子有序地替换主晶格的原子，可形成有足够迁移率的杂质能带，形成多能隙半导体，构建光吸收多带隙的光伏电池功能；纳米半导体中杂质直接离化对如何控制载流子浓度，防止纳米晶粒表面产生电化学反应提出了新挑战；杂质原子空间分布不均匀和涨落将是半导体器件走向纳尺度所面临的挑战。

（4）表面与界面态操控。研究窄带隙半导体材料表面的拓扑性质，揭示表面拓扑态与暗电流的关联，提出控制表面态的电子传输新方法，可指导长波高性能的红外探测器探索；界面导致的自旋积累和自旋散射、界面两侧不同原子轨道的耦合和杂化、界面处高浓度的二维电子气、相互作用演生的量子相将展现新的物理现象。

二、光和半导体相互作用的操控

利用半导体纳米（或杂质）结构的类原子能谱特点，可以实现对单光子和纠缠光子对的发射、存储与操控。利用等离激元的近场增强效应，通过金属表面等离激元光学微腔与 APD 单光子探测器结合，实现对特定波长的光的汇聚增透作用，可以避开材料自身缺陷的限制。

激子极化激元的玻色－爱因斯坦凝聚，可以产生受激散射、激子极化激元激射和量子压缩等现象。与原子相比，激子极化激元的质量要小很多，这意味着有可能在相当 1K，而不是几十毫开温度下，观察到动态玻色－爱因斯坦凝聚现象。

面对量子结构光电材料中量子跃迁机理决定的量子效率低的难题，从光电耦合角度将红外探测技术的物理基础从远场耦合方式向近场耦合方式发展，将使得红外探测技术有望突破目前的极限。

三、半导体中的自旋量子态操控

小量子体系在空间、能量、时间域的高分辨、高灵敏表征方法是实施调控的基础。主要是要利用库伦阻塞、自旋阻塞、近藤效应、塞曼效应、自旋轨道耦合等，发展将自旋信号转换成为电信号的新方法，实现高灵敏的自旋探测。

利用自旋轨道耦合效应控制参与自旋流的众多电子自旋，在渡越微米级沟道时能否同步改变自旋方向，漏电极对不同的自旋极化方向能否动态地反映出较大的电导变化，这是决定自旋电子器件的功能能否真正实现的关键。

建立探测孤立自旋的高灵敏共焦显微光学探测系统和操控孤立自旋的实验技术，寻找弱晶格振动（等效为环境热库比较冷）和具有弱自旋轨道相互作用并且低同位素丰度的固态体系，制备具有孤立自旋的顺磁缺陷中心。如何在孤立自旋间建立起可控耦合和构建量子比特也是当前面临的一个挑战，主要是要延长量子点中电子自旋的退相干时间，通过动力学退耦和动力学过程消除环境噪声。

四、半导体材料、器件中的物理问题

随着第一性原理计算方法的发展和日趋成熟，计算机模拟极大地提升了设计新型半导体材料的可行性，缩短了新材料发现的周期。同样，随着有限元电磁波场传输计算、器件的介观/宏观量子模拟等方法的发展，半导体光电、电子器件的设计与模拟深入到了介观甚于量子层次，也为发明新器件提供了可能。

固态量子器件大致分成两类。一类是应用某种特殊量子效应的器件，如量子点共振隧穿的单光子探测器；利用单量子点中具有光子可会聚量子性质的单光子发射器件以及正在探索的自旋场效应晶体管等。另一类是相干光电子器件、光子器件。固态量子器件研制过程中遇到的基本物理问题显得非常急迫。

光量子计算面临的最大挑战是如何构建控制非门这类通用量子逻辑门。主要的难点是，当单个控制光子为"1"时，要能将目标光子的状态翻转。在单光子的水平要寻找到有如此大光学非线性的体系几乎不可能。要想实现这些光量子计算的方案，离不开全新的半导体光电、光子器件的发明。

相对于传统太赫兹探测器，基于微纳晶体管的等离子体波探测器的探测频率是栅极电压可调的。要实现真正意义上的等离子体波太赫兹探测，离不开全新的半导体异质结材料、二维原子晶体材料的探索。

金属表面等离激元能承载和传递量子信息，成为传递量子与外部世界的一种新媒介。研究金属亚波长结构表面等离激元的产生及传输，并研究与各种半导体小量子体系的相互作用机制和传递量子纠缠等现象，是操控半导体小量子体系的重要手段之一，也是研制新原理光子器件的重要途径。

通过金属有序人工微结构与半导体低维材料的集成，能够实现腔动力学对光子态的调控，提高光子态与电子态的耦合，这样的新结构还能够大幅度地提升单片集成的偏振探测器偏振识别度的水平，为单片集成的红外偏振探测技术提供新途径。

探索雪崩光电二极管（APDs）线性或盖革模式的高灵敏度高速器件的内部增益方法，揭示掺杂浓度、陷阱浓度和能级、少子寿命和表面态对碲镉汞电子雪崩探测器性能的影响机制，弄清器件性能的关键物理参量与工艺结构参数关联性，可提高红外弱信号的高速探测能力，为远距离探测器件探索新途径。

通过电磁波的磁分量与自旋电子材料的相互作用，诱导光伏电压信号，形成自旋整流效应，有望实现固态微波探测。对于各向异性磁阻效应的自旋整流效应需要系统研究，特别是电磁场位相差对于电学探测铁磁共振线形的影响。需要开展自旋微波探测器的近场相位成像机理与亚波长尺度缺陷的相互作用机理研究，其研究结果对材料性能表征、无损探测和生物医学成像有巨大潜力。

自组织生长的一维纳米线突破了自上而下的传统图形化集成工艺，提供了一种新的自下而上的微电子和光电子器件的集成工艺，系统地研究纳米线自组织生长的控制和内在生长机理，对实现纳米线的可控生长有重要指导意义。同时，系统地研究单个纳米线材料与光电器件特性，在光电互联等芯片技术上获得突破，将会产生新一代半导体器件。

第七节 超导和强关联

近年来，受益于国家对基础学科研究的持续支持，中国在超导和强关联研究领域发展很快，特别是铁基超导研究方面取得了一批世界领先的成果。中国在超导研究方面有很好的研究传统。20世纪80年代，我国在铜氧化物高温超导体的研究上就曾崭露头角，凝练了一支高素质的研究队伍。随着90年代末开始的各类人才项目的推出，我国引进了大量理论和实验科研人才，特别是年富力强的青年人才，学科的布局变得比较全面、完善，聚集形成了一支以中国科学院物理研究所、中国科学技术大学、复旦大学、清华大学、浙江大学、北京大学、南京大学、人民大学等单位为核心，在国际上有很强竞争力的研究队伍。我国自主开发或购置完备了各种实验手段，在新材料的探索和制备、角分辨光电子能谱、中子散射、扫描隧道显微镜、核磁共振、红外光谱及各种极端条件下的输运测量、理论的分析和预测等各方面都有一个或多个实验组在开展研究工作。此外，上海光源、合肥和武汉强磁场实验室等大科学装置的投入运行，为本领域的研究提供了更多的强大实验手段。同时，这些研究组重视学术交流，与国际上最强的研究机构或研究组联系密切，为取得重大研究突破做了人才和知识储备。这也是为什么在日本的 Hosono 研究组宣布发现铁基超导体之后，中国科学家就能很快跟上并进而引领该领域的研究，在铁基超导材料、物性和机理研究等多方面均取得重大突破的一个重要原因。然而我们也应清醒地认识到，我国在本领域的科研队伍偏小，仅是日本规模的 15%～20%。

一、超导与强关联研究的布局

超导与强关联研究的布局，重点要强调对新材料、新现象和新机理的探索，并以此为基础带动整个领域的发展。超导与强关联研究，按照研究对象的结构和物性特征不同，可分为超导和其他强关联材料两大类。

（一）超导材料的研究

超导材料的研究主要包括铜氧化物高温超导体、铁基超导体、重费米子超导体、有机和其他超导体等。

1. 铜氧化物高温超导体

铜氧化物高温超导机理是多体量子物理研究的核心问题之一，近年来这方面研究回暖的局势明显，特别是最近在这类材料中发现了电荷密度波现象，引起了广泛的关注，也成为一个新的研究热点。中国在铜氧化物高温超导研究方面有着长期的积累，在新的铜氧化物高温超导体的发现、电子结构、磁激发、输运和理论研究方面都曾取得了有一定影响的成果，为今后取得突破性的进展奠定了基础。

2. 铁基超导体

我国在铁基超导研究方面实力雄厚，在材料生长、物性测量和分析、理论研究方面取得了一批国际领先的成果，特别是在铁砷类超导单晶的探索、$K_xFe_2Se_2$ 新超导体的发现、近期在 FeSe/STO 界面超导的研究，对铁基超导的研究起到了引领作用。

3. 重费米子超导体

由于实验条件的限制，我国在重费米超导体研究方面起步较晚。近几年随着中国科学院物理研究所、复旦大学、浙江大学等单位几位优秀年轻学者的引进，我国在重费米子超导体的极低温输运性质、μ 子自旋共振、高压、理论研究方面开始有一些好的成果出现。

4. 有机及其他超导体

国内有多个研究组开展这方面的研究工作，发现了包括金属掺杂的非有机超导、CrAs 和 $Ta_4Pd_3Te_{16}$ 等一些新的超导材料。此外，针对不具有中心对称的材料和氧化物超导材料，在物性和机理方面也做了一些比较深入的研究工作。

（二）其他强关联材料的研究

超导材料之外的其他强关联材料，主要包括莫特绝缘体（量子自旋液体），量子反铁磁体，各种具有电荷、轨道和自旋有序的低维量子材料等。

1. 莫特绝缘体

这是强关联量子问题研究的一个经典问题。中国科学院物理研究所、清华大学、浙江大学、复旦大学、南京大学等多个研究组在这方面开展了研究工作。在发现或揭示莫特绝缘体的能隙结构、多带莫特相变的能带演化机理、杂质掺杂的作用等方面做出了贡献。

2. 量子反铁磁体

量子反铁磁体中有着非常丰富和有趣的物理性质，还包括近年来一些凝聚态物理研究的热点问题,如量子自旋液体和自旋冰问题等。我国有很多研究组在这方面开展了研究工作,近年来在量子反铁磁体的极低温热输运、比热、磁激发以及新材料的探索方面取得了一些进展。

3. 电荷、轨道或自旋有序材料

电荷、轨道或自旋有序材料包括锰氧化物巨磁阻材料、多铁性材料、其他各种电荷或自旋有序材料,主要是利用各种电和磁的测量和表征技术甄别各种有序现象的存在性,并通过外磁场、掺杂或加压来调控其中可能存在的量子相变。

二、超导和强关联材料与其他领域的交叉

超导和强关联材料与其他领域的交叉也孕育了很多新的物理。例如,在近藤拓扑绝缘体的研究中,我国的研究组开展了大量的输运和电子结构研究工作,发现了这些强关联体系中拓扑表面态的证据。在超导和拓扑绝缘体的界面中,发现了两者的耦合,并通过加压等方法开展了拓扑超导体的材料探索。在4d/5d 等具有一定电子关联的强自旋轨道耦合的体系研究中,我国的理论组也预言了多种有趣的拓扑物性和新的量子态。由于大量的超导和强关联材料是二维体系,通过解理可以获得二维晶体,结合器件的构筑,利用场效应(包括离子液体或者凝胶),可以获得对关联材料的调控,也丰富了半导体材料的研究,最近我国的一个研究组独立制备出了磷烯场效应管就是这方面的一个例证。

第八节 磁 学

我国的磁学研究起始于 20 世纪 30 年代,经过几代人的努力发展,目前形成了一支以中国科学院物理研究所、复旦大学、南京大学、山东大学、兰州大学、北京大学、清华大学、中国科学技术大学、北京科技大学等单位为核心,具有一定国际竞争力的研究队伍。我国学者在稀土永磁材料、磁制冷材料、自旋电子学、表面与低维磁性、多铁性与磁电耦合等方面都做出了具有国际影响

力的工作。根据磁学学科的国家战略发展需求以及对磁学研究发展规律及态势的分析，我国磁学学科的发展布局主要有以下几个方面。

（一）自旋电子学

自旋电子学的研究内容包括自旋极化电流的产生、输运、调控、检测以及相应器件的研究与开发。新颖、有效的自旋极化电流产生的新原理与新方法是一个重要的研究课题。探索具有长自旋扩散距离、优异自旋相干性且与半导体技术兼容的新型自旋极化电流载体是自旋电子学研究的重点方向。自旋角动量转移力矩效应为调控磁矩方向、激发自旋波和宽频微波振荡提供了新的方式。除了自旋极化电流外，无电荷流伴随的纯自旋流的产生、输运及检测，相关物理效应（如自旋霍尔效应、自旋塞贝克效应、自旋泵浦等）也是自旋电子学研究的重要内容。自旋流相关物理现象一般都和自旋轨道耦合效应相关，因此需要加强对自旋轨道耦合作用下的自旋相关输运行为及其微观机理的研究。这些物理科学问题的解决将为研发新型自旋电子学器件奠定科学基础。

自旋信息的高速存储，需要深入理解自旋动力学性质，并实现自旋的超快调控。飞秒超快激光与高频检测技术的发展极大地促进了自旋动力学的研究，相关物理问题（包含自旋非平衡态到平衡态的演化，超快时间范围内自旋－自旋交换作用、自旋与轨道等其他自由度的耦合规律等）的深入研究有助于加深对物质科学基本规律的理解。

（二）关联电子体系的磁性

以过渡金属复杂化合物（特别是氧化物）为代表的关联电子体系中存在自旋、轨道、电荷、晶格的多自由度关联与耦合，表现出了丰富的物理现象和复杂的磁电相图。电子关联使得体系的自旋态与电子态对各种形式的外部/内部物理场非常敏感，从而为实现多场调控物质磁性和电性提供了可能。研究多物理场诱发的磁序、电荷序、轨道序演变及相关相变，磁热、磁电、磁光等效应，对于澄清相关基础科学问题具有重要意义。

维度的变化和空间对称性破缺对关联电子体系的磁性等物理性质有重大影响。在低维体系中，当体系的空间尺度与电子关联长度接近时，关联效应将会发生根本改变，从而引起相关磁结构的强烈响应。表面和界面会导致空间反演对称破缺，使得电子关联增强。跨越界面的量子序关联、电荷转移、自旋轨道重组、轨道杂化、交换作用等可以产生一系列新奇物理现象（如界面磁性等）。这些界面演生现象不仅为基础物理研究提供了新的舞台，也为多场调控磁性开辟了新途径。

（三）磁阻挫与新奇磁量子态

由于磁阻挫效应的存在，导致了基态的宏观简并和强烈的自旋涨落，展现出了丰富的磁性质和量子相变行为，如自旋玻璃、自旋冰、自旋液体等。自旋冰材料中一个引人注目的特点是它的磁激发可以等效于磁单极子，提供了一个缩小磁性存储单元、提高数据存储密度的可能途径。自旋液体由于显著的量子自旋涨落效应，出现了超越传统磁有序的量子磁性基态，具有不同的自旋激发与能隙，形成奇特的准粒子态和自旋‐轨道分离现象。由于具有多种量子基态，自旋液体与自旋冰成为研究量子相变、量子临界行为的理想载体。

在磁性材料的微观自旋结构中，具有拓扑特性的自旋结构日益受到广泛重视。反演对称破缺和自旋轨道耦合作用产生的 Dzyaloshinskii-Moriya（DM）相互作用，可以导致生成具有手性的条纹自旋结构和具有拓扑自旋结构的磁性斯格明子（Skyrmion）。磁性斯格明子是一种新型自旋结构，它可以被看成一个等效的几何 Berry 相，其稳态特性以及动力学特性有待深入研究。磁性斯格明子由于受到拓扑保护而不易受到外界干扰，同时驱动其运动的临界电流密度要比驱动畴壁移动的临界值小 5 ~ 6 个量级，因此在未来的磁信息存储技术中具有重要的应用前景。

（四）多铁性物理

多铁性最初是指铁电性与铁磁性的共存。目前多铁性的定义已经被极大地扩展，泛指各种磁有序（如铁磁、反铁磁、亚铁磁、螺旋磁有序等）与铁电性/反铁电性、铁弹性、铁涡性等的共存。利用磁有序与铁电、铁弹等其他有序的共存及耦合，可能实现电场对体系磁性的控制以及磁场对电极化的影响。多铁性不仅具有丰富的物理内涵，而且在高密度信息存储、高灵敏度磁传感器、电磁信号处理/屏蔽、电磁能量转换等领域具有广泛的应用前景。

多铁性研究涉及的核心物理问题包括特定自旋结构诱发铁电极化并表现

出巨大磁电耦合效应的机制、电子极化与离子极化的共存与竞争、非对称与对称磁交换收缩产生铁电性的起源、磁性离子能否破坏空间反演对称导致铁电性、磁电耦合的动力学与低能激元－电磁子（electromagnon）、3d-4f双磁性离子体系中多重铁电的产生机制、多铁性玻璃态、多铁性畴结构、多铁性薄膜中衬底应变与衬底磁结构对多铁性结构性能的影响、多铁性异质结的界面磁电耦合效应及其在器件中的应用等。

（五）磁性功能材料与物理

磁学研究的主要载体是磁性材料，每一种新型磁性材料的出现都会为磁学的发展提供创新性的原动力。新型磁性功能材料，如永磁、软磁、磁制冷、磁记录、磁致伸缩、高频磁性材料等，不仅在信息、交通、能源、民用、军工、航天和尖端技术等领域具有广泛的应用，而且其磁相互作用机理涉及基本的磁学问题，具有丰富的物理内涵。新材料的突破有赖于人们对磁性的起源、磁性交换作用机理的深刻认识以及对磁耦合调控、磁性相变过程的深入研究，材料性能的提高均依赖于其本征特性（如饱和磁化强度、居里温度、各向异性等）的调控，是磁学研究的重要内容。

当磁性材料的尺寸与交换长度、自旋扩散长度、电子平均自由程等这些物理特征长度可以相比或更小时，量子尺寸效应、维度效应、表面/界面效应的增强可能导致一系列新颖的磁现象。低维磁性材料，如纳米颗粒、纳米线/管、原子链、超薄膜、异质结及分子磁体等，可以表现出优异的磁、电、光、力等物理性质，并在生物医学、催化、航空航天等领域表现出巨大的应用潜力。

（六）磁性表征新技术

磁学的发展需要在微观空间尺度认识并理解磁性，这就需要研究并发展各种磁性显微实验技术，包括磁光克尔显微镜、光发射电子显微镜、洛伦兹透射电镜、自旋极化扫描隧道显微镜等，在不同尺度范围内研究磁学性质及自旋分布特性，并可在微观空间尺度内研究电、力、热、光等物理参数对于自旋结构的调控效应。

自旋动力学研究需要发展高时间分辨率的超快探测技术，实现飞秒时间尺度内的磁性探测，研究非平衡态自旋性质随着时间的变化以及超快时间范围内自旋交换作用和自旋轨道耦合作用的时间演变。将超快探测技术和空间显微技术结合，可以同时在时间和空间尺度研究自旋的演化。

　　基于同步辐射的软 X 射线磁圆（线）二色方法，能够区分不同元素的自旋磁矩和轨道磁矩对于磁性的贡献，能在更深层次上研究物质的磁性来源。将软 X 射线磁圆（线）二色方法和光发射电子显微镜结合，可以同时结合两种实验技术的空间分辨能力和元素分辨能力，对各种低维量子自旋体系和受限磁性体系开展深入研究。研制在强磁场、超高压、极低温和超强超快激光等极端条件下具有高空间、时间、元素及能级分辨的磁性表征技术，将对磁学发展具有重要的推动作用。

第九节　表面、界面物理

　　近 20 年，由于国家对基础学科研究的持续支持，中国的表面界面物理研究水平在若干方向上处于国际领先水平，形成了一支在扫描隧道显微术、角分辨光电子能谱、薄膜的分子束外延和真空蒸镀等方面的高素质研究队伍，在国际上属于竞争力最强之列的一支队伍。这支队伍的人员分布在清华大学、北京大学、复旦大学、上海交通大学、南京大学、浙江大学、中国人民大学、北京师范大学、北京理工大学、中国科学技术大学、厦门大学、武汉大学、华中科技大学、中山大学、国防科学技术大学等著名高校，分布在中国科学院的物理研究所、半导体研究所、大连化学物理研究所、国家纳米科学中心、上海技术物理研究所、上海微系统研究所、苏州纳米研究所、北京同步辐射中心、合肥同步辐射中心、上海同步辐射中心等科研院所。在纳米限域催化、拓扑绝缘体和界面高温超导等研究方向，在单分子光学拉曼成像和高分辨原子力显微镜等实验技术发展方面取得了国际领先的研究成果。

　　由于我国在扫描隧道显微术和角分辨光电子能谱的投入相对较大，因此与这两类技术相关的物理、化学、信息和材料领域的布局相对比较完整，但是界面电子态和量子现象 / 效应的研究还比较分散。由于异质结界面很可能是未来凝聚态物理的研究核心，需要从材料的制备、原子电子结构表征、界面原子结构表征、输运和光学性质测量等各个方面进行综合研究，所以建议在"十三五"规划期间对这一方面的内容进行强力资助。如果部署得当，在物理学科内，将会促进整个凝聚态物理的发展，在其他学科方面，将会促进信息科学、化学、材料科学和能源科学的发展。

第十节 声　　学

近 10 多年来，我国的声学有了很大的发展，在水声物理、语音识别、固体黏接界面的超声评价、高强度聚焦超声（HIFU）无创治疗和临床应用、环境声学等方面取得了丰富的成果。特别是在声人工结构材料中发现了一系列新的声波传播的奇异特性和效应，极大地推动了声学领域在新概念、新原理方面的发展，引起了国际同行的高度关注。但是，由于声学学科的交叉性，我国的声学研究方向仍然比较分散，偏重于声学在各个方向的实际应用，解决具体的工程性问题，而忽视了声学本身的应用基础性研究。根据声学学科的国家战略发展需求，推动声学发展和培养基础研究人才队伍的需求，在"十三五"期间，我国声学学科优先发展领域主要包括以下 4 个方向：

（一）水声物理及海洋声学

声波是目前所知唯一能够在海洋中远距离传播的波动形式，是探测海洋资源和环境、实现水下信息传输的重要载体。水声学与海洋科学紧密结合，是现代海洋高技术的核心理论基础。我国在浅海声学研究方面有着较雄厚的积累，但随着我国综合国力和科技水平的不断提升，我国正在经历走向深海的战略转变，这对于我国水声学的发展提出了新的更高要求。由于历史原因，我国对深海声场理论与实验的研究相对薄弱，很多科学问题仍有待探索和研究解决。

建议未来 5 年我国在水声学领域重点发展以下方向：

（1）深海与过渡海区三维声场模型与实验验证研究。非均匀海洋环境下三维声传播是水声学中最复杂、最有挑战的研究课题。建议深入开展非均匀海洋环境下三维声传播理论和算法研究；发展三维海洋环境声学实验技术和环境监测方法。

（2）超远程声传播模型与实验研究。深海是我国海洋发展的战略重点。建议深入开展海洋环境时空变化对于深海远程与超远程声传播影响的理论与实验研究，为深海海洋环境声学监测技术提供理论基础。

（3）海气相互作用与海洋环境噪声机理研究。建议深入研究深海噪声机理及预测模型研究，深入研究海气作用对于远程声传播的影响规律。

（4）海洋声学层析研究。海洋声学层析是进行海洋水文环境大范围声学遥感的关键手段，具有重要应用前景，但是目前国内外都没有很好的解决方案。建议深入研究海洋中水体变化规律表征模型；水体变化对于声传播的影响规律；发展包括基于垂直阵、水平阵或矢量声场的匹配场反演理论在内的多种声学层析方法。

支持开展以大洋超远程声传播机理研究为核心的重大项目。围绕某一特殊海区，深入开展一系列以海底引起的声场三维效应、水体起伏声学效应、海气相互作用与海洋环境噪声机理、海洋声学层析等为主题的系列重点项目。

（二）复杂介质中声的传播、检测与调控理论方法

复杂介质的内涵极广，包括随机非均匀介质、各向异性介质、非牛顿流体、生物介质、声人工亚波长结构等。复杂介质中声传播的研究极不成熟。例如，生物介质中声波满足什么样的波动方程这个问题仍然没有定论。复杂介质中声传播特性的定量表征方法也值得研究。针对具体的问题，存在大量的物理难题，其研究是定量声学探测与评价（声成像、逆散射和目标识别）的理论基础。声人工结构是近年来发展的声学学科前沿，通过构造某些具有特殊功能的人工微单元来模拟分子对声场的响应，将可能获得声学特性与天然材料的迥然不同的声学超构材料，从而实现各种奇特现象和物理效应，提供在传播、散射及反射等方面自由操控声波的手段。声人工结构研究不仅将在概念上推动声波理论的发展，同时也为研究各种新奇的声学性质提供了可能，并为设计与实现各种新型波功能器件提供应用基础，在国防、国民经济及日常生活中有重要的潜在应用，因而具有重大的研究价值。声人工结构的研究和应用还处于起步阶段，有待广大科研工作者进一步的探索和研究。

支持围绕特定目标和介质开展声的传播、散射、特征提取等研究，为不同尺度的声成像和目标识别提供理论基础；围绕特定的应用实例，深入开展一系列以基于声学超构材料的噪声控制、声呐隐身、医学超声成像与治疗等为主题的系列重点项目。

（三）医学超声中精准诊断和治疗的新技术、新方法研究

医学超声主要包括超声诊断学、超声治疗学和生物医学超声工程等研究方向，具有理、工、医三结合的特点，在疾病预防、诊断和治疗中都具有极高的应用价值，因此日益成为声学界、工程学界以及医学界的重点关注对象。近年来，基于声波的强穿透性、高精度、无创等独特优点，医学超声与纳米生物材料、医学影像学和靶向基因／药物疗法的多学科交叉融合，已经成为最具发展前景的非侵入式无创肿瘤临床精准诊疗的新方法之一。

支持开展：利用特殊声学材料，实现突破空间分辨率极限的超精细亚波长成像物理机理的研究；基于多功能微纳超声造影剂／分子靶向探针的构建和物理定征，以及细胞及药物的声学操控；三维声空化实时监控及疗效评价机理研究；发展准确表述微泡声微流场和非线性动力学的理论模型，深入研究超声辅助／增效治疗及声穿孔引发生化效应促进基因／药物转染的相关物理机制。

（四）噪声的产生、传播与控制研究

人类生存的声环境十分重要。随着我国的经济发展，一方面人们对声环境的要求越来越高，另一方面声环境的污染也十分严重。改革开放以来，我国在环境声学的标准制定和噪声控制方面取得了巨大的进步，在若干方面实现了与发达国家同步。今后的研究方向包括符合主观感受的环境噪声的客观评价、室内外声环境设计方法、噪声计算仿真、声学反向仿真和噪声控制新方法等方面。声学材料研究是目前噪声控制又一热点领域。当前声学材料研究的焦点在于微穿孔板吸声、声子晶体、低频薄层声学材料和声学智能材料。声学材料的多样化给建筑声学和噪声控制设计带来更多的选择和可能。而声学材料发展的要点是薄（厚度薄）、轻（重量轻）、宽（声频带宽）和强（保证结构强度）。另外，水下噪声的产生、预报与控制研究对国防建设也具有十分重大的意义。

支持开展流－固耦合系统的噪声与振动控制理论的应用基础研究，发展流体动力噪声理论模型、计算方法和控制方法，结合实际工程问题提出结构声的有源控制新理论和新方法。

第十一节 软凝聚态物理及交叉领域

近年来，科技发达国家的大多数大学的物理系和研究机构已经建立了软凝聚态物理的研究方向，软凝聚态物理的研究队伍在不断壮大。国际上的研究队伍有普林斯顿大学、宾夕法尼亚大学、加利福尼亚大学洛杉矶分校、洛斯阿拉莫斯国家实验室、阿贡国家实验室、布鲁克海文国家实验室、法兰西学院、巴黎高师、剑桥大学、德国 Julich 研究中心固体研究所、Max-Planck 研究所和京都大学等。以软物质为基础的国际复杂自适应性物质组织 ICAM 组织现在已有 72 个成员单位。近几年来，我国陆续引进和发展了一些致力于该领域研究的人才，分布于中国科学院理论物理研究所、中国科学院化学研究所、中国科学技术大学、北京大学、南京大学、上海交通大学、复旦大学、苏州大学、中国科学院物理研究所、厦门大学、北京航空航天大学等国内著名高校和研究所。

今后若干年，将运用全新的物理实验与计算科学手段，探究软物质体系多级结构与复杂物理现象的联系和特性；建立软物质介观结构相互作用规律。将系统深入研究的方向和领域有：

（一）颗粒物质物理

颗粒物质物理包括：①颗粒、气体、流体、固体；②各向异性颗粒及带电颗粒的相互作用。

（二）聚合物的复杂相行为

聚合物的复杂相行为包括：①分相与结晶和璃化转变；②不同尺度上的非平衡相转；③高分子体系的流变学；④亚浓溶液和凝胶中的复杂相行为；⑤带电聚合物体系中的非高斯链行为及关联效应；⑥功能（光、电、磁）材料中的物理性质与结构之间的关联；⑦受限聚合物/纳米粒子复合体系的组装机理；⑧聚合物多尺度连贯。

（三）胶体物理

胶体物理包括：①多分散胶体的平衡性质与结构动力学问题；②胶体动力学问题；③带电胶体的聚集与输运问题；④胶体的实验模拟问题。

（四）物质微流变实验和理论

1. 液晶物理

包括：①新型液晶显示器件模式研究；②液晶性半导体（LC-TFT）；③染料掺杂液晶/聚合物光栅激光器；④高响应速度液晶材料性质的理论研究；⑤生物液晶物理研究。

2. 水的物理

水的物理包括：①水的局部微观结构；②水在界面、受限体系中，以及复杂相互作用下的物理特性；③水的模拟计算方法和实验观测技术的发展；④水的界面结冰与抗冻机制。

3. 生物大分子和细胞生物物理

生物大分子和细胞生物物理包括：① DNA 和 RNA 分子结构、折叠、力学特性和信息编码传递；②蛋白质分子折叠、设计、结构分类、结构预测和序列复杂性简化；③生物分子马达结构、运动过程、能量转换和生物功能；④细胞膜力学特征、流动特性、通透性质、融合过程、信号识别和传递功能；⑤细胞分裂、分化、迁移、凋亡过程；⑥细胞信号网络；⑦肿瘤细胞力学特性、分裂增殖、迁移运动；⑧神经元和神经网络；⑨免疫细胞和病毒系统。

4. 软凝聚态物理实验方法和技术与理论计算方法

软凝聚态物理实验方法和技术与理论计算方法包括：①新实验方法和技术发展与探索；②理论计算方法发展和模型的建立。

5. 介观结构与动力学

介观结构与动力学包括：①介观组织的结构特点与描述；②介观结构的

形成机制与组装机制；③介观结构与宏观物理性能的关系；④介观缺陷结构与其演化；⑤介观尺度非平衡和电子多体物理。

（五）软物质仿生原理与技术

软功能材料设计的物理基础包括：①探索多级三维组装的原理与可能的路径；②调控耦合的反应和路径依赖的介观过程；③通过尺度结构的设计与控制，优化介观尺度的输运和响应特性；④利用扰动、动力学和降解，实现亚稳中尺度系统的控制。

第十二节　基础物理（理论物理）

引力与宇宙学是天体物理与高能物理密切结合的学科方向。近年来，我国学者在量子引力如超弦理论的研究方面几乎没有间断过，在弦/M-理论本身的发展，微扰弦散射振幅的圈图计算，对 QCD 圈图计算的应用，弦/M-理论宇宙学暴涨模型，暗能量模型，以及利用 AdS/CFT 研究强耦合 QCD 和强关联凝聚态系统等方面取得了一定成绩。在暗能量的研究方面，我国的研究与国际上基本同步并取得了一些让国际同行认可的重要成果，比如暗能量的Quintom 模型和全息暗能量模型。据不完全统计，我国从事引力和宇宙学研究活跃的学者不足 30 人，主要集中在中国科学院理论物理研究所、中国科学技术大学、中国科学院高能物理研究所、浙江大学、北京大学、北京师范大学、中国人民大学、上海交通大学、中国科学院大学等少数几个研究单位和高校。这个研究队伍规模实在小得不能与欧美和日本甚至韩国等相比，实在与中国目前在国际上的地位不相符。另外，在选题前瞻性的经验方面、原创性思想以及理论基础积累和系统性方面明显不足，需要大力支持和鼓励。

在数学物理方面，我国有较好的工作基础和研究传统。比如在大范围微分几何应用，格罗莫夫-威腾（Gromov-Witten）拓扑不变量，经典杨-米尔斯场理论，量子群和杨-巴克斯特可积系统，特别是近期在 U（1）对称破缺可积系统的精确求解和拓扑弦配分函数的计算方面，取得了国际上有影响的、系统性强的研究成果。但与国外相比，我们目前在该领域的研究人员，尤其是青年研究人员，面临严重短缺，人员主要集中在个别单位，如西北大学和中国科学技术大学。因此，培养优秀后备青年人才是我们的迫切任务。

一、数学物理领域的发展布局

数学物理领域的发展布局主要为量子可积模型和拓扑弦的相关研究。

（一）量子可积模型

精确量子可解模型是数学物理的重要分支，在数学和物理学的多个领域（如量子群、代数几何、场论、统计物理和凝聚态物理）中都扮演着非常重要的角色。近期的研究揭示了它与高维量子场论非微扰理论之间的内在联系，为许多重要的量子多体强关联现象（如拓扑边界态、超导、超流等）提供准确的物理图像，加深了人们对量子多体效应的理解。

（二）拓扑弦

拓扑弦的研究是一个在未来几年可以出重要成果的研究领域。例如，一个重要的科学问题是计算卡拉比－丘（Calabi-Yau）流形上的拓扑弦配分函数，即数学上的格罗莫夫－威腾（Gromov-Witten）拓扑不变量。这个问题在 0 亏格的情况已经完全解决，但高亏格的情况还有待解决。另外，该研究与其他研究领域（如拓扑学、超对称规范场论、矩阵模型、黑洞物理、非微扰量子力学等）密切关联。

二、引力、宇宙学及相关新物理的发展布局

引力、宇宙学及相关新物理的发展布局如下：

（一）暗物质、暗能量的研究

目前暗物质的存在已经被普遍接受并成为研究宇宙中各种结构形成的标准图像。但暗物质究竟是什么粒子，微观性质如何，却仍然不为人们所了解。其理论研究和实验探测仍然是当前的一个研究热点，是联系宇宙学和微观粒子物理的重要桥梁。最新的天文观测确定暗能量占宇宙中总物质的大约68%；暗

能量具有负压，在宇宙空间中几乎均匀分布或完全不结团，但其物理性质却是个迷。研究和理解暗能量的本质成为新的物理理论和观测的重大课题，也许与引力的量子特性有关，很有可能会导致一场重大的物理学革命。

（二）暴涨及极早期宇宙模型的理论研究

目前成功描述宇宙演化的是暴涨宇宙学。宇宙早期的暴涨思想已得到了实验上的一定支持，但暴涨模型还存在时空奇异性，需要考虑引力的量子理论（如超弦理论）。原初扰动在宇宙微波背景（CMB）中留下了可观测的印迹，如暴涨期间产生的原初扰动引力波 B- 膜极化，所以通过（如 WMAP、Planck、BICEP2 等）对 CMB 的探测可用来揭示宇宙的早期信息，甚至引力的量子行为，并检验暴涨模型。

（三）超弦 /M- 理论的研究与应用

超弦 /M- 理论是目前公认的量子引力和统一理论候选者。它的研究扩展了我们对时空、相互作用等的认识，极大地丰富了引力与量子场论的内涵，同时也对常规的物理概念提出了挑战。有待解决的问题是：弦 /M- 理论的真空问题（弦景况）、一般黑洞熵的统计解释、非微扰动力学及理论表述。另外，引力 / 规范对偶可以用来描述强耦合或强关联系统等，如夸克 - 胶子等离子体、强子态、凝聚态物理中的量子相变、冷原子系统。这些应用不仅给相关领域提供新思想和新方法也为该理论的发展提供一定地指导作用。反过来，该理论对现实物理系统的成功应用也为我们认识基本物理问题提供启示。超弦理论的发展，如同牛顿力学的发展一样，对现代数学发展和推动极大，是一个在短期时间里可以出重要成果的交叉研究领域。

（四）超出标准模型新物理的理论研究

希格斯（Higgs）粒子的发现，似乎解决了粒子物理标准模型的所有问题。实际上，粒子物理理论遇到了更多问题和挑战。比如，该模型中的夸克和轻子的质量都是通过引入与希格斯（Higgs）场的汤川耦合给出的。这种耦合，不同于已知的电弱、强甚至引力相互作用，是一种目前还没有坚实实验基础的全新相互作用，但是希格斯（Higgs）的发现意味着它必须存在。CP 破坏的产生机制、低能 QCD 的求解问题、量子场论的本质和其一般非微扰特性探讨（如非微扰 QCD- 色禁闭，格点规范理论）等一系列的未解问题，都是我们探索超出标准模型的新物理。

第十三节 基础物理（统计物理）

基于统计物理学科的特点和现状，建议"十三五"期间在以下几个方面重点布局和规划。

（一）巩固和发展基本队伍

我国统计物理研究队伍分为两个部分，即以统计物理核心问题、统计物理一般性工具方法为主要目标的基础研究队伍，和以应用为主的应用研究队伍。我国的统计物理基础研究曾经很强，取得了很多重要成果。20世纪90年代后的一段时间内研究队伍大幅度减少，造成我国目前从事统计物理基础研究的人员严重不足，这不仅影响了学科的正常交流与发展，而且特别明显地影响到统计物理研究人才的培养。国家自然科学基金委员会在"十二五"期间，把扶持统计物理发展作为一项重要任务，以不同形式推动这一学科的发展。目前，统计物理研究队伍有所恢复，初步形成了一些以统计物理为主要方向的稳定团队。

因此，"十三五"期间应继续扶持统计物理学科，扩大基础队伍，培育青年人才，建设十几个有特色的研究团队，发展一些新兴方向，保持 $100 \sim 200$ 人的核心研究队伍。到"十三五"结束，建成基础研究与应用研究协调发展，互相促进的格局。为弥补统计物理教学的不足，建议国家自然科学基金委员会设立专项基金，以统计物理暑期学校的形式予以持续支持，提高国内研究生和青年研究人员的统计物理基础知识，推动统计物理学科的深入发展。

（二）统计物理与非线性动力学、热力学统一规划，保持完整的学科体系

统计物理是连接微观动力学和宏观热力学的桥梁，主要目标是刻画宏观统计行为和热力学性质的微观动力学机制，它和动力学具有不可割裂的联系。近几十年来统计物理向低维、小系统拓展，非线性动力学则以多体复杂系统为

主要研究对象，以刻画混沌运动、涌现等集体运动特征为目标，两者的研究对象和研究目的已经交织在一起，许多实际问题需要动力学和统计物理相结合才能解决。这方面国家自然科学基金委员会物理Ⅱ已经形成了惯例，把统计物理与复杂系统作为统一的基金科目，建议保持和加强这一做法。

（三）加强统计物理微观基础的研究，重视与量子物理的交叉

加强统计物理微观基础的研究，重视与量子物理的交叉包括 3 方面的内容：①量子相变是物质的量子相在零温下的一种相变。这方面要研究大量微观粒子的相互作用与热或量子涨落的竞争起到的核心作用，以及与相互作用的细节无关普适性；②研究小系统或有限系统的量子涨落，强调量子相干性在非平衡稳态中可能存在的效应；③从量子力学的角度考察统计物理的基础。

（四）把"大数据"的基础研究放在统计物理学科

"大数据"已经成为具有重要现实意义的课题，国家自然科学基金委员会也一直鼓励其大力发展。分析学科特点，除了技术性的研究属于信息学部，"大数据"放在统计物理学科作为一个重要的应用方向发展最合理。统计物理信息理论是研究大数据的基础，时间序列分析、关联性研究、利用数据记录反演建模等都为处理大数据提供了重要方法和手段。当前，应用统计物理理论和方法进行大数据环境下的信息挖掘已经成为大数据研究的重要方向。利用系综理论和似然分析方法进行缺失信息预测和噪声数据过滤，利用自选玻璃理论进行基于大数据的优化，利用复杂网络进行大数据处理等方面取得了重要进展，可以预测大数据研究会成为统计物理复杂系统最重要的应用方向之一。

第十四节 粒子物理

一、近年来我国在粒子物理研究领域的发展和成就

我国近些年来在粒子物理研究领域中取得了长足的发展和成就，主要有：

（一）我国科学家在LHC实验上对发现Higgs粒子做出了直接贡献

近些年我国吸引了一批在LHC实验成长的优秀人才回国，较大地加强了我国在高能量前沿研究的实力。我国科学家在ATLAS和CMS两个实验上都对希格斯（Higgs）粒子的发现做出了直接贡献，并在寻找新物理方面开展了一些独特的工作，取得了可喜的成果，在物理分析和升级改造中正在发挥越来越重要的作用。

（二）北京谱仪实验BES Ⅲ 引领 τ - 粲物理研究

BESⅢ /BEPCⅡ是世界上唯一直接运行在粲能区的正负电子对撞机，它获取了该能区在世界上最大的数据样本，并取得了一批重要成果，尤其是ZC系列共振态的观察，为寻找奇异强子和多夸克态提供了重要的实验信息，为世界所瞩目。我国在此领域的理论和实验物理及相关加速器、探测器技术和软件等方面均有一支相当成熟和国际一流的队伍，他们为我国其他大科学工程项目（如大亚湾反应堆中微子实验的建设和成功）在人才、技术支撑等方面发挥了关键作用。

（三）大亚湾反应堆中微子实验确立了在世界的独特地位

大亚湾反应堆中微子实验以前所未有的精度确认了中微子振荡混合角 θ 的值，为中微子下一步的研究提供了关键信息，该成果是近些年粒子物理的重大成果之一，也为我国下一代中微子实验JUNO打下了坚实基础。

（四）四川锦屏山深地实验室（CJPL）初步建立

CJPL是当前世界最深的深地实验室。它为我国开展直接寻找暗物质、无中微子双 β 衰变、宇宙中微子、质子衰变等重大前沿实验提供了机遇。正在开展的CDEX和PANDA实验已取得初步结果。CJPL及其中的两实验为我国开展深地实验在平台建设、人才培养、技术积累以及下一代相关实验打下了良好的基础。

以在空间间接寻找暗物质粒子为目标的DAMPE实验在R&D及探测器建造中进展顺利，为我国下一代空间粒子即宇宙线研究打开了新篇章。

国际合作得到加强，我国科学家在LHCb、ALICE、Belle/Belle Ⅱ等实验上取得了一系列可喜成果。

我国粒子物理理论研究在超对称、暗物质和暗能量、中微子、重味和强子物理、格点计算、弦理论等方面都有可喜的成果。

虽然我国粒子物理的研究队伍在过去几年有相当的发展和加强，但总体量与发达国家相比，不论是在队伍数量、经费投入，还是关键技术和方法上，都有量级的差别，与大国的地位还远不相称，反映国家综合实力的粒子物理研究迫切需要有极大的提升。

二、我国今后粒子物理发展布局

我国今后粒子物理发展布局是：

（1）保障稳定支持，由重大科学前沿问题作牵引且已取得重大成果，应保持处于国际一流或领先的研究，如 BES Ⅲ 实验、大亚湾反应堆中微子实验及相关理论和技术研究。

（2）积极参加国际合作，大幅度提高对国际最前沿、最先进、最具生命力和发现潜力的超大型科学装置上的实验和理论研究，如 LHC 实验。

（3）及时组织和大力支持有重大发现潜力和独特优势的实验装置和平台建设及相关实验和理论研究，如空间和深地实验室，新一代暗物质，$0\nu\beta\beta$ 寻找，中微子和宇宙线探测实验及相关理论和技术研究。

（4）稳定和大力支持粒子物理实验技术和方法的研究。

（5）及时开展，鼓励支持我国下一代高亮度、高能量加速器及相关实验装置、技术和物理研究。

（6）及时规划参与和支持下一代有重大前沿科学目标和重大技术挑战的国际合作实验，如直线对撞机、欧洲下一代环形对撞机、美国长基线中微子实验。

（7）鼓励和扶持粒子物理及相关技术与天体物理、宇宙学、生物、医学的交叉。

第十五节 核 物 理

我国在核物理基础研究方面做出了一系列重要工作。在实验方面，建成了大科学工程——兰州冷却储存环 CSR，合成了超重新核素 259Db 和 265Bh

及一批不稳定新核素,研究了不稳定原子核的基本性质、结构和反应,利用不稳定核素进行了重要核天体反应的测量;利用北京谱仪研究重子谱,STAR 探测器的时间飞行谱仪 TOF 的升级改造,高能重离子碰撞中集体流和守恒荷的高阶矩测量,反超氚核的发现等。在理论方面,系统研究了原子核的有效相互作用、微观结构和集体运动的各种理论模型及低激发能谱的动力学对称性,探讨了玻尔－莫特逊模型和相互作用玻色子模型的微观基础,预言了一些不稳定原子核的奇特结构,提出了手征 SU(3)夸克模型并预言双 Ω 态,开创了对热密夸克物质中喷注淬火的研究,提出无能隙色超导态,预言重夸克偶素的横动量分布并得到了实验验证等。

虽然我国在核物理研究方面做出了一些具有国际影响的研究工作,但与世界一流水平相比仍然有较大的差距。过去 10 来年的加速发展奠定了比较好的基础,未来十几年面临着难得的发展机遇。

目前,国际同行公认的核物理主要研究方向包括以下 5 个方面:

(1)原子核稳定性极限的核结构和有效相互作用。研究滴线区新结构和新效应、超重核、长程和短程核力等。对应大科学装置包括美国的 NSCL、日本的 RIBF、德国的 FAIR-NSTAR、法国的 GANIL、中国的 HIRFL-CSR 和 BRIF 等。

(2)夸克物质。研究高能核碰撞中强相互作用相变与新物质形态的实现,以及如何探测夸克胶子等离子体的性质。对应大科学装置包括美国的 RHIC、欧洲的 LHC、德国的 FAIR-CBM 等。

(3)强子结构。研究夸克禁闭、部分子分布、核子自旋等。对应的大科学装置包括美国的 CEBAF、日本的 J-PARC、中国的 BEPC-BES 等。

(4)核天体物理。研究与元素生成、恒星演化、早期宇宙和致密星体相关的各种核反应等。

(5)基本对称性。研究标准模型、QED、CP 破坏和中微子等。

第十六节　核技术及应用

核科学与技术近年来得到了极为迅速的发展,在基础前沿学科领域,特别是微观层次改变物质性质或获取物质内部的微观信息研究方面，成为不可替代的重要手段。同时，随着全世界对能源、健康和环境问题的日益关注，核技术及应用学科面临新的发展机遇期，其在未来若干年内的需求激增，将在国民经济发展和国家安全等应用方面发挥越来越重要的作用。在核科学及技术方面应通过基础前沿学科发展带动，结合国家发展和社会需求，在注重基础前沿学科领域自身研究的同时，还应加强具有重大战略应用前景的核技术应用研究。因此在核技术及应用学科的发展布局如下：在大型基础科研装置方面，建议采用以集中发展为主，平衡布局为辅的发展策略。根据国际发展前沿动态，结合我国大科学装置发展的现状，集中布局一批跟国家基础前沿科学大装置相关的关键技术研究和样机研制，遴选支持若干基于下一代先进大科学装置的测量探测设备。在满足国家重大需求方面，加大核应用实验装置、ADS 实验及示范装置、下一代磁约束聚变装置、激光和重离子驱动的惯性约束聚变装置的相关研究，争取在关键技术方面取得突破性进展，满足国家重大战略需求。在关乎国计民生的应用领域，重点支持以重离子治癌、先进检测装置、基于核技术的纳米材料等方面的研究，在支持现有或相对成熟技术的同时，鼓励具有创新性和前瞻性的新技术、新原理的探索研究。

核技术及应用的几个主要方向的发展目标建议如下：

（一）核能应用方面的发展目标

加强对先进核能技术的基础研究，新概念核能装置的原理研究，大力加强对核能燃料、核能材料及乏燃料处置的研究，建立先进的核能技术研究实验平台和自主化计算分析平台，为我国核能事业的大发展提供有力的支持。在新概念的核能系统方面，我国在加速器驱动的次临界系统（ADS）研究方向和潜在核能钍资源的研究都具有了一定的发展，在这两个方面将会取得实质性的进展。

（二）辐射物理与核能材料方面的发展目标

通过核能材料和辐照损伤的相关研究，研发出若干具有自主知识产权的高性能核能材料，改变我国相关核能材料现阶段主要依靠进口的状况；铸就一支高水平的具有创新与攻坚能力的研究队伍，形成若干个优秀创新群体；建设本领域高水平的基础研究和技术创新基地；提高在国际学术界的地位和活跃程度，进一步提升在国际合作中的地位。

（三）辐射医学与核医学成像方面的研究目标

通过"十三五"期间离子束先进放疗技术的研发，形成系统的装置研制能力和治疗技术，逐步实现癌症治疗装置的国产化和普及化，使我国跻身放疗领域的国际先进水平。在核影像方法和理论研究方面、关键器件和部件研制方面的自主创新能力显著增强，系统集成能力显著增强，在科学研究、医疗诊断、国家社会公共安全等方面的应用能力显著增强，促进人民健康水平和社会经济的发展；研制一批性能优良、具有市场竞争力的关键装置和设备，在应用上取得一批具有重大影响的科学技术成果，使我国在核影像技术研究、设备研制与分子影像研究方面进入创新型国家行列，在相关方面处于世界先进地位。

（四）空间辐照和辐照育种方面的目标

在空间辐照上大力加强相关平台建设，完善平台设施。在辐照育种方面应加强基础研究，将以各类"组学"方法（基因组、表型组、转录组、蛋白质组、代谢组）为代表的现代生物学技术应用于重离子辐照诱变育种中，建立高通量筛选平台，系统分析各类离子参数诱发的变异机制，为各类植物的海量筛选及种质创新奠定基础，在国际离子束辐照诱变育种研究领域取得一定地位。

（五）新型核探测器和核检测的发展目标

重点发展我国在核材料检测和处理、防止核扩散、国土安全等领域需要的新型核检测与核探针技术，大力支持辐射检测技术，使这些研究系统化、规模化，走出小作坊模式。

（六）先进加速器技术方面的发展目标

面向国家战略和经济发展需求，面向世界科学发展前沿，加强加速器大科学装置的前期预研和技术攻关，重视大科学装置本身的技术创新和发明，攻克一批下一代先进加速器大科学装置所面临的原理和关键技术难题，实现我国加速器研究总体上处于国际上先进水平，某些方面处于国际领先水平。

（七）新兴前沿领域的目标

发展核技术解决纳米颗粒物的精确表征和定量检测等研究方法上的瓶颈问

题。通过探索单细胞水平雾霾颗粒物诱导的细胞生物学效应，深入揭示雾霾颗粒物健康效应的生物学或物理化学机制，为我国的雾霾治理提供关键的科学依据。

第十七节 同 步 辐 射

目前，世界上有大约60台同步辐射装置正在运行或建造中，大部分都集中在美国（11台）、欧洲（22台）和日本（9台）等发达国家和地区，80%的用户在这些光源上开展科学研究。我国现有的3个正在运行的同步辐射光源分别在北京、合肥、上海，有一支较高研究素质的用户队伍，已在凝聚态物理、材料科学和生命科学领域做出了一批高水平的科研成果。北京和合肥同步辐射装置建于20世纪80年代，经过升级改造后性能大幅度提升；刚建成运行的上海同步辐射装置有优良的光源性能，为高端用户提供了良好的研究条件。

总体来看，我国在同步辐射领域的总体规模偏小，方法学的发展、实验探测系统和科学竞争能力与世界先进国家还有一定差距。为了适应我国在未来前沿交叉科学对先进实验方法的需求，需要加大在同步辐射领域的投入，充分发挥现有3个光源的优势和特点，增建特色的实验线站，发展先进的高时空和能量分辨的同步辐射实验技术，同时开展第四代光源——自由电子激光的预研和建设。争取在10年内使我国同步辐射研究水平达到国际先进行列，对提升我国的综合国力、促进科技发展和创新能力等方面做出重要贡献。

第十八节 等离子体物理

随着国家经济的发展，对聚变等离子体物理研究领域（特别是磁约束、惯性约束聚变、空间领域等）的投入不断增大，一批新的设施已建成投入或者即将投入运行。目前，磁约束聚变有EAST和HL-2M托卡马克装置，低温和基础等离子体实验装置有北京大学的螺旋波等离子体、浙江大学的线性装置以及中国科学技术大学新建成的KMAX装置等，哈尔滨工业大学正在筹建可以模拟地球磁层的装置。这些设施的建设和一批国家计划的启动吸引了更多的高校加入到等离子体物理的研究中。通过国家各类人才计划，一批海外人才回国并与国内研究队伍的融合，显著改善了等离子体物理研究队伍的结构，在等离子体物理的多个方面组成了优秀研究团队，推动了等离子体物理学科的快速发展。在一些方面开展的前沿科学问题研究，其国际影响力越来越大。

过去几年，实验能力特别是加热能力的提高，在 HL-2A 和 EAST 两大磁约束聚变实验装置上均实现了高约束模式的等离子体放电，以核工业西南物理研究院、中国科学院合肥物质科学研究院、中国科学技术大学为核心的团队对边缘等离子体湍流/输运和约束改善机理的研究做出了系列重要成果，成为国际上在这一方向最活跃的研究小组。在国家磁约束聚变专项的牵引下，聚集了以浙江大学、北京大学、中国科学技术大学、清华大学和核工业西南物理研究院、中国科学院合肥物质科学研究院等为核心的、在国际上有很强竞争力的理论和大规模数值模拟团队，自主发展理论模型和数值模拟程序，在射频波加热、输运、高能粒子物理方面做出了有影响力的工作。特别需要强调的是，近年来理论、建模和数值模拟方面的工作与实验联系更加紧密。

我国开展低温等离子体物理和应用相关研究的高校或科研院所多数侧重于技术研究，涉及的领域有物理、化学、化工、材料、应用电子技术、生物技术和新型能源等，实质性从事低温等离子体物理研究的主要集中在少数高校和科研院所。过去的几年，以大连理工大学为代表的高校在等离子体源物理和理论模拟、以清华大学为代表的高校在低温等离子体诊断理论和技术等方面取得了非常显著的进展，中国科学院力学研究所和中国科技大学在大功率射频产生的电弧等离子体方面取得了重要进展。

国内基础等离子体物理的研究已逐步形成了自己有特色有深度的研究，在国际上有一定的影响力。例如，近期大连理工大学在对射频鞘层特性的研究中首次实验验证了在低气压无碰撞的情况下，电子与振动的鞘层可产生共振形成高能的电子束。大连理工大学、清华大学等开展了基于光谱学诊断电子温度的研究，提出了新的物理模型和方法。多个科研院所合作对卫星探测数据进行理论分析和模拟揭示了空间等离子体中磁场重联、波和粒子作用的机理等，均引起国际等离子体物理科学界的高度关注。另外，国内对鞘层、预鞘层以及磁化预鞘层的结构和理论开展了比较广泛和深入的研究，国内一些高校和科研院所（如哈尔滨工业大学、一些专业航空院所等）对霍尔推进器、螺旋波等离子体推进器也有广泛的研究。

我国的高能量密度物理领域是在惯性约束聚变研究的牵引下逐渐新兴发展起来的，目前已经成为等离子体物理领域一个重要的生长点。它涉及新型高亮度源、实验室天体物理、温稠密等离子体等一系列研究前沿。该方向存在大量的科学问题，也具有广泛的应用前景，而且与其他学科有广泛而深入的交叉。

过去几年的发展已使我国具备了开展磁约束聚变重大前沿课题研究的能力，我国中长期磁约束聚变发展路线图正在制定中，参与 ITER 的科学研究计划也在准备之中，这些因素推动了围绕聚变堆物理密切相关的关键科学问题的研究。聚变研究的快速进步在很大程度上也推动了基础等离子体物理的发展，典型的例子有将螺旋波等离子体应用于磁约束聚变装置第一壁的清洗，将等离子体鞘层的理论应用于聚变射频波对等离子体的耦合研究等。

等离子体物理学的发展，既要针对国家在受控聚变研究方面的重大战略需求，解决大科学工程中的基础科学问题；也要注重学科自身内涵的深入和外延的拓展，推动学科健康发展，吸引最优秀的人才充实到研究队伍中来，提高学科的竞争力。

第四章

物理学学科的发展目标及其实现途径

　　国家自然科学基金作为我国科学技术基础研究资助的主渠道之一，以公平、稳定的方式，对支撑我国自然科学研究近30年的快速发展起到了重要作用。伴随着我国物理学科研究队伍的不断壮大、研究水平的大幅度提高，一些研究方向已经实现从跟踪、并行到领跑的转变。基于这样一个良好的发展态势，物理学科应该在"十三五"规划中制定更宏伟、更具体的科学目标。在资助、评审和评估制度方面要有突破性的创新，在我国未来科学发展的构架中，物理学要争取在一定程度上起到率先和引领的作用，追求卓越的原始创新，充分发挥其基础学科的关键作用。这也是我国走向科技强国必须跨越的一步。因此，应该把"十三五"作为我国科学跨越式发展的历史性转折时期来考虑：我国即将从科技大国走向科技强国。

　　我们应在现有研究基础上，进一步改进重要基础设施和实验条件，进一步提升原始创新的能力和总体水平，瞄准重大科学前沿，突破关键技术、方法和关键材料制备的瓶颈，在重要科学问题上取得重大突破，进一步扩大在国际上的影响力，形成有引领作用的研究团队，有特色的学派和凝聚原始创新力量的研究中心，在国际上引领一些分支学科的发展。同时还将物理学发展的技术方法及时转移到国家高技术领域,为解决国家安全和经济发展中的关键瓶颈问题做出更实质性的贡献。

因此,在我国物理学研究"十三五"规划中,除了沿循"十二五"规划成功的基本思路进行二级学科的具体规划外,还应当从整体上考虑和规划整个物理学科。国家自然科学基金委员数理科学部要从以下几个方面,进行整体把握和宏观调控:

(一)关键实验技术、工具方法和仪器设备方面要有导向性规划和部署

"十三五"期间,要继续加强实验技术方法与科学目标驱动的重大科学仪器研制的规划。要针对各个二级学科相对明确的科学问题,进一步面向具体化对象的实验技术/方法的研究内容,完善实施方案和评价、评估措施。制定宏观规划,对拟重点发展的原始技术创新(如与各种极端条件相关的技术)给予政策性的鼓励。考虑到原创技术、方法和高精尖仪器设备是制约我国科研水平提高的瓶颈之一,这一部分规划一定要监督实施、执行有力,这样才能从实验的层面上促进我国整个基础研究水平的跨越式提升。该部分的内容和要求在优秀青年基金和创新团队的资助及评估方面要有所体现,鼓励、引导优秀且年轻的科研人员在他们独立从事研究的初期阶段就充分重视这个问题,这样他们业务成熟以后才有可能取得重大的科技成果,才能真正符合物理学基础研究的规律。

(二)新形态、新结构(如低维材料和异质结)和重要功能材料的制备质量要有显著提升,要匹配相关的战略规划和动态资助制度

由于研究的主要内容和方法可以沿用现有的实验手段和理论方法,所以其重点应该放在新材料、新结构制备合成技术的精益求精上。要明确材料质量的具体指标和相关物理参数,在基金评审和结题时要作为主要的评价参考指标,要"力求精、不求新"。我国在门槛较高的半导体方面有可以借鉴的经验教训。同时,要尽最大可能借鉴材料工程科学、化学和生命科学等学科的先进材料制备与合成技术,形成跨学部间的信息共享机制,避免重复资助,鼓励各不同学部积极支持优势互补的基金项目。要大力鼓励学部内二级学科之间以及跨学部之间的交叉。例如,针对国际最新发展或一个时期的发展热点,针对某

些具体新型材料（如最近几年出现的拓扑绝缘体、石墨烯等）和新型材料结构／形态（如功能材料界面、异质结，超导体、磁性、半导体、拓扑绝缘体、铁电、铁磁、催化和储能材料的低维结构，以及由任意两者或三者组合形成的异质结）建立快速的动态反应和资助机制，及时组织和规划一批跨学科或者跨学部的重大项目或重大研究计划。这不仅会降低不同学部间的重复部署，而且有利于基金使用效率的显著提高。该部分可以根据具体研究对象和相关的科学内容，在几个学部如工材学部、化学部和信息学部等共同考虑商定、统一规划，并制定各自学部的研究重点和主攻方向。

（三）面向国家重大需求的应用研究要有前景导向性的规划和部署

我国的能源短缺、国家安全和国防技术等重大国家需求往往涉及非常基础的科学问题。这些问题的解决不仅仅涉及具体技术和工艺层面的问题，而在过去我们对其背后的科学问题的提炼不够。这方面一个成功的例子是美国的 DARPA 计划。我们建议在"十三五"期间，组织人力、物力系统地分析和凝练国家重大需求提炼出来的具体基础科学问题，与相关学部合作凝练跨学部的联合项目，减少重复资助，由此加大最关键问题的资助力度。在保证长期重大目标的实施以外，每年都要有快速反应的动态机制与之配合，明确短期优先资助方向。从远景和近景两个角度引导部分学科规划重点，有目的地与其他学部交叉，实现重大突破，完成国家自然科学基金在国家创新发展战略驱动时期的历史使命。该部分可以根据重大需求的内容和类型，在几个学部（如信息学部、化学部和工材学部等）共同考虑商定、统一规划，并分解问题，制定各自学部的研究重点和主攻方向。

（四）针对相对明确的重大科学问题和重大科学难题的规划与弹性经费资助制度

从物理学科总体上来讲，一方面，要根据国际发展状况，调动战略科学家的积极性，在充分调研和论证的基础上，选择重大科学目标在较短时间（如5年）需要攻克的、目标相对明确的具体问题，作为整个物理学科导向性的优先资助方向。这部分的经费要单独列支，总量不一定大，但也不必要按年度严格限定，允许计划资助经费总额和实际执行经费总额的不一致，建立弹性经费资助制度。另一方面，也要直接对目前科学界已经形成共识的重大科学难题进行规划，以公开、公平的方式制定长期的优先资助方向。项目执行可以落实到有信誉的个人和研究组，充分调动其攻克重大科学问题和科学难题的积极性，倡导科学家的探险精神和攻坚克难作风。鼓励面向高难度科学目标开展研究，促进实验技术的飞跃式发展和重大技术发明，从而导致一些意想不到的、不同于既定目标的重大科学发现。这种做法可以在一定程度上克服目前很多研究项目的低水平重复资助（过去这种情况在面上项目和某些重点项目上有一定的普遍性）。这是我国物理学基础研究水平发展到目前阶段时必须采取的一个调整措施。该部分可以在杰出青年基金项目和重大项目的资助及评估方面有所体现，调动业务成熟且有较好的研究基础和条件的物理学工作者攻克重大科学问题的积极性。

（五）认清理论工作的特殊性，加强理论研究，促进实验和理论实质性结合

我国理论物理的研究有很好的历史传承。现在我们要对理论物理学在当代物质科学发展中的基础性引领作用有充分的自信。国家自然科学基金要鼓励中青年学者坚守理论物理研究的阵地。唯有如此才能抓住物理学重大突破的各种机遇。我国理论物理学未来的发展，要立足于当代物理的学科前沿和重大物理实验，面向国家重大需求驱动的基础科学问题，重点布局并全面发展影响理论物理和交叉领域原始创新的思想方法和科学理论。

（1）必须意识到，理论物理是纯基础研究，对其进行支持，首先要以个人为主，加强对有科学信誉的个人的长期稳定支持；其次是建立形式自由，有重大科学问题牵引的研究群体，创造宽松的学术氛围，在国家层面上形成孕育重大科学突破的环境和土壤。

（2）要正确认识理论和实验的关系，创造条件实现理论和实验的实质性结合。理论物理要面对有助于科学发现的原理实验和对未知世界探索的新实验，推动我国物理学工作者用自己的实验检验其有重要预言的理论，而不只是停留在对别人已有成熟理论的演示上。

（3）物理学本身是一门实验科学，但理论物理是立足于全部实验的总和之上。理论正确与否必须落实到实验检验上，但在物理学发展过程中，有的阶段性理论研究，开始要允许有完全看不到实验检验的可能，但经过进一步拓展、补充后却可以导致重大突破和科学革命（相对论和规范场论是这方面的典型例

证）。因此，我们允许、也要宽容对待（甚至有选择地鼓励）此类纯理论的探索性研究，特别是涉及物理学各分支领域基础的新概念、新方法和新思想。

以下分领域提出学科发展目标及其实现的途径。

第一节　量子物理与量子信息

根据学科发展现状和趋势，量子信息学研究将实现如下科学目标：突破实用化量子通信技术的一系列技术瓶颈，构建安全的全域量子通信网络体系；面向通用可编程量子计算，实现多个量子比特的寻址和高精度相干操纵；对一些重要的、经典计算机不能有效模拟的复杂物理体系进行量子模拟；实现有应用价值的量子技术，如量子计量学。

我国的量子信息学科已经在国际上占据一席之地，在一些分支点已经处于世界领先水平。"十三五"期间，要继续保持发展势头，仅并行和跟踪是不够的，必须有一两项原始创新的引领性工作。因此，我们必须加强量子信息及其物理的基础研究，发展关键性的仪器设备创新，靠商用设备和他人技术路线是不能获得原始创新的。要减少没有科学动机、浪费资源、创纪录式的演示性实验的泛滥，要么可靠稳妥地解决国家实际需求提出的问题，要么在基础方面有前沿性的重要意义。

一、要加强的优势方向

结合前述科学目标和我国当前的研究基础，预计在"十三五"期间我国最有可能做出重大及开创性成果的优先发展领域为：

（1）实用化量子通信技术。

（2）基于固态自旋、超导、量子点等具备良好可扩展性物理体系的固态量子计算。

（3）基于超冷原子光晶格和自旋磁共振等实验体系的量子模拟。

（4）基于单自旋的量子灵敏探测及单分子水平的结构分析和成像。

（5）直接基于实验和启发实验的量子物理基础问题研究。

二、发展建议

对"十三五"期间我国量子信息学科发展的建议:

(1)需注重多学科的交叉和联合攻关,必须强调和深化物理学与数学、材料科学、化学等多领域研究力量的有机结合,促成国内量子信息理论和实验的直接结合。在项目资助上,重点支持跨学科乃至跨学部的交叉联合研究。

(2)通过面上项目和重点项目支持有重大目标驱动的量子物理基础问题研究,带动一批对量子信息理论方案和物理实现具有新思路、新途径和新方法的创新研究。容许失败,但也有可能做出原创性和引领性的研究工作。

(3)鼓励和支持科研设备仪器的自主创新研制,避免依赖进口零件的简单拼凑,大力支持关键技术的原创性探索,如单光子源和探测技术。

(4)在人才培养和国际合作交流上加大支持力度,凝聚和支持一批有创新力、有竞争力的杰出研究队伍,建设有国际竞争力的量子信息研究中心。

第二节　原子分子物理

一、要加强的优势方向

要加强的优势方向有:

(1)超快强激光场中原子分子动力学研究。获取具有原子级空间尺度分辨和原子分子电子波包演化测量时间分辨的谱学信息,特别是超快强光场下原子分子各种物理过程和产物的完备探测,同时结合实验发展各种有效的含时多体理论方法和数值计算,深入认识超快强激光场中原子分子行为、原子分子多体关联动力学、多电子关联动力学、电子动力学等。

(2)原子分子量子态的操控研究。发展多参量飞秒激光调制技术,特别是偏振整形、CEP稳定的少周期超快光场调制,开拓优化整形飞秒脉冲或CEP稳定的少周期超快光场控制原子分子激发态动力学的新技术方法,探索原子分子各种电离、解离(多次电离、解离性电离、多体解离等)途径的精确控制,寻求利用光场整形和剪裁实现高效极端辐射(太赫兹、极紫外等)产生以及原子分子里德堡电子波包、分子振动 - 转动态相干调控的途径。

（3）温、热稠密物质的结构、辐射性质和状态方程研究。发展基于原子分子物理的温、热稠密物质研究的数值和实验方法，突破现有的单原子、半经验、微扰、弱耦合的理论框架，获得新方法、新模型、新机制、新现象。在结构性质方面，主要研究温、热稠密物质中原子空间分布的拓扑结构，原子的扩散和输运，离子和电离电子的相分布，电离电子和束缚电子结构与输运，电、热传导性质等。在辐射性质方面，主要研究温、热稠密物质的光辐射和吸收的精细物理模型——细致谱项 / 能级（DTA/DLA）模型。自主发展 DTA/DLA 模型方法并独立研制高效可靠的计算软件，研究包括非热平衡和相干跃迁过程在内的原子能态之间的输运过程。

（4）电子、离子碰撞物理前沿研究。利用重离子冷却存储环和电子束离子阱装置，产生高电荷离子并研究其辐射光谱和碰撞过程。产生类氢、类氦和类锂等少量电子重离子，精确测量其光谱结构，研究对其能级结构和碰撞动力学直接影响的相对论效应、量子电动力学效应，以及极端强场下相对论和量子电动力学效应等。电子、离子与原子分子碰撞的单（多）电离、自电离以及解离的完全测量是验证多体动力学理论最基本也是最重要的手段。实验发现非散射平面碰撞电离中的一些结果与理论预言严重不符，表明对其中的多体关联相互作用过程有待深入研究。利用中高能电子与原子分子碰撞电离的符合实验，实现对原子分子轨道的成像，是碰撞物理的重要前沿课题之一。

二、要扶持的薄弱方向

（1）复杂气体原子分子环境中飞秒激光脉冲传播规律研究。由单个原子（分子）在强激光场中的量子行为通过统计系综来认识飞秒激光传播这一宏观现象。利用含时 Hartree Fock 和含时量子蒙特卡罗方法，探求传播过程中如克尔效应、光电离等宏观现象的作用机理，获得复杂环境下的传播非线性参数，并结合实验模拟，测定各种复杂气体环境下的传播过程及强激光非线性相互作用，探索有效控制激光传播及成丝的途径和在复杂气体环境中的传播规律，深入认识超短激光脉冲在大气环境中与远距离传输相关的基础问题。

（2）相关先进研究平台建设。原子分子物理学科是实验性很强的学科，面向学科前沿和国家重大需求，逐步有计划地进行学科相关先进研究平台的建设对提升整体创新科学研究实力至关重要。建设：① 10fs 以下超快强激光与原子分子相互作用研究装置，探索超短强激光诱导的新量子现象、规律，认识极端条件下物质的基本行为和变化动力学；②发展高效高次谐波辐射和阿秒脉冲产生与探测技术，探索超强 EUV 和 X 射线激光与原子分子相互作用的动力学以及阿秒脉冲控制电子运动技术；③与高能量密度相关的原子高剥离态及其过程研究平台，为认识和掌握高温高密度等离子体性质提供原子高剥离态辐射、碰撞相互作用的基础原子分子过程及数据支持；④结合极端波长（软 X 射线到太赫兹）辐射源和超快激光技术，发展极端波长超快相干光对原子分子的泵浦‑探测技术，发展基于原子分子的影像谱学、符合测量等检测技术；⑤高性能计算与模拟平台，着重发展基于高精度量子从头算方法、含时的多体动力学量子计算方法、非平衡态过程计算等。

三、要鼓励的交叉方向

（1）原子分子团簇的结构与物理化学性质的研究。由于其价电子在空间上受限而产生的电子局域性与相干性增强，以及更大表面原子体积比所引起的不同原子间的相互作用，团簇体系出现既不同于原子分子又不同于宏观凝聚态的独特性质。研究团簇特性与其电子结构、几何结构以及其尺寸演变的关系，是原子分子物理学科中团簇物理研究的中心问题。从原子与分子物理出发，通过研究自由原子分子电子结构、物理和化学性质向大块物质演变时所出现的物质构造特性，沟通与凝聚态物理和材料科学中物质结构与性质设计的联系。

（2）超快原子分子磁性演变和自旋反转动力学研究。研究飞秒激光诱导产生的材料中原子分子体系相干自旋旋进和相干声子激发等非热过程，建立针对不同磁性、低维磁性材料的泵浦‑探测技术，从实验上深入理解光子与电子电荷和自旋、声子的相互作用以及各相关角动量间的转换与守恒机制，从而揭示时间相关的自旋轨道相互作用、自旋交互作用、自旋声子相互作用以及自旋旋进等非热动力学平衡过程。研究凝聚态中电子自旋动力学，载流子与空穴复合动力学等各种新型泵浦‑探测技术。

（3）复杂分子体系性质及动力学的飞秒时间分辨研究。研究复杂分子体系的电子、核运动及其耦合产生的各种超快动力学过程，包括分子内部振动量子态的演化过程实时监测，演化通道及产物的关联性变化规律，超越玻恩‑奥本海默近似过程（电子-核运动的非绝热性耦合、角锥交叉现象）等多体多事件问题。研究分子体系光诱导超快动力学过程的环境效应，如压力对激发态分子振动转动、振动能量再分布和能量转移、转动取向弛豫的影响、压力下分子内（分子间）氢键激发态质子转移动力学、分子氢键激发态电荷转移、激发态氢键分子异构化动力学等。加深对分子内、分子间氢键激发态超快动力学影响的认识，探索压力对分子间相互作用、分子体系结构等的调控以及压力作用下的超快演变规律。相关研究与生物学、能源科学及化学密切相关。

第三节 光 学

一、建议的优先发展方向

今后 10 年，需要围绕开创科学前沿和服务国家需求两个基本点展开学科布局，进一步凝练研究目标，充分发挥光学学科与其他学科交叉和融合的综合优势，力争实现若干重大突破和重要应用。建议的优先发展方向如下：

（一）超快和超强光物理

超快和超强光物理研究，一方面需要进一步探索发展超强超快激光新原理与新方法，创造更强更快的极端物理条件；另一方面，利用超快超强激光与物质的相互作用探索新的物理效应和应用。超快超强激光脉宽已达到周期甚至亚周期量级，激光与物质的相互作用也将产生新现象与规律。超快超强激光与特殊形态物质的相互作用也成为新的研究内容。超快超强激光加速机制可获得比传统加速器更高的加速梯度，有望发展成新型激光粒子加速器。激光驱动的强场高次谐波为获得极紫外区相干光源提供了一种有效途径，开创出了阿秒科学新领域。

超快激光的发展为超快化学动力学、微结构材料科学、超快信息光子学与生命科学等前沿交叉学科的发展提供了新手段与方法，将使人类在更深的层次上进一步认识微观世界物质内部的能量转移和信息传递过程。同时，超快激光的发展使得精密光学频率梳的产生和调控得以实现，在光频率梳基础上发展的光钟可以将现有原子钟的稳定度提高 4 个数量级等。高精度光学频标产生、传递和测控技术将在基础研究、国防应用以及社会生活等领域产生重大影响。

（二）介观尺度光子学

介观尺度光子学发展方向已集中在纳米及深亚波长新型光场的产生，突破衍射极限空间尺度相干光场的产生，纳米尺度的极端光聚焦、表征与操控，介观光学结构光过程的精确描述，以及微纳结构中光子与电子、声子等相互作用的新机制等。光场约束能力与局域／传输损耗关系的突破以及寻求新材料新结构是该介观尺度光子学重要的研究方向之一。目前，具有超强约束能力的表面等离激元纳米线结构，在表面等离激元共振波长附近，已经有希望将光场尺度约束到可以与固体中电子波函数所确定的空间尺度相当的程度，但是电子集群振荡与材料晶格之间能量交换所带来的高能量损耗，仍然没有解决。在介观尺度上结合近场光学、导波光学、非线性光学和量子光学等效应，是实现更好约束光场传输的有希望的途径之一。

在同等激发功率或能量条件下，通过介电局域或表面场增强等方法，将光场约束到光学介观尺度，将极大地提高物质（或结构）与光相互作用过程中的等效非线性系数，从而极大地增强光学非线性效应。该方向的重要研究趋势之一是实现更快速、更高效和低能耗的光场调控能力。

介观结构的发光调控及其纳微光源应用是介观光学及器件领域的重要研究内容。该方面研究主要集中在基于量子点等结构的量子光源、基于纳米线等结构的可集成纳微激光器以及基于表面等离激元结构的超小模场激光器等。通过测量约束光场的强度、相位、光谱等参数随环境条件的变化，可以研制高灵敏度、快速响应、低功耗、生物安全的痕量纳微光学传感器。

（三）人工光场操控及相干控制应用

对光场进行人工操控和修改，从而创造出相应的极端条件对物理体系进行深入研究是极端光学前沿的重要领域之一。人工光场操控涵盖时间和空间等四维空间的调控和改变，4 个维度相互耦合。总体看，可分为光脉冲整形及相干控制（时间）和光空域调控（空间三维）。

激光脉冲整形及相干控制研究包括开展整形光场与体系能级间的光谱－能量－时间关系的理论探寻，形成脉冲整形理论和实验的完备体系。相比于标量光场，光场偏振态、位相和振幅空间结构的引入，尤其是当具有三维偏振态分布、存在多奇点和对称破缺时，现有理论不再完备，需要发展新的物理描述。

生物分子体系的相干控制研究。生物分子的识别是分子生物学的重要应用领域，脉冲调制及相干控制将在这方面有着实际的应用价值。通过脉冲调制及相干控制的方法，可以为生物研究提供更多的便利条件。利用空间结构光场所具有的新颖偏振态分布特性、新颖角动量和强纵向场，调控微结构中的电子跃迁和弛豫过程、激发态布居等，实现对激发/辐射过程的控制。

空间结构光场的新颖聚焦特性，涉及纵向场增强、奇异性质和表征技术等。纳米结构体系的相干控制研究未来主要着眼于纳米光子学器件，实现光场可控的表面等离激元传输结构，解决光场与表面等离基元相互作用的基本科学问题。利用整形脉冲的调控，整形脉冲不同部分的相干特性可以在微纳结构中叠加起来，构成对表面等离激元的控制。使此方向的研究从单一的微纳结构设计转移到结构与光场的共同设计，实现更深层次的耦合。并且由于光场的实时可变性，因此可以对表面等离激元的运动进行实时的调控，从而极大地拓展了表面等离激元器件的应用范围。

（四）量子光学及冷原子分子物理

量子光学方向重大研究问题主要包括基础物理研究及量子态工程、光与物质相互作用中的量子光学研究和量子器件以及固态与人工结构中的量子光学问题。

对光的本性关注是量子光学最核心的问题之一，利用光子或者光子与物质作用产生的量子态对量子物理基本问题的检验和对光场（光子）自身的探究一直在进行。超冷原子分子是一个在几何构型、维数、相互作用形式及丰富内部自由度可调控的量子多体系统，它是研究新物态及其物理规律，发现新奇量子现象的理想对象。随着光与物质相互作用的增强，利用光子实现对原子分子外态和内态的控制水平不断提高。

通过原子冷却和微光学阱，人们可以把单个中性原子长时间俘获，进而置于受限空间，实现与腔或者其他特定微结构的强耦合。光与原子分子能够在单个粒子的水平上进行可控的相互作用，从而可以确定性地操控原子分子的内态、提高测量的灵敏度和精度。单个粒子的控制研究将可以极大地推进腔量子电动力学的研究。固态与人工结构中的量子光学可以获得许多新的相干物理现象甚至宏观量子现象，可为发现更多的物理现象提供实验平台。

此外，光电、电光转换物理与太阳能及照明等应用研究也是光学重要的交叉研究领域，对转换机理、动力学过程、尺度及表界面效应等进行深入研究，提出新机理，发展新材料、新结构，发展新型高效太阳能与电光转换器件。

二、建议重点支持的先进研究平台

为支撑上述优先发展领域和方向的研究，建议加强相关综合性研究平台的建立。历史上许多重大的科学发现都得益于实验条件的进步和研究手段的拓展。近年来极低温、强磁场、超快超强光场和高压等极端条件的发展和运用，使得人们可以在实验室中发现并研究物理、材料、化学和生命科学中许多奇妙的新现象，为未来能源、信息和材料等领域中科学问题的研究和核心技术的解决提供了新的途径。建议"十三五"期间重点支持的先进研究平台如下。

（一）同步辐射光源装置

同步辐射光源在现代科学技术发展中的重要地位已为科学界公认并逐渐得到社会和各国政府的认同。同步辐射甚至成为某些前沿学科不可缺少的分析工具。例如，为了揭开自然界各种生命现象、生命起源的本质，提高控制宏观和微观物质的能力，需要利用 X 射线光源研究物质内部的原子结构信息，利用真空紫外（VUV）光源来研究与材料的功能和性质相关的电子结构信息。

我国大型光源装置建设的发展路线图如下：2015 年左右，完成上海光源二期工程，进一步缩小我国与先进国家的差距；2020 年左右，建成我国新一代先进光源，以世界最亮的同步辐射光源跻身世界先进行列。同时，完成软 X 射线自由电子激光装置的建设；2030 年左右，建成世界最先进的 ERL 和 XFEL 光源，全面达到世界先进水平。

（二）超强激光综合研究平台

超强超短激光被认为是人类已知的最亮光源。利用超强超短激光光源及其产生的高能粒子束和射线束，可以开展高能量密度物理、材料科学、阿秒科学、高能物理、核物理、实验室天体物理等前沿研究，也可以推进小型化高能粒子加速器、放射医学等高技术领域的发展。

2010 年第 1 期 *Nature* 期刊 *2020 Visions* 一文预测激光领域未来 10 年可能实现的 5 项重大突破中有 4 项与超强超短激光直接有关。国际上正在大力发展基于超强超短激光的多学科综合性研究平台。例如，Extreme Light Infrastructure（ELI）计划于 2006 年被纳入欧盟未来大科学装置发展路线图后，于 2012 年陆续启动实施，总投资达到 8.5 亿欧元。针对国际发展态势，我国一方面应继续支持基于已有超强超短激光装置的物理研究，同时要抓住目前我国在激光功率方面处于国际领先的重要机遇，率先建成具有世界最高激光功率（激光聚焦强度超过 10^{23}W/cm^2）的超强激光光源科学实验装置，成为面向用户的大科学装置。

（三）纳米、微米尺度精密介观光学加工和研究平台

精密光学加工手段是介观光学研究发展的基础和技术支撑，这方面我国目前相对欧美等发达国家有相当大的差距。例如，美国科学基金会资助了包括哈佛大学纳米光学加工中心、斯坦福大学纳米光学加工中心等。而我国没有一个相应的介观光学材料加工和器件研制中心。同时，纳微尺度下光学测量和表征系统价格也很昂贵，但具有很高的公共需求。建设若干全国性的"先进的微米、纳米精密光学加工和研究中心"，可以避免各单位的低水平重复，通过服务于广大高校、研究所和企业的研究人员，将大多数科学家从繁杂的日常仪器管理和维护等事务中解放出来，将宝贵的时间和精力转移到科学探索和创新工作上。

（四）光量子信息研究平台

量子通信系统关键技术与器件研发平台：用于研发高速光源与信号调制技术、高速单光子检测技术、高精度时间同步技术、高速随机数产生器、太空环境中使用的激光器和单光子探测技术、星载纠缠源等关键技术和器件。包括：量子存储和量子中继技术研发平台，光与冷原子量子计算研究平台，固态光子芯片研发平台等。

近年来发达国家对光学领域的研究都给予了极高的重视，如美国自然科学基金会资助包括强场中原子非线性、人工微纳结构的光调控、电磁场量子性质等研究，同时联合能源部、美国国家航空航天局以及军方等多个资助机构的大量经费支持使得其光学研究始终处于领先地位。德国马普学会研究机构及一

些大学在超快强场、量子光学等领域处于国际前沿地位。奥地利在量子信息方面做出了一系列成果。日本十分重视与材料和能源相关的极端条件下物理问题的研究。因此加强我国与这些研究机构在相关领域关键物理问题上的实质性国际合作是十分必要的。

第四节 量子光学

依据学科的发展特点及自身规律，量子光学与冷原子分子物理未来的发展目标仍将站在国际前沿，瞄准以光子与原子（分子）为基础的高尖端技术所牵引的重大科学问题。在思想深度、控制精度与认识高度上推进人类对光与微观物质世界的认识的飞跃，产生对本学科发展具有深远影响的突破性理论、原创性关键技术原理，以及能促进其他相关学科进步、形成前景广阔的交叉领域的科学思想。通过重点布局具有原始技术创新性的研究方向，发展与其他相关学科，如凝聚态物理、纳米科学、材料科学、量子信息等密切相关的量子表征技术，开拓推动学科自身发展、引领人类文明进步与满足国家战略需求等相关的核心技术。同时在发展中，为年轻学者创造机遇与环境，在该领域造就一批世界级的科学家和领军人物，形成若干个引领国际前沿的研究团队和中心。

一、要加强的优势方向

目前学科整体上已有很好的研究积累，已形成一些高水平的优势方向，具备了一定的国际竞争能力。学科发展布局需要继续保持优势方向的可持续发展，同时又要进一步凝练研究目标，力争在以下优势方向上，发挥我们的长处，取得国际引领性的研究成果，实现若干重大科学思想与关键技术突破。

（1）光子－物质相互作用与量子操控。在量子水平上，探索光子－原子相互作用的新机制，发展光子、原子（离子）的精密量子操控新方法与新技术。包括腔量子电动力学（QED）及受限空间中的原子－光子相互作用、单量子水平控制；量子非线性光学，包括光子的非线性相互作用、量子转换、基于相干原子系综的光子－原子量子操控、量子干涉与量子关联等。

（2）冷原子气体的物性研究。在已有的玻色－爱因斯坦凝聚和简并费米气体的实验基础上，探讨如何实现对冷原子外部环境和内态超导精确操控、裁剪原子间的相互作用以及发展高分辨率的原位成像技术和各种谱技术，推进对冷原子气体的物性研究。另外，由于不同元素具有不同性质，有可能导致新的物理，其探索包括其他碱土金属和镧系金属元素在内的新原子种类的冷却，这也是冷原子物理的一个重要方向。

二、要扶持的薄弱方向

量子光学和冷原子分子的实验研究主要受制于各类实验技术和仪器设备，应重点扶持的薄弱方向包括：

（1）量子光学和冷原子中的实验与技术。量子光学与冷原子分子学科发展很大程度上依赖于精密光学技术、光子探测技术、真空技术等。我国在量子光学实验与冷原子实验方面仍然较薄弱，未来需要大力扶持与加强相关实验研究、仪器设备的研制工作。

（2）超冷分子气体的制备和操控。超冷分子气体代表了冷原子分子物理未来发展的一个重要研究方向。我国应重点扶持相关的实验和理论研究，具体包括：分子直接冷却的新方法或新技术；通过间接冷却制备达到量子简并的各种极性双原子分子气体；利用外电场、磁场、光场和微波场实现超冷分子气体的囚禁、超精细态的操控以及分子与分子间相互作用的裁剪；偶极量子气体的物性研究；超冷分子气体的量子模拟；冷分子的碰撞性质和超冷化学反应动力学等。

三、要鼓励的交叉方向

学科交叉是科学研究创新的源泉，是新学科生长的温床。量子光学与冷原子分子物理从一开始从自身角度的发展到相互融合，已形成了若干个交叉方向与生长点。在未来发展中需要鼓励的交叉方向包括：（但不限于以下内容）

（1）量子信息中的光子、原子与分子。光子作为飞行比特，是量子信息的传输载体，原子、分子等作为静止操作比特，是量子信息处理的理想界面（interface）。研究将包括量子信息中的量子光学基础问题；量子信息技术牵引的原子（分子）的量子调控新方法与新技术。

（2）凝聚态物理与量子光学。量子光学与凝聚态物理的交叉，主要体现在量子光学所发展的量子探测技术为一些凝聚态体系提供了理想的量子表征手段，这种交叉能促进学科的共同发展。凝聚态与材料光子学在这个基础上正在推进。

（3）基于冷原子气体的量子模拟。超冷原子分子气体的超长量子相干性和精确可操控性，使得冷原子体系成为模拟凝聚态物理、高能物理和宇宙学中诸多物理模型和物理过程的理想平台。国际上在基于超冷原子气体的量子模拟研究中取得了一批重要的实验成果。可以预见，随着操控手段的完善和探测方法的丰富，超冷原子气体必将在量子模拟的研究中发挥更重要的作用。

（4）能源与生命科学中的量子光学问题。基于光电效应原理的太阳能材料中的光子－电子转换以及自然中植物光合作用的光量子效应为量子光学提供了新的发展方向。

四、要促进的前沿方向

近几年，在国际上一些学科涌现出了新的发展趋势，我国学术界也已关注并推动这些新的学科苗头，有些方面我们甚至处于领先状态。这是一个新的机遇，需要重点布局、快速推进、争取主动地位。

（1）量子腔光力学。最近几年，从引力波探测研究而拓展出的一个新方向，主要涉及研究光与机械物体在低能尺度的相互作用与耦合。它是量子光学、固态物理、材料科学的交叉发展。目前可能的发展有，激光冷却宏观客体包括微镜等；腔量子光学与原子玻色－爱因斯坦凝聚体的结合；微腔与纳米尺度结构耦合等。

（2）量子计量学。基于量子体系物理参数的高精度与高灵敏测量是当前国际该领域发展的一个前沿方向。研究包括量子相位估值，量子噪声的抑制，突破标准量子极限的测量，测量中的海森伯极限问题，弱量子测量问题，基于光子、原子（分子）的量子计量学发展的新思路与新技术。

（3）超强耦合腔量子电动力学。光子与原子在特殊构造的腔或其他光学结构中的超强耦合，为研究腔量子电动力学提供了新的手段，也为光子的量子操控提供了新的方法与技术。超强耦合所带来的新的量子现象，是弱耦合区不能观察的，这一前沿方向值得关注。

（4）杂化量子系统。利用不同量子系统的优势，解决量子调控中孤立和控制这两个冲突的要求，从而实现更为精准有效的操控和更加强大的功能，这是研究杂化量子系统的主要目的。目前杂化量子系统研究中涉及的量子体系包括：量子光学系统、冷原子系统、超导量子电路、微纳光力系统和囚禁离子等。主要研究内容包括量子态在杂化量子系统中的存储、操控和传输。

（5）高能光子量子光学。高能光子与核物质相互作用所展现出来的量子效应，如集体 Lamb 位移、集体效应增强的超辐射和 X 射线散射的电磁诱导透明等现象，为核物理和量子光学交叉研究提供了新的契机。相关的研究内容包括：高能光子的非经典表现，如压缩光、光子聚群与反聚群和退相干等现象与性质；原子核 - 光子耦合体系中的集体辐射（超辐射和亚辐射）、受激辐射、电磁诱导透明和鬼成像等。

（6）超冷里德堡原子气体。超冷里德堡原子气体在量子模拟以及量子信息处理和计算中具有重要的潜在应用价值。主要研究内容包括里德堡原子外场调控、原子间相互作用的裁剪、新奇里德堡分子态、超冷里德堡原子与量子模拟、偶极阻塞及其应用等。

五、实现途径

量子光学与冷原子分子学科的发展很大程度上依赖于精密光学技术、光子探测技术、真空技术等。未来需要大力扶持与加强相关实验仪器设备的研制工作。另外，人才队伍的总体规模偏小，研究方向相对集中，领军人才的自我培养能力还十分有限，既有国际视野又有学术引领能力的人才很大程度上还是依靠国外留学方式培养。这些问题和学科发展与布局中现存的其他问题在下一个 5 ～ 10 年的规划中，建议可通过基金导向、整体规划、科学布局等宏观调控来逐步解决，形成一个有利于学科不断发展的健康大环境。

第五节　超强场物理

我国在强场正负电子方面的研究可以说刚起步，因此需要开辟新的研究方向,并力争在国际上影响和引领这个学科的发展。其研究对深入理解 QED 真空在超强场下产生正负电子对的物理过程以及实验研究起到积极的促进和指导作用。Z 箍缩研究具有重要的应用前景,尤其在驱动惯性约束聚变研究方面可以带动很多学科的发展。我们将立足于现有实验平台开展理论研究和实验研究,增强研究力量,针对聚变问题开展理论研究和部分物理过程的实验验证,逐渐形成我国在 Z 箍缩驱动惯性约束聚变研究方面的技术路线。在惯性磁约束聚变领域的研究得到了快速发展,并引起了国际同行的关注。学科进一步发展的目标是,通过与惯性磁约束聚变相关的理论及实验方面的研究,带动高能量密度物理及强磁场物理研究发展,促进相关领域及应用的大力发展,争取在国际惯性磁约束聚变领域占据一席之位,同时探索出一条适合我国国情的惯性磁约束聚变途径。

一、要加强的优势方向

(1)运用求解 QVE 的方法。由于运用求解 QVE 的方法对只有时间变化的电场下正负电子对产生问题的研究已经有了较好的基础,因此需要加强这方面的优势。另外,如何针对时空都变化的电场和磁场而得到类似的 QVE 是一个可能取得重大突破的方向。这一方向的突破将使得在复杂而真实的激光场下正负电子对产生的问题得到解决,进而可以指导实验设计激光形状和参数等。

(2)基于"聚龙一号"实验平台的理论和实验研究。主要是针对 8MA/100ns 的 Z 箍缩等离子体内爆,开展负载优化设计,研究影响 X 射线辐射源的一系列问题,包括驱动器与负载耦合、单丝等离子体形成和消融、不稳定性发展和强 X 光辐射产生及其变化规律。

(3)大电流 Z 箍缩驱动器概念设计和关键单元技术研究。主要包括大电流驱动器技术路线的选择、总体设计、开关技术、多路触发、同步技术、汇流技术等方面的研究。

(4)高温磁化等离子体聚变点火机理的研究。主要通过科学可行性论证研究,设计出具有中国特色的点火理论方案,并通过工程技术可行性论证,提出点火所到达的关键指标,为最终实现聚变点火提供可靠的理论依据。

(5)超强磁场与物质的相互作用理论研究。通过研究超强磁场环境下带电粒子的特点,超强磁场与物质的相互作用机理,超强磁场对点火过程的影响等，进一步了解惯性磁约束聚变点火的规律及特点，寻找可到达点火目标所必须遵循的理论方法与途径。

二、要扶持的薄弱方向

（1）Z 箍缩内爆的早期等离子体形成，涉及单丝汽化、电离、单丝等离子体形成以及多相混合等物理过程和问题，同时，单丝等离子体的融合、等离子体的整体消融、不稳定性种子的特征仍是需要深入分析研究的问题。

（2）套筒内爆不稳定性和燃料的激光预热与磁化过程研究，同时研究其对燃料压缩、等离子体能量损失以及粒子能量沉积的影响。

（3）Z 箍缩驱动条件下的靶物理研究。Z 箍缩具有区别于激光的显著特点，因此靶设计必须考虑到 Z 箍缩驱动源的特征以开展专门的研究。

（4）金属材料在超强磁场环境下的动态性质。主要针对金属材料特别是铝、铁、铜以及金等，在超强磁场作用下，主要强调其物理状态和导电特性从固体到液态及气体的变化情况，以及对聚变过程所产生的影响。

（5）超强磁场在固体、液体、气体以及等离子体中的扩散规律。一方面是均匀的超强磁场在金属中的正常扩散及输运特性；另一方面是非均匀的超强磁场位形在金属中的反常扩散及输运特性。

（6）高温氘氚磁化等离子体的热核反应截面以及输运系数研究。这与实现惯性磁约束聚变息息相关，非常重要，这一研究或许能够揭示实现点火的重要微观信息，对高能量密度物理的发展产生重大影响。

三、要鼓励的交叉方向

（1）鼓励与等离子体物理的交叉，通过对强场下产生的正负电子对所构成的对等离子体的研究，发现新的等离子体波的现象，并揭示其物理特性。

（2）鼓励与超快科学和技术的结合与交叉。飞秒超过技术有着广阔的应用前景，已经成为调控和探测量子真空态的有力工具。这方面有望做出新发现和新物理。

（3）鼓励与核物理的交叉，如处理重离子碰撞中夸克对的产生和夸克胶子等离子体的形成等问题。

（4）高温磁化等离子体的诊断技术，包括高温磁化等离子体温度密度压强以及超强磁场的测量诊断技术。

（5）强脉冲磁场下的能量转换机制研究，探索相关能量转换机制、开展强脉冲磁场下的湍流、输运研究是理解磁场与物质相互作用，认识强 X 射线辐射源产生过程的基础和关键。

（6）高温磁化等离子体靶的形成与磁重联及现象研究，这或许可以沟通微观点火机制与宏观天体现象的联系，形成相互借鉴的交叉学科。

四、要促进的前沿方向

（1）非微扰区域中的多光子过程。

（2）针对有较多研究基础的方向，包括 X 射线辐射源产生、黑腔辐射输运以及 Z 箍缩驱动惯性约束聚变整体过程，设立重点研究课题，给予较大强度的支持，开展针对性研究。

（3）应鼓励在脉冲强磁场条件下开展等离子体与电磁能转换机理、磁化套筒惯性聚变等方面的基础研究，并提供持续稳定的资助。

五、实现途径

（1）在重点领域中，对于前期执行成效好的项目，通过简单申请并经过专家组遴选，给予延续资助。

（2）在有可能做出重大突破的前沿方向，如 Z 箍缩驱动惯性约束聚变的大型脉冲功率驱动器设计和物理研究，适合我国的惯性磁约束方案及实施研究等方面设立重大研究计划项目。

（3）先进的仪器是本领域科研前期成绩的关键因素，因此需进一步加强高温磁化等离子体产生、高能量高功率电磁内爆装置、诊断设施的建设以及最尖端的科学仪器的建设，特别是那些具有自主创新的尖端设备的建设。

（4）人才总体规模偏小，需要支持更多的科研单位组建相关的研究组，希望在 "十三五" 期间缩小与美国、俄罗斯等国的差距。

第六节　半导体物理

要想改变我国半导体物理的研究现状，面对挑战，迎头赶上，必须按照科学创新的客观规律行事，必须重视半导体物理对半导体科学技术创新的引领作用。

顺应与凝聚态物理其他分支学科交叉的趋势，从项目研究、学术研讨和人员流动等方面主动推进学科均衡发展和交叉，在保持一定数量的、从事半导体物理的研究队伍的同时，要重视相关基地的建设，尽快将我国半导体物理的研究水平提升到国际先进水平。

大力推进将半导体物理研究中的新概念、新现象应用于半导体材料和器件的研制之中，提升我国研制新材料、新器件的创新能力，彻底改变以往我国半导体科学技术长期只做跟踪研究的被动局面。

第七节　超导和强关联

我国的超导和强关联物理学科研究经过了过去10年的快速发展，在国际上占据了一席之地。学科进一步发展的目标就是要在现有基础之上，继续发挥我国在超导和强关联研究方面的优势，扩大研究队伍体量，争取在未来的10年达到日本在超导和强关联领域研究队伍的体量，进一步增强竞争力，在"十三五"期间不仅能够继续做出一批具有国际水平的研究工作，力争在铁基超导和重费米子超导机理方面取得重大进展，并且能够做出一至两项最原始的研究工作，发现一种新的具有重大意义的超导材料（如一种新的超过液氮温度的超导体），开辟高温超导研究的新方向，在国际上引领本学科的发展。

一、要加强的优势方向

（1）铁基超导机理的研究。主要是结合理论的研究，设计判定性的实验方案，并通过高水平的实验测量获得配对对称性，配对中介玻色子等关键的物理信息，为最终解决铁基超导的机理问题提供了可靠的实验依据。

（2）高温超导材料的探索。通过晶体和异质结构的生长，进一步提高铁基超导的转变温度，寻找新型的非常规超导材料。

（3）新型强关联量子材料的探索。开展4d、5d、4f、5f等过渡金属和稀土元素化合物的探索，在关联体系引入强的自旋轨道耦合和多轨道效应等，发现新的量子序和量子相变。

二、要扶持的薄弱方向

（1）材料是本学科发展的驱动力，目前的年轻力量也仍显不足，有待加强扶持。除了体材料之外，也须加强在复杂体系薄膜和界面体系的精确控制生长技术的研发。

（2）重费米子超导有丰富的物性，许多基本问题仍然长期悬而未决。特别是5f体系中有很多新的现象亟待发现。我国在此领域的研究开展较晚，力量薄弱，须扶持。但是因为我国在超导研究的前期积累，有希望在重费米子超导机理研究上取得重大突破。

（3）同步辐射等大型科学装置的实验技术提升。先进同步辐射技术非常丰富，往往能够揭示关联材料的重要微观信息，但是我国凝聚态物理领域的先进同步辐射实验站比较欠缺，可以通过仪器项目的支持，建设这方面的能力。类似的，中子散射和强磁场等涉及大科学装置的实验技术也有待大力扶持。

三、要鼓励的交叉方向

（1）鼓励与表面物理的交叉，通过构筑超导和强关联材料的表面与界面，发现新的量子现象。

（2）鼓励与超快科学和技术的结合与交叉。飞秒脉冲激光技术近年来发展迅速并在不同学科领域得到广泛应用。利用飞秒脉冲激光，人们不仅发展出了新的平衡态谱学探测技术（如时域太赫兹光谱探测），更是大力推动了泵浦之后的各种时间分辨谱学探测技术和相关非平衡态物理的研究和发展。对于存在多种自由度竞争的强关联电子系统，这些技术有着广阔应用前景，也成为调控和探测量子态的有力工具。这方面有望做出新发现和新物理。

（3）与拓扑量子材料的交叉领域，如近藤拓扑绝缘体、拓扑超导体等有可能做出很多新的发现。

（4）与以石墨烯为代表的二维晶体的交叉。强关联材料中包括了大量的低维材料，对超薄强关联材料的输运，物性调控，乃至器件物理的研究有望做出重要的发现。

（5）基于关联电子材料的量子器件开发。随着传统半导体器件走向摩尔定律的尽头，在量子力学的框架内探索全新的量子器件原理，寻找新的材料来制备下一代的量子器件已经迫在眉睫，超导和关联电子材料成为开发新一代量子器件的重要载体。

四、要促进的前沿方向

界面超导，特别是 FeSe/STO 等界面体系，有可能突破液氮温区，产生重大影响。因其结构简单，对于超导机理也很有研究价值。

五、实现途径

（1）在重点领域中，对于前期执行成效好的项目，通过简单申请并经过专家组遴选，给予延续资助（可以参考美国 NSF 的做法，也可参照国家自然科学基金委员会重大研究计划的管理方式）。

（2）在有可能做出重大突破的前沿方向，例如铁基和铜氧化物超导研究，设立重大研究计划项目。

（3）先进的仪器是本领域科研前期成绩的关键因素，因此须进一步加强精密的材料和薄膜与界面生长设备以及最尖端的科学仪器的建设，特别是那些具有自主创新的尖端设备的建设。

（4）人才总体规模偏小，需要支持更多的科研单位组建相关的研究组，希望在"十三五"期间缩小与美国、日本等国的差距。

第八节 磁 学

我国的磁学研究经过过去 20 多年的快速发展，在稀土永磁等稀土 -3d 过渡族化合物、磁电阻效应、巨磁热效应等研究方面发展迅速，在国际上占据了一席之地。在现有的基础之上，经过"十三五"期间的发展，一定能够继续发挥我国在磁学研究的优势，培养青年人才，壮大和增强研究队伍，能够继续做出一批具有国际水平的研究工作，力争在拓扑磁性、自旋电子学、磁性关联电子材料、多铁性物理等方面取得重大进展，发现具有重大意义的磁性新材料，开辟磁学研究的新方向。

一、要布局的磁学新生长点

拓扑磁性。拓扑磁学是研究具有拓扑自旋结构的材料、物理及其应用的新兴学科。拓扑自旋结构是一种新的自旋量子态。磁性斯格明子是一种磁性拓扑态，在一个周期性单元中自旋指向空间所有方向，围成一个球，任何方向的自旋可以在同一单元中找到其旋转 180°的镜像。由于拓扑对称性的保护而不易受外界干扰，同时驱动其运动的临界电流密度要比驱动畴壁移动的临界值小 5 ~ 6 个量级，因而具有拓扑自旋结构的材料将是未来信息技术的核心材料。

二、要保持的优势方向

（1）自旋电子学。理解与自旋相关的新奇物理现象的机理，提出自旋与其他自由度关联的磁性理论，探索对自旋动、静态实现多场调控的方法，理解自旋注入、传输和过滤机理，提高自旋器件的效率，发现并理解人工异质结构中与自旋相关的界面演生现象，开发自旋与自旋极化电流表征技术。集中国内自旋研究的优势力量，面向国家信息应用研发的重大需求，使我国的自旋电子学研究进入国际一流行列，并取得应用方面实质性的突破。

（2）关联电子磁性材料与异质结构。理解量子材料中新奇物理现象与自旋相关的机理，提高临界温度。发现并理解人工异质结构中与自旋相关的界面演生现象。探索新型磁电阻、磁相变、磁熵变、磁热电材料。

（3）多铁性材料与物理。探索新型无机与有机多铁性材料，特别是高温多铁性材料，理解不同体系中多铁性的起源，提出特定磁结构诱发铁电极化并表现出巨大磁电耦合效应的新原理，研究复合多铁性异质结构中界面耦合的物理机制，寻找实现多物理场调控磁性的新原理与新方法。

三、要扶持的薄弱方向

（1）传统磁学（如稀土永磁等）涉及国家安全和经济建设等重大需求，而且具有不可替代性，但往往由于被认为没有"新物理"而得不到重视，要加强对传统磁学的研究，特别是新型磁性功能材料的探索。

（2）强磁场下材料往往会产生新的磁现象和磁相变，中子散射可以获得磁结构的精确信息，同步辐射可以作为先进磁表征技术如 XMCD 的光源。进一步扶持与完善基于大科学装置的实验技术，是提升磁学研究，推动磁学发展的重要手段。

四、要鼓励的交叉方向

（1）磁学与半导体物理、表面物理、超导与强关联、固态量子信息等领域的交叉将会产生新的前沿方向和生长点，推动凝聚态物理的发展。

（2）磁学与生物医学、化学等学科的结合与交叉将会开辟全新的学科方向，并产生重大的应用前景。

五、实现途径

（1）在有可能做出重大突破的前沿方向，如拓扑自旋结构、自旋电子学与多场调控等，设立重大研究计划项目。

（2）进一步加强先进磁学表征技术与实验平台的建设，特别是具有自主创新的尖端设备的建设。

（3）磁学领军人才与优秀青年人才的培养。在杰出青年基金、优秀青年基金等人才项目方面给予更多的支持。

（4）在重点领域中，对于前期执行成效好的团队和项目，应给予较长时间的（如 10～15 年）连续资助。

第九节　表面、界面物理

争取在未来的 10 年内我国的表面界面物理研究整体达到世界领先水平，建立一个结构合理的研究队伍。通过强力资助异质结界面量子态研究，促进表面界面物理与高温超导、半导体物理、磁学和材料学科的全面交叉与融合，取得一系列的重大科学突破，使之成为我国主导的重点领域。

一、要加强的优势方向

（1）拓扑量子态。研究高质量拓扑量子材料和低维结构的制备、原子电子结构和拓扑特性表征。与输运和光学测量等手段结合，研究各种拓扑量子态及其调控。

（2）界面超导态。研究各种可能的界面超导体系的制备、原子电子结构和界面原子结构。与输运等结合，研究其超导电性和调控方法。

（3）异质结热电材料。研究各种可能的异质结的制备，利用各种表面手段控制其质量，在此基础上研究其热电性质。

（4）高效光电转化效率的异质结。研究各种可能的半导体异质结的制备、原子电子结构和界面原子结构。与输运和光学等测量手段结合，研究其机理，探索提高光电转化效率的方法。

（5）超导／拓扑绝缘体／热电材料／磁性材料的异质结。研究这些特殊异质结的制备，与相关学科和领域合作，研究其所有可能的物理性质和量子现象。

这方面的重大科学突破或目标：一系列全新的 Tc 超过 77K 的高温超导体系的发现、高温超导机理的解决、Majorana 费米子的实验验证、拓扑超导态的实现、高阶量子反常霍尔效应的观测、新的高转化效率的太阳能材料和高热电系数的热电材料的发现等。

二、要扶持的薄弱方向

（1）目前，高质量氧化物薄膜材料的制备是制约表面界面物理最关键的瓶颈问题。要真正实现高质量的氧化物材料的可控制备，表面生长动力学和薄膜生长机理是关键，也是难点和薄弱环节，需要鼓励和扶持。

（2）不同材料异质结的制备，如石墨烯／BN、拓扑绝缘体／超导等，这是一个非常难的材料制备问题，需要鼓励不同学术背景的科研人员参与。

（3）加强对科学仪器及实验技术的自主性研发。新技术的应用往往会带来一些关键的突破，如原位输运测量技术的发展，证明了单层 FeSe/STO 超导有可能突破液氮温度。加强 LEEM 和 PEEM 实验技术的发展，我国在这方面的研究几乎是空白。

三、要鼓励的交叉方向

（1）鼓励表面界面物理与高温超导、低维磁学的交叉。这可能是解决高温超导和发现新奇磁性现象的一个重要机遇所在。

（2）鼓励与电子学和信息科学的交叉。拓扑绝缘体和拓扑量子态的研究对未来的电子学和量子计算的发展极其重要，目前已到了需要交叉研究的关键时刻。

（3）鼓励与半导体领域的交叉，特别是与半导体电子学和太阳能利用的交叉。

（4）鼓励与能源材料特别是热电材料的交叉以及与催化领域的交叉（后者

是传统的表面科学内容)。

四、要促进的前沿方向

(1)界面超导,特别是 FeSe/STO 等界面体系,有可能突破液氮温区,产生重大影响。因其结构简单,对于超导机理也很有研究价值。

(2)拓扑超导和 Majorana 费米子。该方向在未来 5 年左右将会有重大突破。

五、进一步促进理论和实验的结合

理论研究在该学科的发展中起了重要作用,特别是对拓扑绝缘体方面的发展更是起到了指导作用。培养高水平的理论研究队伍,加强理论和实验的密切合作也是提高该领域研究水平,实行学科目标的重要途径。

六、实现途径

(1)组织拓扑量子态的重大研究计划或者重点项目群,进一步加强我国在这一领域的领先地位,吸引凝聚态物理和光学等进入到该领域进行研究,促进交叉学科与融合。

(2)设立长期的"界面量子态"优先资助方向,在 5 ~ 10 年内使之成为我国的特色和优势研究方向。

(3)鼓励与材料学科的有机融合和交叉,加强材料制备技术的研究,大力鼓励这方面的先进实验技术和仪器研制,鼓励与其他实验技术的结合。

(4)鼓励凝聚态物理内不同方向的研究人员申请创新研究群体项目,鼓励与材料学科相关的研究人员申请创新研究群体项目,鼓励理论人员和实验人员之间的合作。

(5)加大青年基金的投入,鼓励并扶持更多的年轻人加入。

第十节 声 学

一、优势方向与薄弱方向的平衡

对照国外近年的声学研究，我国在大气声学、动物声学、心理和生理声学、语言声学等方向的研究相对薄弱，而这些方向在对提高人类生活质量，认识大自然，或者服务于人类方面是十分重要的，"十三五"期间，我国应该对其引起足够的重视。

二、多个学部的交叉

在国家自然科学基金资助的范围内，声学学科涉及多个学部，除数理学部外，还有医学部（医学超声）、信息学部（通信声学和语音处理）和地学部（大气声学、地球声学和海洋声学）。数理学部资助偏重于物理性研究的项目。而声学本质上是一门应用性极强的学科，其物理问题一般是在实际应用与工程中提出的。因此，建议与不同学部交叉，开展重大项目或者重大计划的研究。

三、加强基础性研究

鉴于声学在国民经济和国防建设中不可替代的作用，加强我国声学领域的基础和应用基础研究是十分必要的，特别是声学应用中突出的共性物理问题，如复杂介质中声的传播和调控，在声学应用的各个方面都存在，只是应用的具体背景不同，研究的尺度不同。尤其要重视水声物理的研究。

四、加强国际合作

声学领域的国际合作投入需要进一步加强，通过实施国际科技合作重点项目，提高我国声学研究的总体水平和层次，培养一批高水平的声学科技人才，特别是要注重培养具有国际影响力的领军人物。重点支持若干项由我国声学家提出的、有一定优势和特色（如浅海声传播研究、HIFU 治疗、噪声控制工程等）的国际合作项目。

五、加强人才队伍培养

加强声学人才队伍的培养和建设是声学领域迫切需要解决的问题。声学学科是物理学中的"小学科"，但在国家经济建设、国防建设中不可或缺，甚至不可替代，可以说有"大用处"。希望声学学科在创新群体建设、国家杰出青年和优秀青年培养、重大项目和计划的设置等方面取得更好成绩。

第十一节　软凝聚态物理及交叉领域

一、学科发展目标

本学科进一步发展的目标，就是要在现有的基础之上，发挥与软物质相关学科研究的优势，实现不同学科的真正融合，扩大研究队伍体量，争取在未来的 10 年达到与美国等在相关领域的研究队伍相匹配的体量，培养这方面的综合专业人才，进一步增强竞争力，在"十三五"期间不仅能够继续做出一批具有国际水平的研究工作，力争在软物质基础理论，结构与特性的关系以及特殊介观功能材料的设计和特征研究方法等方面取得重大进展，并且能够做出 5 ~ 10 项重要的原创性的研究工作，开辟软物质研究的 1 ~ 2 个新方向，在国际上引领相关领域的发展。要加强发展的优势方向包括：

（1）探讨其介观多级结构与特殊性能和形成机制的物理机制。对于软凝聚态这种包含大量结构复杂性的物质体系，要很好地观测和发现软凝聚态生物体系中各种复杂的物理现象和特性，必须探讨其介观多级结构与特殊性能和形成的物理机制，以及流变与输运特征，组装与生物反应机制，同时探索全新的界面与介观受限间等的全新探测技术，介观材料设计与自组织的原理及计算机辅助设计等，才能更好地推动软凝聚态物理学的进展，使其具有重要的科学意义和实际应用意义。

（2）水相关的基础科学问题的研究。水是十分重要的典型液态软凝聚态物质。其研究将着重于结构和动力学基础物理特性的方面，以及纳米和生物等体系的复杂相互作用，水结晶、抗冻和水资源环境等相关科学问题。

（3）软物质凝聚体系的研究。软物质凝聚体系具有区别于普通固体和液体的特殊性质，这些特性使得软物质凝聚体系呈现出复杂的系统响应。作为典型的系统响应，剪切作用下的软物质凝聚体系的流变行为完全不同于牛顿流体，加上软物质体系直接实验观测的优势，使得剪切驱动下的软物质凝聚体系的复杂流变行为成为软物质研究领域非常热门的前沿。相应地，自驱动体系的系统响应也是可以大有作为的研究方向。

（4）软物质凝聚体系的集体行为的研究。当大量具有较弱相互作用的软物质基本组成单元聚集在一起时，由于熵、能量等热力学量的相互竞争，呈现出形形色色的相变、自组装等集体行为。有大量尚未解决的基础物理问题和未为人所知的新奇现象，还有许多材料开发、调控和改性方面的应用。其中，软物质凝聚体系的相变和系统响应是目前在国际上广受关注，也是我们致力研究的方向。

（5）相变。凝聚体系呈现出的相变行为很多并不是软物质所特有的，但由于软物质体系相比于原子分子体系在时空尺度测量上的优势，使得软物质体系成为研究相变的理想载体，其中胶体溶液是研究液–固相变的最主要的实验对象。玻璃化转变和玻璃的本质是当今凝聚态物理的一个重大研究前沿，深入解析玻璃化转变过程、揭示非晶态玻璃的固体本质，从而建立正确的玻璃化转变理论和非晶固体理论。自驱动的生物个体构成的体系也可通过局域作用实现新奇的相变。当密度增加或者噪声降低时，系统从一个运动杂乱的无序态转变成有长程时间–空间关联的有序态，表现出集体运动。关于这一相变行为的研究将对生物群落中的疾病传播，生物迁徙等自然现象有重要帮助，同时也能拓展我们对一般非平衡态相变的认识。国际上对于自驱动体系的相变研究还处在起步阶段，尽早地投入研究将会更有利于我国在该领域的研究，并占据重要的战略地位。

二、实现途径

（1）相应项目资助的措施和对策。软物质研究具有覆盖面广，多学科交叉的特点。目前，我国软物质研究所面临的问题是投入资金少，专门从事该研究的人员有限，且学科间交叉的不够。以跨学科的软物质研究重大专项为引导，加强对软物质重点项目与面上项目的支持。对重大与重点支持项目，实现双首席与多首席制度，以代表不同学科，使不同学科在同一计划中的合作得到体现。

从基金评审方面，引入无学科分类资金评审制度，引入广泛采用的国际评审制度。为此，可建立三级评审专家库：①交叉学科战略专家与评审专家数据库；②国际华人专家数据库；③国际专家数据库，特别是重大与重点项目，逐步推行国际评审制度。

（2）人才培养新的思路和策略。目前我国在该领域的研究工作比较薄弱和落后，主要是基础教育薄弱、缺乏研究人员的投入、经费的支持和与国外的交流。从国内各个学科教育发展情况来看，物理学研究相对其他一些学科专业来说比较枯燥，学科难度较大，学习研究周期长，这些方面都削弱了物理学对优秀学生的吸引力，进而也限制了我国物理学教育的快速发展。软物质属于交叉学科，它涉及物理、化学、生物等学科，容易吸引更多优秀青年，是当前物理学应重点发展的方向。因而可在大学物理学学科下设立软凝聚态生物及与其交叉领域相关的二级学科，培养本科生和研究生。此外，在研究生培养时可面向物理学外的学科，如化学、生物等，以发挥不同学科人才的优势，促进软凝聚态生物及交叉领域的发展。

另外，大学应增加相关专业的教职岗位，提高专业教师的水平和能力，建设一支学风优良、富有创新精神和国际竞争力的教学队伍。应改善大学教师的工资待遇、教学科研环境等，以吸引更多优秀的国内外物理学者加入。此外大学物理教学单位还要对所拥有的教师队伍给以充分的支持和培养，可长期举办一些专门吸引高校年轻教师参加的暑期学校和专题研讨会，让老师能够紧紧跟随着该学科的发展前沿，掌握最新的物理科研进展。鼓励大学教师参加国内外进修交流，增加他们学习提高的机会。

第十二节　基础物理（理论物理）

　　我国的引力、宇宙学以及数学物理经过 10 多年的研究积累，在拓扑弦配分函数的计算、微扰弦散射振幅的圈图计算以及对 QCD 圈图计算的应用、暗能量的研究以及 U（1）对称破缺可积系统的精确求解等方面取得了让国际同行认可的重要成果，有的还处于领先地位。这些领域的进一步发展目标就是要在原有的基础上发展其优势，扶持薄弱研究方向，鼓励交叉合作，扩大研究队伍的规模；争取在未来 10 年，国内比较重要的研究机构和高校的研究队伍可以与美国相应研究机构的相比拟，进一步增强其竞争力，在"十三五"期间做出一批具有国际水平的研究工作，力争在量子可积系统、拓扑弦以及散射振幅圈图计算等方面取得突出进展，至少做出一项原始性的研究工作，在国际上引领这个方向的发展。另外，除研究队伍的体量外，还要特别注意研究队伍质量的提升，建立良好的学术文化和氛围以及公平的学术评价体系，这对理论物理相关领域竞争力的提升尤其重要。为此，结合国内研究队伍、研究方向和研究基础的具体情况，提出如下优先发展和交叉研究领域：

　　（1）极早期宇宙研究。宇宙作为天然的实验室，因其特殊性可用来检验一些加速器实验做不到的物理，例如宇宙早期的暴涨是一个极高能量的物理过程，在这样一个高能标下，新的物理可能会进入这个高能物理过程，如时空非对易性、原初引力波 B- 模极化、CPT 破坏等，因此宇宙给极高能理论的研究提供了一个得天独厚的检验场所。结合天文观测，特别是 CMB 的精确观测（如 WMAP、Planck、BICEP2 等），开展极早期宇宙的研究是当前和未来国际上的研究焦点。我国在相关方面的研究还比较薄弱，急需加强。

　　（2）超弦 /M- 理论研究。超弦 /M- 理论当前的研究主要集中在 M- 膜的理论表述及其动力学、极早期宇宙行为（如宇宙的暴涨行为）、超对称破缺机制、AdS 空间弦的量子化及可积性、黑洞的全息描述、引力的纠缠熵与全息性、利用引力 / 规范对偶研究强耦合的夸克 - 胶子等离子体行为、强子态、凝聚态物理中的量子相变、冷原子系统等。弦理论的发展极大地推动了基础数学的发展（如拓扑弦与 Gromov-Witten 拓扑不变量的关联），弦理论与基础数学的交叉研究对这两个方向的发展都会有积极的推动作用。近年来，国内在相关方向上有了一定的研究积累，有些研究方向已达到了国际水平，有的还处于领先地位，但我们的整体研究力量仍然单薄，创新思想和研究深度不够。考虑到超弦理论研究周期长的特点，建议加强该方向的支持力度并给予持续稳定的支持。

（3）超出标准模型新物理的理论研究。夸克和轻子与 Higgs 场的汤川耦合给出的轻子和夸克的质量谱跨越了 11 个甚至更多数量级，质量的起源究竟是什么？用来解释宇宙间正、反物质不对称的 CP 不守恒的根源是什么？另外，理论上的所谓平庸性和不自然性问题如何解决；天文学上观测到的暗物质和暗能量本质能否在粒子物理中得到解释；量子场论的本质内涵、非微扰特性如非微扰 QCD 色禁闭，格点规范理论；超对称（SUSY）、额外维（ED）等相关理论问题。

（4）高能物理与天文学的交叉。暗物质和暗能量的研究是天文学和高能物理重大交叉研究领域，是当前国际研究的热点。建议：①加大力度支持与国内外暗物质、暗能量探测实验紧密结合的研究，为我国的暗物质暗能量实验研究作理论指导，从更基本的粒子物理和引力理论认识暗能量的本质，并研究动力学暗能量与其他物质（如中微子、暗物质粒子等）的相互作用，这些研究可以开拓探测暗能量新的方法，如利用中微子振荡实验；②加大力度支持与天文界暗物质、暗能量的交叉研究（比如天文界的 N 体模拟，深入研究暗物质的"冷"和"温"的性质以及与物理界研究的暗物质粒子性质的关系等）。我国在相关方面的研究与国际上基本同步，这有利于我们抓住时机做出原创性的工作，但我们的整体水平和研究深度方面依然相对薄弱，建议加强这方面的支持力度。

第十三节　基础物理（统计物理）

统计物理是交叉性很强的学科，只有交叉才能保持生命力，因此发展统计物理学科要做加法，不能做减法，要不断融入一些从其他学科发展起来的新兴方向。与此同时，结合学科发展趋势和紧迫性，建议集中力量侧重以下几个方面的研究。

（一）小系统物理

低维小系统呈现出极为丰富的新物理效应，具有巨大的理论和应用研究价值，已经成为物理、材料、化学、生物等领域的主要对象，是统计物理、热力学、非线性动力学、量子理论、凝聚态理论等学科的前沿热点，是当前理论创新和技术发展的重要源泉。低维小系统不仅包括量子点、量子阱，纳米线、纳米管、石墨烯、纳米颗粒以及由它们组成的微型器件，而且还包括生命过程中的微纳米结构和微纳米系统（如 DNA、蛋白质、微管等），其物理内涵非常广泛，包括小系统的统计物理、输运理论、凝聚态物理，相互作用量子小系统的动力学，量子热力学与量子热机，量子经典对应，生命过程中的输运与能量转换，量子网络上的能量转化，微流体理论，微环境中水的性质等重要科学问题。由于其维度降低或尺寸缩小，热涨落甚至量子涨落成为决定系统性质的关键，这使得小系统必将成为统计物理与热力学的重点方向，同时，小系统物理涉及物理学各个领域，建议作为物理学科的重点交叉方向进行布局。

（二）基础理论与统计物理方法研究

基础研究不仅是应用发展的前提，也是国内统计物理学科能否取得国际地位的关键。近年来随着物理学研究对象的快速拓展，发展统计物理基本理论和方法的必要性越来越突出，取得突破性进展的条件正在成熟。主要科学问题包括统计物理的基础，统计物理模型和方程的精确解，非平衡相变、动力学相变、量子相变以及其他新型相变和临界现象的刻画与机理，无序和自选玻璃系统的统计物理及其在信息科学与优化问题上的应用，非平衡输运理论特别是低维材料与系统的输运理论，反常扩散的统计物理理论，非平衡涨落和响应的一般性理论，非广延系统的统计物理等。统计物理方法对应用问题具有关键作用，发展解析和数值方法也是基础研究的重要内容。

近年来，量子物理和统计物理两个方面基本问题的研究表现出了相融合的趋势。例如，量子相变研究揭示了微观粒子的相互作用和量子涨落的竞争会导致与相互作用细节无关的普适性，量子涨落可能会导致非平衡稳态中存在量子相干性。从量子力学的角度考察统计物理的基础，量子系统的遍历性、广义 Gibbs 系综及其适用性、多体局域化、典型态与系综描述的关系、本征态热化假定与平衡态的关系、平衡态的微观含义、温度理解正在成为研究热点。这一趋势值得特别重视，可能会导致统计物理的深刻变化。

（三）应用研究与交叉领域

统计物理应用研究前沿广泛地分布在物理学、化学、生物等学科领域，这些领域都有大量的应用研究课题，对推动相应学科的发展具有重要意义，这些交叉课题都值得支持。同时，统计物理基础研究队伍应集中力量发展一些具有一般共性的新兴交叉方向，抢占先机，取得原创性成果。

（1）与生命过程、生物活性物质有关的交叉领域。脑科学研究是现阶段最活跃的领域之一，美国、欧洲等国家和地区在国家战略层面上启动了各自的大脑计划，大脑是一个典型的复杂系统，存在许多与统计物理与非线性动力学有关的科学问题，如大脑自组织临界特性等，建议尽快布局，开展大脑的统计物理与动力学研究，抓住这一历史机遇；生物活性物质研究已经成为一个重要的前沿领域，这个领域内生物物理学科和统计物理学科需要协同布局，加强合作，在活性物质的建模、动力学与统计物理方面开展全面研究。另外，基因调控网络的建模和研究，癌症、艾滋病等重大疾病的动力学与统计物理机制，可控药物输送的统计物理问题，生物体内的热力学与能量、信息输运与转化等课题也是颇具前途，是可能取得原创性成果的研究方向。

（2）复杂网络与金融、社会科学相关问题的研究。复杂网络基于自然界和现代社会无处不在的网络结构应用而产生，它把有着复杂相互作用的准静态体系简化成一个网络来处理，使得人们能够在宏观层面刻画一些以前人们不知道如何描述的系统，比如整个因特网的拓扑结构、人体蛋白质相互作用的拓扑结构、大脑不同功能区的相互关联等，这些研究已经引起了社会学领域的重视。复杂网络也是有效处理和研究"大数据"的工具，如对"大数据"实现可视化。复杂网络在国内有一个相对比较大的队伍，应注重引导研究工作进一步深化，提炼物理问题，鼓励与"大数据"、信息物理研究相结合，并更加重视与生命过程、疾病传播、量子能量转换相关的复杂网络研究。统计物理向金融、社会领域拓广是近20多年来的一个重要尝试，国内已经聚集了一定规模的研究力量。金融物理的研究应注重把统计物理研究的最新成果和方法应用其中，注重互联网经济的建模和分析，建立物理学语言与计量经济学语言的交流。

（3）其他交叉领域。非平衡统计在宇宙学中的应用，如相对论 Brownian 运动、背景辐射精细结构等。

第十四节 粒 子 物 理

一、优先支持的领域

粒子物理学科发展目标瞄准重大科学前沿问题，突破关键技术和方法，加强优势领域、持薄弱方向、长远布局，鼓励促进学科交叉。优先支持的领域有：

（一）标准模型精确检验及超出标准模型新物理研究和高能量实验前沿

理论和实验研究都在呼唤超出标准模型的新物理，先后出现了大统一理论、超对称理论和额外维理论等颇具影响力的理论和众多模型。通过精确测量和开辟新能区寻找发现新物理的途径，即高精度前沿和高能量前沿。

大型强子对撞机（LHC）高能量前沿 ATLAS 和 CMS 实验。LHC 是未来20年世界上最先进、能量最高、亮度最大的强子对撞机，是全球性国际合作。LHC 今后的主要目标是：①研究希格斯（Higgs）粒子的特性，如其各种产生模式和相应概率，衰变特性及与其他粒子相互作用的强弱（耦合）。②寻找超出标准模型的新物理新现象，如超对称粒子、暗物质粒子。这些研究成果将使人类对微观世界的认识进入一个新的阶段。

直线对撞机和环形希格斯（Higgs）工厂。直线对撞机和环形希格斯（Higgs）工厂的主要物理目标是通过精确测量来全面研究 Higgs 粒子的特性，并将其作为发现超出标准模型新物理的重要途径。

（二）强相互作用理论及唯象研究、味物理及对称性研究和高精度实验前沿

描述强相互作用的量子色动力学（QCD）是一种近乎完美的量子场论。可以重整化、高能标下渐近自由、低能标下色禁闭，并且具有手征对称性及其自发破缺。但在低能区域，色禁闭的性质使得我们很难从第一性原理出发进行

处理。QCD 在高能标下的"渐近自由"现象已被大量实验证实，而低能标下的量子色动力学尚有待进一步检验。高亮度的粒子工厂级实验是此研究的重要方向。目前世界上这方面的实验有：①在北京正负电子对撞机上的 BESIII 实验。② LHC 上的 LHCb 实验，正在升级的日本 KEK 的 BelleII 实验和意大利 φ 工厂的 KLOE 实验。

（三）非加速器实验前沿

近年来的观测表明宇宙由暗物质、暗能量、可见重子物质和中微子组成，分别约占宇宙组分的 27%、68% 和 5%。对暗物质、暗能量的理解是了解宇宙的首要重大科学问题。中微子有 3 种，具有微小的质量且只参与弱相互作用。中微子的性质对早期宇宙中元素的形成起了重要作用，中微子的特性影响了中子的产生、俘获和衰变等性质，进而影响到元素氢、氦、锂核的产生丰度。

宇宙线实验是粒子物理研究最重要的手段之一。人类所探测到的最高能量粒子来自于宇宙线。探索宇宙线成分和起源以及加速机制是宇宙线物理的重要目标，对遥远天体爆发现象的研究还可以探索包括量子引力等新物理的效应。

非加速器粒子物理实验与加速器粒子物理实验相辅相成。与之相关的实验通常是探测稀有事例和弱性号，降低本底是这些实验的关键：

（1）中微子物理。中微子研究涉及太阳中微子、大气中微子、核反应与加速器中微子物理实验等。当前我国正在开展和建设的中微子物理实验是基于核反应堆产生的中微子，即：

①大亚湾中微子实验，主要测量中微子振荡角 θ_{13}。

②江门反应堆中微子实验（JUNO），主要测量中微子质量顺序。

（2）深层地下实验室。深层地下实验室是探测低本底、弱信号粒子物理研究的重要实验平台。它主要用于寻找暗物质和无中微子双 β 衰变，探测来自宇宙、大气、太阳和地球的中微子，以及质子衰变等。初步建立的中国锦屏山深地实验室是国际上最深的地下实验室（深 2400m），并开始了第一代的直接寻找暗物质实验，即 CDEX 实验和 PandaX 实验。

（3）宇宙线实验。我国在宇宙线前沿的实验有：

①羊八井国际宇宙线观测站（海拔 4300m）。

②正在兴建的四川稻城宇宙线观测站（海拔 4400m）。

（四）粒子物理实验方法和技术

粒子探测实验技术是粒子物理和核物理发展的重要保证，也是核技术在国民经济建设各方面进一步应用发展的前提，但却是我国粒子物理发展的最薄弱环节。它受限于我国相对薄弱和落后的工业基础和科技综合实力，也受限于我国尚还年轻的粒子物理实验研究和较弱小的研究队伍，以及我国目前以发表文章为主要目标的各种评审、提拔制度。大力持续加强对实验方法和技术的支持，建立相应的平台，如先进粒子探测方法和技术平台等，以期通过 5 ～ 10 年的努力，使我国的实验方法和技术有较大提升，对克服我国粒子物理发展的瓶颈和大幅度提高我国综合实验技术并打破对我国高新技术的禁运具有重要意义。

粒子探测和实验技术在向着高精度和多功能的方向发展，探测器的规模和复杂程度与日俱增。我国需要在高时间分辨探测技术（ps 量级），高位置分辨探测技术（μm 量级）和新探测方法和技术（包括相应电子学）进行研制攻关，以适应高能（TeV）以及高亮度与粒子物理实验及稀有事例（如暗物质）探测等高精度物理测量对探测技术的要求。

二、发展的领域和方向

综上所述，粒子物理发展的领域和方向是：

（一）进一步加强的优势方向

北京谱仪实验（BESⅢ）；大亚湾与江门核反应堆中微子实验；羊八井和四川稻城高原宇宙线实验。

（二）需大力加强的方向

LHC 实验及其升级改造；CJPL 深地实验室的建造和相关实验；先进的粒子物理实验方法和技术（包括加速器、探测器、核电子学技术等）。

（三）需促进扶持的方向：

1. 下一代新的实验装置可行性和关键技术预研

（1）以 τ-粲物理为主要目标，兼容同步辐射光源的下一代高亮度正负电子加速器（high intensity electron positron accelerator facility）；

（2）以研究 Higgs 粒子性质和精确测量 Z 玻色子为主要目标的大型环型正负电子对撞机（circular electron positron collider），及以发现新粒子、新现象为目标的能量约 100TeV 的超级强子对撞机（super proton proton collider）；

（3）以寻找暗物质、反物质，研究宇宙线的起源、组成成分及其加速机制为目标的空间和高原实验室。

2. 国际合作

（1）基于加速器的高亮度和高精度前沿实验：LHCb 实验、BelleII 实验、FAIR 上的 Panda 和 CBM 实验、Jlab 12GeV 实验；

（2）中微子实验：进行以太阳和大气中微子研究的日本超级神冈（Super-K）实验；研究中微子震荡的美国费米实验室长基线中微子实验（LBNF）；以美国为主的无中微子双 β 衰变实验 EXO-200；

（3）以寻找反物质、暗物质，精确研究宇宙线为目标的，在国际空间站进行的 AMSII 实验；

（4）意大利国家地下实验室（Gran Sasso）进行的暗物质寻找实验 Darkside、Xenon。

第十五节　核　物　理

结合国际上核物理研究的前沿方向和国内的研究基础，特别是兰州和北京两个大科学装置，以及配合即将开始建设的我国新一代核物理大科学装置，建议我国的核物理研究突出和加强以下研究领域：

（一）在兰州与北京大科学装置上开展核性质、核结构和核反应研究

未来 10 年，将在最近建成的核物理大科学装置上进行新一批核物理实验，包括超重核研究和新核素合成，弱束缚奇特核的新结构形态和强耦合效应，同位旋相关的核物质性质和状态方程，弱束缚核的谱学等，期望取得重要突破，

整体上进入国际主流竞争的先进行列。具体工作包括系统测量一批原子核质量和寿命，合成新核素，研究攀登超重岛的机制和路径，寻找远离稳定线原子核的新结构形态和有效相互作用等。这些实验将是未来 10 年或者更长时间内核结构研究的前沿。最近出束的北京放射性次级束流线将系统研究远离稳定线原子核性质，测量弱束缚核的电磁多极矩，并研究天体上一些关键的低能核反应过程，为核天体物理提供核数据，并深入研究平稳和爆发性天体核过程中的重要物理因素。要有计划地加强国际国内在重点发展路线方面的合作，在若干方向形成引领态势，在十几年后我国第三代放射性束装置建成时实现历史性的跨越，在学术、队伍、技术路线、话语权等方面做出持续的积累和突破。

可望取得重大突破的方向包括：

（1）不稳定核的基本性质（包括质量）的精确测量。

（2）滴线区原子核的奇异结构（如集团、2p、2n 等）研究。

（3）同位旋相关的衰变谱学研究。

（4）合成超重核的新机制和新技术。

（5）关键天体核反应测量。

（6）弱束缚（开放体系）量子多体理论。

（二）中高能重离子碰撞与高温高密核物质

兰州的冷却储存环（CSR）装置可以将很重的丰中子原子核加速到大约每核子 600MeV 的能量，为中高能核物理的研究带来了崭新的机遇，特别是探索高重子数密度条件下手征对称性的改变和核物质的状态方程，以及同位旋不对称时的核物质对称能。同时，要加强这一方面探测器的研制。未来 10 年，德国的 FAIR 将投入运行，我国应该积极加入国际合作实验组 CBM，通过 FAIR 的重离子碰撞和 RHIC 的能量扫描，探索低温高重子数密度强相互作用物质的 QCD 相变。另外一个重要的方面是，应该加强与 RHIC-STAR 和 LHC-ALICE 大型国际实验组的合作，在探测器研制和实验数据分析等方面进一步发挥主导和重要作用，把喷注淬火和重夸克偶数的理论和实验研究紧密结合，力争在夸克胶子等离子体（QGP）的研究中做出突破性的贡献。

可望取得重大突破的方向包括：①有限温度密度 QCD 相结构；②夸克胶子等离子体的信号；③低温高密区的重离子碰撞；④核物质状态方程；⑤有限温度密度格点 QCD。

（三）北京谱仪与新强子态及其性质研究

2003 年以来，从实验上寻找理论预言的奇特强子新物态取得了突破性的进展，目前多夸克态已经成为强子物理研究领域中的热点。我国的北京正负电子对撞机升级改造工程为我国强子物理研究提供了更好的实验条件。我们应加强相应的理论研究，特别是对实验数据的理论分析，从中提高寻找新物理和新理论的能力，将实验与理论相结合，提出与新物理和新理论相关的实验方案。另外，兰州 CSR 的高能质子束流实验可用于核子激发态、超子激发态、多夸克态、双重子态、超核、重子相互作用等核子物理方面的研究。CSR 将为我国在这方面的研究提供在今后 10 年内都属于国际一流的加速器条件，理论和实验相结合有可能取得重大研究成果。

可望取得重大突破的方向包括：①基于 HIAF 的核子结构研究；②重夸克偶素能谱和 XYZ 新强子态；③超子激发态的性质及其辐射跃迁；④基于国内大科学装置的核子宇称破坏过程；⑤核物质中强子的性质。

第十六节　核技术及应用

为推动我国核科学技术及应用研究的迅速发展，取得重大创新的研究成果，解决国家安全和经济建设急需的重大科学问题，为国民经济和社会生产力的发展做出重要贡献。核技术及应用应重点资助以下研究：

（一）核能利用

大力开展与核能利用相关的核技术研究，服务国家能源战略，已变得十分迫切。需要开展的重要研究方面包括先进反应堆物理、新概念核反应系统（如加速器驱动次临界系统）、核燃料的裂变物理、核燃料的处理、强辐照条件下的材料性质等相关的物理问题与技术方法。

（二）先进放疗技术

质子治癌和重离子治癌作为两种先进的放射治疗技术，因癌症治疗效果显著，在国际上得到了较快的发展。随着我国经济水平的快速发展，以及对健康水平要求的不断提高，我国在这方面的需求也日益增长。我国在质子加速器和重离子加速器研制方面已具备了较好的技术积累，在离子辐照生物学效应与治疗机理方面的研究也具有良好的基础，应进一步加强对离子辐照治疗癌症装置研制和离子辐照治疗癌症机理研究中的重要科学和技术问题的研究。

（三）核影像技术与新型探测技术

在核影像方面，应大力加强在以下若干关键科学问题和关键技术方面的研究：发展核影像方法、理论与算法，显著增强在核影像方面的自主创新能力和系统集成能力，发展新型的高灵敏度探测技术，支撑自主研制高性能的核影像系统。加强国家社会公共安全相关核影像技术新原理、新技术与新方法的研究，发展新型的核影像系统。在新型探测器方面，应加强先进脉冲射线束测量、先进辐射探测、逆康普顿散射源、以宽禁带半导体探测器为代表的新型探测器等方面的研究。

（四）大科学研究装置关键原理与技术

大科学装置是核科学技术发挥的重要支柱。在这个方面重点支持以下研究：先进指标加速器的前沿理论和关键技术研究，包括强流高电荷态离子源、强流高功率超导直线加速器技术、强流重离子横向累积与纵向堆积、强流重离子动态真空技术、强流重离子束流阻抗与不稳定性、先进的束流诊断和冷却技术、超导磁铁和高性能电源等；基于大科学装置平台的空间辐照单粒子效应、生物效应的研究。

第十七节 同 步 辐 射

实验技术是探索未知世界、发现自然规律的科学研究手段。21世纪的基础科学研究正从传统被动的"观测时代"走向主动的"控制时代"。随着同步辐射光源性能的持续提升，近期应该大力发展同步辐射大科学装置与科学研究相适应的实验探测手段，更好地从原位、实时、动态的角度开展针对我国的重大战略需求和当今世界的若干前沿重要科学问题的深入研究，将有望实现我国科学研究在物理、化学、材料、生命、能源和环境等领域的重点跨越，并提升核心科学竞争力。同时，光源的质量和探测器的测量能力是开展实验研究的关键环节，应该提前布局新光源的加速器物理原理和关键技术的预研探索研究，以及高灵敏、响应快、低噪声的各种能量波段新型探测器的研究。

一、要重点支持的方向

考虑到我国科学家的优势学科和近期有望取得突破性进展的主要研究方向（关联电子材料的物理问题研究，低维纳米功能材料的研究，金属团簇和表界面结构的调控与生长动力学研究，蛋白质大分子结构、生物细胞和医学成像的研究，能源和工程结构相关材料在服役状态下的原位动态研究，量子调控的研究，极端条件下的物质结构研究），重点支持如下的实验方法和新光源研究：

（一）同步辐射实验先进技术和新方法

1. 快时间分辨实验技术

跟踪观察物质在光、电、磁、化学反应过程表现出来的原子和电子结构的瞬态变化对于理解和操纵物质的结构和性能非常重要，这些过程往往发生在秒~毫秒乃至皮秒~飞秒不同量级的时间尺度范围：液相和固相中的化学反应和相变发生的时间尺度比较慢，在秒~微秒量级；材料的发光和自旋电子反转发生的时间尺度在纳秒~皮秒量级；化学反应中键的断裂、电荷的传递和能量的传输发生在飞秒的时间尺度；针对各种时间尺度发生的现象需要发展相应的时间分辨技术。

（1）秒~微秒量级的时间分辨技术。为捕捉到发生在秒~微秒（s~μs）时间量级的化学液相合成纳米材料的生长过程、固相反应中的原子间扩散、电极材料和催化剂在工作过程中及与国防和军工相关的工程结构材料在服役过程中等一系列的中间态和亚稳态的结构信息，在同步辐射 X 射线光源实现微秒量级的衍射和吸收谱学的时间分辨测量，需要开展的主要探索研究：分光的单色和多色器的研究，快速测量的探测器研究，控制电子学系统的研究，高温、低温以及电场和磁场控制下的样品装置。

（2）纳秒～飞秒量级的时间分辨技术。为能够动态地研究发生在纳秒～飞秒（ns～fs）时间量级的自旋电子的反转、光激发态的寿命、电荷传递和能量输运以及化学反应的成键和断裂过程，基于同步辐射泵浦－探测（pump-probe）实验技术实现纳秒～飞秒的时间分辨测量，需要开展的主要探索研究：探索在第三代同步辐射光源中利用飞秒激光进行"束团切割"操作获得飞秒量级的脉冲同步辐射，研究飞秒的快时间响应并采集相应实验光谱的探测系统，研究高重复频率的泵浦－探测以提高实验效率和检测微弱信号，发展对研究对象的触发与探测的飞秒量级同步和延迟技术的控制系统，开展飞秒实验的数据分析方法的理论研究，开展高强度和稳定性的阿秒 X 射线光源研究。

2. 高空间分辨实验技术

目前已可以利用微米量级的 X 射线光斑对物质的微观结构进行深入地成像观测，最终的观察目标是希望能够清晰看到分子中的每一个原子，因此，需要空间分辨本领达到纳米尺度，使我们能够有效观察物质内部的活动，如反应、场、激发和运动，回答生命、材料、能源和环境等学科中的重要问题。

（1）微纳米空间分辨技术。为获得微纳米量级空间分辨的成像和光谱，原位、无损的研究含水细胞、复合功能材料复杂体系的三维成像以及探测单一微晶、团簇、界面等体系中的原子和电子结构、各种元激发等，需要开展的主要探索研究：精细的 KB 聚焦镜和波带聚焦片的制作方法研究，高分辨的面阵探测器的研究，高精度稳定样品台，X 射线成像新理论和技术等。

（2）10nm 以下空间分辨技术。为了实现更小的聚焦光斑、10nm 以下空间分辨的同步辐射成像技术。需要开展的主要探索研究：从理论上探索相干 X 射线成像、新型的多层膜劳埃透镜、X 射线波导管、折射透镜、波带片等聚焦技术，同步辐射光源方面采用更小发射度的衍射限光源。

3. 高能量分辨实验技术

为了研究高温超导体等关联电子材料的电子相互作用机理，研究电子元激发、磁子和声子的色散关系等的基本物理问题，对测量电子的结构提出了很高的能量分辨要求（毫～亚毫电子伏量级），需要开展的主要探索研究：高能量分辨率的单色器制作技术、超高能量分辨率的分析探测器技术、单色器的低温冷却技术、高灵敏高稳定电子学技术等。

（二）同步辐射光源

1. 建设高亮度光源——自由电子激光光源

建设亮度极高 $\{10^{30}\text{Ph/}[\text{s}\cdot\text{mm}^2\cdot\text{mrad}^2\cdot(0.1\%\text{ bandwidth})]\}$ 的红外、X 射线自由电子激光光源。为了提高自由电子激光的高峰值亮度、平均功率、重复频率等，需要开展的主要探索研究：低能量下束团长度发射度的压缩技术和高重复率加速结构，光学谐振腔中光场与电子束团的相互作用，相干辐射的放大机制及实现方法，自由电子激光的诊断技术等。

2. 建设超小光斑光源——衍射极限储存环光源

建设电子束流发射度降低到 10pm·rad、高亮度 $[10^{22}\text{ Ph/}(\text{s}\cdot\text{mm}^2\cdot\text{mrad}^2\cdot(0.1\%\text{ bandwidth})]$ 和短脉冲（300 fs）的衍射极限 X 射线光源。为实现衍射极限同步辐射储存环光源，需要开展的主要探索研究：高度聚焦降低直线加速器的注入电子束团大小，采用组合磁铁结构进一步增强对储存环中电子束团的横向聚焦能力，高亮度衍射限同步辐射光源的束流诊断技术等。

3. 建设高稳定束流光源——能量回收储存环光源

建设高稳定束流强度以及更低的发射度（0.15nm·rad）和更高的亮度 $[10^{22}\text{ Ph/}(\text{s}\cdot\text{mm}^2\cdot\text{mrad}^2\cdot(0.1\%\text{ bandwidth})]$ 的能量回收型直线加速器的 X 射线光源。为实现能量回收型储存环光源，需要开展的主要探索研究：高平均流强的直流电子注入系统，L- 波段高 Q 值的连续波超导加速腔，高精度的束流发射度、束团长度和能散度等的诊断技术，注入电子束和回收电子束的合并系统。

二、需要扶持的薄弱方向

（一）多种技术联合的实验技术

多种能量波段技术的联用：X 射线吸收谱、软 X 射线和红外光谱是两种结构信息互补的实验技术，分别从原子能级和分子能级两个不同层次研究物质结构。发展 X 射线吸收谱、软 X 射线和红外光谱的组合联用技术，原位动态地探索复杂体系的原子结构、电子结构和分子结构的结构信息。

多种探测实验方法的联用：发展同步辐射的衍射、吸收、散射和成像等联用技术，使得能够开展对某一种物质的联合探测，原位实时地获得多种实验结果来进行相互比较和印证，提高研究结果的可靠性。

（二）同步辐射的关键光学元器件及探测器研制

光学元器件是实现同步辐射光束会聚、单色和调控的重要基础之一，探测器是同步辐射实验的重要设备，其性能直接决定实验的效率和质量。随着同步辐射光源的发展，迫切需要发展光学元器件及探测器来发挥同步辐射光源的能力。

1. 高空间分辨聚焦、单色和反射元器件的技术

发展高空间分辨波带片的精细纳米制作技术；发展具有纳米聚焦能力的硅与非硅复合折射透镜制作技术，实现硬 X 射线纳米聚焦；发展高光谱分辨和高通量的软 X 射线光栅制作技术；发展多层膜劳厄透镜和高光谱分辨高次级多层膜光栅制作技术；发展高精度反射镜加工技术。开展光束分离和高分辨率 X 射线单晶光学器件研究；开展在线的高精度光学和 X 射线计量方法与技术研究；开展光学元器件的机械固定和冷却方法等技术研究。

2. 新型探测器技术

发展更快时间响应的探测器，实现微秒乃至飞秒量级的连续测量，满足快时间分辨实验的需求。提高面探测器的空间分辨能力，满足高分辨成像实验的需求。研制同时满足探测效率和空间分辨需求的高能 X 射线面探测器，同时满足空间分辨和时间分辨以及能量分辨的二维 X 射线探测器。

第十八节 等离子体物理

对磁约束聚变等离子体物理进行研究，进一步发挥 EAST 在稳态和 HL-2M 在先进偏滤器位形的优势，结合理论和大规模数值模拟的同步发展，在国际聚变界能够引领稳态等离子体物理和技术方向的发展。同时，在磁约束

聚变研究领域，积极支持非托卡马克磁约束位形的探索；在惯性约束聚变研究领域，积极支持非中心点火方案的新点火途径。这样，可能会产生原创性的聚变研究途径或方案。在基础等离子体研究领域，鼓励更多高校的参与和充分发挥一批中小型研究平台的科学效益，结合人才培养，为其他等离子体物理研究的可持续发展提供强大的后盾。

一、需要加强的优势方向

在磁约束聚变方面，我国两大装置 EAST 和 HL-2A/2M 的加热和诊断能力已瞄准未来聚变堆等离子体物理关键科学技术问题，有望在约束改善、稳态、高能粒子、射频波物理等方向上做出有国际影响力的成果，并逐步形成一些具有国际竞争力的团队。

（1）宏观稳定性和动力学的研究，集中发展定量预测能力和探索新的等离子体运行状态，有可能使我国在稳态高约束等离子体运行模式方面取得重要突破，并在动力学效应和非局域的长程效应的简化流体和动力学混合模型、不同时间尺度过程耦合和非线性过程的理论和实验研究方面取得一批有国际竞争力的成果。

（2）微观不稳定性、湍流和输运的研究，需要发展更精确地预测湍流和输运的模型，特别是包含电子动力学和在相空间所有维数上的多尺度湍流／输运模型，有可能在深入理解约束改善机理上有所突破。

（3）边界等离子体物理和控制的研究，重点是寻找降低热和粒子流对材料表面损伤的方式，包括基于原子分子过程的辐射（脱靶）偏滤器以及新概念（如雪花、超级 -X 偏滤器）的研究。EAST 长脉冲和 HL-2M 位形灵活的优势有可能使我国取得一批国际领先的成果。

（4）聚变等离子体中的波－粒相互作用研究，需要理解复杂条件下波与粒子相互作用及其与其他物理过程的耦合，理解和预防高能粒子引起的不稳定性，并进一步加深对波－粒相互作用和快离子输运和非线性过程的理解。我国已具有一支优秀的理论和数值模拟团队，磁约束聚变装置上已有的加热系统及其相关的诊断为开展这一方向上的前沿研究提供了难得的条件。

（5）磁约束等离子体是一个高度非线性和自组织的复杂体系，不同时空尺度过程间存在相互作用。需要加强对多个方面的物理集成理论模型的发展，为未来聚变堆的设计提供物理基础。

在惯性约束聚变方面，积极推动高能量密度等离子体物理的发展。高能量密度物理是惯性约束聚变以及天体物理的基础，国内的研究机构已经具备深入开展高能量密度等离子体物理研究的平台，形成了多个研究团队。针对惯性约束聚变以及天体物理的基本过程开展分解研究，有望做出新的科学发现。

基础等离子体已有较好的基础，进一步的发展鼓励以自由探索模式为主，侧重于对新概念、新现象的追求，并为其他领域的持续发展提供强大的后盾。例如，等离子体中多尺度模式之间的非线性相互作用研究，对等离子体物理多个领域的应用都具有关键性的意义。磁重联过程是解释实验室、空间、天体等离子体中很多重要物理现象的关键。该领域的研究工作应与高校中的人才培养紧密配合，作为等离子体学科的整体协同发展。

二、要扶持的薄弱方向

低温等离子体源物理与技术是需要优先考虑的研究方向，包括：微加工所需的新型等离子体源物理和技术基础，高气压、大尺度等离子体源物理和技术基础，大功率热等离子体源物理。促进先进等离子体诊断特别是新型高时空分辨诊断技术的发展，推动诊断、理论模型、计算模拟的结合。继续扶持等离子体与材料相互作用基本过程的研究，同时关注等离子体新材料制备技术的基础研究，为发展特殊功能材料的等离子体调控的新机理和新方法提供依据。

三、应促进的前沿方向

等离子体是一个高度非线性和自组织的复杂体系，不同时空尺度过程间存在相互作用。作为一个经典的物理学分支，经典的数学工具和计算方法已经难以大规模地推动等离子体物理理论的发展。重点发展现代理论方法和先进数值算法的研究，带动对等离子体非线性和复杂性的更深层次的理解，在等离子体物理基本理论领域找到新的学科增长点。